Dreamweaver CC 一本通

杨 阳 等编著

机械工业出版社

现代人的生活、学习、工作越来越离不开内容丰富的网站，而丰富多彩的网站也离不开实用、强大的网站制作软件，Adobe 公司的网页设计软件 Dreamweaver 就是当下最流行的 Web 开发工具之一。

Dreamweaver CC 是 Adobe 公司推出的最新版本的网页设计软件，由于它界面友好、实用性强，具有强大的在线更新功能，并且在无须编写任何代码的情况下也可以快速创建页面而深受广大网页设计人员的欢迎。

本书全面介绍了 Dreamweaver CC 的基本操作方法和网页的设计、制作技巧，主要内容包括 HTML 代码、建立和管理站点、如何使用 CSS 修饰网页、使用 Div+CSS 布局网页、CSS 3.0 中新增的属性、处理网页文本、在网页中插入图像、在网页中插入表单元素、表格与 IFrame 框架的应用、在网页中插入多媒体、设置网页链接、模板和库在网页中的应用、使用行为创建动态效果、HTML5 的应用以及网站的维护与上传。全书提供了 100 多个经典的网页案例帮助读者更深入地掌握 Dreamweaver CC 的使用和技巧。

本书图文并茂、步骤清晰，适合网页制作初学者和爱好者自学，并可帮助相关从业人员提高技术水平，同时也是计算机培训班和各院校相关专业理想的教辅用书。

本书配套光盘提供了所有实例的源文件和素材以及相关的视频教程，读者可以参考学习。

图书在版编目（CIP）数据

Dreamweaver CC 一本通 / 杨阳等编著. —北京：机械工业出版社，2014.6
ISBN 978-7-111-46760-1

Ⅰ．①D… Ⅱ．①杨… Ⅲ．①网页制作工具 Ⅳ．①TP393.092

中国版本图书馆 CIP 数据核字（2014）第 100820 号

机械工业出版社（北京市百万庄大街 22 号 邮政编码 100037）
策划编辑：杨 源
责任编辑：杨 源 责任校对：张艳霞
责任印制：乔 宇

北京汇林印务有限公司印刷

2014 年 7 月第 1 版·第 1 次印刷
184mm×260mm·31.75 印张·2 插页·911 千字
0001—3000 册
标准书号：ISBN 978-7-111-46760-1
　　　　　　ISBN 978-7-89405-415-9（光盘）
定价：86.00 元（含 1DVD）

凡购本书，如有缺页、倒页、脱页，由本社发行部调换
电话服务　　　　　　　　　　网络服务
社 服 务 中 心：（010）88361066　　教材网：http://www.cmpedu.com
销 售 一 部：（010）68326294　　机工官网：http://www.cmpbook.com
销 售 二 部：（010）88379649　　机工官博：http://weibo.com/cmp1952
读者购书热线：（010）88379203　　**封面无防伪标均为盗版**

前　　言

21 世纪是一个互联网的时代，网络生活走进千家万户，越来越多的个人和企业纷纷在网上"自立门户"。随着时代的发展，网页设计已经在短短数年内跃升为一个新的艺术门类，而不再仅仅是一门技术。

对于广大的网站拥有人来说，网络就像一座取之不尽、用之不竭的天然宝藏，其中蕴藏着无限的财富与机遇，正因如此，竞争也就产生了。网页设计在其中扮演着举足轻重的作用，对于网页设计而言，网页设计软件的使用是不可或缺的。

由 Adobe 公司开发的 Dreamweaver 无疑是应用最为广泛的专业网页制作软件之一，它以强大的功能和友好的操作界面受到了广大网页设计人员的喜爱，特别是 Dreamweaver CC 新增了许多功能，能帮助用户高效地完成制作。

本书章节及内容安排

考虑到技术的更新，为了跟上技术更新的步伐，Dreamweaver CC 对 HTML5 和 CSS 3.0 提供了全面的支持。本书从实用的角度出发，采用知识点与实例相结合的方式，突破传统的束缚，对 Dreamweaver CC 中的功能进行逐一讲解，使实例和知识点达到完美的契合。

本书共分为 18 章，各章的主要内容如下：

第 1 章　网页设计制作基础，主要针对网页的基本概念、基本组成元素进行了详细的介绍，使读者在学习网页设计制作前先了解网页的基础知识，包括网页设计术语、网页布局和网页配色等。

第 2 章　初识 Dreamweaver CC，从软件的安装与卸载以及操作界面的使用入手，对 Dreamweaver CC 中的新增功能、各种菜单以及操作流程进行逐一介绍。

第 3 章　使用 Dreamweaver CC 轻松地编辑 HTML 代码，主要向读者介绍与 HTML 相关的知识点，对 HTML 的基本概念、HTML 语言中的重要标签，以及如何在 Dreamweaver CC 中编辑 HTML 等都进行了详细的介绍。

第 4 章　建立和管理站点，主要向读者介绍如何创建站点、站点的高级设置与基本操作以及如何管理站点和创建个人站点等相关知识，并对 Dreamweaver CC 中新增的 jQuery 以及其他功能做了讲解，使读者对 Dreamweaver CC 强大的本地站点和远程站点管理功能有所了解。

第 5 章　网页整体属性的控制，介绍如何对网页的头信息以及整体属性进行设置。

第 6 章　CSS 样式在网页中的应用，主要介绍在 Dreamweaver CC 中如何使用"CSS 设计器"面板进行 CSS 样式表的创建，使读者能够熟练地掌握创建和使用 CSS 样式的新方法与新技巧，通过实践掌握各种各样的 CSS 效果应用。

第 7 章　CSS 3.0 中新增的属性，为了"迎合"代码的更新和软件的需求，本章详细地讲解了 CSS 3.0 中新增的属性以及具体的使用方法，让读者能够对网页进行更完美的开发。

第 8 章　使用 Div+CSS 布局网页，主要讲解了 Web 标准的构成、使用 Div+CSS 样式实现多种网页布局的方法以及各种不同的布局方式，并通过实例的制作讲解实际操作中的 Div+CSS 布局方法。

第 9 章　处理网页文本，通过对网页中文本的插入和设置的学习，使读者掌握基本的文本网页的制作。

第 10 章　在网页中插入图像，带领读者学习图像的应用方法以及 Dreamweaver CC 中其他图像元素的编辑方法和应用技巧，使读者可以在制作网站页面的过程中更加全面地应用图像元素。

第 11 章　在网页中插入表单元素，主要对网页中的表单元素，例如表单域、文本域、列表/菜单、单选按钮、复选框和图像域等进行了详细的讲解，并对 HTML 5 中新增的表单元素以及具体的使用方法进行了讲解，同时提供了典型的注册页面实例。

第 12 章　表格与 IFrame 框架的应用，主要针对 Dreamweaver CC 中表格的使用方法和技巧进行讲解，使读者在创建一个表格后能够轻松地修改其外观与结构，同时向读者介绍了 Dreamweaver CC 中框架的运用，读者通过学习可以使用表格和框架快速地构建不同的网页页面。

第 13 章　在网页中插入多媒体，讲解如何通过 Dreamweaver CC 在网页中插入和编辑多媒体文件和对象，例如 Flash、FLV 视频、声音、视频以及新增的 Edge Animate 作品等。

第 14 章　设置网页链接，讲解了网页中几种链接的创建方法、链接路径的分类、链接属性的控制等。

第 15 章　模板和库在网页中的应用，主要对在 Dreamweaver CC 中使用模板和库创建网页的方法和技巧进行学习，使用它们可以很好地提高工作效率。

第 16 章　使用行为创建动态效果，主要介绍如何在 Dreamweaver CC 中为页面添加行为，从而帮助读者了解各种行为在页面中所起到的作用。

第 17 章　HTML5 的应用，主要向读者介绍了 HTML5 的一些相关标签和功能，使读者在 Dreamweaver CC 中使用新增的 HTML5 功能完成各种案例的制作。

第 18 章　使用 Dreamweaver 维护并上传网站，向读者详细地介绍了站点的上传以及维护。

本书特点

（1）本书结构编排合理，内容全面，基本涵盖了 Dreamweaver CC 的全部功能。

（2）本书采用图文并茂的讲解方式对 Dreamweaver CC 的各个知识点进行深入剖析。

（3）本书提供了大量的实例练习，让读者在学习理论知识的同时能够及时有效地在实际操作中得到巩固，以此来提高对 Dreamweaver CC 的使用熟练度。

（4）本书配套光盘提供了书中所有实例的源文件、素材和相关的视频教程。

关于本书作者

参与本书编写工作的人员包括张晓景、刘强、王明、王大远、刘钊、王权、孟权国、杨阳、张国勇、于海波、范明、郑竣天、孔祥华、唐彬彬、李晓斌、王延楠、张航、肖阁、魏华、贾勇、梁革、邹志连、贺春香。

编　者

目 录

本章知识点

网页设计代表了一种新的设计思路，一种为客户服务的理念，一种对网络特点的把握和对网络限制条件的理解。新的媒介也给设计者以新的挑战，一方面，它与传统媒介的设计有着很大的不同，另一方面，网页设计也吸收了其他设计学科的长处，甚至具有非设计学科的技术特征，形成了一种以图形界面和交互设计为特点的全新的设计系统。本章主要向读者介绍有关网页设计制作的知识，以便读者对网页设计制作有一个全面、系统的认识。

1.1　什么是网页

　　网页是一个文件，它保存在世界某处的某一台计算机中，而这台计算机必须是与互联网相连的。网页要通过网址（URL）识别与存取，当用户在浏览器中输入网址后，经过一段复杂而又快速的程序，网页文件会被传送到用户的计算机，通过浏览器解释网页的内容并展示到用户的眼前，没有使用其他后台程序的页面通常是 HTML 格式（文件的扩展名为.html 或.htm）。网页通常用图像来提供图画，网页要通过网页浏览器来阅读。

　　例如，在 IE 浏览器的地址栏中输入 www.qq.com 就可以进入腾讯的网站主页，如图 1-1 所示。在网页上单击鼠标右键，执行右键菜单中的"查看>源"命令，就可以通过记事本看到网页的实际内容，如图 1-2 所示。

图 1-1　输入腾讯的网址　　　　　　　　　图 1-2　查看源文件

　　可以看到，网页实际上是一个纯文本文件，它通过各式各样的标记对页面上的文字、图片、表格、声音等元素进行描述（例如字体、颜色、大小）。浏览器的作用则是将这些标记进行解释并生成页面，以便普通用户浏览。

> 　除了可以使用右键菜单查看源文件外，还可以在浏览器的菜单栏中执行"查看>源"命令查看网页的源文件代码。

1.1.1　网页设计概述

　　随着时代的发展、科学的进步和需求的不断提高，网页设计已经在短短数年内跃升为一个新的艺术门类，而不再仅仅是一门技术。相比其他传统的艺术设计门类而言，它更突出艺术与技术的结合、形式与内容的统一、交互与情感的诉求。

　　在这种时代背景的要求下，人们对网页设计产生了更深层次的审美需求。网页不只是把各种信息简单地堆积起来，能看或者表达清楚就行，还要考虑通过各种设计手段与技术技巧让受众能更多、更有效地接收网页上的各种信息，从而对网站留下深刻的印象，刺激消费行为，提升企业的品牌形象。

　　随着互联网技术的进一步发展与普及，当今时代的网站更注重审美的要求和个性化的视觉表达，这也对网页设计师这一职业提出了更高层次的要求。一般来说，平面设计中的审美观点都可以套用到网页设计上来，以及利用各种色彩的搭配营造出不同氛围、不同形式的美。

　　但网页设计也有自己的独特之处。在颜色的使用上，它有自己的标准色——"安全色"；在界面设计上，要充分考虑到浏览者使用的不同浏览器、不同分辨率的各种情况；在元素的使用上，它可以充分利用多媒体的长处选择最恰当的音频与视频相结合的表达方式，给用户以身临其境的感觉和比较直观的印象。说到底，这还只是一个比较模糊、抽象的概念，在网络世界中，有许许多多设计精美的网页值得用户去学习、欣赏和借鉴，如图 1-3 所示。

图 1-3　精美网页欣赏

　　以上网页仅仅是互联网中众多优秀网页作品中的几个而已，但从以上作品不难看出，好的网站应该给人这样的感觉：干净整洁、条理清晰、专业水准和引人入胜。优秀的网页设计作品是艺术与技术的高度统一，它应该包含视听元素和版式设计两项内容；以主题鲜明、形式与内容相统一、强调整体为设计原则；具有交互性与持续性、多维性、综合性、版式的不可控性、艺术与技术结合的紧密性 5 个特点。

1.1.2　网页设计与网页制作

　　在很多人头脑中对网页设计与网页制作的概念和界限很模糊，那么网页设计和网页制作之间到底有什么区别和联系呢？

　　首先来看下面两则招聘广告。

　　甲网络公司：精通 Dreamweaver、Flash、Photoshop 等网页制作软件，能够手工修改源代码，熟练使用 Photoshop 等图形设计软件，有网站维护工作经验者优先。

　　乙网络公司：美术设计专业毕业，五年以上相关专业工作经验，精通现今流行的各种平面设计、动画和网页制作技术。

　　这两个招聘启事是比较有代表性的，对网页制作的定位可以说是各有针对性。甲的着重点在能够编写网页上；乙则倾向于应聘者具有一定的美术功底。

　　这样可以试着给网页设计与网页制作做出如下的定义：

　　网页设计=网页技术+网页设计

　　网页制作=网页技术

　　看了以上两个公式读者一定能够明白，网页设计师需要的技能更加全面，优秀的网页设计师肯定是网页技术高手，同时又是网页设计高手，也就是说应该做到"网页设计"和"网页技术"两手抓，这样制作出来的网站才既具有众多交互性能和动态效果，又具有形式上的美感。

　　另外，我们说网站"设计"而不说网站"制作"，因为设计是一个思考过程，而制作只是将思考的结果表现出来。成功的网站首先需要优秀的设计，然后辅以优秀的制作。设计是网站的核心和灵魂，一个相同的设计可以有多种制作表现的方式。

　　有许多网站现在已经不再设立专门的网页制作职位，不过对于想要进入网页设计行业而又缺乏经验的朋友来说，从这个职位做起将是最好的选择。

1.1.3　网页设计术语

　　大家可能会有这样的经历：在相同的条件下，有些网页不仅美观、大方，打开的速度也非常快，而有些网页却要等很久。这说明网页设计不仅需要页面精美、布局整洁，在很大程度上还要依赖于网络技术。因此，一个很简单的网站不仅仅是设计者审美观、阅历的体现，更是设计者知识面和技术等综合素质的展示。

下面向大家介绍一些与网页设计相关的术语，只有了解了网页设计的相关术语，才能够制作出具有艺术性和技术性的网页。

因特网：其英文为 Internet，整个因特网是由许许多多遍布在全世界的计算机组成的，一台计算机在连接上网的一瞬间，它就已经是因特网的一部分了。网络是没有国界的，通过因特网，用户随时可以传递文件信息到世界上因特网所能包含的任何角落，当然也可以接收来自世界各地的实时信息。

浏览器：浏览器是一种安装在计算机中用来查看因特网中网页的工具，每一个因特网用户都要在计算机上安装浏览器来"阅读"网页中的信息，这是使用因特网最基本的条件，就好像我们要用电视机来收看电视节目一样。目前，大多数用户使用的 Windows 操作系统中已经内置了浏览器。

网页：网页的英文名为 Web Page。随着科学技术的飞速发展，因特网在人们的工作和生活中发挥的作用越来越大。当人们接入到因特网后要做的第一件事就是打开浏览器窗口，输入网址，等待一个网页出现在自己的面前。在现实世界中，人们可以看到多彩的世界，在网络世界中，多彩的世界就是一张张漂亮的网页，它可以带你周游世界。互联网最重要的作用之一就是"资源共享"，由此可知，网页作为展现 Internet 丰富资源的基础，其重要性不言而喻。图 1-4 所示为网易网站的首页。

图 1-4　网易网站的首页

网站：网站的英文名为 Web Site。简单来说，网站就是多个网页的集合，其中包括一个首页和若干个分页。那么什么是首页呢？非常好理解，首页即是访问这个网站时第一个打开的网页。除了首页，其他网页就是分页了，图 1-5 所示就是网易"新闻"的一个分页。网站是多个网页的集合，没错，但它又不是简单的集合，这要根据网站的内容来决定，比如由多少个网页构成、如何分类等。当然，一个网站也可以只有一个网页（即首页），但是这种情况比较少，因为这样很可能不会应用到网页技术中最重要的一点，就是链接，在后面的讲解中将会进行讲解。总之，只有首

页的页面是不推荐的。

图 1-5　网易网站的分页

URL：URL 是 Universal Resource Locater 的缩写，其中文为"全球资源定位器"。URL 是网页在因特网中的地址，如果要访问某网站，需要其 URL 才能够找到。例如"网易"的 URL 是 www.163.com，如图 1-6 所示。

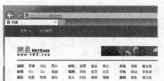

图 1-6　在地址栏中输入 URL

HTTP：HTTP 是 Hypertext Transfer Protocol 的缩写，中文为"超文本传输协议"，它是一种最常用的网络通信协议。若想链接到某一特定的网页，必须通过 HTTP 协议，不论使用哪一种网页编辑软件，在网页中加入什么资料，或是使用哪一种浏览器，利用 HTTP 协议都可以看到正确的网页效果。

TCP/IP：TCP/IP 是 Transmission Control Protocol/Internet Protocol 的缩写，中文为"传输控制协议/网络协议"。它是因特网所采用的标准协议，因此只要遵循 TCP/IP 协议，不管计算机是什么系统或平台，均可以在因特网中畅行无阻。

FTP：FTP 是 File Transfer Protocol 的缩写，中文为"文件传输协议"。与 HTTP 协议类似，它也是 URL 地址使用的一种协议名称，用于指定传输某一种因特网资源。HTTP 协议用于链接到某一网页，FTP 协议用于上传或下载文件的情况。

IP 地址：IP 地址是分配给网络上计算机的一组由 32 位二进制数值组成的编号，用于对网络中的计算机进行标识。为了方便记忆，采用十进制标记法，每个数值小于或等于 225，数值中间用"."隔开，一个

IP 地址对应一台计算机，并且是唯一的。这里提醒大家注意的是，所谓的唯一是指在某一时间内唯一，如果使用动态 IP，那么每一次分配的 IP 地址是不同的，这就是动态 IP，在使用网络的这一时段内，这个 IP 是唯一指向正在使用的计算机的；另一种是静态 IP，它是固定地将这个 IP 地址分配给某计算机使用。网络中的服务器使用静态 IP。

域名： IP 地址是一组数字，记忆起来不够方便，因此人们给每个计算机赋予一个具有代表性的名字，这就是主机名，主机名由英文字母或数字组成，将主机名和 IP 对应起来，这就是域名，方便了大家记忆。

域名和 IP 地址是可以交替使用的，但域名一般要转换成 IP 地址才能找到相应的主机，这就是大家上网时经常用到的 DNS 域名解析服务。

静态网页： 静态网页是相对于动态网页而言的，并不是说网页中的元素都是静止不动的。静态网页是指浏览器与服务器端不发生交互的网页，网页中的 GIF 动画和 Flash 动画等都会发生变化。

动态网页： 动态网页除了包括静态网页中的元素外，还包括一些应用程序，这些应用程序需要浏览器与服务器之间发生交互行为，而且应用程序的执行需要服务器中的应用程序服务器完成。

1.2　网页编辑软件和屏幕分辨率

很多网页设计初学者对于如何开始设计制作网站，以及网站设计制作有哪些基本要求一无所知。在网站设计制作前期至少要掌握一种网页编辑软件，这样才能为以后设计制作出高水平的网页做准备。

1.2.1　网页编辑软件

网页编辑软件是用来设计网页的可视化工具，可以帮助用户快速地设计网页，这样用户就不必花大量的时间写 HTML 代码了，从而可以把更多精力放在设计工作上。

现在很多软件都可以对网页实现编辑，例如 Dreamweaver、Frontpage、Fireworks 和 Word 等，其中最为流行的是 Dreamweaver。

Dreamweaver 是一款由 Adobe 公司开发的专业的网页编辑软件，用于 Web 站点、Web 页面和 Web 应用程序的设计、编码和开发。在本书中将通过最新版本的 Dreamweaver CC 来学习 Dreamweaver 网页设计制作的相关知识。

1.2.2　屏幕分辨率

屏幕分辨率就是屏幕分辨图像的清晰度，例如 1 024×768 像素的分辨率就是把屏幕分成 1 024 列 768 行，其中每个单元就是一个像素。分辨率越高，像素点越小，显示的图像越细腻，如图 1-7 所示。

图 1-7　屏幕放大后的像素点

屏幕分辨率直接决定了网站设计制作的尺寸。网页的局限就在于无法突破显示器的范围，而且因为浏览器也会占去不少空间，留下的页面范围变得很小。

在设计页面时，布局的难点在于用户各自的环境是不同的，设计在不同屏幕分辨率下看起来都很美观的网页布局是相当困难的，图 1-8 所示为网页在不同分辨率下的显示效果。

由于浏览器本身要占有一定的尺寸，所以在 1 366×768 像素的情况下，页面的显示尺寸为 1 349×600 像素；在 1 024×768 像素的情况下，页面的显示尺寸为 1 007×600 像素。

以 1 366×768 像素显示

以 1 024×600 像素显示

图 1-8　不同分辨率下的显示效果

在网页设计制作的过程中，向下拖动页面是给网页增加更多内容（尺寸）的方法。需要提醒大家的是，除非可以确定页面内容能够吸引访问者拖动，否则不要让访问者拖动页面超过 3 屏。如果需要在同一个页面显示超过 3 屏的内容，最好在页面上使用类似于锚点链接的技术，以便浏览者快速地找到需要浏览的内容。

 计算机屏幕一次显示的全部内容称为 1 屏。屏幕显示的范围大小与显示器的大小、屏幕分辨率有直接的关系，分辨率越高，1 屏中显示的内容越多。

1.3　优秀网页的要素

文字与图片是构成网页的两个最基本的要素，如图 1-9 所示。可以简单地理解为：文字就是网页的内容；图片就是网页的美观。除此之外，网页要素还包括动画、音乐、视频、表单、程序等。

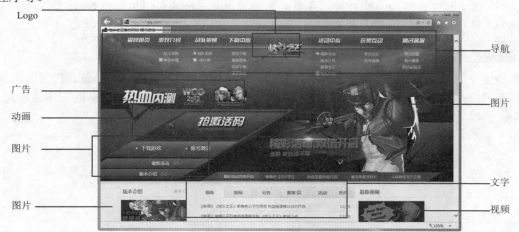

图 1-9　网页构成要素

Logo：在网页设计中，Logo 作为公司或网站的标示起着非常重要的作用。一个制作精美的 Logo 不仅可以树立良好的网站形象，还可以传达丰富的行业信息。

通过调查发现，一个网站的首页美观与否往往是初次来访的浏览者决定是否进一步浏览的先决条件，而 Logo 作为首先映入访问者眼帘的具体形象，其重要性不言而喻。

导航：导航是网站设计中不可缺少的基础元素之一，它是网站信息结构的基础分类，也是浏览者进行信息浏览的路标。导航条应该引人注目，浏览者进入网站首先会寻找导航条，通过导航条可以直观地了解网站的内容及信息的分类方式，以判断这个网站上是否有自己需要的资料和感兴趣的内容。

广告：网站作为一种已经被大众熟悉并接受的媒体，正在逐步显示出其特有的、蕴藏深厚广告价值的空间。纵观网上大多数的门户网站及商业网站，广告收入往往是其生存、发展的支柱性收入，无所不在的网络广告已经得到网站和浏览者的认同。

网站广告的形式很多，常见的是弹出广告、浮动广告和页面广告。当然，也有很多隐性广告存在。

表单：表单是功能型网站中经常使用的元素，是网站交互中最重要的组成部分之一。在网页中小到搜索框，大到用户注册，都会使用到表单及其表单元素。

网页中的表单是用来收集用户信息，帮助用户进行功能性控制的元素。表单的交互设计与视觉设计是网站设计中相当重要的环节。从表单视觉设计上来说，要摆脱 HTML 提供的、默认的、比较粗糙的视觉样式。

动画：随着因特网的迅速发展，网络速度得到大幅度提升，网页中出现了各种各样的多媒体元素，其中包括动画、音频和视频等。大多数浏览器本身都可以显示或播放这些多媒体元素，并且无须任何外部程序或模块支持，例如 GIF、Flash 动画。

在网页中应用的动画主要有 GIF 和 SWF 两种形式。由于 GIF 动画效果单一，所以具有良好交互效果的 Flash 动画技术越来越多地被应用到网页中。

图片：图片是网站的基本组成部分之一，在任何网站中都会有图片的身影。图片的格式很多，由于网络的一些具体情况，并不是所有的图片格式都可以显示在网页中，而只有少数几种图片格式可以应用到网页中，例如 GIF、JPEG 和 PNG。

文字：文字是网页基本构成的另一种元素，它是向浏览者传达信息最直接、最有效的方式。对于大多数浏览器来说，文字都是可以显示的，并且无须任何外部程序或模块支持。

但是由于用户的计算机配置不尽相同，在网页中使用的字体只有几种通用的，例如宋体、黑体等。

1.4　网页设计所涵盖的内容

现在的网页如同门面，小到个人，大到公司、政府部门以及国际组织等，在网络上无不以网页作为自己的门户。当浏览者进入某一个网站时，首先映入眼帘的是该网站的网页界面，例如页面的框架与构图、导航系统的设置、内容的安排、按钮的摆放和色彩的应用等，这一切都是网页设计的范畴，也是网页设计师的工作，称为网页艺术设计。

1.4.1　网页版式设计

网页的版式设计与报刊、杂志等平面媒体的版式设计有很多相通之处，它在网页的艺术设计中占据着重要的地位。所谓网页的版式设计，是指在有限的屏幕空间中将各种视听多媒体元素进行有机的排列、组合，将理性思维以个性化的形式表现出来，它是一种具有个人风格和艺术特色的视听传达方式。在传达信息的同时，网页版式设计也能够给人以感官上的美感和精神上的享受。图 1-10 所示为几个具有代表性的网页版式设计。

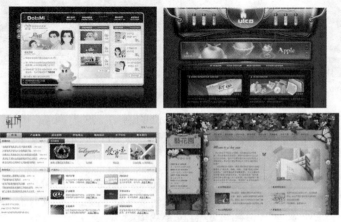

图 1-10　具有代表性的版式设计

网页的排版与报刊、杂志的排版又存在很多差异。印刷品有固定的规格尺寸,网页则不然,它的尺寸是不固定的,这就使得网页设计者不能精确地控制页面上每个元素的尺寸和位置,而且网页的组织结构不像印刷品那样为线性组合,这也给网页的版式设计带来了一定的难度。

许多人认为网页设计就是网页制作,认为只要能够熟练地使用网页制作软件就有能力胜任网页设计的工作了。其实,网页设计是一个感性思考与理性分析相结合的复杂过程,它的方向取决于设计的任务,它的实现依赖于网页的制作。网页设计中最重要的东西并不在软件的应用上,而是在于设计者对网页设计的理解以及设计、制作的水平,在于设计者自身的美感以及对页面的把握上。

1.4.2　网页设计的任务

设计是一种审美活动,成功的设计作品一般都比较艺术化,但艺术只是设计的手段,并非设计的任务。网页设计的任务是指设计者要表现的主题和需要实现的功能。设计的任务是要实现设计者的意图,而并非创造美。网站的性质不同,设计的任务也不同,从形式上可以将站点分为三类。

(1) 资讯类网站:例如网易、新浪、搜狐等门户网站,这类网站为浏览者提供了大量的信息,而且访问量较大,因此需要注意页面的分割、结构的合理、页面的优化等问题,如图 1-11 所示。

图 1-11　资讯类网站页面

(2) 资讯和形象相结合的网站:例如一些较大的公司、国内的高校等网站,这类网站在设计上要求较高,既要保证资讯类网站的要求,还要突出企业、单位的形象,如图 1-12 所示。

图 1-12　资讯和形象相结合的网站页面

(3) 形象类网站:例如一些中小型公司或单位的网站,这类网站一般较小,有些只有几页,需要实现的功能也比较简单,网页设计的主要任务是突出企业形象,如图 1-13 所示,这类网站对设计者的美工水平要求较高。

以上只是从整体来看,具体情况还要具体分析,不同网站还要区别对待。注意不要忘了最重要的一点,那就是客户的要求,它也属于设计任务,在明确了设计任务之后,接下来要考虑的就是如何完成任务了。

图 1-13　形象类网站页面

1.4.3　网页设计的实现

设计的实现可以分为两个部分，第一个部分为网站的规划及草图的绘制，这一部分可以在图纸上完成，第二个部分为网页的制作，这一过程需要在计算机上完成。

设计首页的第一步是设计版面布局，可以将网页看做传统的报刊、杂志来编辑，这里面有文字、图像和动画，设计者要做的工作就是以最适合的方式将图片、文字和动画排放在页面的不同位置。

接下来设计者需要做的就是通过使用软件将设计的蓝图变为现实，最终的集成一般是在Dreamweaver里完成的。虽然在草图上定出了页面的大体轮廓，但是灵感一般都是在制作过程中产生的。设计作品一定要有创意，这是最基本的要求，没有创意的设计是失败的。在制作的过程中，大家会遇到许多问题，其中最敏感的问题莫过于页面的颜色了。

1.4.4　网页设计造型的组合

在网页设计中，设计者主要通过视觉传达来表现主题。在视觉传达中造型是很重要的一个元素，抛开是图还是文字的问题，画面上的所有元素可以统一作为画面的基本构成要素——点、线、面来进行处理，在一幅成功的作品中是需要点、线、面的共同组合与搭配来构造整个页面的。

通常可以使用的组合手法有秩序、比例、均衡、对称、连续、间隔、重叠、反复、交叉、节奏、韵律、归纳、变异、特写、反射等，它们都有各自的特点，设计人员在设计中应根据具体情况选择最适合的表现手法，这样有利于表现主题。

通过点、线、面的组合可以突出页面上的重要元素，可以突出设计的主题，增强美感，让浏览者在感受美的同时领会设计的主题，从而实现设计的任务。

造型的巧妙运用不仅能带来极大的美感，还能较好地突出企业形象，并且能将网页上的各种元素有机地组织起来，甚至可以吸引浏览者的视线。

1.4.5　网页设计的特点

与当初的纯文本和图片的网页相比，现在的网页无论是在内容上还是在形式上都已经得到了极大的丰富，网页设计主要具有以下特点：

1．交互性

网络媒体不同于传统媒体的地方在于信息的动态更新和即时交互性，这种持续的交互使网页艺术设计不像印刷品设计那样，在出版之后就意味着设计的结束。网页设计人员可以根据网站各个阶段的经营目标配合网站不同时期的经营策略以及用户的反馈信息经常对网页进行调整和修改。例如，为了保持浏览者对网站的新鲜感，很多大型网站总是定期或不定期地进行改版，这就需要设计者在保持网站视觉形象统一的基础上不断创作出新的网页作品。

2．版式的不可控性

网页的版式设计与传统印刷的版式设计有着极大的差异：一是印刷品设计者可以指定使用的纸张和油墨，而网页设计者却不能要求浏览者使用什么样的计算机或浏览器；二是网络正处于不断发展之中，不像印刷那样基本具备了成熟的标准；三是网页设计过程中有关 Web 的每一件事都可能随时发生变化。

这就说明网络应用尚处于发展中，关于网络应用也很难在各个方面都制订出统一的标准，这必然导致网页版式设计的不可控制性。其具体表现在 4 个方面：一是网页页面会根据当前浏览器窗口的大小自动格式化输出；二是网页的浏览者可以控制网页页面在浏览器中的显示方式；三是使用不同种类、不同版本的浏览器观察同一网页页面时效果会有所不同；四是浏览者的浏览器工作环境不同，显示效果也会有所不同。

把所有这些问题归结为一点，即网页设计者无法控制页面在用户端的最终显示效果，这正是网页版式设计的不可控性。

3．技术与艺术结合的紧密性

设计是主观和客观共同作用的结果，是在自由和不自由之间进行的，设计者不能超越自身已有经验和所处环境提供的客观条件来进行设计。优秀的设计者正是在掌握客观规律的基础上进行自由的想象和创造。网络技术主要表现为客观因素，艺术创意主要表现为主观因素，网页设计者应该积极、主动地掌握现有的各种网络技术规律，注重技术和艺术的紧密结合，这样才能穷尽技术之长、实现艺术想象、满足浏览者对网页的高质量需求。

例如，浏览者欣赏一段音乐或电影，以前必须先将这段音乐或电影下载到自己的计算机上，然后再使用相应的程序来播放，由于音频或视频文件都比较大，需要较长的下载时间。但当媒体技术出现以后，网页设计者充分、巧妙地应用此技术，让浏览者在下载过程中就可以欣赏这段音乐或电影，实现了实时网上视频直播服务和在线欣赏音乐服务，这无疑会大大增强页面传播信息的表现力和感染力。

4．多媒体的综合性

目前，网页中使用的多媒体视听元素主要有文字、图像、声音、动画和视频等。随着网络带宽的增加、芯片处理速度的提高以及跨平台的多媒体文件格式的推广，必将促使网页设计者综合运用多种媒体元素来设计网页，以满足和丰富浏览者对网页不断提高的要求。现在，国内网页已经出现了模拟三维的操作界面，在数据压缩技术的改进和流技术的推动下，网上出现了实时音频和视频服务，例如在线音乐、在线广播和在线电影等。因此，多种媒体的综合运用已经成为网页艺术设计的特点之一，也是网页设计未来的发展方向之一。

5．多维性

多维性源于超链接，它主要体现在网页设计中导航的设计上。由于超链接的出现，网页的组织结构更加丰富，浏览者可以在各种主题之间自由跳转，从而打破了以前人们接受信息的线性方式。例如，可以将页面的组织结构分为序列结构、层次结构、网状结构、复合结构等。但页面之间的关系过于复杂，不仅增加了浏览者检索和查找信息的难度，也会给设计者带来更大的挑战。为了让浏览者在网页上迅速找到所需的信息，设计者必须考虑快捷而完善的导航以及超链接的设计，如图 1-14 所示。

在印刷品中，导航的问题不是那么突出。例如，如果一个句子在页尾还没有结束，读者会很自然地翻到下一页查找剩余部分，而且印刷品还提供了目录、索引和脚注等帮助读者查阅内容。

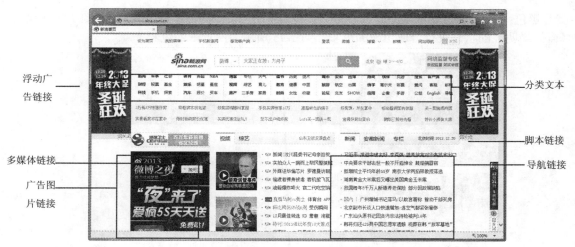

浮动广
告链接

分类文本

多媒体链接

脚本链接

广告图
片链接

导航链接

图 1-14 网页中导航的超链接设置

作为一名网页设计者所要做的网页导航工作就没有那么简单了，在替浏览者考虑得很周到的网页中提供了足够的、不同角度的导航链接，以帮助浏览者在网页的各个部分之间任意跳转，并告知浏览者现在所在的位置、当前页面与其他页面之间的关系等。而且每一页都有一个返回主页的按钮或链接，如果页面是按层次结构组织的，通常还有一个返回上级页面的链接。对于网页设计者来说，面对的不是按顺序排列的印刷页面，而是自由分散的网页，因此必须考虑更多的问题。例如，怎样构建合理的页面组织结构，使浏览者对提供的大量信息感到有条理；怎样建立包括站点索引、帮助页面、查询功能在内的导航系统，这一切又从哪儿开始，到哪儿结束。链接关系的处理对于信息类门户网站来说尤为重要。

1.5　网页设计中的色彩应用

打开一个网站，给浏览者留下第一印象的既不是网站丰富的内容，也不是网站合理的版面布局，而是网站的色彩。色彩给人的视觉效果非常明显，一个网站设计成功与否在某种程度上取决于设计者对色彩的运用和搭配。因为网页设计属于一种平面效果的设计，除了立体图形和动画效果之外，在平面图上色彩的冲击力是最强的，它很容易给浏览者留下深刻的印象。因此，在设计网页时必须高度重视色彩的搭配。

1.5.1　网页色彩的特性

在网页中看到的色彩随着用户的显示器环境的变化而变化，所以无论多么一样的颜色看起来也会有细小的差异。但这不是说色彩的基本概念不同，只不过在网页的环境下使用色彩要多费些脑筋。

计算机的显示器是由一个个像素小点组成的，利用电子束来表现色彩。像素把由光的三原色（R＝红、G＝绿、B＝蓝）组合而成的色彩按照科学的原理表现出来。每个像素小点包含 8 位的信息量，在从 0～255 的 256 个单元中，0 是无光的状态，255 是最亮的状态。

8 位色彩能够表现 256 种色彩，大家经常所说的真彩是指 24 位，也就是 256 的 3 次方，即为 16 777 216 种色彩。

在网页中指定色彩时主要运用十六进制数值的表示方法，为了用 HTML 表现 RGB 色彩，使用十进制数 0～255，如果改为十六进制值就是 00～FF，用 R、G、B 的顺序罗列就成为 HTML 色彩编码。例如，在 HTML 编码中，000000 就是 R（红）、G（绿）、B（蓝）都没有的 0 状态，也就是黑色；FFFFFF 就是 R（红）、G（绿）、B（蓝）都是 255 的状态，也就是在 R（红）、G（绿）、B（蓝）最明亮的状态进行合成组成的色彩。图 1-15 所示为网页中的色彩。

图 1-15　网页中的色彩

1.5.2　网页安全色

当用户的显示器只能显示 8 位色彩的时候，无论使用多么多的色彩也只能表示 256 种颜色，虽然现在计算机和显示器的性能越来越好，大部分用户都能使用 16 位以上的颜色，但是在网页配色中还要考虑在 256 色彩环境下使用网络的用户。

在网页设计时考虑这一点使用的颜色就是网页安全色。网页安全色是以 8 位 256 色为基准，除去在网页浏览器中表现的 40 种颜色以外剩下的 216 种色彩。最近虽然对于一般用户的环境没有要求一定要使用这 216 种网页安全色，但是在指定网站标志这类网页背景色彩时还是应该考虑的。

看颜色是否是网页安全色的方法是观察编码的组合，RGB 色彩的十六进制值为 00、33、66、99、CC、FF 的都是网页安全色，这样可以组合出 216 种颜色，也就是说，这 216 种颜色就是网页安全色，如图 1-16 所示。

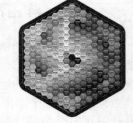

1.5.3　色彩模式

图 1-16　网页中的 216 种安全色

如果使用 Photoshop 之类的图像处理软件作图，用户首先需要理解并设置色彩模式。如果在 Photoshop 中使用 CMYK 色彩模式来制作图片，为了使制作出的图片能够在网页中使用，需要存为 JPG 格式。但直接保存是不行的，如果想存储为 JPG 格式，需要把模式转换为 RGB 色彩之后再保存。

1. RGB 色彩模式

RGB 色彩模式（RGB Color Mode）是光的三原色 Red（红色）、Green（绿色）、Blue（蓝色）相加混合产生色彩的模式。RGB 色彩是颜色相加混合产生的色彩，有增加明亮程度的特征，因此被称为加色混合。在加色混合中，补色是指相关的两个颜色混合时成为白色的情况，在网页中使用的图片、在显示器上出现的图像，大多数都是在 RGB 色彩模式中制作的，如图 1-17 所示。

2. CMYK 色彩模式

CMYK 色彩模式（CMYK Color Mode）是颜料或墨水的 Cyan（青色）、Magenta（洋红）、

Yellow（黄色）、Black（黑色）4 种色彩混合表现色彩、主要用于出版印刷的一种模式。减色混合是指颜色混合后出现的色彩比原来的颜色暗淡，这样与补色相关的两种颜色混合就会出现比原来颜色暗淡的情况，如图 1-18 所示。

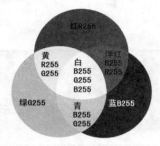

图 1-17　RGB 色彩模式

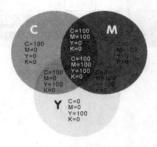

图 1-18　CMYK 色彩模式

3．灰度模式

灰度模式（Grayscale Mode）是无色彩模式，如果制作黑白图片可以使用灰度模式，其主要用于自然地处理黑、白、灰的图片。

4．索引色彩模式

索引色彩模式（Indexed Color Mode）使用的颜色是已经被限定在 256 个以内的一种模式，主要在使用网页安全色和制作透明的 GIF 图片时使用，在 Photoshop 中必须使用索引色彩模式才能制作出透明的 GIF 图片。

5．双色调模式

双色调模式（Duotone Mode）是在黑白图片中加入颜色，使色调更加丰富的模式。RGB 和 CMYK 等颜色模式都不可以直接转换为双色调模式，必须将色彩模式转换为灰度模式后才能够转换为双色调模式，用双色调模式可以用很小的空间制作出漂亮的图片。

6．位图模式

位图模式（Bitmap Mode）是用白色和黑色共同处理图片的模式。除双色调模式和灰度模式外，其他色彩模式都需要转换为灰度模式后再转换位图模式。

位图模式有 5 种图片处理方法，其中，50% 阈值是指在 256 种颜色中若颜色值大于 129 便处理为白色，否则处理为黑色；图案仿色是按一定的模式处理图片的；扩散仿色为最常用的选项，是按黑色和白色的阴影自然地使其分布；半调网屏与自定图案是用户使用自己设置的各种形状的网点与各种密度的网屏对图像进行处理。

1.5.4　色彩的联想作用

在网页中用什么颜色首先是根据网站的目标来决定的，要想更好地使用颜色就必须了解色彩对人们普遍产生的心理效果。例如，红、黄等颜色给人温暖的感觉，绿、蓝等颜色给人清爽和凉快的感觉。颜色不仅会给人温度的感觉，还会给人重量感和安全感等。

从色彩中获得感觉的个人差异也很大，研究表明，给男人和女人留下好感的颜色有差异，但色彩给人留下的感觉也是存在普遍性和一般性的。所以，在网页设计中要考虑色彩给人留下的心理作用。假如一个宾馆的网站全部使用黑色将会是一种什么效果？就算网站制作得再漂亮，顾客也会讨厌它，但是如果在影视类网站上效果就会完全不同了。所以在设计时要按照网站的目标考虑色彩的效果及给人的心理作用合理地设计色彩，图 1-19 所示为合理配色的网站页面。

图 1-19　合理配色的网站页面

1. 红色、黄色

红色是对人的眼睛刺激效果最显著，最容易引人注目，最能够使人产生心理共鸣，最受人瞩目和吸引人的颜色，在可视光线中红色的波长是最长的。红色使人联想到火或血，使人热情高涨，给人以强的视觉刺激。红色象征热情、危险和权威等。

红色减弱色调就变成了粉红色。粉红色和红色不同，它会给人一种温和、甜蜜、可爱的感觉。朱黄色和红色一样引人注目，给人以温暖和充满活力的感觉，在工厂中表示警戒和危险的时候常用朱黄色。明亮的朱黄色可以增进人的食欲，黄色给人以明朗和希望的感觉，也象征着幸福或福气。黄色很容易被人识别，所以常被用在工厂中或道路上，用来引起人的注意，它还象征着真诚和安全。图 1-20 所示为以红色和黄色为主色调的网站页面。

图 1-20　以红色和黄色为主色调的网站页面

2. 绿色

草绿色象征自然、调和、健康、青春、富饶和成长等，有使人的眼睛解除疲劳及缓和痛苦、紧张的效果，草绿色虽然并不太引人注目，但如果明度和饱和度都合适，可以给人以安定感，所以深绿色常用在信息室或会客室，也常用在手术服和安全标志上。大家应该注意的是，草绿色如果使用不当会给人厌烦和孤独的感觉。浅绿色有很强的中立性，给人以安静的感觉；深绿色则给人以严格和严肃的感觉。淡绿色则给人新鲜、希望和明朗的感觉，也给人清新和活力之感，图 1-21 所示为以绿色为主色调的网站页面。

图 1-21　以绿色为主色调的网站页面

3．蓝色

蓝色给人以冷的感觉，会使人联想到天空、大海和湖水等，它象征青春，蓝色还有 Success Blue 的说法，所以也象征成功，因为很多工作服都是蓝色的，所以还象征着劳动，后来被认为象征正直和信用等。明亮度高一些的蓝色会给人开放和活力之感，暗一些的蓝色则给人沉着、冷静之感。

蓝色和绿色可以使人的眼睛从疲劳中恢复，所以常用来制造安静的氛围。蓝色在吸引人和受瞩目的程度上不是特别高，和白色相配而成的蓝色有很好的判读性，它常和黑色一样用来表示文本。图 1-22 所示为以蓝色为主色调的网站页面。

图 1-22　以蓝色为主色调的网站页面

4．黑色、白色和灰色

黑色象征黑暗、死亡、沉默和神秘，给人以沉重和忧郁的感觉。但是洗练地使用黑色可以营造高贵的氛围。黑色也是代表上流社会、权利和奢华的颜色。黑色不反射色光，吸收所有的颜色，所以在配色时有使其他颜色更鲜明的效果。

灰色随着配色的不同可以很动人，也可以很平静。灰色较为中性，象征知性、老年和虚无等，使人联想到工厂、都市和冬天的荒凉等。灰色可以营造保守和稳重的气氛，表现出均衡感和洗练的氛围，可以和大部分颜色配合使用。白色在页面中是最普遍使用的基本背景色，具有干净、纯洁的意味，象征纯洁、清白和清洁，使人联想到雪和婚纱等。图 1-23 所示为以黑色、白色和灰色为主色调的网站页面。

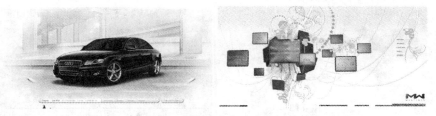

图 1-23　以黑色、白色和灰色为主色调的网站页面

1.5.5　网页配色的基本方法

配色不同的网页给人的感觉会有很大的差异，一般应使用与网页主题相符的颜色。如果有可能，要尽量少用几种颜色，调和各种颜色使其有稳定感是最好的。在把鲜明的色彩用做中心色彩时，以这个颜色为基准，主要使用与它邻近的颜色，使其具有统一性。另外，需要强调的部分使用其他颜色或利用几种颜色的对比，这些都是网页配色的基本方法。

与图像或图形布局要素相比，文本配色需要更强的可读性和可识别性，所以，在文本的配色与背景的对比度等问题上需要多费一些脑筋。很显然，如果字的颜色和背景色有明显的差异，其可读性和可识别性就强，这时主要使用的配色是明度的对比配色或者利用补色关系的配色。使用灰色或白色等无彩色背景，其可读性高，和其他颜色也容易配合，但如果想使用一些比较有个性的颜色则要注意颜色的对比度问题。大家要多试验几种颜色，努力寻找自己熟悉的、适合的颜色。另外，在文本背景下使用图像，如果使用对比度高的图像，那么可识别性就会降低，在这种情况下要考虑降低图像的对比度和使用只有颜色的背景。

实际上，想在网页中恰当地使用颜色就要考虑各个要素的特点。背景和文字如果使用近似的颜色，其可识别性就会降低，这是文本字号大小处于某个值时的特征。也就是说，各要素的大小如果发生了改变，色彩也需要改变。如果标题字号大小大于一定值，即使使用与背景相近的颜色对其可识别性也不会有太大的影响。相反，如果与周围的颜色互为补充，可以给人整体上调和的感觉。如果整体使用比较接近的颜色，那么对想强调的内容使用它的补色，这也是配色的一种方法，如图 1-24 所示。

图 1-24　网页配色

在网页配色中，最重要的莫过于整体的平衡。例如，为了强调标题使用对比强烈的图像或色彩，若正文过暗或到处使用补色作为强调色就会使人的注意力分散，使整体的效果减弱，这是没有很好地考虑整体的平衡而发生的问题。如果标题的背景使用较暗的颜色，用最容易引人注意的白色作为标题的颜色，正文也使用与之相同的颜色，或者标题用很大的文字，在很暗的背景下用白色作为扩张色压倒其他要素，这样画面就会互相冲突而显得很杂乱。

如果我们反转网页中的一部分，尽管这些内容看起来很奇怪，但色彩还是很均衡。色彩调和非常好的网页即使全部反转过来，看起来还是很调和的。对于网页配色设计来说，尽管作为中枢色的基本色和剩下的一个个颜色都很重要，但最重要的还是页面色彩间的调和和均衡问题，所以在设计网页时要仔细考虑色彩间的各种对比和一贯性，如图 1-25 所示。

图 1-25　网页色彩的调和

统一的配色可以给人一贯性的感觉，网页设计人员可以很随意地配色，但是要注意某种配色可能会让人产生腻烦感。像紫色和蓝色这样的相近色，在进行配色时要充分考虑以明度差和饱和度差的配色来调和网页色彩。像红色和蓝色的配色互相构成对比，会产生色彩强烈而又华丽的效果，给人以很强的动感。此外，利用明度差和饱和度差可以得到多种感觉的配色。

1.6　本章小结

本章主要向读者介绍了有关网页设计制作的基础知识，使读者对网页设计有一个全面的、基础的了解和认识，从而为后面的学习打下良好的基础。本章所讲的内容以概念居多，读者在学习的过程中要注意理解。

第 2 章 初识 Dreamweaver CC

Dreamweaver CC 简介

实例名称：安装 Dreamweaver CC
源文件：无
视频：视频\第 2 章\2-2-2.swf

Dreamweaver CC 的工作界面

实例名称：卸载 Dreamweaver CC
源文件：无
视频：视频\第 2 章\2-2-3.swf

"插入" 面板

辅助工具的使用

本章知识点

Dreamweaver CC 是一款由 Adobe 公司开发的最新版本的专业的 HTML 编辑器，用于 Web 站点、Web 页面和 Web 应用程序的设计、编码和开发。利用 Dreamweaver CC 中的可视化编辑功能，用户可以快速地创建页面而无须编写任何代码。Dreamweaver CC 提供了许多与编码相关的工具和功能，本章将带领读者一起去认识和了解最新版本的 Dreamweaver CC。

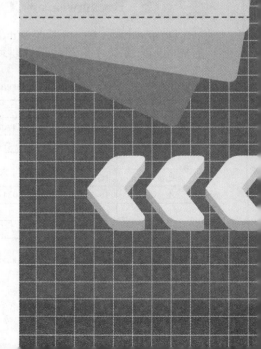

2.1   Dreamweaver CC 简介

Dreamweaver CC 在增强面向专业人士的基本工具和可视技术的同时,还为网页设计用户提供了功能强大的、开放的、基于标准的开发模式。正因如此,Dreamweaver CC 的出现巩固了自 1997 年推出 Dreamweaver 1 以来长期占据网页设计专业开发领域行业标准级解决方案的领先地位。Dreamweaver CC 的启动界面如图 2-1 所示。

图 2-1   Dreamweaver CC 启动界面

Dreamweaver CC 是 Adobe 公司用于网站设计与开发的业界领先工具的最新版本,提供了强大的可视化布局工具、应用开发功能和代码编辑支持,使设计和开发人员能够有效地创建基于 Web 标准的网站和应用。无论是刚接触网页设计的初学者还是专业的 Web 开发人员,Dreamweaver 都在前卫的设计理念和强大的软件功能方面给予了充分而且可靠的支持,因此占领了绝大部分网页设计制作市场,深受初学者和专业人士的欢迎。

2.2   Dreamweaver CC 的安装与卸载

Dreamweaver CC 是业界领先的网页开发工具,通过该工具能够使用户有效地设计、开发和维护基于标准的网站和应用程序。本节将向读者介绍如何正确地安装和卸载 Dreamweaver CC。

2.2.1   Dreamweaver CC 的系统要求

Dreamweaver CC 可以在 Windows 系统中运行,也可以在苹果机上运行。Dreamweaver CC 在 Windows 系统中运行的系统要求如表 2-1 所示。

表 2-1   Dreamweaver CC 在 Windows 系统中运行的系统要求

项　　目	要　　求
CPU	Intel Pentium4 或 AMD Athlon 64 处理器
操作系统	Microsoft Windows 7 Service Pack 1、Windows 8 或 Windows 8.1
内存	1GB 以上内存
硬盘空间	1GB 可用硬盘空间用于安装,在安装过程中需要额外的可用空间(无法安装在可移动闪存设备上)
显示器	16 位显卡,1 280×1 024 像素的显示分辨率
光盘驱动器	DVD-ROM 驱动器
在线服务	必须使用宽带 Internet 连接,完成软件注册,才能够使用在线服务

Dreamweaver CC 在苹果机上运行的系统要求如表 2-2 所示。

表 2-2　Dreamweaver CC 在苹果机上运行的系统要求

项　目	要　求
CPU	Intel 多核处理器
操作系统	Mac OS X V10.7、V10.8 或 V10.9
内存	1GB 以上内存
硬盘空间	1GB 可用硬盘空间用于安装，在安装过程中需要额外的可用空间（无法安装在使用区分大小写的文件系统的卷或移动闪存设备上）
显示器	16 位显卡，1 280×1 024 像素的显示分辨率
光盘驱动器	DVD-ROM 驱动器
在线服务	必须使用宽带 Internet 连接，完成软件注册，才能够使用在线服务

本书将在 Windows 7 操作系统中对 Dreamweaver CC 网页设计制作进行系统的讲解。如果需要使用 HTML5 在网页中实现媒体播放，则系统中必须安装 QuickTime 7.6.6 及以上版本软件。

2.2.2　安装 Dreamweaver CC

在了解了 Dreamweaver CC 的系统要求后，接下来将在 Windows 7 系统中安装 Dreamweaver CC。

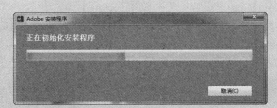
安装 Dreamweaver CC
源文件：无　视频：光盘\视频\第 2 章\2-2-2.swf

01 ▶ 启动 Dreamweaver CC 安装程序，系统会自动进入初始化安装程序界面，如图 2-2 所示。初始化完成后会进入欢迎界面，可以选择"安装"或"试用"，如图 2-3 所示。

图 2-2　初始化安装程序界面　　　　图 2-3　欢迎界面

　　　如果安装时没有产品的序列号，可以选择"试用"选项，这样不用输入序列号即可安装，在此情况下可以正常使用软件 30 天。30 天过后必须输入序列号，否则不能正常使用。

02 ▶ 单击"试用"，进入需要登录界面，可以输入 Adobe ID 登录，如果还没有 Adobe ID，可以直接注册 Adobe ID 并进行登录，如图 2-4 所示。单击"登录"按钮，系统会进入 Adobe 软件许可协议界面，如图 2-5 所示。

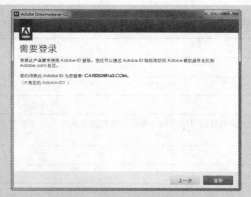

图 2-4   需要登录界面

图 2-5   软件许可协议界面

03 ▶ 单击"接受"按钮，进入安装选项界面，在该界面中指定 Dreamweaver CC 的安装路径，如图 2-6 所示。然后单击"安装"按钮，进入安装界面，显示安装进度，如图 2-7 所示。

图 2-6   选项界面

图 2-7   安装界面

04 ▶ 安装完成后，进入安装完成界面，显示已安装内容，如图 2-8 所示。单击"关闭"按钮，则关闭安装窗口，完成 Dreamweaver CC 的安装；单击"立即启动"按钮，可以立即运行 Dreamweaver CC 软件。Dreamweaver CC 会自动在"开始"菜单中添加一个 Dreamweaver CC 的启动命令，如图 2-9 所示。

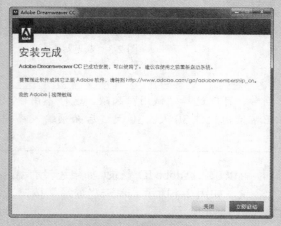

图 2-8   安装完成界面

图 2-9   Dreamweaver CC 的启动命令

2.2.3 卸载 Dreamweaver CC

如果 Dreamweaver CC 出现问题，无法正常运行，则需要将 Dreamweaver CC 卸载并重新安装，下面向读者介绍卸载 Dreamweaver CC 的方法。

自测 2 卸载 Dreamweaver CC
源文件：无 视频：光盘\视频\第 2 章\2-2-3.swf

01 ▶ 在 Windows 操作系统中执行"开始"菜单中的"控制面板"命令，如图 2-10 所示，打开"控制面板"窗口，单击"程序和功能"按钮，如图 2-11 所示。

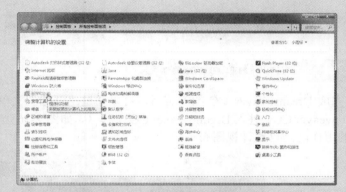

图 2-10 执行"控制面板"命令　　　　　图 2-11 单击"程序和功能"按钮

02 ▶ 进入"程序和功能"窗口，在"卸载或更改程序"列表框中选择 Dreamweaver CC 应用程序，单击上方的"卸载"按钮，如图 2-12 所示。此时会弹出一个对话框，显示卸载选项界面，如图 2-13 所示。

图 2-12 单击"卸载"按钮　　　　　图 2-13 卸载选项界面

03 ▶ 单击"卸载"按钮，进入卸载界面，显示 Dreamweaver CC 的卸载进度，如图 2-14 所示。卸载完成后将显示卸载完成界面，如图 2-15 所示，单击"关闭"按钮，即可完成 Dreamweaver CC 的卸载操作。

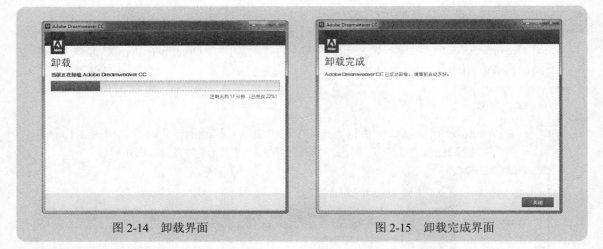

图 2-14　卸载界面　　　　　　　　　　图 2-15　卸载完成界面

2.2.4　启动 Dreamweaver CC

　　完成 Dreamweaver CC 的安装后，可以通过"开始"菜单中的 Dreamweaver CC 命令启动 Dreamweaver CC，进入 Dreamweaver CC 工作区，如图 2-16 所示。在默认情况下，Dreamweaver CC 的工作区是以设计视图布局的。

图 2-16　默认工作区

　　Dreamweaver CC 设计视图布局是一种将所有元素置于一个窗口中的集成布局，是 Adobe 软件的标准工作区布局，建议用户使用这个工作区布局。本书对 Dreamweaver CC 的学习主要在设计视图中。

2.3　Dreamweaver CC 的新增功能

　　Dreamweaver CC 提供了众多功能强大的可视化设计工具、应用开发环境和代码编辑支持，使开发人员和设计师能够快捷地创建代码规范的应用程序，并且其集成程度非常高，开发环境精简而高效，开发人员能够运用 Dreamweaver 与服务器技术构建功能强大的网络应用程序衔接到用户的数据、网络服务体系。

Dreamweaver CC 是 Dreamweaver 的最新版本，它和以前的 Dreamweaver CS6 版本相比增加了一些新的功能，并且增强了很多原有的功能，本节将对 Dreamweaver CC 的新增功能进行简单的介绍。

2.3.1 简洁的用户界面

Dreamweaver CC 对工作界面进行了全面的精简，减少了对话框的数量和很多不必要的操作按钮，例如对"文档"工具栏和状态栏进行了精简，使得整个工作界面更加直观、简洁，如图 2-17 所示。

图 2-17　简洁的工作界面

2.3.2 全新的"新建文档"对话框

Dreamweaver CC 中的"新建文档"对话框也做了改进，去掉了很多不必要的默认布局选项，并且在 Dreamweaver CC 新建 HTML 页面时默认的"文档类型"是 HTML5，而不是之前版本的 XHTML，如图 2-18 所示。

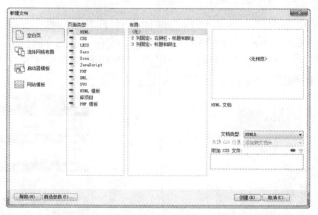

图 2-18　全新的"新建文档"对话框

2.3.3 Dreamweaver 与 Creative Cloud 同步

用户可以将定义的站点、创建的文件或应用程序存储在 Creative Cloud 中，当需要使用这些文件时，可以随时随地登录 Creative Cloud 访问所存储的文件。在 Dreamweaver CC 中可以设置 Dreamweaver 与 Creative Cloud 同步。

执行"编辑>首选项"命令，弹出"首选项"对话框，在"分类"列表中选择"同步设置"选项，在对话框右侧选中"启用自动同步"复选框，如图 2-19 所示，可以开启 Dreamweaver CC 与 Creative Cloud 同步。用户也可以单击 Dreamweaver CC 菜单栏右侧的"同步设置"按钮，在弹出的对话框中单击"立即同步设置"按钮，将 Dreamweaver CC 与 Creative Cloud 同步，如图 2-20 所示。

图 2-19 "首选项"对话框

图 2-20 设置同步

2.3.4 全新的"插入"面板

在 Dreamweaver CC 中对"插入"面板进行了全面的优化和调整，新增了许多与 HTML5 相关的对象插入按钮，去掉了许多在网页中很少使用的对象插入按钮，并且对"插入"面板中的元素类别重新进行了调整，如图 2-21 所示。

2.3.5 全新的"CSS 设计器"面板

在 Dreamweaver CC 中对"CSS 设计器"面板进行了"革命性"的改变，取消了 CSS 样式新建和设置对话框，将 CSS 样式的新建和设置全部集成在"CSS 设计器"面板中，并且对 CSS 3.0 属性提供了全面的支持，如图 2-22 所示。用户使用高度直观的 CSS 样式创建方式，可以生成整洁的、符合 Web 标准的 CSS 样式代码。

图 2-21 "插入"面板

图 2-22 "CSS 设计器"面板

2.3.6　新增 HTML5 画布插入按钮

HTML5 中的画布元素是在网页中动态创建图形的容器，这些图形是在网页的运行过程中通过 JavaScript 脚本创建的。在 Dreamweaver CC 的"插入"面板中新增了"画布"按钮，单击"插入"面板的"常用"选项卡中的"画布"按钮，即可快速地在网页中插入 HTML5 画布元素，如图 2-23 所示。

图 2-23　"画布"按钮

2.3.7　新增网页结构元素

在 Dreamweaver CC 中新增了 HTML5 结构语义元素的插入操作按钮，它们位于"插入"面板的"结构"选项卡中，包括"页眉"、"标题"、Navigation、"侧边"、"文章"、"章节"和"页脚"等，如图 2-24 所示。通过这些按钮，用户可以快速地在网页中插入 HTML5 语义标签。

图 2-24　"结构"选项卡

2.3.8　新增 HTML5 音频和视频插入按钮

虽然在 Dreamweaver CS5.5 和 CS6 版本中已经支持 HTML5 的相关标签，但是只能通过代码视图直接编写 HTML5 代码，在 Dreamweaver CC 中提供了对 HTML5 更全面、更便捷的支持，用户可以通过新增的 HTML5 音频和视频插入按钮（如图 2-25 所示）在网页中轻松地插入 HTML5 音频和视频，而不需要编写 HTML5 代码。

图 2-25　音频和视频插入按钮

2.3.9　支持导入 Adobe Edge Animate 作品

在全新的 Dreamweaver CC 中可以导入 Adobe Edge Animate 作品（OAM 文件），默认情况下，用户在 Dreamweaver 中导入 Adobe Edge Animate 作品文件后会自动在当前站点的根目录中生成一个名为 edgeanimate_assets 的文件夹，将 Adobe Edge Animate 作品文件的提取内容放入到该文件夹中。如果需要在 Dreamweaver CC 中导入 Adobe Edge Animate 作品文件，可以单击"插入"面板的"媒体"选项卡中的"Edge Animate 作品"按钮，如图 2-26 所示。

图 2-26　"Edge Animate 作品"按钮

提示　随着 HTML5 技术逐渐成熟，HTML5 的标准化和优异性自然成为界面设计中动画表现的最佳选择，Abode Edge Animate 是一款由 Adobe 公司开发的 HTML5 可视化开发软件，避免了 HTML5 代码的编写，使得 HTML5 的开发更加简单、便捷。

2.3.10   新增 HTML5 表单输入类型

在 Dreamweaver CC 中为了能够对 HTML5 提供更好的支持和更便捷的操作新增了许多 HTML5 表单输入类型，这些 HTML5 表单输入类型位于"插入"面板的"表单"选项卡中，包括"数字"、"范围"、"颜色"、"月"、"周"、"日期"、"时间"、"日期时间"和"日期时间（当地）"，如图 2-27 所示，单击相应的按钮，即可在页面中插入相应的 HTML5 表单输入类型。

2.3.11   新增适用于 jQuery Mobile 的表单元素

Dreamweaver CC 新增了许多适用于 jQuery Mobile 的表单元素，这些元素的功能与 HTML5 表单输入类型中相应元素的功能相似，它们位于"插入"面板的"表单"选项卡中，包括"电子邮件"、"密码"、Url、Tel、"搜索"、"数字"、"范围"、"颜色"、"月"、"周"、"日期"、"时间"和"日期时间"，如图 2-28 所示。

图 2-27   表单输入类型   图 2-28   适用于 jQuery Mobile 的表单元素

2.3.12   jQuery Widget

在 Dreamweaver CC 中新增了许多 jQuery 功能，通过这些 jQuery 功能可以在网页中轻松地实现许多 jQuery 特效。在"插入"面板的 jQuery UI 选项卡中提供了许多网页 jQuery 特效的插入按钮，如图 2-29 所示，并且在"行为"面板的"效果"下拉菜单中还提供了许多 jQuery 效果，如图 2-30 所示，通过添加 jQuery 效果可以使网页更加具有吸引力。

图 2-29   jQuery UI 选项卡   图 2-30   jQuery 效果菜单

2.3.13   集成 Edge Web Fonts

在网页中能够使用的默认字体并不多，如果需要使用特殊的字体效果，通常是将特殊文字制作成图片的形式。在 Dreamweaver CC 中新增了 Edge Web Fonts 功能，在网页中可以加载 Adobe 提供的 Edge Web 字体，从而在网页中实现特殊的字体效果。执行"修改>管理字体"命令，在弹出的"管理字体"对话框中选择 Adobe Edge Web Fonts 选项卡,即可使用 Adobe 提供的 Edge Web 字体,如图 2-31 所示。

2.3.14 支持全新的平台

Dreamweaver CC 提供了全面的系统平台支持,对 HTML5 和 CSS 3.0 提供支持更加完善,支持 jQuery 和 jQuery 移动项目的创建,并且支持在 PHP 中开发动态网页。注意,只有在 Dreamweaver CC 中新建了 PHP 页面才会在"插入"面板中看到 PHP 选项卡,如图 2-32 所示。

图 2-31 Adobe Edge Web Fonts 选项卡

图 2-32 PHP 选项卡

2.3.15 增强表单元素对 HTML5 的支持

在 Dreamweaver CC 中增强了表单元素对 HTML5 的支持,在"插入"面板的"表单"选项卡中新增了 4 个表单元素,分别是"电子邮件"、"搜索"、Tel 和 Url,如图 2-33 所示;并且将表单元素插入到网页中后,表单元素的"属性"面板中新增了许多属性设置选项,如图 2-34 所示。

图 2-33 "表单"选项卡

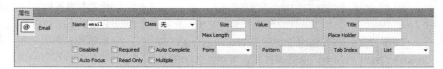

图 2-34 表单元素的"属性"面板

2.3.16 增强 FTP

在 Dreamweaver CC 中增强了 FTP 的功能,用户在 Dreamweaver CC 中编辑并保存文件时文件将自动上传到服务器,即使在保存操作期间正在进行并行的上传或下载进程,文件也将上传到服务器。

2.4 Dreamweaver CC 的工作界面

Dreamweaver CC 提供了一个将所有元素置于一个窗口中的集成布局。在集成的工作界面中,所有窗口和面板都被集成到一个更大的应用程序窗口中(如图 2-35 所示),使用户可以查看文档和对象的属性,还将许多常用操作置于工具栏中,使用户可以快速地更改文档。

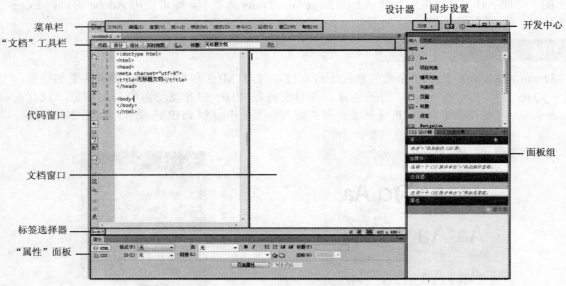

图 2-35　Dreamweaver CC 工作界面

　　菜单栏：菜单栏中包含了所有 Dreamweaver CC 操作所需要的命令,这些命令按照操作类别划分到文件、编辑、查看、插入、修改、格式、命令、站点、窗口和帮助 10 个菜单中。

　　设计器：单击该按钮,用户可以在弹出的菜单中选择适合自己的面板布局方式,以更好地适应不同的工作类型。图 2-36 所示为单击该按钮弹出的菜单。

图 2-36　弹出的菜单

　　同步设置：该按钮用于实现 Dreamweaver CC 与 Creative Cloud 的同步,单击该按钮,可以在弹出的对话框中进行同步设置,如图 2-37 所示。

图 2-37　同步设置的对话框

　　开发中心：单击该按钮,可以使用系统默认的浏览器自动打开 Dreamweaver 开发中心页面。

　　"文档"工具栏：其中包含一些按钮,它们提供了各种文档窗口视图(例如设计视图和代码视图)的选项、各种查看选项和一些常用操作(例如使用"实时视图"按钮可以将设计视图切换到实时视图)。

　　代码窗口：在该窗口中将显示当前所编辑页面的相应代码,在代码窗口左侧是相应的代码工具,通过使用这些工具可以在代码中插入注释以及简化代码操作等。

　　文档窗口：文档窗口用于显示用户当前创建和编辑的文档。

　　标签选择器："标签选择器"位于文档窗口底部的状态栏中,用于显示环绕当前选定内容的标签的层次结构,单击该层次结构中的任何标签可以选择该标签及其所有内容。

　　"属性"面板："属性"面板用于查看和更改所选对象或文本的各种属性,选择不同的对象将在"属性"面板中显示不同的内容。

　　面板组：面板组用于帮助用户进行监控和修改工作,例如"插入"面板、"CSS 设计器"面板,如图 2-38 所示。如果要展开某个面板,可以选择其选项卡。

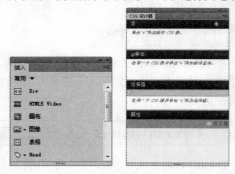

图 2-38　"插入"面板和"CSS 设计器"面板

2.4.1　Dreamweaver CC 的菜单栏

Dreamweaver CC 的菜单栏中共有 10 个菜单命令，即文件、编辑、查看、插入、修改、格式、命令、站点、窗口和帮助，如图 2-39 所示，下面进行介绍。

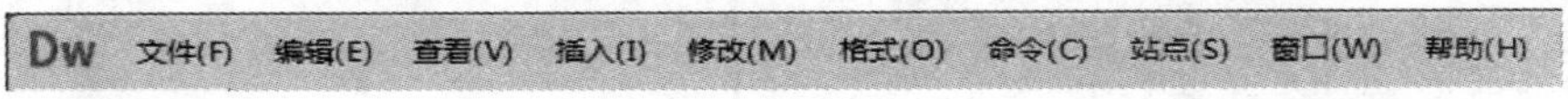

Dw 文件(F)　编辑(E)　查看(V)　插入(I)　修改(M)　格式(O)　命令(C)　站点(S)　窗口(W)　帮助(H)

图 2-39　菜单栏

"文件"菜单：包含用于文件操作的标准命令，例如"新建"、"打开"和"保存"等。它还包含一些其他命令，用于查看当前文档或对当前文档执行某项操作，例如"在浏览器中预览"和"验证"等。"文件"菜单如图 2-40 所示。

图 2-40　"文件"菜单

"编辑"菜单：包含用于基本编辑操作的标准命令，例如"剪切"、"粘贴"和"清除"等。"编辑"菜单还包含选择和搜索命令，例如"选择父标签"、"查找和替换"等，并且提供了对键盘快捷方式的编辑和标签编辑器的访问，它还提供了对 Dreamweaver CC 菜单中"首选项"的访问。"编辑"菜单如图 2-41 所示。

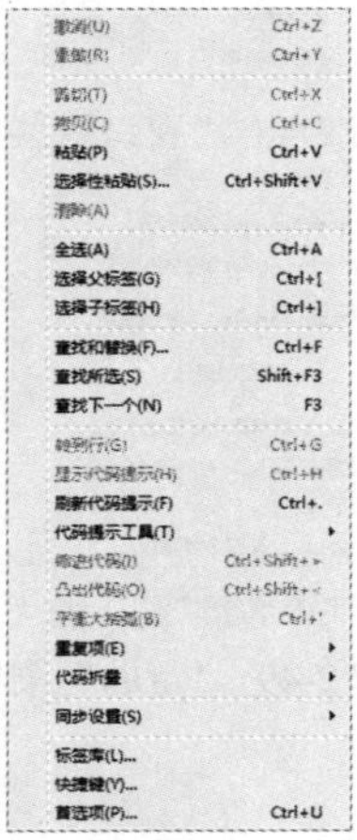

图 2-41　"编辑"菜单

"查看"菜单：可以使用户看到文档的各种视图（例如设计视图、代码视图），并且可以显示或隐藏不同类型的页面元素以及不同的 Dreamweaver CC 工具。"查看"菜单如图 2-42 所示。

图 2-42　"查看"菜单

"插入"菜单：提供了"插入"面板的替代项，以便将页面元素插入到网页中。"插入"菜单如图 2-43 所示。

图 2-43　"插入"菜单

"修改"菜单：使用用户可以更改所选页面元素的属性。使用此菜单，用户可以编辑标签的属性，更改表格和表格元素，并且对库和模板执行不同的操作。"修改"菜单如图 2-44 所示。

图 2-44　"修改"菜单

"格式"菜单："格式"菜单主要是为了方便用户设置网页中文本的格式，如图 2-45 所示。

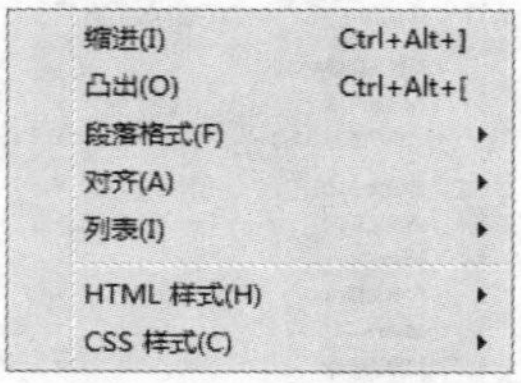

图 2-45　"格式"菜单

"命令"菜单：提供了对各种命令的访问，包含根据格式参数的选择来设置代码格式、排序表格以及清理 HTML 代码等的命令。"命令"菜单如图 2-46 所示。

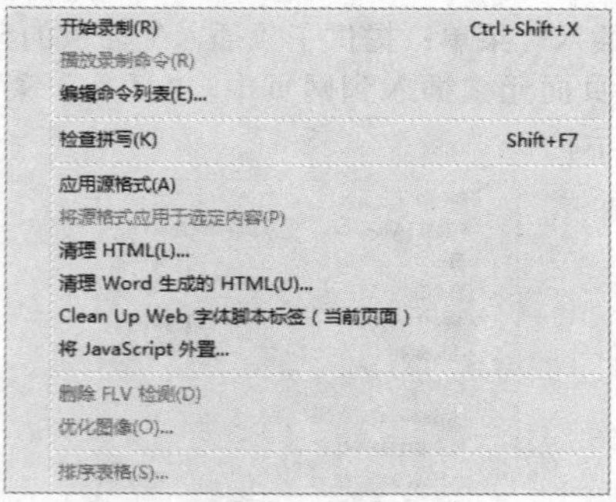

图 2-46　"命令"菜单

"站点"菜单：提供了用于创建、打开和编辑站点，以及用于管理当前站点中文件的命令。"站点"菜

单如图 2-47 所示。

图 2-47　"站点"菜单

"窗口"菜单：提供了对 Dreamweaver CC 中的所有面板、检查器和窗口的访问，"窗口"菜单如图 2-48 所示。

"帮助"菜单：提供了对 Dreamweaver CC 文件的访问，包含如何使用 Dreamweaver CC 以及对 Dreamweaver CC 的支持，并且包含各种代码的参考材料等。"帮助"菜单如图 2-49 所示。

图 2-48　"窗口"菜单

图 2-49　"帮助"菜单

2.4.2　"插入"面板

网页的内容虽然多种多样，但是都可以称为对象。简单的对象有文字、图像和表格等，复杂的对象有导航条和程序等。

在 Dreamweaver CC 中改进了"插入"面板，对插入到网页中的元素进行了重新分类，提供了许多全新的网页元素并去掉了许多不实用的网页元素。大部分对象都可以通过"插入"面板插入到页面中，"插入"面板如图 2-50 所示。

在"插入"面板中用户可以看到，在类别名称按钮旁有一个三角形的扩展按钮，单击该按钮，在弹出的菜单中选择相应的类别，即可切换到该类别，如图 2-51 所示。

图 2-50 "插入"面板

图 2-51 类别列表

常用：在该类别中提供了网页中常用对象的插入按钮，包括 Div、图像和表格等，如图 2-52 所示。

媒体：在该类别中提供了网页中各种多媒体对象的插入按钮，包括 Flash、FLV 和视频等，如图 2-54 所示。

表单：在该类别中提供了网页中表单对象的插入按钮，并且新增了许多全新的 HTML5 表单对象，包括表单、文本和密码等，如图 2-55 所示。

图 2-52 "常用"类别

图 2-54 "媒体"类别

结构：该类别是 Dreamweaver CC 新增的类别，在该类别中提供了与网页结构相关的对象的插入按钮，包括页眉、页脚和标题等，如图 2-53 所示。

图 2-53 "结构"类别

图 2-55 "表单"类别

jQuery Mobile：在该类别中提供了一系列针对移动设备页面开发的按钮，包括页面、列表视图和布局网格等，如图 2-56 所示。

图 2-56　jQuery Mobile 类别

jQuery UI：该类别是 Dreamweaver CC 新增的功能，在该类别中提供了以 jQuery 为基础的开源 JavaScript 网页用户界面代码库，如图 2-57 所示。

图 2-57　jQuery UI 类别

模板：在该类别中提供了 Dreamweaver CC 中各种模板对象的创建按钮，包括创建模板、创建可编辑区域等，如图 2-58 所示。

图 2-58　"模板"类别

收藏夹：该类别用于收藏用户自定义的网页对象创建按钮，在默认情况下该类别中没有对象，用户可以根据自己的使用习惯将常用的网页对象创建按钮添加到该类别中，如图 2-59 所示。

图 2-59　"收藏夹"类别

隐藏标签：选择该选项，可以隐藏"插入"面板中各插入对象按钮后的标签提示，只显示插入按钮，如图 2-60 所示。当选择了"隐藏标签"选项后，该选项将变为"显示标签"选项，如图 2-61 所示，选择该选项，将恢复默认的显示标签效果。

图 2-60　隐藏标签效果　　图 2-61　显示标签

每一个对象都是一段 HTML 代码，允许用户在插入对象时设置不同的属性。例如，用户可以在"插入"面板中单击 Div 按钮插入一个 Div。当然，用户也可以不使用"插入"面板而使用"插入"菜单来插入页面元素。

2.4.3　"文档"工具栏

"文档"工具栏中包含了各种按钮，它们提供了进入各种文档窗口视图的方式，例如设计视图和代码视图，以及各种查看选项和一些常用操作，例如在浏览器中预览页面等，如图 2-62 所示。

图 2-62 "文档"工具栏

单击"文档"工具栏中的"文档管理"按钮 ，会弹出一个菜单，其中包含了一些与在本地和远程站点间传输文档有关的常用命令和选项。

2.4.4 状态栏

状态栏位于文档窗口底部，提供了与正在创建的文档有关的其他信息，如图 2-63 所示。

平板电脑大小　窗口大小

`<body>` 774 x 433

标签选择器　　　　　　　手机大小　桌面电脑大小

图 2-63 状态栏

标签选择器：显示环绕当前选定内容的标签的层次结构。单击该层次结构中的任何标签可以选择该标签及其所有内容；单击 `<body>` 可以选择文档的整个正文。

"手机大小"按钮 ：单击该按钮，可以将页面的当前文档窗口的页面尺寸设置为手机大小（480×800）。

"平板电脑大小"按钮 ：单击该按钮，可以将页面的当前文档窗口的页面尺寸设置为平板电脑大小（768×1 024）。

"桌面电脑大小"按钮 ：单击该按钮，可以将页面的当前文档窗口的页面尺寸设置为桌面电脑大小（1 000×620）。

窗口大小：显示当前设计视图中窗口部分的尺寸，在该选项上单击会弹出一个菜单，其中提供了一些常用的页面尺寸大小，如图 2-64 所示。

图 2-64 "窗口大小"菜单

2.4.5 浮动面板

浮动面板是 Dreamweaver 操作界面的一大特色，一个好处是可以节省屏幕空间。用户可以根据需要显示浮动面板，也可以拖曳面板脱离面板组。用户还可以通过单击面板右上角的小三角按钮展开或折叠浮动面板，如图 2-65 所示。

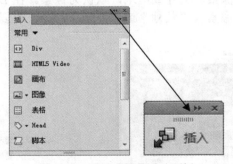

图 2-65 展开或折叠浮动面板

在 Dreamweaver CC 工作界面的右侧整齐地竖直排放着一些浮动面板，这一部分称为浮动面板组，用户可以在"窗口"菜单中选择需要显示或隐藏的浮动面板。Dreamweaver CC 的浮动面板比较多，这里不再逐一介绍，对于各浮动面板会在后面章节涉及时进行介绍。

34

技巧：面板打开之后可能随意放置在屏幕上，有时会很杂乱，这时候可以执行"窗口>工作区布局"命令下的一种布局方式，将面板整齐地摆放在屏幕上。当需要更大的编辑窗口时，可以按快捷键 F4，将所有的面板隐藏。再按一下快捷键 F4，隐藏之前打开的面板又会在原来的位置上出现。其对应的菜单命令是"窗口>显示面板（或隐藏面板）"，使用快捷键更加方便、快捷。

2.5 辅助工具的使用

为了更准确、更方便地在 Dreamweaver CC 中制作出精美的网页，Dreamweaver CC 提供了几种辅助工具。

2.5.1 标尺

使用标尺可以更精确地计算所编辑网页的宽度和高度，使网页更符合浏览器的显示要求。执行"查看>标尺>显示"命令，标尺即显示在 Dreamweaver CC 文档窗口的左侧和上部，如图 2-66 所示。

图 2-66 在文档窗口中显示标尺

标尺原点默认位于 Dreamweaver CC 窗口设计视图的左上角，用户可以将标尺原点图标拖曳至页面的任意位置，如图 2-67 所示。如果要将原点重置到它的默认位置，执行"查看>标尺>重设原点"命令即可。

标尺的度量单位可以是像素、英寸或厘米，默认为像素。在 Dreamweaver CC 窗口中，在"查看>标尺"命令下选择"像素"、"英寸"或"厘米"命令，可以改变标尺的度量单位，如图 2-68 所示。

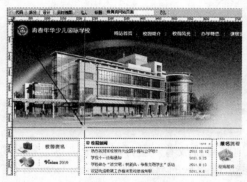

图 2-67 调整标尺原点

图 2-68 设置标尺单位

如果需要隐藏文档窗口中的标尺，只需再次执行"查看>标尺>显示"命令即可。

2.5.2 辅助线

辅助线的主要功能是在制作网页时用于辅助定位。执行"查看>辅助线>显示辅助线"命令，然后从左侧和上侧的标尺上拖曳鼠标，即可拖曳出辅助线，在拖出辅助线的同时还会显示当前的编辑距离，如图 2-69 所示。

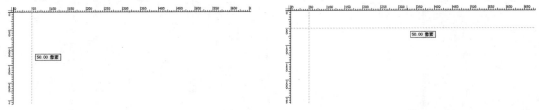

图 2-69　创建辅助线

如果需要使网页中的 Div 能自动靠齐到辅助线，方便 Div 的定位，即可执行"查看>辅助线>靠齐辅助线"命令。无论辅助线是否显示，都可以使用靠齐功能。

为了方便操作，Dreamweaver CC 提供了一些经常用到的辅助线参数，执行"查看>辅助线>640×480 像素，默认"命令，辅助线效果如图 2-70 所示。执行"查看>辅助线>编辑辅助线"命令，系统会弹出"辅助线"对话框，可以对辅助线的一些属性进行设置，如图 2-71 所示。

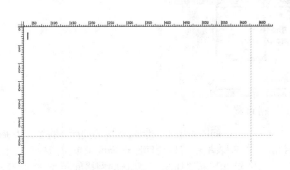

图 2-70　辅助线效果

图 2-71　"辅助线"对话框

辅助线颜色：设置辅助线的颜色。

距离颜色：指定鼠标保持在辅助线之间时作为距离指示器出现的线条的颜色。

显示辅助线：使辅助线在设计视图中可见。

靠齐辅助线：使页面元素在页面中移动时靠齐辅助线。

锁定辅助线：将辅助线锁定在适当位置。

辅助线靠齐元素：拖动辅助线时将辅助线靠齐页面上的元素。

清除全部：从页面中清除所有辅助线。

如果想查看辅助线之间的距离，可以将鼠标移动到需要查看的辅助线之间，按下 Ctrl 键即可显示水平和垂直的距离。

2.5.3 网格

网格是在设计视图中对 Div 进行绘制、定位或大小调整的可视化向导。通过对网格进行操作，可以使页面元素在被移动后自动靠齐到网格，并通过指定网格设置来更改网格或控制靠齐行为。

执行"查看>网格设置>显示网格"命令，网格即显示在 Dreamweaver CC 窗口的设计视图中，如图 2-72 所示。

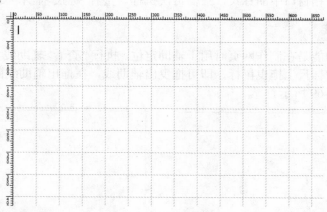

图 2-72　显示网格

　　如果需要使网页中的 Div 能自动靠齐到网格，方便 Div 的定位，执行"查看>网格设置>靠齐到网格"命令。无论网格是否显示，都可以使用靠齐功能。

　　执行"查看>网格设置>网格设置"命令，系统会弹出"网格设置"对话框，如图 2-73 所示。

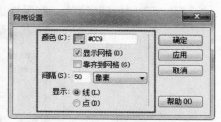

图 2-73　"网格设置"对话框

　　颜色：设置网格线的颜色。

　　显示网格：选中"显示网格"复选框，网格就会显示在 Dreamweaver 窗口的设计视图中。

　　靠齐到网格：选中该复选框，网页中的 Div 就能自动靠齐到网格。

　　间隔：用来控制网格线的间距，在紧跟其后的下拉列表框中可以为间距选择度量单位，选项有"像素"、"英寸"和"厘米"，默认的网格间距为 50 像素。

　　显示：可选项有"线"和"点"，用于指定网格线是显示为线条还是显示为点。

2.6　本章小结

　　现在，真正的网页设计制作还没有开始，在本章中只是让读者熟悉一下 Dreamweaver CC 的界面以及工作环境，了解 Dreamweaver CC 的一些新增功能，使读者对 Dreamweaver CC 的菜单以及工作界面有一个全面的了解和认识，一旦掌握了 Dreamweaver CC 中各种菜单、面板的使用方法，无论做什么都会得心应手。

第3章 使用 Dreamweaver CC 编辑 HTML 代码

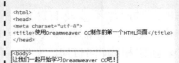

HTML 的语法结构

实例名称：在代码视图中创建
HTML 页面
源文件：源文件\第 3 章\3-3-1.html
视频：视频\第 3 章\3-3-1.swf

代码视图详解

使用快速标签编辑器

CSS 样式代码

JavaScript 脚本代码

本章知识点

　　每一种可视化的网页制作软件都会提供源代码的编辑和控制功能，也就是说，在软件中可以随时调出源代码进行修改或编辑。Dreamweaver CC 也不例外，相对于 Dreamweaver 的早期版本，它提供的源代码控制功能更为强大、更为灵活。并且，Dreamweaver CC 已经使用最新的 CSS 3.0 和 HTML5 代码了。

3.1　HTML 简介

文本、图像、表格、样式、框架等基本元素或对象的建立都是以 HTML 为基础的，可以说，HTML 是搭建网站的基本"材料"。

对于网页设计人员而言，在制作网页的时候不涉及 HTML 语言几乎是不可能的，无论你是一个初学者，还是一个高级的网页制作人员，都需要或多或少地接触到 HTML 语言。虽然 Dreamweaver CC 提供可视化的方式来创建和编辑 HTML 文件，但是对于一个希望深入掌握网页制作、对代码严格控制的用户而言，直接书写 HTML 源代码仍然是必须掌握的操作。

3.1.1　什么是 HTML

在介绍 HTML 语言之前，要先了解 World Wide Web（万维网）。万维网是一种建立在因特网上的、全球性的、交互的、多平台的和分布式的信息资源网络，它采用 HTML 语法描述超文本（Hypertext）文件。Hypertext 一词有两个含义：一个是链接相关联的文件；另一个是内含多媒体对象的文件。

从技术上讲，万维网有 3 个基本组成，分别是 URLs（全球资源定位器）、HTTP（超文本传输协议）和 HTML（超文本标记语言）。

URLs（全球资源定位器）：其英文全称为 Universal Resource Locators，提供在 Web 上进入资源的统一方法和路径，使得用户所要访问的站点具有唯一性，相当于实际生活中的门牌地址。

HTTP（超文本传输协议）：HTTP 是英文 Hypertext Transfer Protocol 的缩写，它是一种网络上传输数据的协议，专门用于传输万维网上的信息资源。

HTML（超文本标记语言）：HTML 是英文 Hypertext Markup Language 的缩写，它是一种文本类、解释执行的标记语言，是在标准一般化的标记语言（SGML）的基础上建立的。SGML 仅描述了定义一套标记语言的方法，没有定义一套实际的标记语言，而 HTML 就是根据 SGML 制定的特殊应用。

HTML 语言是一种简易的文件交换标准，有别于物理的文件结构，它旨在定义文件内的对象的描述文件的逻辑结构，而并不是定义文件的显示。由于 HTML 所描述的文件具有极强的适应性，所以特别适合于万维网的环境。

HTML 于 1990 年被万维网采用，至今经历了众多版本，主要由万维网国际协会（W3C）主导其发展。很多编写浏览器的软件公司也根据自己的需要定义 HTML 标签或属性，所以导致现在的 HTML 标准较为混乱。

由于 HTML 编写的文件是标准的 ASCII 码文本文件，所以用户可以使用任何文本编辑器打开 HTML 文件。

　　HTML 文件可以直接由浏览器解释执行，而无须编译。当用浏览器打开网页时，浏览器会读取网页中的 HTML 代码，分析其语法结构，然后根据解释的结果显示网页内容。正是因为如此，网页显示的速度和网页代码的质量有很大的关系，保持精简和高效的 HTML 源代码是十分重要的。

3.1.2　HTML 的语法结构

一个完整的 HTML 文件由标题、段落、列表和 Div 等（即嵌入的各种对象）组成，这些逻辑上统一的对象称为 Element（元素），HTML 使用 Tag（标签）来分割并描述这些元素，实际上整个 HTML 文件就是由元素与标签组成的。

标签的功能是逻辑性地描述文件的结构，早期的 HTML 已经定义了许多基本的标签，现在也有浏览器厂商经常为自己的浏览器添加新的 HTML 标签。但是，并非所有的浏览器都支持所有的标签，如果希望所设计制作的网页在大多数浏览器上能够正常显示，建议最好采用不新不旧的标签编写，因为太新或者太旧的标签可能不被所有浏览器支持。

　　HTML 的文件规格沿用 SGML 的格式，采用 "<" 与 ">" 作为分割字符，起始标签的一般形式如下：

　　　<tag_name [[attr_name[=attr_value]]...]>

　　　　　　标签名称　　属性名称　　对应的属性值

　　其中，tag_name 是标签名称，attr_name 是可选的属性名称，attr_value 是该属性名称对应的属性值，可以有多个属性。

　　一般情况下，一个属性名称可以有多个属性，每个起始标签都对应一个结束标签，如下所示：

　　　</tag_name>

　　包含在两个标签之间的就是 "对象"，标签和属性没有大小写区分。浏览器会忽略不能分辨的标签，不显示其中的对象。

　　从结构上来分，HTML 文件内容也分为 head（头部）和 body（主体）两大部分，这两部分各有其特定的标签及功能。下面列出了一个 HTML 文件的最基本的结构，<title>与</title>标签用来定义文件的标题，它一般放在 HTML 文件的头部，即<head>与</head>标签之间，而大部分的文件内容都是在<body>与</body>标签之间写入的，例如文本、图像和超链接等。

```
<html>
<head>
<meta charset=utf-8">
<title>HTML 文件的结构</title>                    ═══ 头部
</head>
<body>
    <h2>Dreamweaver CC 完全自学攻略</h2>
    <b>Adobe</b>公司的网址是：<br>              ═══ 主体
    <a href="http://www.adobe.com.cn">http://www.adobe.com.cn</a>
</body>
</html>
```

　　该段 HTML 代码在浏览器中显示的效果如图 3-1 所示。

图 3-1　在浏览器中预览效果

3.1.3　HTML 中的 3 种标签形式

　　在查看 HTML 源代码或者编写网页时，大家经常会遇到 3 种形式的 HTML 标签。

第 1 种标签形式如下：

<tag_name>对象</tag_name>

这种标签形式是最常见的标签形式，文字的粗体、文字的标题格式、文字段落等都是这种形式，例如下面的 HTML 代码：

<h2>Dreamweaver CC 完全自学攻略</h2>

 用户在书写或修改 HTML 代码时需要注意，千万不要随便省略结束标记，如果省略了结束标记可能会使页面产生一些意想不到的错误，并且省略结束标记也不符合规范。

第 2 种标签形式如下：

<tag_name [[attr_name[=attr_value]]…]>对象</tag_name>

这种形式的标签也是 HTML 代码中常见的标签形式，它与第 1 种标签形式相比只是在标签中加入了一些属性设置，使得标签的功能更加强大。常见的标签有表格、图像、超链接等，例如下面的 HTML 代码：

<a href="http://www.adobe.com.cn">http://www.adobe.com.cn</a>

其中，href 是超链接标签<a>的属性之一，用于设置超链接所指的 URL，"=" 后面的是 href 属性的参数值。需要注意的是，引号中的网址 http://www.adobe.com.cn 才是 href 属性的参数值，而第 2 个网址 http://www.adobe.com.cn 是在浏览器中显示的文本。

第 3 种标签形式如下：

<tag_name>

这种标签形式只有起始标签没有结束标签，这种标签在 HTML 代码中并不多见，常见的是换行标签
，使用该标签的目的是对文本进行换行，使换行后的文本还位于同一个段落中。

 HTML 还有许多比较复杂的语法，作为一种语言，它有很多编写规则，并在不断地快速发展。现在有很多专门的书籍对 HTML 进行详细的讲解，对于想深入掌握网页制作技术的读者，还需要对 HTML 语言进行一些深入的学习。

3.2 HTML 语言中的重要标签

HTML 语言中的标签较多，在本节中主要对一些常用的标签进行介绍，读者需要对这些常用标签有一个基本的了解，这样在后面的学习过程中才能够事半功倍。

3.2.1 文件结构标签

文件结构标签用来标识文件的结构，下面介绍几个主要的文件结构标签。

● <html>…</html>：<html>标签出现在 HTML 文档的第一行，用来表示 HTML 文档的开始。</html>标签出现在 HTML 文档的最后一行，用来表示 HTML 文档的结束。两个标签一定要一起使用，网页中的所有其他内容都需要放在<html>与</html>之间。

● <head>…</head>：<head>与</head>标签是网页的头标签，用来定义 HTML 文档的头部信息，该标签也是成对使用的。

● <body>…</body>：在<head>标签之后就是<body>与</body>标签了，该标签也是成对出现的。<body>与</body>标签之间为网页主体内容和其他用于控制内容显示的标签。

```
1  <!doctype html>
2  <html>
3  <head>
4  <meta charset="utf-8">
5  <title>Dreamweaver CC完全自学攻略</title>
6  </head>
7  <body>
8  这里是网页的主体内容!
9  </body>
10 </html>
```

文件结构标签的应用实例如图 3-2 所示。

图 3-2　文件结构标签的应用实例

3.2.2 字符格式标签

字符格式标签用来改变 HTML 页面文字的外观，提高页面的美观程度，常用的字符格式标签主要有下面几个。

- ...：文本加粗标签，用于显示需要加粗的文字。
- <i>...</i>：文本斜体标签，用于显示需要显示为斜体的文字。
- <font>...</font>：该标签用于设置文本的字体、字号和颜色，对应的属性分别为 face、size 和 color。
- …：该标签用于显示加重的文本，即粗体的另一种方式。
- <center>…</center>：该标签用于设置文本居中对齐。
- <big>…</big>：该标签用于加大字号。
- <small>…</small>：该标签用于减小字号。

字符格式标签的应用实例如图 3-3 所示。

```
1   <!doctype html>
2   <html>
3   <head>
4   <meta charset="utf-8">
5   <title>字符格式标记</title>
6   </head>
7   <body>
8   <center><font color="#000000"><b>Dreamweaver CC完全自学攻略</b></font></center>
9   <br/>
10  <i>欢迎学习Dreamweaver CC</i>
11  <br/>
12  <small>欢迎学习Dreamweaver CC</small>
13  </body>
14  </html>
```

图 3-3 字符格式标签的应用实例

提示

在 Dreamweaver CC 的"属性"面板中，有关字符格式的设置选项只有几个。目前，对字符格式进行设置，最好的方法是使用 CSS 样式，使用 CSS 控制文字的外观，效果又好，速度又快。

3.2.3 区段格式标签

区段格式标签的主要用途是将 HTML 文件中的某个区段文字以特定的格式显示，提高页面的可看度，常用的区段格式标签主要有以下几个。

- <title>...</title>：该标签出现在<head>与</head>标签中间，用来定义 HTML 文档的标题，显示在浏览器窗口的标题栏上。
- <hx>...</hx>：x=1,2,...,6，这 6 个标签为文本的标题标签，<h1></h1>标签是显示字号最大的标题，而<h6></h6>标签则是显示字号最小的标题。
-
：该标签是换行标签。
- <hr>：该标签是水平线标签，用来在网页中插入一条水平分隔线。
- <p>...</p>：该标签用于定义一个段落，在该标签之间的文本将以段落的格式在浏览器中显示。
- <pre>...</pre>：该标签用于设置标签之间的内容以原始格式显示。
- <address>...</address>：标注联络人姓名、电话和地址等信息。

```
1   <!doctype html>
2   <html>
3   <head>
4   <meta charset="utf-8">
5   <title>区域段落标记</title>
6   </head>
7   <body>
8   <h2>这里显示的是2号标题的格式文字</h2>
9   <p>这里是一个段落</p>
10  <hr/>
11  <address>这里显示的是地址信息</address>
12  </body>
13  </html>
```

区段格式标签的应用实例如图 3-4 所示。

图 3-4 区段格式标签的应用实例

3.2.4　列表标签

列表标签用来对相关的元素进行分组，并由此给它们添加功能和结构，常用的列表标签主要有以下几个。

- <ul>...</ul>：<ul>和</ul>标签用于创建一个项目列表。
- <ol>...</ol>：<ol>和</ol>标签用于创建一个有序列表。
- <li>...</li>：<li>和</li>标签用于创建列表项，只能放在 <ol></ol>标签或<ul></ul>标签之间使用。
- <dl>...</dl>：<dl>和</dl>标签用于创建一个普通的列表。
- <dd>...</dd>：<dd>和</dd>标签用于创建列表中的上层项目。
- <dt>...</dt>：<dt>和</dt>标签用于创建列表中的下层项目。
  其中，<dt></dt>标签和<dd></dd>标签一定要放在<dl></dl>
  标签中。

列表标签的应用实例如图 3-5 所示。

图 3-5　列表标签的应用实例

3.2.5　表格标签

在 HTML 中表格标签是开发人员常用的标签，尤其是在对 Div+CSS 布局还没有兴趣的时候，表格是网页布局的主要方法。表格的标签是<table>...</table>，在表格中可以放入任何元素，常用的表格标签主要有以下几个。

- <table>...</table>：表格标签，用于定义表格区域。
- <caption>...</caption>：表格标题标签，用于设置表格的标题。
- <th>...</th>：表头标签，用于设置表头。
- <tr>...</tr>：单元行标签，用于在表格中定义表格单元行。
- <td>...</td>：单元格标签，用于在表格中定义表格单元格。

表格标签的应用实例如图 3-6 所示。

图 3-6　表格标签的应用实例

3.2.6　超链接标签

链接可以说是 HTML 超文本文件的"命脉"，HTML 通过链接标签来整合分散在世界各地的图像、文字、影像和音乐等信息，此类标签的主要用途为标识超文本文件。在 HTML 代码中，超链接标签为<a>...</a>，用于为文本或图像等创建超链接。链接标签的应用实例如图 3-7 所示。

图 3-7　链接标签的应用实例

3.2.7　多媒体标签

多媒体标签用来显示图像、动画和声音等数据，多媒体标签主要有以下几个。

- <img>：图像标签，用于在网页中嵌入图像。

● <embed>：多媒体标签，用于在网页中嵌入多媒体对象。
● <bgsound>：声音标签，用于在网页中嵌入背景音乐。
多媒体标签的应用实例如图 3-8 所示。

```
1   <!doctype html>
2   <html>
3   <head>
4   <meta charset="utf-8">
5   <title>多媒体标记</title>
6   </head>
7   <body>
8   <table width="100%" border="0" cellspacing="0" cellpadding="0">
9     <tr>
10      <td><img src="images/bg.jpg" width="500px" height="150px"></td>
11      <td><img src="images/bg1.jpg" width="500px" height="150px"></td>
12    </tr>
13  </table>
14  <embed src="movie.wav"></embed>
15  </body>
16  </html>
```

图 3-8　多媒体标签的应用实例

　在 HTML5 中取消了<bgsound>标签，新增了<audio>标签。由于是新增的标签，所以用户在使用时要注意浏览器的兼容问题，否则将不能正确播放背景音乐。

3.2.8　表单标签

表单标签用来制作交互式表单，常用的表单标签主要有以下几个。
● <form>...</form>：表单区域标签，用于表明表单区域的开始与结束。
● <input>：用于产生单行文本框、单选按钮和复选框等。
● <textarea>...</textarea>：用于产生多行输入文本框。
● <select>...</select>：用于表明下拉列表的开始与结束。
● <option>...</option>：用于在下拉列表中产生一个选择项目。
表单标签的应用实例如图 3-9 所示。

```
1   <!doctype html>
2   <html>
3   <head>
4   <meta charset="utf-8">
5   <title>表单标记</title>
6   </head>
7   <table width="100%" border="0" cellspacing="0" cellpadding="0">
8   <form id="form1" name="form1" method="post" action="">
9     <tr>
10      <td><input name="textfield" type="text" id="textfield" size="" maxlength="" /></td>
11      <td><img src="images/bg2.jpg" width="500px" height="150px"></td>
12    </tr>
13  </form>
14  </table>
15  </body>
16  </html>
```

图 3-9　表单标签的应用实例

3.2.9　分区标签

在 HTML 文档中常用的分区标签有两个，即<div>标签和<span>标签。
其中，<div>标签称为区域标签（又称为容器标签），用来作为多种 HTML 标签组合的容器，对区域进行操作和设置，就可以完成对区域中元素的操作和设置。
通过使用<div>标签，能够让网页代码具有很高的可扩展性，其基本应用格式如下：

```
<body>
    <div>这里是第一个区块的内容</div>
    <div>这里是第二个区块的内容</div>
</body>
```

在<div>标签中可以包含文字、图像、表格等，需要注意的是，<div>标签不能嵌套在<p>标签中使用。

<span>标签用来作为片段文字、图像等简短内容的容器标签，其意义与<div>标签类似，但是和<div>标签不一样。<span>标签是文本级元素，默认情况下不会占用整行，可以在一行显示多个<span>标签。<span>标签常用于段落、列表等项目中。

3.3 在 Dreamweaver CC 中编辑 HTML

在 Dreamweaver CC 的主编辑环境中共有"代码"、"拆分"和"设计"3 种视图模式，如图 3-10 所示。

图 3-10　主编辑环境中的 3 种模式

代码视图：在 Dreamweaver 中，用户可以控制网页的源代码，如果想查看或编辑源代码，可以进入代码视图。

拆分视图：在拆分视图下，编辑窗口被分割成左、右两部分，左边显示的是代码视图，右侧显示的是设计视图，这样用户可以在选择和编辑源代码时及时地在设计视图中观察效果。

设计视图：由于 Dreamweaver 是可视化的网页编辑软件，所以设计视图是最常使用的，在设计视图中用户看到的网页外观和在浏览器中看到的基本上一致。

3.3.1　在代码视图中创建 HTML 页面

在对 HTML 语言有了一些了解之后，接下来，我们在 Dreamweaver CC 的代码视图中创建第一个 HTML 页面。

自测 3　　**在代码视图中创建 HTML 页面**
　　源文件：光盘\源文件\第 3 章\3-3-1.html　视频：光盘\视频\第 3 章\3-3-1.swf

01 ▶ 执行"文件>新建"命令，弹出"新建文档"对话框，如图 3-11 所示。单击"创建"按钮，创建一个 HTML 页面，然后单击"文档"工具栏上的"代码"按钮，进入代码视图的编辑窗口，如图 3-12 所示。

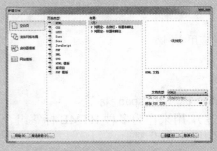

图 3-11　"新建文档"对话框

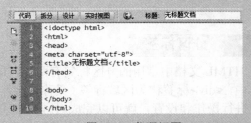

图 3-12　代码视图

在 Dreamweaver CC 中新建的 HTML 页面默认遵循 HTML5 规范，在之前的 CS6 版本中默认遵循 XHTML 1.0 Transitional 规范。如果需要新建其他规范的 HTML 页面，用户可以在"新建文档"对话框的"文档类型"下拉列表中进行选择。

02 ▶ 在页面的 HTML 代码的<title>与</title>标签之间输入页面标题，如图 3-13 所示。然后在<body>与</body>标签之间输入页面的主体内容，如图 3-14 所示。

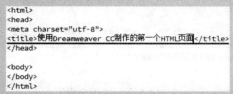

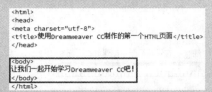

图 3-13　输入页面标题　　　　　　　　　　　图 3-14　输入页面正文

 在代码视图中输入了<titile>标题内容后，可以通过按 Ctrl+Enter 键快速地更新网页的标题内容。

03 ▶ 执行"文件>保存"命令，弹出"另存为"对话框，将页面保存为"光盘\源文件\第 3 章\3-3-1.html"，如图 3-15 所示。至此完成第一个 HTML 页面的制作。在浏览器中预览该页面，效果如图 3-16 所示。

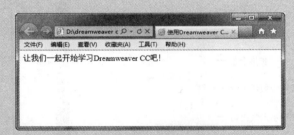

图 3-15　"另存为"对话框　　　　　　　　　图 3-16　预览页面效果

3.3.2　在设计视图中创建 HTML 页面

在代码视图中通过编写 HTML 代码的方式制作纯文本的网页还是比较简单的，如果涉及图像、表格、表单、多媒体等内容，则需要设计者具有很强的 HTML 代码编辑能力，但如果通过 Dreamweaver CC 中的设计视图则可以轻松地制作复杂的 HTML 页面。接下来，通过一个小练习学习如何使用 Dreamweaver 的设计视图制作 HTML 页面。

自测 4　在设计视图中创建 HTML 页面

　　　　源文件：光盘\源文件\第 3 章\3-3-2.html　视频：光盘\视频\第 3 章\3-3-2.swf

01 ▶ 新建 HTML 文档，单击"文档"工具栏上的"设计"按钮，即可进入设计视图的编辑窗口，如图 3-17 所示。

图 3-17　设计视图

02 ▶ 在"文档"工具栏的"标题"文本框中输入页面标题，并按键盘上的 Enter 键确认，如图 3-18 所示。然后在空白的文档窗口中输入页面的正文内容，如图 3-19 所示。

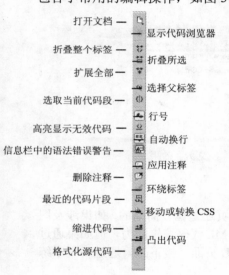

图 3-18　设置页面标题

图 3-19　输入页面的正文内容

03 ▶ 至此完成页面的制作，将页面保存为"光盘\源文件\第 3 章\3-3-2.html"，在浏览器中预览页面可以看到页面的效果。

 通过在不同的视图中制作页面的方法可以看出，使用 Dreamweaver 的设计视图制作页面更加直观，但页面的本质还是一个由 HTML 代码组成的文本。

3.3.3　代码视图详解

代码视图会以不同的颜色显示 HTML代码，以帮助用户区分各种标签，同时用户也可以自己指定标签或代码的显示颜色。Dreamweaver CC 的"编码"工具栏位于编码区域的左侧，其中包含了常用的编辑操作，如图 3-20 所示。

打开文档 ——
折叠整个标签 ——
扩展全部 ——
选取当前代码段 ——
高亮显示无效代码 ——
信息栏中的语法错误警告 ——
删除注释 ——
最近的代码片段 ——
缩进代码 ——
格式化源代码 ——

—— 显示代码浏览器
—— 折叠所选
—— 选择父标签
—— 行号
—— 自动换行
—— 应用注释
—— 环绕标签
—— 移动或转换 CSS
—— 凸出代码

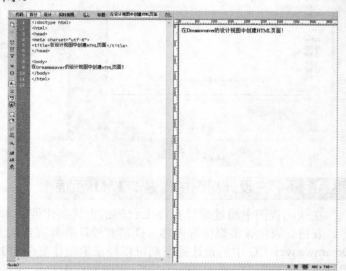

图 3-20　代码工具栏

打开文档：单击该按钮，在弹出的菜单中列出了当前在 Dreamweaver 中打开的文档，选择其中一个文档，即可在当前文档窗口中显示所选择文档的代码。

显示代码浏览器：用于显示代码浏览器。

折叠整个标签：折叠一组开始和结束标签之间的内容。

折叠所选：将所选中的代码折叠。

扩展全部：还原所有折叠的代码。

选择父标签：选择插入点的那一行的内容及其两侧的开始和结束标签。如果反复单击此按钮且标签是对称的，则 Dreamweaver 最终将选择最外面的 <html>和</html>标签。

选取当前代码段：选择插入点的那一行的内容及其两侧的圆括号、大括号或方括号。如果反复单击此按钮且两侧的符号是对称的，则 Dreamweaver 最终将选择该文档最外面的大括号、圆括号或方括号。

行号：使用户可以在每个代码行的行首隐藏或显示数字。

高亮显示无效代码：用黄色高亮显示无效的代码。

自动换行：当代码超过窗口宽度时自动换行。

信息栏中的语法错误警告：启用或禁用页面顶部提示出现语法错误的信息栏。当 Dreamweaver 检测到语法错误时，语法错误信息栏会指定代码中发生错误的那一行。此外，Dreamweaver 会在代码视图中文档的左侧突出显示出现错误的行号。默认情况下，信息栏处于启用状态，但仅当 Dreamweaver 检测到页面中的语法错误时才显示。

应用注释：使用户可以在所选代码两侧添加注释标签或打开新的注释标签。

删除注释：删除所选代码的注释标签。如果所选内容包含嵌套注释，则只会删除外部注释标签。

环绕标签：在所选代码两侧添加选自"快速标签编辑器"的标签。

最近的代码片段：可以从"代码片段"面板中插入最近使用过的代码片段，有关详细信息，请读者参见"使用代码片段"一节。

移动或转换 CSS：可以将 CSS 移动到另一位置，或将内联 CSS 转换为 CSS 规则。有关详细信息，请读者参阅相关内容。

缩进代码：将选定内容向右移动。

凸出代码：将选定内容向左移动。

格式化源代码：将之前指定的代码格式应用于所选代码，如果未选择代码，则应用于整个页面。用户也可以通过"格式化源代码"按钮执行"代码格式设置"来快速设置代码格式的首选参数，或通过执行"编辑标签库"来编辑标签库。

3.3.4　折叠代码

如果希望折叠代码，可以直接选择多行代码，然后单击"编码"工具栏上的"折叠所选"按钮，如图 3-21 所示。折叠代码后，将光标移动到标签上，可以看到标签内被折叠的相关代码，如图 3-22 所示。

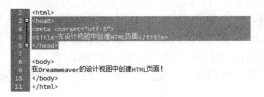

图 3-21　选中代码

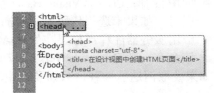

图 3-22　被折叠的代码

如果使用 Dreamweaver CC 提供的"编码"工具栏，则无须选择多行代码，只需将光标定位到需要折叠的标签中，例如将光标置于 <head> 标签内，然后单击"折叠整个标签"按钮，此时 Dreamweaver 会将其首尾对应的标签区域进行折叠，如图 3-23 所示。

> **提示**　"折叠整个标签"按钮只能对规则的标签区域起作用，如果标签不是很规则，则不能实现折叠效果。

如果在按住 Alt 键的同时单击"折叠整个标签"按钮，则 Dreamweaver CC 将折叠外部的标签。例如，将光标置于 <head> 标签内，按住 Alt 键单击"折叠整个标签"按钮，则折叠代码的效果如图 3-24 所示。

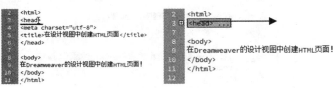

图 3-23　折叠整个标签

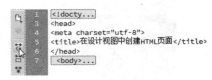

图 3-24　折叠外部的标签

如果希望打开已经折叠的代码，只要单击列左侧的已折叠代码的展开按钮即可。单击"编码"工具栏上的"扩展全部"按钮，可以将页面中的所有折叠代码全部展开显示。

3.3.5　选择父标签

　　代码标签之间一般都存在嵌套的关系，那么应该如何快速地查找某个代码标签的父标签呢？可以直接将光标定位在该标签代码内，然后单击"编码"工具栏上的"选择父标签"按钮。用户可以单击多次依次选择父标签。例如，将光标置于<title>标签内，单击"选择父标签"按钮，将会选择<title>标签的父标签<head>标签，如图 3-25 所示。

图 3-25　选择父标签

3.3.6　代码的注释

　　以前为了调试某些程序需要注释掉部分代码，并且这些代码有不少的行数，我们只能一行一行地添加注释。现在只需要选择需要注释的代码行，然后单击"应用注释"按钮，在弹出的菜单中执行相应的命令，（如图 3-26 所示），就可以在所选代码两侧添加注释标签或打开新的注释标签。

- 应用 HTML 注释：将在所选代码两侧添加 <!--和-->，如果未选择代码，则插入一对空的注释标签。
- 应用/* */注释：选择 CSS 样式或 JavaScript 代码为其添加/* */注释。
- 应用//注释：将在所选 CSS 样式或 JavaScript 代码的每一行的行首插入//，如果未选择代码，则单独插入一个//符号。
- 应用'注释：适用于 Visual Basic 代码，它将在每一行 Visual Basic 脚本的行首插入一个单引号，如果未选择代码，则在插入点处插入一个单引号。
- 应用服务器注释：如果在处理 ASP、ASP.NET、JSP、PHP 或 ColdFusion 文件时执行了该命令，则 Dreamweaver 会自动检测正确的注释标签并将其应用到所选内容。

图 3-26　注释弹出菜单

　　如果要取消这些注释，只需要选中注释的代码，然后单击"删除注释"按钮（每条依次删除）。

3.3.7　环绕标签

　　设置环绕标签主要是防止写标签时忘记关闭标签。其操作方法是选择一段代码，单击"环绕标签"按钮，然后输入相应的标签代码，此时就在该选择区域外围添加了完整的新标签代码，这样既快速又防止了前后标签遗漏不能关闭的情况。例如，在 HTML 代码中选择"在 Dreamweaver 的设计视图中创建 HTML 页面！"文字，单击"环绕标签"按钮，如图 3-27 所示，输入<a>标签后，只需要按 Enter 键，即可在选择的文字的首尾出现<a>与</a>标签，如图 3-28 所示。

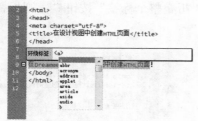

图 3-27　环绕标签

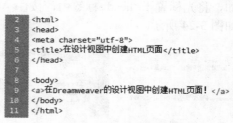

图 3-28　应用环绕标签的效果

为了保证程序代码具有可读性，一般需要将标签代码进行一定的缩进、凸出设置，从而使代码显得错落有致。选择一段代码后按 Tab 键就可以完成代码的缩进，对于已经缩进的代码，如果想凸出，可以按 Shift+Tab 键。当然，用户也可以通过单击"缩进代码"按钮 和"凸出代码"按钮 来完成上述功能。

3.4 使用快速标签编辑器

快速标签编辑器的作用是让用户在文档窗口中直接对 HTML 标签进行编写，此时无须使用代码视图就可以编辑单独的 HTML 标签，使网页制作人员能够在可视化的工作环境中编辑 HTML 代码。

打开快速标签编辑器的方法非常简单，只需要将光标定位在设计视图中，然后按 Ctrl+T 键即可，如图 3-29 所示。

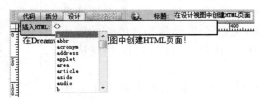

图 3-29 快速标签编辑器

实际上，快速标签编辑器有插入 HTML、编辑标签和环绕标签 3 种状态，打开该编辑器后可以按 Ctrl+T 键进行状态的切换。编辑标签和环绕标签两种状态下的快速标签编辑器如图 3-30 所示。

图 3-30 另外两种不同状态下的快速标签编辑器

技巧：无论是哪种状态下的快速标签编辑器，用户都可以拖动编辑器左侧的灰色部分来改变标签编辑器在文档中的位置。

3.4.1 使用插入模式的快速标签编辑器

如果在文档中没有选择任何对象就直接启动快速标签编辑器，快速标签编辑器会以插入模式启动，如图 3-31 所示。这时，编辑器中只显示一对尖括号，提示用户输入新的标签及标签中的其他内容。

在关闭快速标签编辑器后，输入的 HTML 代码会被添加到文档窗口中插入点所在的位置。如果用户在快速标签编辑器中只输入了起始标签，未输入结束标签，则 Dreamweaver CC 会自动为其补上封闭标签，以免出现不必要的错误。

图 3-31 插入模式的快速标签编辑器

3.4.2　使用编辑模式的快速标签编辑器

如果用户在文档窗口中选择了完整的 HTML 标签，包括起始标签、结束标签和标签间的内容，启动快速标签编辑器时会自动进入编辑模式。

选择完整的标签内容最有效的方法是利用文档窗口左下角的标签选择器。单击标签选择器上对应的标签，就可以在文档窗口中选中该标签及标签间的内容，如图 3-32 所示。

图 3-32　标签选择器

3.4.3　使用环绕模式的快速标签编辑器

如果用户在文档窗口中只选择了标签间的内容，而未选择任何标签，那么打开快速标签编辑器时会自动进入环绕模式，如图 3-33 所示。环绕模式与插入模式有着明显的区别，在环绕模式中只能够输入单个的起始标签，并且在关闭快速标签编辑器后，Dreamweaver CC 会自动将与其匹配的结束标签加入到用户在文档窗口中所选内容的后面，所选内容的前面则是起始标签。

如果用户在环绕模式的快速标签编辑器中输入了多个标签，那么会出现错误提示信息，与此同时 Dreamweaver CC 会自动忽略错误的输入。

图 3-33　环绕模式的快速标签编辑器

3.4.4　设置快速标签编辑器的属性

执行"编辑>首选项"命令，弹出"首选项"对话框，在该对话框左侧的"分类"列表中选择"代码提示"选项，此时的对话框如图 3-34 所示。

图 3-34　"首选项"对话框

从该图中可以看到快速标签编辑器的属性设置，选中"启用代码提示"复选框后，可以在编辑过程中显示提示菜单；通过拖动下方滑块的位置，可以调节提示菜单出现之前等待的时间。

3.5 使用代码片段

使用"代码片段"面板可以减少网页设计人员编写代码的工作量。在该面板中可以存储 HTML、JavaScript、CFML、ASP 和 JSP 的代码片段,当需要重复使用这些代码时就可以很方便地重用这些代码,或者创建并存储新的代码片段。

3.5.1 插入代码片段

执行"窗口>代码片段"命令,打开"代码片段"面板,如图 3-35 所示。在"代码片段"面板中选择希望插入的代码片段,然后单击面板上的"插入"按钮,即可将代码片段插入到页面中。图 3-36 所示为插入了一种导航的代码片段。

图 3-35 "代码片段"面板

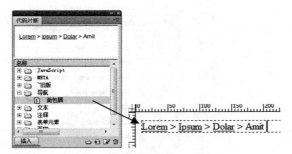

图 3-36 插入代码片段

3.5.2 创建代码片段

如果用户自己编写了一段代码,希望在其他页面中重复使用,这时可以使用"代码片段"面板创建自己的代码片段,从而轻松地实现代码的重用。

单击"代码片段"面板上的"新建代码片段文件夹"按钮 ,创建一个自定义名称的文件夹,然后单击"新建代码片段"按钮 ,如图 3-37 所示。此时会弹出"代码片段"对话框,如图 3-38 所示,在该对话框中设置各项参数,然后单击"确定"按钮,就可以把自己的代码片段添加到"代码片段"面板中。

图 3-37 单击"新建代码片段"按钮

图 3-38 "代码片段"对话框

如果希望编辑和删除"代码片段"面板中的代码片段,只需要选择要编辑或删除的代码片段,然后单击该面板上的"编辑代码片段"按钮 或"删除"按钮 即可。

3.6　优化代码

由于经常需要复制一些其他格式的文件，在这些文件中可能会带有垃圾代码和一些
Dreamweaver 不能识别的错误代码，它们不仅会增加文档的大小，延长下载时间，在用浏览器
浏览时也会变得很慢，还可能发生错误，所以要对 HTML 源代码进行优化处理，以清除空标签、
合并嵌套的<font>标签等，从而提高 HTML 代码的可读性。

3.6.1　优化 HTML 代码

在 Dreamweaver CC 中打开需要进行代码优化的 HTML 页面，然后执行"命令>清理
HTML"命令，弹出"清理 HTML/XHTML"对话框，在其中选择优化方式，如图 3-39 所
示。

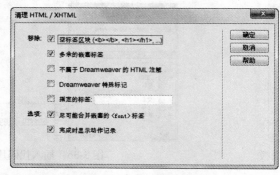

图 3-39　"清理 HTML/XHTML"对话框

空标签区块:选中该复选框,可以清除 HTML 代码中的空标签区块，例如 <font color="#00FF00"></font>就是一个空标签。

多余的嵌套标签:选中该复选框，可以清除 HTML 代码中多余的嵌套标签，例如"<i> HTML 语言在<i>短短的几年</i>时间里，已经有了长足的发展。</i>"中就有多余的嵌套，选中该复选框后，这段代码中内层的<i>与</i>标签将被删除。

不属于 Dreamweaver 的 HTML 注解:选中该复选框后，<!--begin body text-->这种类型的注释将被删除，而像<!--#BeginEditable"main"-->这种注释则不会，因为它是由 Dreamweaver 生成的。

Dreamweaver 特殊标记:与上面正好相反，选中该复选框后将只清理 Dreamweaver 生成的注释。如果当前页面是一个模板或者库页面，选中该复选框清

除 Dreamweaver 特殊标记后,模板与库页面都将变为普通页面。

指定的标签:选中该复选框后，在该复选框后面的文本框中输入需要删除的标签即可。

尽可能合并嵌套的<font>标签:选中该复选框后，Dreamweaver 会将可以合并的<font>标签进行合并，可以合并的<font>标签通常用来控制一段相同的文本，例如"<font size="6"><font color="#00FF00">HTML 语言</font></font>"代码中的<font>标签就可以合并。

完成后显示动作记录:在单击"确定"按钮后，Dreamweaver 会花一段时间进行处理，如果选中了"完成后显示动作记录"复选框，则处理结束时会弹出一个提示对话框，其中详细地列出了修改的内容。

3.6.2　清理 Word 生成的 HTML 代码

在 Dreamweaver 中，用户可以打开或导入由 Microsoft Word 软件保存的 HTML 文件，由于
Word 生成的 HTML 文件中有许多无用的 HTML 代码，因此 Dreamweaver CC 提供了一个"清
理 Word 生成的 HTML"命令用来清理那些只有 Word 才使用的、Dreamweaver 并不使用的代码。
虽然是这样，这里还是建议大家对 Word 文档进行备份，因为使用了"清理 Word 生成的 HTML"

命令的文件有可能出现无法打开的情况。

　　在 Dreamweaver CC 中执行"文件>导入>Word 文档"命令，会弹出"导入 Word 文档"对话框，在该对话框中选择需要打开的 Word 文件，然后单击"打开"按钮，即可导入这个文件。

　　执行"命令>清理 Word 生成的 HTML"命令，将弹出"清理 Word 生成的 HTML"对话框，在其中可以对清理 Word HTML 代码的方式进行设置。

　　在"清理 Word 生成的 HTML"对话框中有两个选项卡，分别是"基本"和"详细"，其中，"基本"选项卡用来做基本设置，如图 3-40 所示；"详细"选项卡用来对清理 Word 特定标签和 CSS 进行具体的设置，如图 3-41 所示。

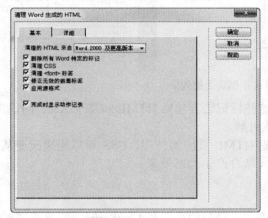
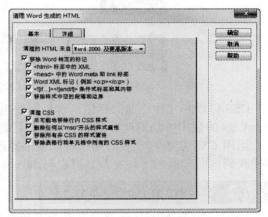

图 3-40 "基本"选项卡　　　　　　　　图 3-41 "详细"选项卡

　　　　用户也可以执行"文件>打开"命令，打开由 Word 生成的 HTML 文件，然后再执行"命令>清理 Word 生成的 HTML"命令，弹出"清理 Word 生成的 HTML"对话框。

　　一般情况下，"清理 Word 生成的 HTML"对话框采用默认设置。在设置完毕后，单击"确定"按钮即可开始清理过程。清理完毕后，如果此前在对话框的"基本"选项卡中选中了"完成时显示动作记录"复选框，将弹出清理 Word HTML 的结果对话框，显示完成了哪些清理动作。

3.7　网页中的其他源代码

　　在网页的源代码中除了 HTML 以外还有很多不同的代码类型，例如 CSS 层叠样式表、JavaScript 脚本等，接下来简单介绍几种源代码的特点。

3.7.1　CSS 样式代码

　　使用 CSS 样式可以为 Web 设计带来全新的构思空间，提供纯 HTML 不具备的功能和灵活性。CSS 样式主要是为了和 HTML 一起使用而设计的，所以 CSS 非常适合在 Web 设计中使用。CSS 使用起来简单且灵活性很强，可以实现所有常见的 Web 显示效果，并且以前使用 HTML 的所有用户也应该熟悉 CSS 中的概念，从而更有效地使用 CSS。图 3-42 所示为使用了 CSS 样式控制页面的效果。

图 3-42　使用 CSS 样式控制页面的效果

CSS 可以和几种不同的标记语言一起使用，这些标记语言包括 HTML 和基于 XML 的语言。关于 CSS 的使用方法将在后面的章节中进行详细讲解。

运用 CSS 层叠样式表，用户可以自由地改变 HTML 页面的外观。CSS 可以用来改变从文本样式到页面布局的一切，并且可以与 JavaScript 结合产生动态效果。

3.7.2　JavaScript 脚本代码

JavaScript 是 Netscape 公司开发的一种脚本语言，最初的名字是 LiveScript。它是为了扩展 HTML 的功能，用于替代复杂的 CGI 程序来处理网页中的表单信息，从而为网页增加动态效果的。在 Java 出现以后，Netscape 和 Sun 公司一起开发了一种新的脚本语言，它的语法和 Java 非常类似，最后被命名为 JavaScript。

JavaScript 是嵌入到 HTML 中的，其最大的特点是和 HTML 的结合。当 HTML 文档在浏览器中被打开时，JavaScript 代码才被执行。JavaScript 代码使用 HTML 标签\<script\>..\</script\>嵌入到 HTML 文档中。JavaScript 扩展了标准的 HTML，为 HTML 标签增加了事件，通过事件驱动来执行 JavaScript 代码。在服务器端，JavaScript 代码可以作为单独的文件存在，但必须在 HTML 文档中调用才能起作用。下面的例子说明了 JavaScript 代码是如何嵌入到 HTML 文档中的。

```
<html>
<head>
<meta  charset=utf-8" >
<title>在 HTML 文档中嵌入 JavaScript 代码</title>
<script  language="javascript">
window.defaultStatus="使用 HTML 标签嵌入 JavaScript"
function rest()
{
    document.form1.text1.value="嵌入 JavaScript 代码"
}
</script>
</head>
<body>
```

```
<center>
    <h1>JavaScript 示例</h1>
    <hr />
    <form name="form1">
        <input   type="text" name="text1" size="40" value="输入信息" />
        <br /><br />
        <input   type="button" value="查看信息" Onclick="rest()" />
    </form>
</center>
</body>
</html>
```

本例仅说明了如何在 HTML 文档中嵌入 JavaScript 代码，该页面在浏览器中预览的效果如图 3-43 所示。

图 3-43　在浏览器中预览效果

3.7.3　源代码中的注释

在几百行甚至更多的代码中要想清楚地区分各个部分的功能是件相当麻烦的事情，而且很多编程任务并不是一个人完成的，需要多人分工合作，那么怎样保证彼此能够清楚地了解对方代码的含义呢？

这就可以借助在代码中加入注释来解决问题。注释内容不会在最终效果中显示，只是作为提示内容存在。

在 HTML 中使用<!--…-->注释的代码示例如下：

```
<body>
<!--这里是注释内容-->
<p>代码注释是不会显示在网页里的。</p>
</body>
```

CSS 也允许用户在源代码中嵌入注释，并且浏览器会完全忽略注释。CSS 的注释以符号/*开始，以符号*/结束。CSS 忽略注释开始和结束之间的所有内容，下面是在 CSS 样式中注释代码的示例：

```
/*设置所有段落文本颜色为蓝色*/
P {
    color:blue;
}
```

注释可以出现在任何地方，甚至可以出现在 CSS 规则中，示例代码如下：

```
P {
    color:/*设置为蓝色*/blue;
```

```
        font-size: 12px;
    }
```

  注释是不能嵌套的，也就是说，如果想在一个注释中装入另一个注释，则这两个注释都在第一个*/处结束。读者在设置注释时需要避免将注释嵌套放置。

3.8 本章小结

  每一个网页制作人员都需要或多或少懂一些与 HTML 相关的知识，因为它们是网页制作的基础，任何可视化软件或者环境在操作时都需要修改 HTML 代码。通常，在可视化环境中遇到无法修改的内容时，必须转移到代码视图中进行修改。

  本章重点介绍了 Dreamweaver CC 中有关 HTML 源代码的控制，使读者对代码视图和快速标签编辑器有一个全面的认识和了解。考虑到网页制作初学者可能对 HTML 不太熟悉，因此在本章开始还向读者介绍了有关 HTML 的基础知识。

第4章　建立和管理站点

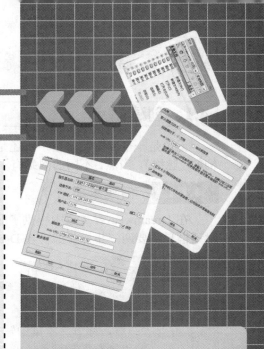

实例名称：创建本地站点
源文件：无
视频：视频\第 4 章\4-1-1.swf

站点的高级设置

实例名称：在站点中新建页面
源文件：无
视频：视频\第 4 章\4-4-1.swf

实例名称：在站点中新建文件夹
源文件：无
视频：视频\第 4 章\4-4-3.swf

本章知识点

　　网站是一系列具有链接的文档的组合，这些文档具有一些共性，例如相关的主题、相似的设计等。用户可以使用 Dreamweaver 创建独立的文档，但是其更强大的功能在于对站点的创建和管理。

　　如果要制作一个能够被所有人浏览的网站，首先需要在本地磁盘上制作这个网站，然后把这个网站上传到互联网的 Web 服务器上。放置在本地磁盘上的网站称为本地站点，处于互联网的 Web 服务器中的网站称为远程站点。Dreamweaver CC 提供了对本地站点和远程站点的强大的管理功能。

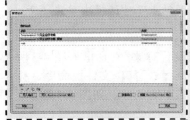 

"管理站点" 对话框

实例名称：创建个人站点
源文件：无
视频：视频\第 4 章\4-6.swf

4.1 创建站点

无论是一个网页制作新手，还是一个专业的网页设计师，都要从构建站点开始理清网站结构的"脉络"。当然，不同的网站有不同的结构，功能也不会相同，这一切都是按照需求组织的。

4.1.1 创建本地站点

在 Dreamweaver CC 中提供了非常简单、便捷的创建站点的方法，通过"站点设置对象"对话框只需要两三步操作即可在 Dreamweaver CC 中完成本地站点的创建。

自测 5 创建本地站点

源文件：无 视频：光盘\视频\第 4 章\4-1-1.swf

01 ▶ 执行"站点>新建站点"命令，弹出"站点设置对象"对话框，如图 4-1 所示。在"站点名称"文本框中输入站点的名称，然后单击"本地站点文件夹"文本框右侧的"浏览"按钮 📁，弹出"选择根文件夹"对话框，定位到本地站点的位置，如图 4-2 所示。

图 4-1 "站点设置对象"对话框

图 4-2 "选择根文件夹"对话框

> **提示** 用户执行"站点>管理站点"命令，在弹出的"管理站点"对话框中单击"新建站点"按钮，同样可以弹出"站点设置对象"对话框。

02 ▶ 单击"选择"按钮，确定本地站点根目录的位置，"站点设置对象"对话框如图 4-3 所示。单击"保存"按钮，即可完成本地站点的创建，执行"窗口>文件"命令，打开"文件"面板，在"文件"面板中会显示刚刚创建的本地站点，如图 4-4 所示。

图 4-3 "站点设置对象"对话框

图 4-4 "文件"面板

在大多数情况下都是在本地站点中编辑网页，再通过 FTP 上传到远程服务器的。在 Dreamweaver CC 中创建本地静态站点的方法更加方便和快捷。

4.1.2 设置站点服务器

在"站点设置对象"对话框中选择"服务器"选项，可以切换到"服务器"选项设置界面，如图 4-5 所示。在该选项设置界面中可以指定远程服务器和测试服务器，单击"添加新服务器"按钮 ➕，会弹出服务器设置界面，如图 4-6 所示。

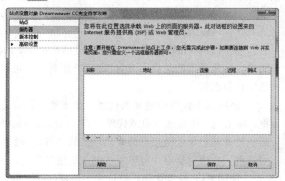

图 4-5 "服务器"选项设置界面

图 4-6 服务器设置界面

4.1.3 站点服务器的基本选项

在 Dreamweaver CC 中提供了 7 种连接远程服务器的方法，分别是 FTP、SFTP、"FTP over SSL/TLS（隐式加密）"、"FTP over SSL/TLS（显示加密）"、"本地/网络"、WebDAV 和 RDS。

在大多数情况下都是通过 FTP 来连接远程服务器，FTP 也是目前最常用的连接远程服务器的方法，其设置界面如图 4-7 所示。

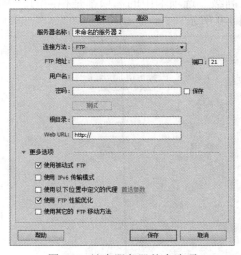

图 4-7 站点服务器基本选项

服务器名称： 在该文本框中可以指定服务器的名称，该名称可以是用户任意定义的名称。

连接方法： 在该下拉列表中可以选择连接到远程服务器的方法，共有 7 种连接方法，如图 4-8 所示。默认的链接方法是 FTP，其他连接方法的设置与 FTP 连接方法的设置类似。

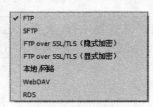

图 4-8 "连接方法"下拉列表

FTP 地址：在该文本框中输入要将站点文件上传到的 FTP 服务器的地址。FTP 地址是计算机系统的完整的 Internet 名称。注意，在这里需要输入完整的 FTP 地址，并且不能输入任何多余的文本，特别是不能在地址前面加上协议名称。

端口：端口 21 是接收 FTP 连接的默认端口，用户可以通过编辑右侧的文本框更改默认的端口号。

用户名和密码：分别在"用户名"和"密码"文本框中输入用于连接到 FTP 服务器的用户名和密码。

测试：完成"FTP 地址"、"用户名"和"密码"的设置后，用户可以通过单击"测试"按钮测试与 FTP 服务器的连接。

根目录：在该文本框中输入远程服务器上用于存储站点文件的目录。在有些服务器上，根目录就是首次使用 FTP 连接到的目录。用户也可以连接到远程服务器，如果在"文件"面板的"远程文件"视图中出现了像 public_html、www、用户名这样的文件夹，它可能就是 FTP 的根目录。

Web URL：在该文本框中可以输入 Web 站点的 URL 地址（例如 http://www.mysite.com ）。Dreamweaver CC 使用 Web URL 创建站点根目录的相对链接。

使用被动式 FTP：如果代理配置要求使用被动式 FTP，可以选中该复选框。

使用 IPv6 传输模式：IPv6 指的是第 6 版 Internet 协议。如果使用的是启用 IPv6 的 FTP 服务器，可以选中该复选框。

使用以下位置中定义的代理：如果选中该复选框，将指定一个代理主机或代理端口。单击该复选框后的"首选参数"链接，会弹出站点的"首选参数"对话框，在该对话框中可以对代理主机进行设置。

使用 FTP 性能优化：默认选中该复选框，用于对连接到的 FTP 的性能进行优化操作。

使用其他的 FTP 移动方法：如果需要使用其他的一些 FTP 中移动文件的方法，可以选中该复选框。

4.1.4 站点服务器的高级选项

无论使用哪种连接方法连接远程服务器，在其设置对话框中都有一个"高级"选项卡；无论使用哪种连接方法，其"高级"选项卡中的选项都是相同的。单击"高级"标签，可以切换到"高级"选项卡中，如图 4-9 所示。

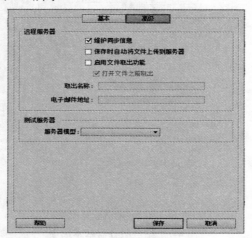

图 4-9 站点服务器的高级选项

维护同步信息：如果希望自动同步本地站点和远程服务器上的文件，可以选中该复选框。

保存时自动将文件上传到服务器：如果希望在本地保存文件时 Dreamweaver CC 自动将该文件上传

到远程服务器站点中，可以选中该复选框。

启用文件取出功能：选中该复选框，可以启用
"存回/取出"功能，从而可以对"取出名称"和"电
子邮件地址"选项进行设置。

测试服务器：如果使用的是测试服务器，可
以从"服务器模型"下拉列表中选择一种服务器模
型，在该下拉列表中提供了 8 个可选项，如图 4-10
所示。

图 4-10 "服务器模型"下拉列表

 如果用户需要使用 Dreamweaver 连接远程服务器，将站点中的文件通过
Dreamweaver 上传到远程服务器，则在创建站点时需要设置"服务器"选项卡中的
相关选项，否则不需要设置"服务器"选项卡中的选项。

4.1.5 设置版本控制

在"站点设置对象"对话框中选择"版本控制"选项，可以切换到"版本控制"选项设置
界面，在"访问"下拉列表中选择 Subversion 选项（如图 4-11 所示），Dreamweaver 可以连接
到 Subversion（SVN）的服务器。

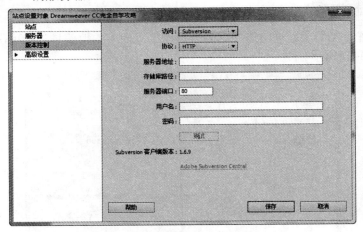

图 4-11 "版本控制"选项设置界面

Subversion 是一种版本控制系统，使用户能够协作编辑和管理 Web 服务器上的文件。
Dreamweaver CC 并不是一个完整的 Subversion 客户端，但用户可以通过 Dreamweaver CC 获取
文件的最新版本，以及更改和提交文件。

访问：在"访问"下拉列表中可以选择访问的方
式，共有两个选项，分别是"无"和 Subversion，如图
4-12 所示。默认情况下，选中的是"无"选项。

图 4-12 "访问"下拉列表

协议：在"协议"下拉列表中可以选择连接
Subversion 服务器的协议，共有 4 个选项，如图 4-13
所示。如果选择 SVN+SSH 协议，则要求计算机具有

特殊的配置。

图 4-13 "协议"下拉列表

服务器地址：在该文本框中可以输入
Subversion 服务器的地址，通常的形式为"服务器名
称.域.com"。

存储库路径：在该文本框中可以输入 Subversion

服务器上存储库的路径。通常类似于"/svn/your_root_directory"。

服务器端口：该文本框用于设置服务器的端口，默认的服务器端口为 80 端口，如果不希望使用默认的服务器端口，可以在该文本框中输入端口号。

用户名和密码：分别在"用户名"和"密码"文本框中输入 Subversion 服务器的用户名和密码。

测试：完成以上相应选项的设置后，可以单击"测试"按钮，测试与 Subversion 服务器的连接。

 Subversion 服务器是一个文件存储库，可以供用户与其他用户获取和提交文件，它与 Dreamweaver 中通常使用的远程服务器不同。

在开始设置 Subversion 服务器的相关信息之前，用户必须获取对 Subversion 服务器和 Subversion 存储库的访问权限。有关 Subversion 的详细信息，用户可以访问 Subversion 网站，网址为"http://subversion.tigris.org/"。

4.2　站点的高级设置

在 4.1 节中介绍了如何打开"站点设置对象"对话框对"站点"选项设置界面中的相关选项进行设置，从而快速创建本地站点的方法。如果在"站点设置对象"对话框的左侧选择"高级设置"选项，则可以对站点的高级选项进行设置。

4.2.1　本地信息

在"站点设置对象"对话框中选择"高级设置"下的"本地信息"选项，可以对本地信息进行设置，如图 4-14 所示。

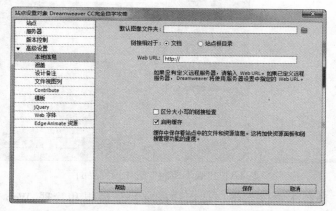

图 4-14　"本地信息"选项设置界面

默认图像文件夹：设置默认存放网站图片的文件夹。但是对于比较复杂的网站，图片往往不止存放在一个文件夹中，所以实用价值不大。用户可以在该文本框中直接输入路径，也可以单击右侧的"浏览"按钮，弹出"选择站点的本地图像文件夹"对话框，从中找到相应的文件夹后保存。

链接相对于：用于设置站点中链接的方式，可以选择"文档"或"站点根目录"。默认情况下，Dreamweaver 创建文档相对链接。

Web URL：在该文本框中可以输入 Web 站点的 URL 地址（例如"http://www.mysite.com"）。

区分大小写的链接检查：在 Dreamweaver 检查链接时将检查链接的大小写与文件名的大小写是否匹配。该复选框用于文件名区分大小写的 UNIX 系统。

启用缓存：该复选框用于指定是否创建本地缓存以提高链接和站点管理任务的速度。如果不选中该复选框，Dreamweaver 在创建站点前将再次询问用户是否希望创建缓存。

4.2.2　遮盖

在使用文件遮盖之后，可以在进行一些站点操作时排除被遮盖的文件。如果不希望上传多媒体文件，可以将多媒体文件所在的文件夹遮盖，这样，多媒体文件就不会被上传了。"遮盖"选项设置界面如图 4-15 所示。

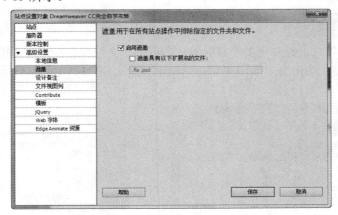

图 4-15　"遮盖"选项设置界面

启用遮盖：选中该复选框，将激活 Dreamweaver 中的文件遮盖功能。默认情况下，该复选框为选中状态。

遮盖具有以下扩展名的文件：选中该复选框后，可以指定要遮盖的特定文件类型，以便 Dreamweaver 遮盖以指定形式结尾的所有文件。例如，可以遮盖所有以.txt 扩展名结尾的文件。注意，输入的文件类型不一定是文件扩展名，可以是任何形式的文件名结尾。

4.2.3　设计备注

如果一个人开发站点，可能需要记录一些开发过程中的信息，防止以后忘记；如果是在团队之中开发站点，则可能需要记录一些需要别人分享的信息，然后上传到服务器上，使其他人也能够访问。此时需要用到设计备注，"设计备注"选项如图 4-16 所示。

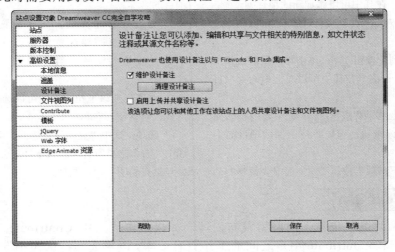

图 4-16　"设计备注"选项

维护设计备注：选中该复选框，可以启用保存　　设计备注的功能。默认情况下，该复选框为选中状态。

清理设计备注：单击"清理设计备注"按钮，可以删除过去保存的设计备注。注意，单击该按钮只能删除设计备注文件（.mno 文件），不会删除_notes 文件夹或 _notes 文件夹中的 dwsync.xml 文件。Dreamweaver 使用 dwsync.xml 文件保存有关站点同步的信息。

启用上传并共享设计备注：选中该复选框后，可以在制作者上传或者取出文件时将设计备注上传到设置的远端服务器上。

4.2.4　文件视图列

"站点设置对象"对话框左侧的"高级设置"下的"文件视图列"选项用于设置站点管理器中文件浏览窗口所显示的内容，如图 4-17 所示。在文件浏览窗口中默认显示此处设置的相关内容，单击"添加新列"按钮 **+**，将弹出"添加新列"对话框，如图 4-18 所示。

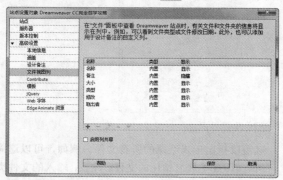

图 4-17　"文件视图列"选项设置界面

图 4-18　"添加新列"对话框

文件视图列：在文件视图列中默认有 6 个选项，其中，"名称"用于显示文件名；"备注"用于显示设计备注；"大小"用于显示文件大小；"类型"用于显示文件类型；"修改"用于显示修改时间；"取出者"用于显示文件正在被谁打开或修改。

"添加新列"按钮 +：单击该按钮，会弹出"添加新列"对话框，在其中可以添加新的项目列。

"删除列"按钮 —：单击该按钮，可以删除选中的列。

"编辑现有列"按钮 ：单击该按钮，会弹出"编辑现有列"对话框，在其中可以对选中的列项目进行编辑。

"在列表中上移项"按钮 ▲：选中要调整的列项目，然后单击该按钮，可以将选中的列项目向上移动。

"在列表中下移项"按钮 ▼：选中要调整的列

项目，然后单击该按钮，可以将选中的列项目向下移动。

启用列共享：选中该复选框，可以启用列共享。如果要共享列，设置备注和上传设计备注都必须启用。

列名称：在该文本框中可以设置所添加的新列项目的名称。

与设计备注关联：用于设置是否和设计备注结合，这里需要注意的是，新添加列主要显示的是设计备注的内容，所以一定要和设计备注结合。

对齐：在该下拉列表中可以选择列内容的对齐方式，包括左、右和居中。

选项：选中"显示"复选框，可以显示列项目；选中"与该站点所有用户共享"复选框，可以将列项目与站点的所有用户共享。

4.2.5　Contribute

Contribute 使得用户易于向网站发布内容，如果选中"启用 Contribute 兼容性"复选框，可以使用户和 Contribute 用户之间的工作更有效率，该复选框默认为不选中，如图 4-19 所示。

图 4-19　Contribute 选项设置界面

4.2.6　模板

"站点设置对象"对话框左侧的"高级设置"下的"模板"选项用于设置站点中模板的更新，其中只有一个"不改写文档相对路径"复选框，若选中该复选框，则在更新站点中的模板时将不会改写文档的相对路径，如图 4-20 所示。

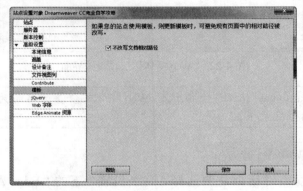

图 4-20　"模板"选项设置界面

4.2.7　jQuery

"站点设置对象"对话框左侧的"高级设置"下的 jQuery 选项用于对站点的 jQuery 选项进行设置，如图 4-21 所示。

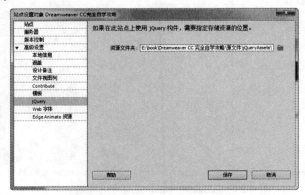

图 4-21　jQuery 选项设置界面

该选项用来设置 jQuery 资源文件夹的位置，默认的 jQuery 资源文件夹位于站点的根目录中，名称为 jQueryAssets。单击"资源文件夹"文本框右侧的"浏览"按钮，可以更改 jQuery 资源文件夹的位置。

4.2.8　Web 字体

在"站点设置对象"对话框左侧选择"高级设置"下的"Web 字体"选项，可以设置 Web 字体文件夹的位置，单击"Web 字体文件夹"文本框右侧的"浏览"按钮，可以更改 Web 字体文件夹的位置，如图 4-22 所示。

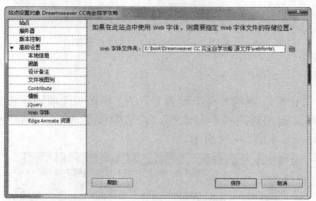

图 4-22　"Web 字体"选项设置界面

> **提示** 在 Dreamweaver CC 中，默认的 Web 字体文件夹的名称为 webfonts，该文件夹位于站点的根目录中。

4.2.9　Edge Animate 资源

在"站点设置对象"对话框左侧选择"高级设置"下的"Edge Animate 资源"选项，可以设置 Edge Animate 资源文件夹的位置，默认的 Edge Animate 资源文件夹位于站点的根目录中，名称为 edgeanimate_assets。单击"资源文件夹"文本框右侧的"浏览"按钮，可以更改 Edge Animate 资源文件夹的位置，如图 4-23 所示。

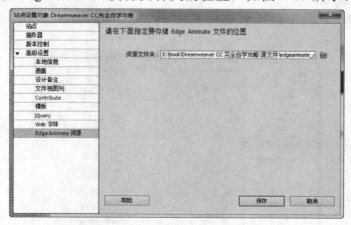

图 4-23　"Edge Animate 资源"选项设置界面

4.3　Business Catalyst 站点

Business Catalyst 站点功能是从 Dreamweaver CS6 开始加入的，在 Dreamweaver CC 中同样集成了 Business Catalyst 的功能，以满足设计者对于独立工作平台的需求。Business Catalyst 提供了一个在线远程服务器站点，使设计者能够获得一个专业的在线平台。

4.3.1　什么是 Business Catalyst

Adobe 公司在 2009 年收购了澳大利亚的 Business Catalyst 公司，Business Catalyst 为网站设计人员提供了一个功能强大的电子商务内容管理系统。Business Catalyst 平台拥有一些非常实用的功能，例如网站分析和电子邮件营销等。Business Catalyst 可以让所设计的网站轻松地获得一个在线平台，并且可以让用户轻松地掌握顾客的行踪，建立和管理任何规模的客户数据库，以及在线销售产品和服务。Business Catalyst 平台还集成了很多主流的网络支付系统，例如 PayPal、Google 和 Checkout，以及预集成的网关。

4.3.2　创建 Business Catalyst 站点

在 Dreamweaver CC 中可以更加方便地创建 Business Catalyst 站点，就像是创建本地静态站点一样。接下来用一个实例向读者介绍如何创建 Business Catalyst 站点。

自测 6　　创建 Business Catalyst 站点

源文件：无　视频：光盘\视频\第 4 章\4-3-2.swf

01 ▶ 执行"站点>新建 Business Catalyst 站点"命令，弹出 Business Catalyst 对话框，在该对话框中可以对 Business Catalyst 站点的相关选项进行设置，如图 4-24 所示。在 Site Name 文本框中输入 Business Catalyst 站点的名称，在 URL 文本框中输入 Business Catalyst 站点的 URL 名称，如图 4-25 所示。

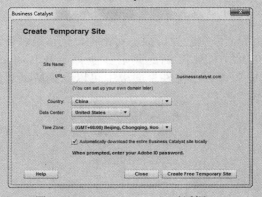　

图 4-24　Business Catalyst 对话框　　　　图 4-25　设置 Business Catalyst 选项

02 ▶ 单击 Create Free Temporary Site 按钮，即可创建一个免费的临时 Business Catalyst 站点。如果所设置的 URL 名称已经被占用，则系统会给出相应的提示，并自动分配一个没有被占用的 URL，如图 4-26 所示。

03 ▶ 单击 Create Free Temporary Site 按钮，将弹出"选择站点×××的本地根文件夹"对话框，浏览到 Business Catalyst 站点的本地根文件夹，如图 4-27 所示。

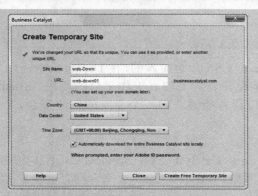

图 4-26　自动分配 URL 名称

图 4-27　"选择站点×××的本地根文件夹"对话框

04 ▶ 单击"选择"按钮，确定站点的本地根文件夹，此时会弹出"Adobe ID 口令"对话框，输入 Adobe ID 密码，如图 4-28 所示。单击"确定"按钮，Dreamweaver CC 会自动与创建的 Business Catalyst 站点进行连接，如图 4-29 所示。

图 4-28　"Adobe ID 口令"对话框

图 4-29　"后台文件活动"对话框

> 💡 提示　　在"Adobe ID 口令"对话框中输入 Adobe ID 密码后，如果选中"保存密码"复选框，则以后连接到该 Business Catalyst 站点时不需要再输入密码；如果没有选中该复选框，则每次连接到该 Business Catalyst 站点时都需要输入 Adobe ID 密码。

05 ▶ 与远程 Business Catalyst 站点成功连接后，系统会弹出提示对话框，提示是否下载整个 Business Catalyst 站点，如图 4-30 所示。单击"确定"按钮，开始下载 Business Catalyst 站点中的所有文件，下载完成后，在"文件"面板中可以看到所创建的 Business Catalyst 站点，如图 4-31 所示。

图 4-30　提示对话框

图 4-31　"文件"面板

06 ▶ 在本地根文件夹中可以看到从 Business Catalyst 站点中下载的相关文件，如图 4-32 所示。打开浏览器，在地址栏中输入所创建的 Business Catalyst 站点的 URL 地址，可以看到所创建的 Business Catalyst 站点的默认效果，如图 4-33 所示。

图 4-32　显示本地根文件夹

图 4-33　Business Catalyst 站点的默认效果

4.3.3　Business Catalyst 面板

通过 Business Catalyst 面板可以对所创建的 Business Catalyst 站点进行页面设置和创建相应的内容。

打开"文件"面板，单击"连接到远程服务器"按钮 ，可以连接到远程的 Business Catalyst 服务器，如图 4-34 所示。打开 Business Catalyst 面板，可以看到该面板的提示信息，如图 4-35 所示。

图 4-34　"文件"面板

图 4-35　Business Catalyst 面板

在"文件"面板中双击 Business Catalyst 站点中的某一个页面，在 Dreamweaver 中可以打开该页面，如图 4-36 所示。此时，Business Catalyst 面板如图 4-37 所示。

图 4-36　打开页面

图 4-37　打开页面后的 Business Catalyst 面板

单击"登录"按钮，系统会弹出"登录"对话框，如图 4-38 所示。在其中输入 Adobe ID 和密码登录服务器，此时的 Business Catalyst 面板如图 4-39 所示。

在 Business Catalyst 面板中提供了多种类型的页面元素，单击需要在页面中插入的页面元素会弹出相应的设置对话框，可以在该页面中插入相应的页面元素。

图 4-38　"登录"对话框　　　　图 4-39　登录服务器后的 Business Catalyst 面板

4.4　站点的基本操作

在创建网站之前，网站设计人员需要对整个网站的结构进行规划，目的是使网站结构清晰，从而节约建立网站的时间，并且不会出现众多相关联文件分布在相似名称的文件夹中的情况。

通过"文件"面板，用户可以对本地站点中的文件和文件夹进行创建、删除、移动和复制等操作，还可以编辑站点。

4.4.1　创建页面

通常，新建立的本地站点内部都是空的，下一步就是着手添加文件和文件夹。首先添加首页，首页是浏览者在浏览器中输入网址时服务器默认发送给浏览者的该网站的第一个网页。在网站管理中首页是网站结构图的开始，由它引出其他的网页。

自测 7　在站点中新建页面
源文件：无　视频：光盘\视频\第 4 章\4-4-1.swf

在"文件"面板中的站点根目录上右击，然后在弹出的菜单中执行"新建文件"命令（如图 4-40 所示），新建一个网页文件并给文件命名，如图 4-41 所示。

图 4-40　执行"新建文件"命令　　　　图 4-41　创建的新文件

如果要在"文件"面板中新建页面，需要在某个文件夹上右击，然后在弹出的菜单中执行"新建文件"命令，则新建的页面会位于该文件夹中。如果在站点的根目录上右击，然后在弹出的菜单中执行"新建文件"命令，则新建的页面会位于站点的根目录中。

4.4.2 使用"新建文档"对话框创建新文件

　　在"文件"面板中只可以新建默认格式为 HTML 的文件，通过 Dreamweaver CC 不仅可以新建静态和动态网页文件，还可以新建多种网页的相关文件。执行"文件>新建"命令，系统会弹出"新建文件"对话框，如图 4-42 所示。"新建文档"对话框由"空白页"、"流体网格布局"、"启动器模板"和"网站模板"4 个选项设置界面组成。

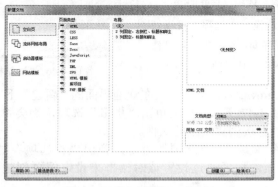

图 4-42 "新建文档"对话框

　　空白页：在"空白页"选项设置界面中可以新建基本的静态网页和动态网页，其中最常用的就是 HTML 选项。

　　"空白页"选项设置界面分为"页面类型"列表、"布局"列表、预览区域和描述区域。如果在"页面类型"列表中选择了 HTML 类型，则在"布局"列表中将排列出 HTML 布局的所有选项。如果在"布局"列表中选择的是"3 列固定，标题和脚注"选项，则在对话框的预览区域中会自动生成"3 列固定，标题和脚注"的预览图，在描述区域中会自动显示对"3 列固定，标题和脚注"的描述说明，如图 4-43 所示。

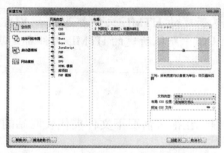

图 4-43 "3 列固定，标题和脚注"选项

　　流体网格布局：选择"流体网格布局"选项，可以切换到"流体网格布局"选项设置界面，其中列出了基于"移动设备"、"平板电脑"和"台式机"3 种设备的流体网格布局，如图 4-44 所示。

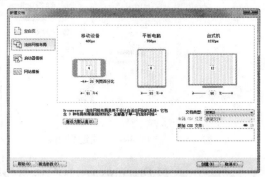

图 4-44 "流体网格布局"选项设置界面

　　启动器模板：选择"启动器模板"选项，可以切换到"启动器模板"选项设置界面，在该选项设置界面中提供了"Mobile 起始页"示例页面。在 Dreamweaver CC 中共提供了 3 种 Mobile 起始页示例页面，选择其中一个示例，即可创建 jQuery Mobile 页面，如图 4-45 所示。

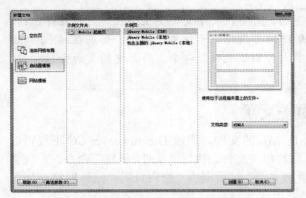

图 4-45　"启动器模板"选项设置界面

网站模板：选择"网站模板"选项，可以切换到"网站模板"选项设置界面，在其中可以创建基于各站点的模板的相关页面。在"站点"列表中

可以选择需要创建的基于模板页面的站点，在"站点×××的模板"列表中列出了所选站点中的所有模板页面，选择任意一个模板，单击"创建"按钮，即可创建基于该模板的页面，如图 4-46 所示。

图 4-46　"网站模板"选项设置界面

如果是刚刚打开 Dreamweaver CC，直接在欢迎界面的"新建"下方单击不同类型的页面即可创建相应的文件，如图 4-47 所示。如果单击"更多"选项，则会弹出"新建文档"对话框，选择其他的选项，则可以直接创建相应的文件。

另外，用户可以执行"编辑>首选项"命令，弹出"首选项"对话框，在"分类"列表中选择"新建文档"选项，然后通过设置该对话框来设定网页创建的默认属性，如图 4-48 所示。

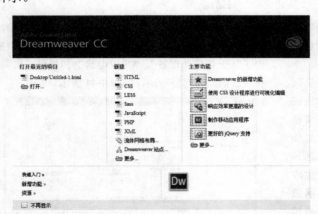

图 4-47　欢迎界面

图 4-48　"首选项"对话框

 在 Dreamweaver CC 之前的版本中默认新建的 HTML 文件都是基于 XHTML 1.0 Transitional 类型的，而在 Dreamweaver CC 中默认新建的 HTML 文件都是基于 HTML5 类型的。

4.4.3　创建文件夹

建立文件夹的过程实际上就是构思网站结构的过程，在很多情况下文件夹代表网站的子栏目，每个子栏目都要有自己对应的文件夹。

自测 8 在站点中新建文件夹

源文件：无 视频：光盘\视频\第 4 章\4-4-3.swf

在"文件"面板中的站点根目录上右击，然后在弹出的菜单中执行"新建文件夹"命令（如图 4-49 所示），在本站点中新建一个文件夹并给文件夹命名，如图 4-50 所示。

图 4-49 执行"新建文件夹"命令　　　　　图 4-50 创建的新文件夹

> **提示**　随着站点的扩大，文件的数量还会增加。创建文件夹的目的主要是为了方便管理，在建立文件夹时也应该以此为原则。有的文件夹用来存放图片，例如 pics、images 等文件夹；有的文件夹是作为子目录存放网页等文件，例如 content 等文件夹；有的文件夹是 Dreamweaver 自动生成的，例如 Templates 和 Libraries 文件夹。

技巧：在站点中创建文件夹，除了可以通过"文件"面板创建外，还可以直接在本地站点所在的文件夹中使用在 Windows 中创建文件夹的方法创建一个文件夹。

4.4.4　移动和复制文件或文件夹

在"文件"面板的"本地文件"列表中选择需要移动或复制的文件（或文件夹），如果要进行移动操作，可以执行"编辑>剪切"命令；如果要进行复制操作，可以执行"编辑>复制"命令；执行"编辑>粘贴"命令，可以将文件或文件夹移动或复制到相应的文件夹中。

使用鼠标拖动的方法也可以实现文件或文件夹的移动操作，其方法是首先在"文件"面板的"本地文件"列表中选择需要移动或复制的文件或文件夹，然后拖动选择的文件或文件夹将其移动到目标文件夹中，完成后释放鼠标，如图 4-51 所示。

4.4.5　重命名文件或文件夹

重命名文件或文件夹的操作十分简单，使用鼠标选择需要重命名的文件或文件夹，然后按 F2 键，文件名即变为可编辑状态，如图 4-52 所示。在其中输入文件名，然后按 Enter 键确认即可。

图 4-51 移动操作　　　　　图 4-52 重命名操作

> 无论是重命名还是移动操作，都应该在 Dreamweaver 的"文件"面板中进行，因为"文件"面板有动态更新链接的功能，可以确保站点内部不会出现链接错误。和大多数文件管理器一样，用户可以在"文件"面板中利用剪切、复制和粘贴操作来实现文件或文件夹的移动和复制。

4.4.6 删除文件或文件夹

如果要从"本地文件"列表中删除文件，可以先选中需要删除的文件或文件夹，然后通过其右键菜单执行"编辑>删除"命令或按 Delete 键，这时会弹出一个提示对话框，询问用户是否要真正删除文件或文件夹，单击"是"按钮确认后即可将文件或文件夹从本地站点中删除。

4.5 管理站点

在 Dreamweaver 中可以创建多个站点，这时需要使用专门的工具来完成站点的切换、添加和删除等操作。执行"站点>管理站点"命令，系统会弹出"管理站点"对话框，通过该对话框可以对站点进行管理操作。

4.5.1 站点的切换

使用 Dreamweaver CC 编辑网页或进行网站管理时每次只能操作一个站点，在"文件"面板左侧的下拉列表中选择已经创建的站点，如图 4-53 所示，就可以切换到对这个站点进行操作的状态。

另外，用户还可以在"管理站点"对话框中选择需要切换到的站点，如图 4-54 所示，然后单击"完成"按钮，这样在"文件"面板中就会显示选择的站点。

图 4-53 在"文件"面板中切换站点

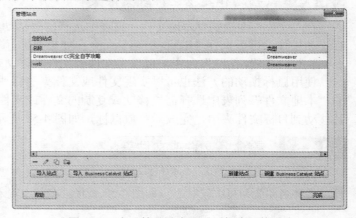

图 4-54 在"管理站点"对话框中切换站点

4.5.2 "管理站点"对话框

在 Dreamweaver 中对站点的所有管理操作都可以通过"管理站点"对话框来实现，执行"站点>管理站点"命令，系统会弹出"管理站点"对话框，如图 4-55 所示。在该对话框中可以实现删除当前选定的站点、编辑当前选定的站点、复制当前选定的站点、导出当前选定的站点、导入站点、导入 Business Catalyst 站点、新建站点和新建 Business Catalyst 站点等多种站点管理操作。

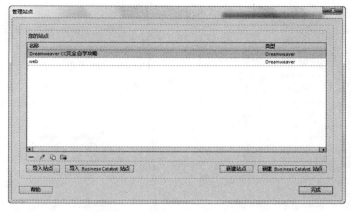

图 4-55　"管理站点"对话框

站点列表：该列表中显示了当前在 Dreamweaver CC 中创建的所有站点，并且显示了各个站点的类型，用户可以在该列表中选择需要管理的站点。

"删除当前选定的站点"按钮 ▬：单击该按钮，将弹出提示对话框，单击"是"按钮，即可删除当前选择的站点。注意，这里删除的只是在 Dreamweaver 中创建的站点，该站点中的文件并不会被删除。

"编辑当前选定的站点"按钮 ✎：单击该按钮，系统会弹出"站点设置对象"对话框，在该对话框中可以对选择的站点的设置信息进行修改。

"复制当前选定的站点"按钮 ▢：单击该按钮，即可复制选择的站点得到该站点的副本，如图 4-56 所示。

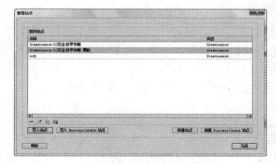

图 4-56　复制选择的站点

"导出当前选定的站点"按钮 ▣：单击该按钮，将弹出"导出站点"对话框，选择导出站点的位置，在"文件名"文本框中为导出的站点文件设置名称，如图 4-57 所示，然后单击"保存"按钮，即可将选择的站点导出为一个扩展名为 .ste 的 Dreamweaver 站点文件。

图 4-57　"导出站点"对话框

"导入站点"按钮：单击"导入站点"按钮，系统会弹出"导入站点"对话框，在该对话框中选择需要导入的站点文件，如图 4-58 所示，然后单击"打开"按钮，即可将该站点文件导入到 Dreamweaver 中。

图 4-58　"导入站点"对话框

"导入 Business Catalyst 站点"按钮：单击该按钮，将弹出 Business Catalyst 对话框，显示当前用户所创建的 Business Catalyst 站点，如图 4-59 所示。选择需要导入的 Business Catalyst 站点，然后单

击 Import Site 按钮，即可将选择的 Business Catalyst 站点导入到 Dreamweaver 中。

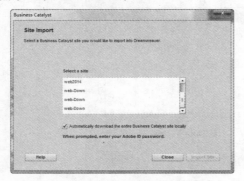

图 4-59　Business Catalyst 对话框

"新建站点"按钮：单击"新建站点"按钮，将弹出"站点设置对象"对话框，在其中可以创建新的站点。单击该按钮与执行"站点>新建站点"命令功

能相同。

"新建 Business Catalyst 站点"按钮：单击"新建 Business Catalyst 站点"按钮，将弹出 Business Catalyst 对话框，在其中可以创建新的 Business Catalyst 站点，如图 4-60 所示。单击该按钮与执行"站点>新建 Business Catalyst"命令功能相同。

图 4-60　Business Catalyst 对话框

 在"管理站点"对话框中将站点删除，只是从 Dreamweaver 的站点管理器中将站点删除，站点中的所有文件并不会被删除。

4.6　创建个人站点

现在，很多人拥有自己的个人网站。在制作个人网站之前首先需要创建站点，本节就来介绍如何在 Dreamweaver CC 中创建个人站点并定义个人站点的远程服务器信息，以便在完成个人网站的制作后可以通过 Dreamweaver CC 将网站上传到远程服务器上。

自测 9　创建个人站点
源文件：无　视频：光盘\视频\第 4 章\4-6.swf

01 ▶ 打开 Dreamweaver CC，执行"站点>新建站点"命令，弹出"站点设置对象"对话框，在"站点名称"文本框中输入站点的名称，然后单击"本地站点文件夹"右侧的"浏览"按钮，弹出"选择根文件夹"对话框，定位到站点的根文件夹（如图 4-61 所示），接着单击"选择文件夹"按钮选择站点根文件夹，如图 4-62 所示。

图 4-61　"选择根文件夹"对话框

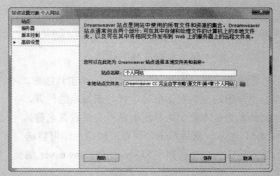

图 4-62　设置"站点"的相关选项

02 ▶ 选择"站点设置对象"对话框左侧的"服务器"选项，切换到"服务器"选项设置界面，如图4-63所示。单击"添加新服务器"按钮 ➕，系统将弹出"添加新服务器"对话框，对远程服务器的相关信息进行设置，如图4-64所示。

图4-63 "服务器"选项设置界面

图4-64 设置远程服务器的相关信息

在创建站点的过程中，定义远程服务器是为了方便本地站点能够随时与远程服务器相关联上传或下载相关的文件。如果用户希望在本地站点中将网站制作完成后再将站点上传到远程服务器，则可以先不定义远程服务器，待需要上传时再定义。

03 ▶ 单击"测试"按钮，将弹出"文件活动"对话框，显示正在与设置的远程服务器进行连接，如图4-65所示。连接成功后，系统会弹出提示对话框，提示"Dreamweaver已成功连接到您的Web服务器"，如图4-66所示。

图4-65 "文件活动"对话框

图4-66 显示与远程服务器连接成功

04 ▶ 单击"添加新服务器"对话框上的"高级"标签，切换到"高级"选项卡中，在"服务器模型"下拉列表中选择 ASP VBScript 选项，如图4-67所示。然后单击"保存"按钮，完成"添加新服务器"对话框的设置，如图4-68所示。

图4-67 设置"高级"选项

图4-68 "服务器"选项设置界面

05 ▶ 单击"保存"按钮，完成个人站点的创建，"文件"面板将自动切换至刚创建的站点，如图 4-69 所示。执行"站点>管理站点"命令，弹出"管理站点"对话框，在该对话框中可以看到刚创建的站点，并且可以对该站点进行编辑操作，如图 4-70 所示。

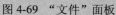

图 4-69 "文件"面板

图 4-70 "管理站点"对话框

4.7 本章小结

Dreamweaver 的重要功能之一就是管理和维护站点，本章主要向读者介绍了在 Dreamweaver CC 中创建站点的方法和技巧。新建站点、导入已有站点、管理和维护多站点是在开始学习网站设计制作之前必须掌握的内容。

第 5 章　网页整体属性的控制

实例名称：为网页添加关键字
源文件：无
视频：视频\第 5 章\5-1-2.swf

实例名称：为网页添加说明
源文件：无
视频：视频\第 5 章\5-1-3.swf

设置页面的 META 信息

实例名称：设置外观（CSS）
源文件：源文件\第 5 章\5-3-1.html
视频：视频\第 5 章\5-3-1.swf

设置链接（CSS）

实例名称：设计制作个人网站页面
源文件：源文件\第 5 章\5-4.html
视频：视频\第 5 章\5-4.swf

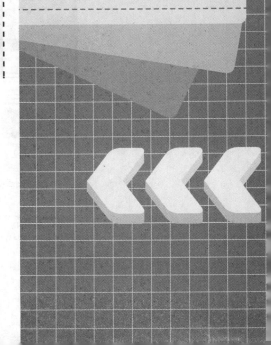

本章知识点

在制作一个网页之前，设计者首先需要对网页的整体属性进行设置，包括对页面头信息的设置，以及通过"页面属性"对话框对页面的整体属性进行设置。在开始设计网站页面时就可以设置好页面的各种属性，网页属性可以控制网页的背景颜色和文本颜色等，主要对外观进行总体控制，本章将向大家介绍如何对网页的整体属性进行控制。

5.1 设置网页的头信息

　　头信息的设置属于页面总体设置的范畴，虽然大多数头信息不能够直接在网页上看到效果，但是从功能上看，头信息是网页中必不可少的信息，可以帮助网页实现其功能。

　　一个完整的 HTML 网页文件包含两个部分，即 head 部分和 body 部分。其中，head 部分包含许多不可见的信息（头信息），例如语言编码、版权声明、关键字、作者信息和网页描述等；而 body 部分则包含网页中可见的内容，例如文字、图像、Div 和表单等。

　　下面以一个英文网站页面为例介绍如何设置网页的头信息，该网站页面在浏览器中预览的效果如图 5-1 所示。

图 5-1　页面预览效果

　　在 Dreamweaver CC 中打开网站页面"光盘\源文件\第 5 章\5-1.html"，如图 5-2 所示。切换到代码视图中，可以在网页 HTML 代码的 <head> 与 </head> 标签之间看到网页的头信息设置，如图 5-3 所示。

图 5-2　在 Dreamweaver 中打开页面

```
<head>
<meta charset="utf-8">
<title>英文网站</title>
<link href="style/5-1.css" rel="stylesheet" type="text/css">
</head>
```

图 5-3　在代码中显示文件头内容

5.1.1　设置网页标题

网页标题可以是中文、英文或符号，它显示在浏览器的标题栏中，如图 5-4 所示。当网页被加入到收藏夹时，网页标题又作为网页的名字出现在收藏夹中。

图 5-4　网页标题

切换到代码视图中，可以在网页 HTML 代码的<title>与</title>标签之间看到所设置的网页标题，如图 5-5 所示，在这里可以直接修改网页标题。

> 技巧：在 Dreamweaver 中新建页面，页面的默认标题为"无标题文档"，用户除了可以使用以上方法修改网页标题外，还可以直接在"文档"工具栏的"标题"文本框中直接输入网页的标题，如图 5-6 所示。

```
<head>
<meta charset="utf-8">
<title>英文网站</title>
<link href="style/5-1.css" rel="stylesheet" type="text/css">
</head>
```

图 5-5　<title>与</title>标签之间的网页标题　　　　图 5-6　"文档"工具栏上的"标题"文本框

5.1.2　添加关键字

关键字的作用是协助因特网上的搜索引擎寻找网页，网站的来访者大多是由搜索引擎引导来的。

自测 10　**为网页添加关键字**
源文件：无　视频：光盘\视频\第 5 章\5-1-2.swf

> 01 ▶ 单击"插入"面板的 Head 按钮旁边的下三角按钮，在下拉菜单中选择"关键字"选项，如图 5-7 所示。此时会弹出"关键字"对话框，在该对话框中输入页面的关键字，不同关键字之间用逗号分隔，如图 5-8 所示。然后单击"确定"按钮，关键字信息就设置好了。

　　　　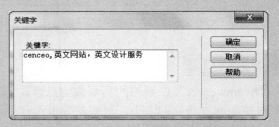

图 5-7　选择"关键字"选项　　　　图 5-8　设置"关键字"对话框

> 　设置的关键字一定要与该网站内容相关。有些搜索引擎限制索引的关键字或字符的数目，当超过了限制的数目时将忽略所有的关键字，所以最好只使用几个精选的关键字。

02 ▶ 如果需要编辑关键字信息，切换到代码视图中进行编辑，在网页 HTML 代码的 <head>与</head>标签之间可以看到所设置的网页关键字，如图 5-9 所示。

```
<head>
<meta charset="utf-8">
<title>英文网站</title>
<link href="style/5-1.css" rel="stylesheet" type="text/css">
<meta name="keywords" content="cenceo，英文网站，英文设计服务">
</head>
```

图 5-9　在代码视图中编辑关键字

5.1.3　添加说明

许多搜索引擎装置读取描述 META 标记的内容，有些使用该信息在它们的数据库中将页面编入索引，而有些在搜索结果页面中显示该信息。

自测 11　为网页添加说明

源文件：无　视频：光盘\视频\第 5 章\5-1-3.swf

01 ▶ 单击"插入"面板的 Head 按钮旁边的下三角按钮，在下拉菜单中选择"说明"选项，如图 5-10 所示。此时会弹出"说明"对话框，在该对话框中输入对页面的说明，如图 5-11 所示。然后单击"确定"按钮，页面说明的信息就设置好了。

图 5-10　选择"说明"选项

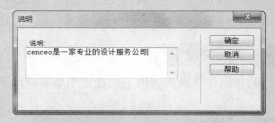

图 5-11　设置"说明"对话框

02 ▶ 如果需要编辑页面说明信息，切换到代码视图中进行编辑，在网页 HTML 代码的 <head>与</head>标签之间可以看到所设置的网页说明信息，如图 5-12 所示。

```
<head>
<meta charset="utf-8">
<title>英文网站</title>
<link href="style/5-1.css" rel="stylesheet" type="text/css">
<meta name="keywords" content="cenceo，英文网站，英文设计服务">
<meta name="description" content="cenceo是一家专业的设计服务公司">
</head>
```

图 5-12　在代码视图上编辑说明信息

5.1.4　插入视口

视口是 Dreamweaver CC 新增的网页头信息设置功能，该功能主要针对浏览者使用移动设备查看网页时控制网页布局的大小。每一款手机都有不同的屏幕大小和不同的分辨率，通过视口的设置，可以使制作出来的网页大小适合各种手机屏幕大小。

在网页中插入视口的方法很简单，单击"插入"面板的 Head 按钮旁边的下三角按钮，在下拉菜单中选择"视口"选项（如图 5-13 所示），即可在网页中插入视口。切换到网页的代码视图，在<head>与</head>标签之间可以看到所设置的视口代码，如图 5-14 所示。

```
<head>
<meta charset="utf-8">
<title>英文网站</title>
<link href="style/5-1.css" rel="stylesheet" type="text/css">
<meta name="viewport" content="width=device-width, initial-scale=1">
</head>
```

图 5-13　选择"视口"选项　　　　　　　　　　　　图 5-14　视口代码

其中，width 属性用于设置视口的大小，例如 width=device-width 表示视口的宽度默认等于屏幕的宽度；initial-scale 属性用于设置网页的初始缩放比例，即网页第一次载入时的缩放比例，例如 initial-scale=1 表示网页的初始大小占屏幕面积的 100%。

5.2　设置页面的 META 信息

META 标记用来记录当前网页的相关信息，例如编码、作者和版权等，也可以用来给服务器提供信息，例如网页终止时间和刷新的间隔等。设置 META 的方法如下：

单击"插入"面板的 Head 按钮旁边的下三角按钮，在下拉菜单中选择 META 选项，如图 5-15 所示。此时会弹出 META 对话框（如图 5-16 所示），在该对话框中输入相应的信息，单击"确定"按钮，即可在文件的头部添加相应的数据。

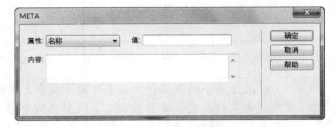

图 5-15　选择 META 选项　　　　　　　　　　图 5-16　META 对话框

属性：在"属性"下拉列表中有 HTTP-equivalent 和"名称"两个选项，分别对应 HTTP-EQUIV 变量和 NAME 变量。

值：在"值"文本框中可以输入 HTTP-

EQUIV 变量或 NAME 变量的值。

内容：在"内容"文本框中可以输入 HTTP-EQUIV 变量或 NAME 变量的内容。

5.2.1　设置网页的文字编码格式

在 META 对话框的"属性"下拉列表中选择 HTTP-equivalent 选项，在"值"文本框中输入 Content-Type，在"内容"文本框中输入 text/html;charset=UTF-8，则设置文字编码为国际通用编码，如图 5-17 所示。

5.2.2　设置网页的到期时间

在 META 对话框的"属性"下拉列表中选择 HTTP-equivalent 选项，在"值"文本框中输入 expires，在"内容"文本框中输入 Wed,20 Jun 2014 09:00:00 GMT，则网页将在格林尼治时间 2014 年 6 月 20 日 9 点过期，届时将无法脱机浏览这个网页，必须连到网上重新浏览这个网页，如图 5-18 所示。

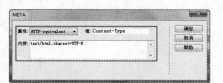

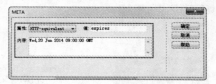

图 5-17　设置网页文字编码　　　　　　　　　　图 5-18　设置网页到期时间

5.2.3　禁止浏览器从本地计算机的缓存中读取页面内容

在 META 对话框的"属性"下拉列表中选择 HTTP-equivalent 选项，在"值"文本框中输入 Pragma，在"内容"文本框中输入 no-cache，则禁止该页面保存在访问者的缓存中。当浏览器访问某个页面时会将它保存在缓存中，下次再访问该页面时就可以从缓存中读取，以缩短访问该页面的时间。如果用户希望访问者每次访问时都刷新网页广告的图标或网页的计数器，则要禁用缓存了，如图 5-19 所示。

5.2.4　设置 cookie 过期

在 META 对话框的"属性"下拉列表中选择 HTTP-equivalent 选项，在"值"文本框中输入 set-cookie，在"内容"文本框中输入 Wed,20 Jun 2014 09:00:00 GMT，则 cookie 将在格林尼治时间 2014 年 6 月 20 日 9 点过期，并被自动删除，如图 5-20 所示。

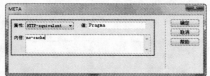

图 5-19　禁止浏览器从本地计算机的缓存中读取页面内容　　　　图 5-20　设置网页 cookie 过期

　　　cookie 是小的数据包，其中存储着用户上网的习惯信息。cookie 主要被广告代理商用来统计人数，查看某个站点吸引了哪些消费者。一些网站还使用 cookie 来保存用户最近的账号信息。这样，当用户进入某个站点，而该用户又在该站点有账号时，站点就会立刻知道此用户，并自动载入这个用户的个人信息。

5.2.5　强制网页在当前窗口中以独立页面显示

在 META 对话框的"属性"下拉列表中选择 HTTP-equivalent 选项，在"值"文本框中输入 Window-target，在"内容"文本框中输入_top，可以防止这个网页被显示在其他网页的框架结构中，如图 5-21 所示。

5.2.6　设置网页打开时的效果

在 META 对话框的"属性"下拉列表中选择 HTTP-equivalent 选项，在"值"文本框中输入 Page-Enter，在"内容"文本框中输入 revealTrans(duration=10,transition=20)，如图 5-22 所示。

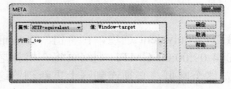

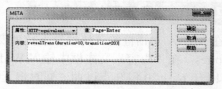

图 5-21　强制网页在当前窗口中以独立页面显示　　　图 5-22　设置网页打开时的效果

5.2.7　设置网页退出时的效果

在 META 对话框的"属性"下拉列表中选择 HTTP-equivalent 选项，在"值"文本框中输入 Page-Exit，在"内容"文本框中输入 revealTrans(duration=20,transition=10)，如图 5-23 所示。

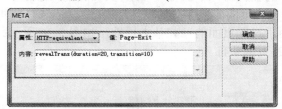

图 5-23　设置网页退出时的效果

5.2.8　其他设置

如果在 META 对话框的"属性"下拉列表中选择"名称"选项，则对应 NAME 变量，此时会有以下常见设置。

1．设置网页的搜索引擎关键字

在"值"文本框中输入 Keywords，在"内容"文本框中输入网页的关键字，各关键字之间用逗号隔开。这是告诉搜索引擎放出的机器人，把"内容"文本框中输入的内容作为网页的关键字添加到搜索引擎。许多搜索引擎都通过放出机器人进行搜索来记录网站，这些机器人要用到 META 元素的一些特性来决定怎样记录。如果网页上没有这些 META 元素，则不会被记录。

2．设置网页的搜索引擎说明

在"值"文本框中输入 description，在"内容"文本框中输入对网页的说明。这是告诉搜索引擎放出的机器人，把"内容"文本框中输入的内容作为对网页的说明添加到搜索引擎。

3．告诉搜索机器人哪些页面需要索引，哪些页面不需要索引

在"值"文本框中输入 robots，在"内容"文本框中输入 all、index、noindex、follow、nofollow 或 none。其中，all 是默认值，用来告诉搜索机器人记录此网页，而且可以根据此页面的超链接进行检索；index 是告诉搜索机器人记录此网页；noindex 是不让搜索机器人记录此网页，但可以根据此页的超链接进行检索；follow 是告诉搜索机器人根据此网页的超链接进行检索；nofollow 是不让搜索机器人根据此网页的超链接进行检索，但可以记录此页面；none 是既不让搜索机器人记录此网页，也不让搜索机器人根据此页面的超链接进行检索。

4．设置网页编辑器的说明

在"值"文本框中输入 Generator，在"内容"文本框中输入所用的网页编辑器，这是对使用的网页编辑器进行说明。

5．设置网页作者说明

在"值"文本框中输入 Author，在"内容"文本框中输入"Web 星工场"，则说明这个网页的作者是 Web 星工场。

6．设置版权声明

在"值"文本框中输入 Copyright，在"内容"文本框中输入版权声明。

5.3　设置页面属性

许多网站的页面会有固定的色彩或者图像背景，这些特征可以由网站页面的属性来控制。在开始设计网站页面时即可设置页面的各种属性，网页属性主要对网页的背景颜色和文本颜色等外观进行总体控制。

5.3.1　设置外观（CSS）

在 Dreamweaver CC 的编辑窗口中执行"修改>页面属性"命令，或单击"属性"面板上的"页面属性"按钮，将弹出"页面属性"对话框。Dreamweaver CC 将页面属性分为许多类别，其中，"外观（CSS）"用于设置页面的一些基本属性，如图 5-24 所示；并且将设置的页面属性自动生成为 CSS 样式写在页面头部。

图 5-24　"外观（CSS）"选项设置界面

页面字体：在"页面字体"后的第 1 个下拉列表中选择一种字体设置为页面字体，也可以直接在该下拉列表框中输入字体的名称；在第 2 个下拉列表中可以选择字体的样式，如图 5-25 所示；在第 3 个下拉列表中可以选择字体的粗细，如图 5-26 所示。

图 5-25　字体样式　　图 5-26　字体组细

大小：在"大小"下拉列表中可以选择页面中的默认文本字号，还可以设置页面字体大小的单位，默认为"px（像素）"。

文本颜色：在"文本颜色"文本框中可以设置网页中默认的文本颜色。如果未对该选项进行设置，则网页中默认的文本颜色为黑色。

背景颜色：在"背景颜色"文本框中可以设置网页的背景颜色。一般情况下，背景颜色都设置为白色，即在文本框中输入#FFFFFF。如果在这里不设置颜色，常用的浏览器也会默认网页的背景颜色为白色，但低版本的浏览器会显示网页的背景颜色为灰色。为了增强网页的通用性，这里最好对背景颜色进行设置。

背景图像：在"背景图像"文本框中可以输入网页背景图像的路径，给网页添加背景图像。用户也可以单击文本框后的"浏览"按钮，此时会弹出"选择图像源文件"对话框，如图 5-27 所示，选择需要设置为背景图像的文件，单击"确定"按钮，即可使用这个图像为背景图像。

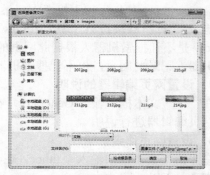

图 5-27　"选择图像源文件"对话框

重复：在使用图像作为背景时可以在"重复"下拉列表中选择背景图像的重复方式，其中有 no-repeat、repeat、repeat-x 和 repeat-y 4 个可选项。

边距：在"左边距"、"右边距"、"上边距"和"下边距"文本框中可以分别设置网页四周与浏览器四周边框的距离。

87

（1）"页面字体"后的 3 个下拉列表分别用于设置字体、字体样式和字体粗细，后两个下拉列表是 Dreamweaver CC 新增的功能，其设置与 CSS 样式中 font-style 和 font-weight 属性的设置相同。关于 CSS 样式将在第 6 章中进行详细讲解。

（2）在设置页面背景图像时，为了避免出现问题，应尽可能地使用相对路径的图像路径，而不要使用绝对路径。

（3）在"重复"下拉列表中选择 no-repeat 选项时，背景图像将不会重复，只在页面上显示一次；当选择 repeat 选项时，背景图像将会在横向和纵向上重复显示；当选择 repeat-x 选项时，背景图像只会在横向上重复显示；当选择 repeat-y 时，背景图像只会在纵向上重复显示。当不对"重复"选项进行设置时，默认背景图像是横向和纵向都重复的。

自测 12　设置外观（CSS）

源文件：光盘\源文件\第 5 章\5-3-1.html　视频：光盘\视频\第 5 章\5-3-1.swf

01 ▶ 执行"文件>打开"命令，打开页面"光盘\源文件\第 5 章\5-3-1.html"，效果如图 5-28 所示。在浏览器中预览页面，可以看到页面的效果，如图 5-29 所示。

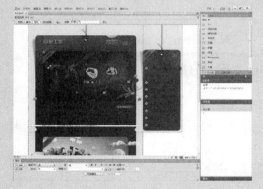 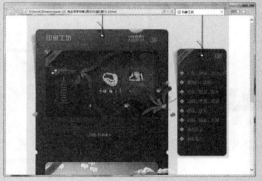

图 5-28　在 Dreamweaver 中打开页面　　图 5-29　在浏览器中预览页面效果

02 ▶ 单击"属性"面板上的"页面属性"按钮，弹出"页面属性"对话框，对"外观（CSS）"选项进行设置，如图 5-30 所示。然后保存页面，在浏览器中预览页面，可以看到完成"外观（CSS）"选项设置后的页面效果，如图 5-31 所示。

图 5-30　设置"外观（CSS）"选项　　图 5-31　设置"外观（CSS）"选项后的预览效果

5.3.2　设置外观（HTML）

在"页面属性"对话框左侧的"分类"列表中选择"外观（HTML）"选项，可以切换到"外观（HTML）"选项设置界面，如图 5-32 所示。该选项的设置与"外观（CSS）"的设置基本相同，唯一的区别是在"外观（HTML）"选项中设置的页面属性将会自动在页面主体标签<body>中添加相应的属性设置代码，而不会自动生成 CSS 样式。

"外观（HTML）"的相关设置选项与"外观（CSS）"的相关设置选项基本相同，多了 3 个关于文本超链接的相关设置，这里不再做过多介绍，关于文本超链接的设置将在 5.3.3 节中进行介绍。

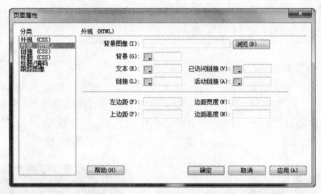

图 5-32　"外观（HTML）"选项设置界面

5.3.3　设置链接（CSS）

在"页面属性"对话框左侧的"分类"列表中选择"链接（CSS）"选项，可以切换到"链接（CSS）"选项设置界面，在其中可以设置页面中链接文本的效果，如图 5-33 所示。

图 5-33　"链接（CSS）"选项设置界面

链接字体：在"链接字体"的第 1 个下拉列表中选择一种字体设置为页面中链接的字体，在第 2 个下拉列表中设置字体的样式，在第 3 个下拉列表中设置字体的粗细。

大小：在"大小"下拉列表中可以选择页面中链接文本的字号，还可以设置链接字体大小的单位，默认为"px（像素）"。

链接颜色：在"链接颜色"文本框中可以设置网页中文本超链接的默认颜色。

变换图像链接：在"变换图像链接"文本框中可以设置网页中当光标移动到超链接文字上方时超链接文本的颜色。

已访问链接：在"已访问链接"文本框中可以设置网页中访问过的超链接文本的颜色。

活动链接：在"活动链接"文本框中可以设置网页中激活的超链接文本的颜色。

下画线样式：在"下画线样式"下拉列表中可以选择网页中当光标移动到超链接文字上方时采用

何种下画线，在该下拉列表中包含 4 个选项，如图 5-34 所示。

图 5-34　"下画线样式"下拉列表

在完成"链接（CSS）"选项的设置之后，同样会在页面头部写入相应的 CSS 样式，关于 CSS 样式将在后面的章节中进行详细讲解。例如，"页面属性"对话框中的"链接（CSS）"选项设置如图 5-35 所示。保存页面，在浏览器中预览页面，可以看到页面中文字超链接的效果，如图 5-36 所示。

图 5-35　设置"链接（CSS）"选项

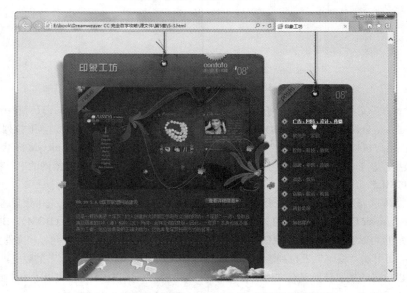

图 5-36　设置"链接（CSS）"选项后的预览效果

5.3.4　设置标题（CSS）

在"页面属性"对话框左侧的"分类"列表中选择"标题（CSS）"选项，可以切换到"标题（CSS）"选项设置界面，在其中可以设置标题文字的相关属性，如图 5-37 所示。

图 5-37 "标题（CSS）"选项设置界面

标题字体： 在"标题字体"后的第 1 个下拉列表中选择一种字体设置为页面中标题的字体，在第 2 个下拉列表中设置字体的样式，在第 3 个下拉列表中设置字体的粗细。

标题 1～标题 6： 在 HTML 页面中可以通过<h1>～<h6>标签定义页面中的文字为标题文字，分别对应"标题 1"～"标题 6"，在该选项区中可以分别设置不同标题文字的大小以及文本颜色。

5.3.5 设置标题和编码

在"页面属性"对话框左侧的"分类"列表中选择"标题/编码"选项，可以切换到"标题/编码"选项设置界面，在其中可以设置网页的标题和文字编码等，如图 5-38 所示。

图 5-38 "标题/编码"选项设置界面

标题： 在"标题"文本框中可以输入网页的标题，和前面介绍的通过头信息设置网页标题的效果相同。

文档类型： 用户可以在"文档类型"下拉列表中选择文档的类型，在 Dreamweaver CC 中默认新建的文档类型是 HTML5。

编码： 在"编码"下拉列表中可以选择网页的文字编码，在 Dreamweaver CC 中默认新建的文档编码是 Unicode（UTF-8），也可以选择"简体中文（GB2312）"。

重新载入： 如果在"编码"下拉列表中更改了页面的编码，可以单击该按钮转换现有文档或者使用新编码重新打开该页面。

Unicode 标准化表单： 只有在用户选择 Unicode（UTF-8）作为页面编码时，该下拉列表才可用。在该下拉列表中提供了 4 种 Unicode 标准化表单，最重要的是 C 范式，因为它是万维网的字符模型的最常用的范式。

包括 Unicode 签名： 选中该复选框，则在文档中会包含一个字节顺序标记（BOM）。BOM 是位于文本文件开头的 2～4 个字节，可以将文件标识为 Unicode，如果是这样，还标识后面字节的顺序。由于 UTF-8 没有字节顺序，所以该复选框可以不选，而对于 UTF-16 和 UTF-32，则必须添加 BOM。

标题经常被网页初学者忽略，因为它对网页的内容不产生任何影响。在浏览网页时，用户会在浏览器的标题栏中看到网页的标题，在进行多个窗口切换时，它可以很明白地提示当前网页的信息。而且，当收藏一个网页时，也会把网页的标题列在收藏夹内。

5.3.6　设置跟踪图像

在"页面属性"对话框左侧的"分类"列表中选择"跟踪图像"选项，可以切换到"跟踪图像"选项设置界面，在其中可以设置跟踪图像的属性，如图 5-39 所示。

图 5-39　"跟踪图像"选项设置界面

在正式制作网页之前，有时会用绘图工具绘制一幅设计草图，相当于为设计网页打草稿。Dreamweaver CC 可以将这种设计草图设置成跟踪图像铺在所编辑的网页下面作为背景，用于引导网页的设计。

跟踪图像：在"跟踪图像"文本框中可以为当前制作的网页添加跟踪图像。单击文本框后面的"浏览"按钮，将弹出"选择图像源文件"对话框，在其中可以选择需要设置为跟踪图像的图像。

透明度：拖动"透明度"滑块可以调整跟踪图像在网页编辑状态下的透明度，透明度越高，跟踪图像显示得越明显；透明度越低，跟踪图像显示得越不明显。

 跟踪图像是网页排版的一种辅助手段，主要用来进行图像的定位，它只在编辑网页时有效，对 HTML 文档并不产生任何影响。

跟踪图像的文件格式必须是 JPEG、GIF 或 PNG。在 Dreamweaver CC 中跟踪图像是可见的，当在浏览器中浏览页面时，跟踪图像不被显示。当跟踪图像可见时，页面的实际背景图像和颜色在 Dreamweaver CC 的编辑窗口中不可见，但是，在浏览器中查看页面时，背景图像和颜色是可见的。

例如，"页面属性"对话框中的"跟踪图像"选项设置如图 5-40 所示，则页面的效果如图 5-41 所示。

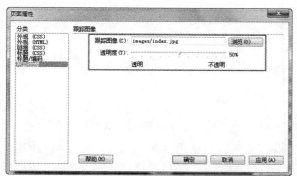

图 5-40　设置"跟踪图像"选项

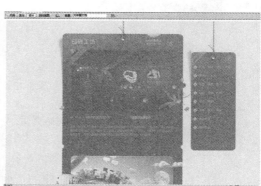

图 5-41　50%透明度的跟踪图像效果

如果要显示或隐藏跟踪图像,可以执行"查看>跟踪图像>显示"命令。在网页中选择一个页面元素,然后执行"查看>跟踪图像>对齐所选范围"命令,可以使跟踪图像的左上角与所选页面元素的左上角对齐。

用户还可以更改跟踪图像的位置,在 Dreamweaver CC 中执行"查看>跟踪图像>调整位置"命令,在弹出的"调整跟踪图像位置"对话框的 X 和 Y 文本框中输入坐标值,如图 5-42 所示,然后单击"确定"按钮,就可以调整跟踪图像的位置。

图 5-42 "调整跟踪图像位置"对话框

例如在 X 文本框中输入 20,在 Y 文本框中输入 50,则跟踪图像的位置将被调整为距浏览器左边框 20 像素、距浏览器上边框 50 像素。或者,在"调整跟踪图像位置"对话框打开的时候,用键盘上的方向键逐个像素地移动跟踪图像的位置。如果需要一次移动跟踪图像 5 个像素,则需要同时按键盘上的 Shift 键和方向键。

如果需要重新设置跟踪图像的位置,可以执行"查看>跟踪图像>重设位置"命令,这样跟踪图像就会自动返回到 Dreamweaver 文档窗口的左上角。

5.4 设计制作个人网站页面

在 Dreamweaver 中可以通过"页面属性"对话框对页面的整体属性进行控制,例如页面的背景颜色、背景图像、字体、字体大小、字体颜色以及页面边距等。下面通过一个个人网站页面实例的设计制作向读者介绍页面属性的设置方法,最终效果如图 5-43 所示。

图 5-43 页面的最终效果

自测 13 设计制作个人网站页面

源文件:光盘\源文件\第 5 章\5-4.html 视频:光盘\视频\第 5 章\5-4.swf

01 ▶ 执行"文件>新建"命令,弹出"新建文档"对话框(如图 5-44 所示),新建一个 HTML 页面,并将新建的页面保存为"光盘\源文件\第 5 章\5-4.html"。然后单击"属性"面板上的"页面属性"按钮,弹出"页面属性"对话框,设置"外观(CSS)"

选项如图 5-45 所示。

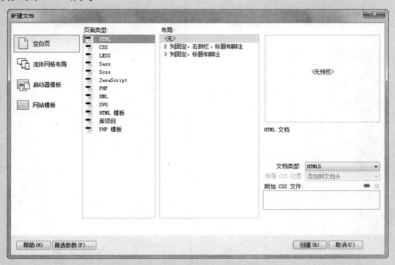

图 5-44　"新建文档"对话框

图 5-45　设置"外观（CSS）"选项

02 ▶ 在"页面属性"对话框左侧选择"标题/编码"选项，切换到"标题/编码"选项设置界面，设置选项如图 5-46 所示。单击"确定"按钮，完成"页面属性"对话框的设置，页面效果如图 5-47 所示。

图 5-46　设置"标题/编码"选项

图 5-47　页面效果

> **提示**
> （1）"页面属性"对话框主要用于设置页面的字体、字体大小、文本颜色、背景颜色、背景图像、背景图像的平铺方式、页面四周的边距，以及页面的标题等。
> （2）在制作网页时，通常第一步需要对页面的整体属性进行设置，可以通过"页面属性"对话框进行设置，当然也可以直接编写相应的 CSS 样式，这两种方式的本质是一样的。

03 ▶ 执行"文件>新建"命令，弹出"新建文档"对话框（如图 5-48 所示），新建一个 CSS 样式表文件，并将该文件保存为"光盘\源文件\第 5 章\style\style.css"。返回到 5-4.html 中，打开"CSS 设计器"面板，单击"添加 CSS 源"按钮■，在弹出的菜单中选择"附加现有的 CSS 文件"选项，弹出"使用现有的 CSS 文件"对话框，链接刚创建的外部 CSS 样式表文件，如图 5-49 所示。

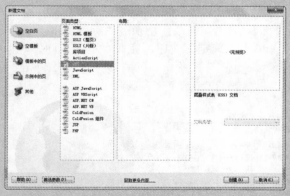

图 5-48　"新建文档"对话框

图 5-49　"使用现有的 CSS 文件"对话框

> **提示**
> 本书中的所有实例都采用 Div+CSS 的方法制作。关于 CSS 样式的相关知识将在第 6 章中进行详细的介绍。

04 ▶ 将光标置于页面的设计视图中，单击"插入"面板中的 Div 按钮，弹出"插入 Div"对话框，设置 5-50 所示。然后单击"确定"按钮，在页面中插入名为 box 的 Div，如图 5-51 所示。

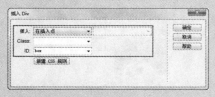

图 5-50　"插入 Div"对话框

图 5-51　插入 Div 的页面效果

05 ▶ 切换到 style.css 文件中，创建名为#box 的 CSS 样式，如图 5-52 所示。然后返回到页面中，将名为 box 的 Div 中的多余文字删除，如图 5-53 所示。

```
#box {
    height:556px;
    background-image:url(../images/5402.jpg);
    background-repeat:no-repeat;
}
```

图 5-52　#box 的 CSS 样式代码

图 5-53　删除多余文字后的页面效果

06 ▶ 单击"插入"面板中的 Div 按钮，弹出"插入 Div"对话框，设置选项如图 5-54 所示。然后单击"确定"按钮，在名为 box 的 Div 中插入名为 menu 的 Div，如图 5-55 所示。

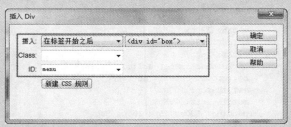

图 5-54　"插入 Div"对话框

图 5-55　又插入一个 Div 的页面效果

07 ▶ 切换到 style.css 文件中，创建名为#menu 的 CSS 样式，如图 5-56 所示。然后返回到页面中，将名为 menu 的 Div 中的多余文字删除，并输入相应的文字内容，如图 5-57 所示。

```
#menu {
    width:100px;
    height:250px;
    margin-top:61px;
    margin-left:174px;
    float:left;
}
```

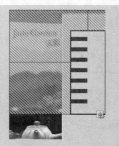

图 5-56 #menu 的 CSS 样式代码　　　　图 5-57 插入名为 menu 的 Div 后的页面效果

08 ▶ 单击"插入"面板中的 Div 按钮，弹出"插入 Div"对话框，设置选项如图 5-58 所示。然后单击"确定"按钮，在名为 menu 的 Div 之后插入名为 main 的 Div，如图 5-59 所示。

图 5-58 "插入 Div"对话框　　　　图 5-59 插入名为 menu 的 Div 后的页面效果

09 ▶ 切换到 style.css 文件中，创建名为#main 的 CSS 样式，如图 5-60 所示。然后返回到页面中，将名为 main 的 Div 中的多余文字删除，并输入相应的文字内容，如图 5-61 所示。

```
#main {
    width: 390px;
    height: 131px;
    float: left;
    background-image: url(../images/5403.gif);
    background-repeat: no-repeat;
    margin-top: 105px;
    margin-left: 195px;
    padding: 100px 63px 100px 50px;
    line-height: 18px;
}
```

图 5-60 #main 的 CSS 样式代码

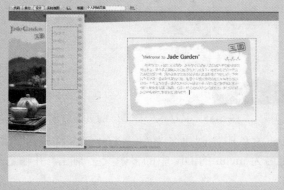

图 5-61 插入名为 main 的 Div 后的页面效果

10 ▶ 将光标移动到名为 menu 的 Div 中，切换到代码视图，为相应的菜单项添加超链接代码，如图 5-62 所示。然后返回到页面设计视图，可以看到设置超链接后的文字效果，如图 5-63 所示。

```
<div id="menu">
  <p><a href="#">网站首页</a></p>
  <p><a href="#">我的图片</a></p>
  <p><a href="#">我的日记</a></p>
  <p><a href="#">我的作品</a></p>
  <p><a href="#">网站公告</a></p>
  <p><a href="#">最新活动</a></p>
  <p><a href="#">联 系 我</a></p>
</div>
```

图 5-62　添加超链接代码　　　　　图 5-63　设置超链接后的文字效果

11 ▶ 接着可以通过"页面属性"的设置为页面链接设置颜色，单击"属性"面板上的"页面属性"按钮，弹出"页面属性"对话框，在"分类"列表中选择"链接（CSS）"选项，设置各项如图 5-64 所示。然后单击"确定"按钮，完成"页面属性"对话框的设置，页面效果如图 5-65 所示。

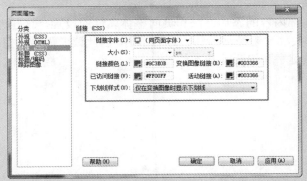

图 5-64　设置"链接（CSS）"选项

图 5-65　页面效果

12 ▶ 执行"文件>保存"命令，保存页面，然后单击"文档"工具栏上的"在浏览器中预览"按钮 ，在浏览器中预览页面效果，如图 5-66 所示。

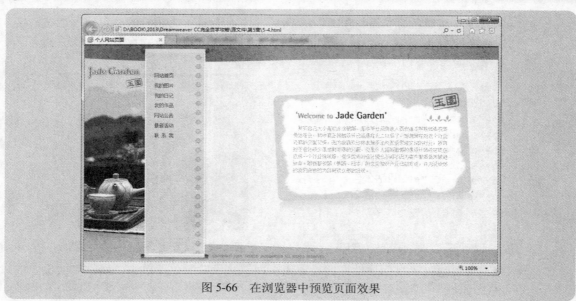

图 5-66　在浏览器中预览页面效果

5.5　本章小结

　　本章介绍了网页头部内容的添加方法和页面整体属性的设置，这些内容是常常被大家忽略的，但在实际的应用中头部元素经常起到关键的作用，因此读者需要掌握这些内容的添加方法，尤其是常用的标题、关键字和说明等基本信息。

第6章 CSS 样式在网页中的应用

实例名称：导入外部 CSS 样式表文件
源文件：源文件\第 6 章\6-4-4.html
视频：视频\第 6 章\6-4-4.swf

实例名称：创建标签 CSS 样式
源文件：源文件\第 6 章\6-5-1.html
视频：视频\第 6 章\6-5-1.swf

实例名称：创建类 CSS 样式
源文件：源文件\第 6 章\6-5-2.html
视频：视频\第 6 章\6-5-2.swf

实例名称：其他样式设置
源文件：源文件\第 6 章\6-6-5.html
视频：视频\第 6 章\6-6-5.swf

实例名称：CSS 类选区
源文件：源文件\第 6 章\6-8.html
视频：视频\第 6 章\6-8.swf

实例名称：设计制作工作室网
站页面
源文件：源文件\第 6 章\6-9.html
视频：视频\第 6 章\6-9.swf

本章知识点

　　通过前面章节的学习，读者已经掌握了建立网页的必备知识。由于 HTML 本身具有一些客观因素，导致网页结构与表现不分离，这是阻碍语言发展的一个原因。因此，W3C 发布了 CSS（层叠样式表）来解决这一问题，这样即使用不同的浏览器也能够正常地显示同一个页面。

　　应用 CSS 样式可以依次对若干个网页的所有样式进行控制。和 HTML 样式相比，使用 CSS 样式的好处除了可以同时链接多个网页文件之外，还有 CSS 样式被修改后，所有应用的样式都会自动更新。

6.1 认识 CSS

应用 CSS 样式可以依次对若干个网页的所有样式进行控制。和 HTML 样式相比，使用 CSS 样式的好处除了在于可以同时链接多个网页文件之外，还在于当 CSS 样式被修改后，所有应用的样式都会自动更新。

在 Dreamweaver CC 中用户不需要了解 CSS 复杂、烦琐的语法，就可以创建出具有专业水准的 CSS 样式。不仅如此，Dreamweaver CC 还能够识别现存文档中已定义的 CSS 样式，以方便用户对现有文档进行修改。

6.1.1 什么是 CSS 样式

CSS 是 Cascading Style Sheets（层叠样式表）的缩写，是一种对 Web 文档添加样式的简单机制，也是一种表现 HTML 或 XML 等文件样式的计算机语言，它的定义是由 W3C 来维护的。

网页设计最初是用 HTML 标签来定义页面文档及格式，例如标题<h1>、段落<p>、表格<table>和链接<a>等，但这些标签不能满足更多的文档样式需求，为了解决这个问题，在 1997 年 W3C（The World Wide Web Consortium）颁布 HTML4 标准的同时发布了有关 CSS 样式的第一个标准——CSS1，在 CSS1 版本之后，又在 1998 年 5 月发布了 CSS2 版本，CSS 样式得到了更多的充实。

随着互联网的发展，网页的表现方式更加多样化，需要新的 CSS 规则来适应网页的发展，所以在最近几年 W3C 已经开始着手 CSS3.0 标准的制定。目前，CSS3.0 正在日渐发展，让我们可以领略到 CSS 3.0 的特殊效果。

CSS 是网页排版和风格设计的重要工具，在所谓的新式网页中，CSS 是相当重要的一环，CSS 用来弥补 HTML 规格中的不足，也让网页设计更加灵活。可以说，CSS 是为了帮助简化和整理在使用 HTML 标签制作页面的过程中那些烦琐的方式以及杂乱无章的代码而被开发出来的。

6.1.2 CSS 样式的基本写法

一个 CSS 样式的基本写法由 3 个部分组成，即 Selector（选择器）、属性（Property）和属性值（Value），基本的 CSS 样式写法如下：

CSS 选择器{属性 1:属性值 1; 属性 2:属性值 2; 属性 3:属性值 3;...}

在大括号中，使用属性名和属性值这对参数定义选择器的样式。

6.1.3 CSS 样式的优点

CSS 样式可以为网页上的元素精确地定位和控制传统的格式属性（例如字体、大小和对齐等），还可以设置位置、特殊效果和鼠标滑过之类的 HTML 属性。图 6-1 所示为未使用 CSS 样式时的页面，图 6-2 所示为使用 CSS 样式后的页面效果。

1. 将格式和结构分离

HTML 语言定义了网页的结构和各要素的功能，而 CSS 样式通过将定义结构的部分和定义格式的部分分离，使设计者能够对页面的布局进行更多的控制，同时 HTML 仍可以保持简单明了的风格。CSS 代码独立出来从另一个角度控制页面外观。

2. 以前所未有的能力控制页面布局

HTML 语言对页面总体上的控制很有限，例如精确定位、行间距或字间距等，这些都可以通过 CSS 来完成。

图 6-1　使用 CSS 样式之前

图 6-2　使用 CSS 样式之后

3．制作体积更小、下载更快的网页

CSS 样式只是简单的文本，就像 HTML 那样。它不需要图像，不需要执行程序，不需要插件。使用 CSS 样式可以减少表格标签以及其他加大 HTML 体积的代码，减少图像用量，从而减小文件的大小。

4．将许多网页同时更新，比以前更快、更容易

在没有 CSS 样式时，如果想更新整个站点中所有主体文本的字体，必须一页一页地修改网页。CSS 样式的主旨就是将格式和结构分离。利用 CSS 样式，用户可以将站点上所有的网页都指向一个单一的 CSS 文件，这样只要修改 CSS 文件中的某一行，整个站点的网页都会随之改变。

5．浏览器将成为更友好的界面

样式表的代码有很好的兼容性，也就是说，如果用户丢失了某个插件不会发生中断，或者使用老版本的浏览器时代码不会出现杂乱无章的情况，只要是可以识别 CSS 样式表的浏览器就可以应用它。

6.2　认识全新的"CSS 设计器"面板

在 Dreamweaver CC 中对 CSS 样式的创建进行了较大的改变,改变了以前版本中通过对话框进行设置的方式,将 CSS 样式的创建与管理集成在一个全新的"CSS 设计器"面板中。

"CSS 设计器"面板是一个 CSS 样式集成化面板,也是 Dreamweaver 中非常重要的面板之一,在该面板中支持可视化的创建和管理网页中的 CSS 样式。该面板包括"源"、"@媒体"、"选择器"和"属性"4 个部分,每个部分针对 CSS 样式的不同管理与设置操作,如图 6-3 所示。

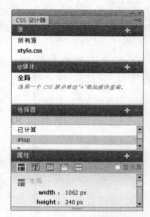

图 6-3　"CSS 设计器"面板

6.2.1　源

"CSS 设计器"面板上的"源"选项区用于确定网页使用 CSS 样式的方式,如图 6-4 所示,即使用外部 CSS 样式表文件还是使用内部 CSS 样式。单击"源"选项区右上角的"添加源"按钮 ,可以看到在弹出的菜单中提供了 3 种定义 CSS 样式的方式,如图 6-5 所示。

图 6-4　"源"选项区

创建新的 CSS 文件
附加现有的 CSS 文件
在页面中定义

图 6-5　3 种定义 CSS 样式的方式

1. 创建新的 CSS 文件

选择"创建新的 CSS 文件"选项,将弹出"创建新的 CSS 文件"对话框,如图 6-6 所示。单击"文件/URL(F)"选项后的"浏览"按钮,将弹出"将样式表文件另存为"对话框,定位到需要保存外部 CSS 样式表文件的目录,在"文件名"文本框中输入外部 CSS 样式表的名称,如图 6-7 所示。

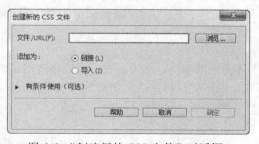

图 6-6　"创建新的 CSS 文件"对话框

图 6-7　"将样式表文件另存为"对话框

单击"保存"按钮,即可在所选的目录中创建外部 CSS 样式表文件,返回到"创建新的 CSS 文件"对话框中,如图 6-8 所示。设置"添加为"选项为"链接",然后单击"确定"按钮,即可创建并链接外部 CSS 样式表文件，在"源"选项区中可以看到刚刚创建的外部 CSS 样式表文件，如图 6-9 所示。

图 6-8　"创建新的 CSS 文件"对话框

图 6-9　"源"选项区

2．附加现有的 CSS 文件

选择"附加现有的 CSS 文件"选项，将弹出"使用现有的 CSS 文件"对话框，如图 6-10 所示。单击"有条件使用（可选）"前的三角形按钮，可以在对话框中展开"有条件使用（可选）"的设置选项，如图 6-11 所示。

图 6-11　展开"有条件使用（可选）"的设置选项

图 6-10　"使用现有的 CSS 文件"对话框

文件/URL：该选项用于设置所链接的外部 CSS 样式表文件的路径，可以单击该选项文本框后的"浏览"按钮，在弹出的对话框中选择需要链接的外部 CSS 样式表文件。

添加为：该选项用于设置使用外部 CSS 样式表文件的方式，在该选项后面有两个单选按钮，分别对应使用外部 CSS 样式表文件的两种方式——"链接"和

"导入"。在默认情况下，选中"链接"单选按钮。

条件：在该选项区中可以设置使用所链接的外部 CSS 样式表文件的条件，该部分的设置与"CSS 设计器"面板上的"@媒体"选项区的设置基本相同，将在后面进行介绍，默认不进行设置。

代码：在该文本框中显示的是所设置的条件代码，可以直接在文本框中进行设置。

3．在页面中定义

选择"在页面中定义"选项，实际上是创建内部 CSS 样式，在"源"选项区中会自动添加 \<style\> 标签，如图 6-12 所示。切换到网页的代码视图中，用户可以在网页头部分的 \<head\> 与 \</head\> 标签之间看到放置内部 CSS 样式的 \<style\> 标签，如图 6-13 所示。在网页中所创建的所有内部 CSS 样式都会放置在 \<style\> 与 \</style\> 标签之间。

图 6-12　"源"选项区

图 6-13　内部 CSS 样式标签

在网页中使用 CSS 样式，首先需要添加 CSS 源，也就是确定 CSS 样式是创建在外部 CSS 样式表文件中还是创建在文件内部。完成 CSS 源的添加后，可以在"源"选项区中选择不需要的 CSS 源，单击"源"选项区右上角的"删除 CSS 源"按钮 ▬，即可删除该 CSS 源。

6.2.2　@媒体

在"CSS 设计器"面板中新增了媒体查询的功能，在"@媒体"选项区中可以为不同的媒体类型设置不同的 CSS 样式。

在"CSS 设计器"面板的"源"选项区中选择一个 CSS 源，"@媒体"选项区的效果如图 6-14 所示。单击"@媒体"选项区右上角的"添加媒体查询"按钮 ⁜，将弹出"定义媒体查询"对话框，在该对话框中可以定义媒体查询的条件，如图 6-15 所示。

在"媒体属性"下拉列表中可以选择需要设置的属性，如图 6-16 所示。选择不同的媒体属性，其属性设置的方式也不同。

图 6-14　"@媒体"选项区

图 6-15　"定义媒体查询"对话框

図 6-16　"媒体属性"下拉列表

media：该属性用于设置以何种媒体来提交网页文档，网页文档可以被显示在显示器、纸张或浏览器等中。在该属性后的"属性值"下拉列表中可以选择相应的媒介，如图 6-17 所示。

图 6-17　media 属性的值

如果设置 media 属性值为 screen，则表示用于计算机显示器；如果设置 media 属性值为 print，则表示

用于打印机；如果设置 media 属性值为 handheld，则表示用于小型手持设备；如果设置 media 属性值为 aural，则表示用于语音和音频合成器；如果设置 media 属性值为 braille，则表示用于盲人用点字法触觉设备；如果设置 media 属性值为 projection，则表示用于方案展示，例如幻灯片；如果设置 media 属性值为 tty，则表示用于使用固定密度字母栅格的设备，例如电传打字机和终端；如果设置 media 属性值为 tv，则表示用于电视机类型的设备。

orientation：该属性用于设置目标显示器或者纸张的方向，该属性有两个值，分别是 portrait 和 landscape。

min-width：该属性用于设置目标显示区域的最小宽度。

max-width：该属性用于设置目标显示区域的最大宽度。

width：该属性用于设置目标显示区域的宽度。

min-height：该属性用于设置目标显示区域的最小高度。

max-height：该属性用于设置目标显示区域的最大高度。

height：该属性用于设置目标显示区域的高度。

min-resolution：该属性用于设置目标显示器或纸张的最小像素密度（dpi 或 dpcm）。

max-resolution：该属性用于设置目标显示器或纸张的最大像素密度（dpi 或 dpcm）。

resolution：该属性用于设置目标显示器或纸张的像素密度（dpi 或 dpcm）。

min-device-aspect-ratio：该属性用于设置目标显示器或纸张的 device-width/device-height 的最小比率。

max-device-aspect-ratio：该属性用于设置目标显示器或纸张的 device-width/device-height 的最大比率。

device-aspect-ratio：该属性用于设置目标显示器或纸张的 device-width/device-height 的比率。

min-aspect-ratio：该属性用于设置目标显示区域的最小宽度/高度比。

max-aspect-ratio：该属性用于设置目标显示区域的最大宽度/高度比。

aspect-ratio：该属性用于设置目标显示区域的宽度/高度比。

min-device-width：该属性用于设置目标显示器或纸张的最小宽度。

max-device-width：该属性用于设置目标显示器或纸张的最大宽度。

device-width：该属性用于设置目标显示器或纸张的宽度。

min-device-height：该属性用于设置目标显示器或纸张的最小高度。

max-device-height：该属性用于设置目标显示器或纸张的最大高度。

device-height：该属性用于设置目标显示器或纸张的高度。

 提示　media 属性大多用于为不同媒体类型规定不同样式的 CSS 样式表。在 Dreamweaver CC 中新增了许多 media 属性，这些属性都是为了更好地将网页应用于不同类型的媒体。对于大多数网页设计师来说，只需要对 media 属性有所了解即可，因为大多数情况下所开发的网页都是在显示器或移动设备中进行浏览的。

6.2.3　选择器

"CSS 设计器"面板中的"选择器"选项区用于在网页中创建 CSS 样式，如图 6-18 所示。网页中所创建的所有类型的 CSS 样式都会显示在该选项区的列表中，单击"选择器"选项区右上角的"添加选择器"按钮，即可在"选择器"选项区中出现一个文本框，用于输入所要创建的 CSS 样式的名称，如图 6-19 所示。

图 6-18　"选择器"选项区

图 6-19　创建 CSS 选择器

选择器列表：在该部分列出了当前选择的 CSS 源中定义的所有 CSS 样式名称，单击选择某一个 CSS 样式名称，即可在下方的"属性"选项区中对该 CSS 样式属性进行设置或编辑。

"添加选择器"按钮：单击该按钮，可以在所选择的 CSS 源中新建一个 CSS 样式，用户可以在显示的文本框中输入 CSS 选择器的名称。

"删除选择器"按钮：在选择器列表中选择某个不需要的 CSS 选择器的名称，单击该按钮，可以将该 CSS 样式删除。

选择器搜索框：如果创建了多个 CSS 样式，要在很多 CSS 样式中查找相应的 CSS 样式非常麻烦，通过在选择器搜索框中输入 CSS 选择器的名称进行搜索则非常方便、快捷。

在"选择器"选项区中可以创建任意类型的 CSS 选择器，包括通配符选择器、标签选择器、ID 选择器、类选择器、伪类选择器和复合选择器等，这就要求用户了解 CSS 样式中各种类型 CSS 选择器的要求与规定。关于 CSS 选择器将在 6.3 节中进行详细介绍。

6.2.4　属性

"CSS 设计器"面板中的"属性"选项区主要用于对 CSS 样式的属性进行设置和编辑，在该选项区中将 CSS 样式属性分为 5 种类型，分别是"布局"、"文本"、"边框"、"背景"和"其他"，如图 6-20 所示。单击不同的按钮，可以快速切换到该类别属性的设置，如图 6-21 所示。

图 6-20　"属性"选项区

图 6-21　切换到"文本"类别

"布局"按钮 ▦：单击该按钮，可以在"属性"选项区中显示与布局相关的 CSS 样式属性。

"文本"按钮 T：单击该按钮，可以在"属性"选项区中显示与文本设置相关的 CSS 样式属性。

"边框"按钮 ▢：单击该按钮，可以在"属性"选项区中显示与边框设置相关的 CSS 样式属性。

"背景"按钮 ▢：单击该按钮，可以在"属性"选项区中显示与背景设置相关的 CSS 样式属性。

"其他"按钮 ⋯：单击该按钮，可以在"属性"选项区中显示除了以上几种类型以外的 CSS 属性。

显示集：选中该复选框，可以显示当前在"选择器"中选择的 CSS 样式所设置的属性，如图 6-22

所示。

图 6-22　选中"显示集"复选框

CSS 样式中包含众多属性，CSS 样式属性也是 CSS 样式非常重要的内容，熟练地掌握各种类型的 CSS 样式属性才能够在网页设计制作过程中灵活地进行运用。关于 CSS 样式的各种类型属性的设置将在本章的 6.4 等节中进行详细讲解。

6.3　CSS 选择器的类型

在 CSS 样式中提供了多种类型的CSS选择器，包括通配符选择器、标签选择器、类选择器、ID 选择器、伪类及伪对象选择器等，还有一些特殊的选择器，在创建 CSS 样式时首先需要了解各种选择器类型的作用。

6.3.1　通配符选择器

如果读者接触过 DOS 命令或者 Word 中的替换功能，对于通配操作应该不会陌生，通配是指使用字符代替不确定的字，例如在 DOS 命令中，使用*.*表示所有文件，使用*.bat 表示所有扩展名为.bat 的文件。因此，所谓的通配符选择器是指对对象可以使用模糊指定的方式进行选择。CSS 的通配符选择器可以使用*作为关键字，使用方法如下：

```
*{
    margin:0px;
}
```

*号表示所有对象，包含所有不同 id、不同 class 的 HTML 的所有标签。使用以上选择器进行样式定义，页面中的所有对象都会使用 margin:0px 的边界设置。

6.3.2　标签选择器

HTML 文档是由多个不同标签组成的，CSS 标签选择器可以用来控制标签的应用样式。例如，p 选择器用来控制页面中的所有<p>标签的样式风格。

标签选择器的语法格式如下：

```
标签名{属性:属性值;…}
```

如果在整个网站中经常出现一些基本样式，可以采用具体的标签来命名，从而达到对文档中标签出现的地方应用标签样式。其使用方法如下：

```
body{
font-family:宋体;
font-size:12px;
color:#999999;
}
```

6.3.3　类选择器

类选择器（Type Selectors）以文档语言对象类型作为选择器，即以 HTML 标签（或称为标记、tag）作为选择器。class 选择符与 HTML 选择器实现了让同类标签共享同一样式，如果有两个不同的类别标签，例如一个是<p>标签，另一个是<h1>标签，它们都采用了相同的样式，在这种情况下就可以采用 class 类选择器。注意类名前面有"."号，类名可以随意命名，最好根据元素的用途来定义一个有意义的名称。如果某个标签（例如<p>）希望采用该类的样式，其语法格式如下：

```
<p class="类名">…</p>
<h1 class="类名"> …</h1>
```

<h1>和段落<p>都采用了 class 类选择器，如果在这两个标签中应用的"类名"是相同的，则这两个标签的内容都将应用相同的 CSS 样式。如果这两个标签中应用的"类名"是不同的，则可以分别为这两个标签应用不同的 CSS 样式。

认清 CSS 的类选择器和 ID 选择器，可以用类选择器 class 和 ID 选择器来定义自己的选择器。这样做的好处是，依赖于 class 或者 id，用户可以用不同的格式来表现相同的 HTML 元素。在 CSS 样式中，类选择器以一个半角英文句点（.）在前，而 ID 选择器以半角英文井号（#）在前，例如下面的 CSS 样式代码：

```
#top {
    background-color: #ccc;
    padding: 1px；
}
.intro {
```

```
        color: red;
        font-weight: bold;
    }
```

在 HTML 文档中使用 id 和 class 属性引用 ID CSS 样式和类 CSS 样式，其引用方法如下：

```
<div id="top">
    <h1>Chocolate curry</h1>
    <p class="intro">文字内容</p>
    <p class="intro">链接内容</p>
</div>
```

id 和 class 的不同之处在于，id 用在唯一的元素上，而 class 用在不止一个元素上，用类选择器能够把相同的元素分类定义为不同的样式。在定义类选择器时，在自定义类的名称前面加一个点号。如果用户想要两个不同的段落，一个段落向右对齐，一个段落居中，可以先定义两个类 CSS 样式，例如：

```
.right {
    text-align: right;
}
.center {
    text-align: center;
}
```

然后将它们用在不同的段落里，只要在 HTML 标签中加入定义的 class 参数，这个段落就会向右对齐，例如：

```
<p class="right">
</p>
```

这个段落是居中对齐。

```
<p class="center">
</p>
```

在新建类 CSS 样式时，默认在类 CSS 样式名称前有一个 "."。这个 "." 说明了此 CSS 样式是一个类 CSS 样式（class），根据 CSS 规则，类 CSS 样式（class）可以在一个 HTML 元素中被多次调用。

6.3.4　ID 选择器

ID 选择器是根据 DOM 文档对象模型的原理出现的选择器类型，对于一个网页而言，其中的每一个标签（或其他对象）均可以使用 id=" 的形式对 id 属性进行一个名称的指定。id 可以理解为一个标识，在网页中每个 id 名称只能使用一次，例如：

```
<div id="top"></div>
```

在本例中，HTML 中的一个 div 标签被指定了 id 名为 top。

在 CSS 样式中，ID 选择器使用#进行标识，如果需要对 id 名为 top 的标签设置样式，应该使用以下格式：

```
#top {
    font-size: 14px;
    line-height: 130%;
}
```

id 的基本作用是对每一个页面中唯一出现的元素进行定义，例如可以将导航条命名为 nav，将网页头部和底部命名为 header 和 footer。类似的元素在页面中均出现一次，使用 id 进行命名具有唯一性的指定，有助于代码的阅读及使用。

 ID 样式的命名必须以井号（#）开头，并且可以包含任何字母和数字组合。

6.3.5 伪类及伪对象选择器

伪类及伪对象是一种特殊的类和对象，它由 CSS 自动支持，属于 CSS 的一种扩展型类和对象，其名称不能被用户自定义，在使用时只能按标准格式进行使用。其使用形式如下：

```
a:hover {
    background-color:#ffffff;
}
```

伪类和伪对象由以下两种形式组成。

选择器:伪类

选择器:伪对象

上面所说的 hover 便是一个伪类，用于指定链接标签 a 的鼠标经过状态。CSS 样式中内置了几个标准的伪类用于用户的样式定义，如表 6-1 所示。

表 6-1　CSS 样式中内置的伪类

伪　类	用　途
:link	a 链接标签的未被访问前的样式
:hover	对象在鼠标移上时的样式
:active	对象被用户单击和被单击释放之间的样式
:visited	a 链接对象被访问后的样式
:focus	对象成为输入焦点时的样式
:first-child	对象的第一个子对象的样式
:first	对于页面的第一页使用的样式

同样，CSS 样式中内置了几个标准伪对象用于用户的样式定义，如表 6-2 所示。

表 6-2　CSS 样式中内置的伪对象

伪　对　象	用　途
:after	设置某一个对象之后的内容
:first-letter	对象内的第一个字符的样式设置
:first-line	对象内第一行的样式设置
:before	设置某一个对象之前的内容

实际上，除了对于链接样式控制的 :hover、:active 几个伪类之外，大多数伪类及伪对象在使用上并不常见。在设计者所接触到的 CSS 布局中，大部分是关于排版的样式，对于伪类及伪对象所支持的多类属性基本上很少用到，但是不排除使用的可能，由此用户也可以看到 CSS 对于样式及样式中对象的逻辑关系、对象组织提供了很多便利的接口。

6.3.6   群选择器

用户可以对单个 HTML 对象进行 CSS 样式设置，同样可以对一组对象进行相同的 CSS 样式设置。例如：

```
h1,h2,h3,p,span {
    font-size: 12px;
    font-family: "宋体";
}
```

使用逗号对选择器进行分隔，使得页面中所有的 h1、h2、h3、p 及 span 都具有相同的样式定义，这样做的好处是对于页面中需要使用相同样式的地方只要书写一次 CSS 样式即可实现，从而减少了代码量，改善了 CSS 代码的结构。

6.3.7   派生选择器

例如以下 CSS 样式代码：

```
h1 span {
    font-weight: bold;
}
```

当仅仅想对某一个对象中的"子"对象进行样式设置时，派生选择器就派上了用场，派生选择器指选择器组合中的前一个对象包含后一个对象，对象之间使用空格作为分隔符。如本例所示，对 h1 下的 span 进行样式设置，最后应用到 HTML 中时用以下格式：

```
<h1>这是一段文本<span>这是 span 内的文本</span></h1>
<h1>单独的 h1</h1>
<span>单独的 span</span>
<h2>被 h2 标签套用的文本<span>这是 h2 下的 span</span></h2>
```

h1 标签之中的 span 标签将被应用 font-weight:bold 的样式设置，注意，仅仅对有此结构的标签有效，对于单独存在的 h1 或者单独存在的 span 及其他非 h1 标签下的 span 均不会应用此样式。

这样做有助于避免过多的 id 及 class 设置，直接对需要设置的元素进行设置。派生选择器除了可以两者包含以外，还可以多级包含，例如下面的选择器样式同样能够使用：

```
body h1 span strong {
    font-weight: bold;
}
```

6.4   使用 CSS 样式的 4 种方式

CSS 样式能够很好地控制页面的显示，以分离网页内容和样式代码。在网页中应用 CSS 样式表有 4 种方式，即内联 CSS 样式、嵌入 CSS 样式、外部 CSS 样式和导入 CSS 样式。在实际操作中，用户需要根据设计的不同要求来进行选择。

6.4.1   内联 CSS 样式

内联 CSS 样式是指将 CSS 样式写在 HTML 标签中，其格式如下：

```
<p style="font-family:宋体; font-size:14pxl color:#999999; ">内联 CSS 样式</p>
```

内联 CSS 样式由 HTML 文件中元素的 style 属性所支持，只需要将 CSS 代码用";"分号隔开输入在 style=" "中即可完成对当前标签的样式定义，这是 CSS 样式定义的一种基本形式。

自测 14　　使用内联 CSS 样式

源文件：光盘\源文件\第 6 章\6-4-1.html　视频：光盘\视频\第 6 章\6-4-1.swf

01 ▶ 执行"文件>打开"命令，打开页面"光盘\源文件\第 6 章\6-4-1.html"，效果如图 6-23 所示。切换到代码视图中，可以看到页面主体部分的 HTML 代码，如图 6-24 所示。

图 6-23　页面效果

```html
<div id="box">
    <p>纯天然绿色农场</p>
    <p>随着生活节奏的快速化，饮食的安全性被慢慢重视，绿色食品的需求大量化也让小作坊的农场供不应求，产品的质量问题也会进一步凸显。绿色农场的牛奶产出是现代都市的需求和质量保证，来参加绿色农场建设吧</p>
    <p>让我们参加吧</p>
</div>
```

图 6-24　代码视图

02 ▶ 在<p>标签中添加 style 属性设置，从而添加相应的内联 CSS 样式代码，如图 6-25 所示。返回到设计视图中，可以看到应用内联 CSS 样式设置后的页面效果，如图 6-26 所示。

```html
<div id="box">
    <p style="font-family:微软雅黑; font-size:80px;
font-weight:bold; color:#FFF; ">纯天然绿色农场</p>
    <p style="font-family:微软雅黑; font-size:15px;
font-weight:bold; color:#FFF; margin-top:15px;
line-height:2em;">随着生活节奏的快速化，饮食的安全
性被慢慢重视，绿色食品的需求大量话也让小作坊的农场
供不应求，产品的质量问题也会进一步凸显。绿色农场的
牛奶产出是现代都市的需求和质量保证，来参加绿色农场建设吧</
p>
    <p style="font-family:微软雅黑; font-size:30px;
font-weight:bold; color:#FFF; margin-top:500px;">让
我们参加吧</p>
</div>
```

图 6-25　添加内联 CSS 样式

图 6-26　浏览效果

 　　内联 CSS 样式仅仅是 HTML 标签对于 style 属性的支持所产生的一种 CSS 样式表编写方式，并不符合表现与内容分离的设计模式，使用内联 CSS 样式与表格布局在代码结构上来说完全相同，仅仅利用了 CSS 对于元素的精确控制优势，并没有很好地实现表现与内容的分离，所以这种书写方式应当尽量少用。

6.4.2　内部 CSS 样式

内部 CSS 样式是将 CSS 样式统一放置在页面中的一个固定位置，其示例代码如下：

```html
<html>
    <head>
    <title>内部样式表</title>
    <style type="text/css">
    body{
```

```
            font-family: "宋体";
            font-size: 12px;
            color: #333333;
        }
        </style>
        </head>
        <body>
内部 CSS 样式
        </body>
</html>
```

样式表由<style>与</style>标签标记在<head>与</head>之间，作为一个单独的部分。

内部 CSS 样式是 CSS 样式的初级应用形式，它只针对当前页面有效，不能跨页面执行，因此达不到 CSS 代码复用的目的，在实际的大型网站开发中很少用到内部 CSS 样式。

自测 15   **使用内部 CSS 样式**

源文件：光盘\源文件\第 6 章\6-4-2.html   视频：光盘\视频\第 6 章\6-4-2.swf

01 ▶ 执行"文件>打开"命令，打开页面"光盘\源文件\第 6 章\6-4-2.html"，效果如图 6-27 所示。单击"CSS 设计器"面板的"源"选项区中的"添加 CSS 源"按钮 ＋，在弹出的菜单中选择"在页面中定义"选项，切换到代码视图，在页面头部<head>与</head>标签之间可以看到<style>标签，如图 6-28 所示。

```
<title>内部CSS样式</title>
<link href="style/6-4.css" rel="stylesheet" type=
"text/css">
<style type="text/css">
</style>
</head>"
```

图 6-27　页面效果   图 6-28　代码视图

02 ▶ 在内部 CSS 样式代码中创建名为.font01 的类 CSS 样式，如图 6-29 所示。返回到设计视图，选择页面中相应的文字，在"属性"面板的"类"下拉列表中选择刚定义的名为 font01 的类 CSS 样式，如图 6-30 所示。

```
.font01{
    font-family:微软雅黑;
    font-size:80px;
    font-weight:bold;
    color:#FFF;
}
```

图 6-29　CSS 样式代码   图 6-30　应用 CSS 样式

03 ▶ 完成类 CSS 样式的应用，可以看到应用 CSS 样式后的文字效果，如图 6-31 所示。切换到代码视图，可以看到在<p>标签中添加了相应的代码，这是应用类 CSS 样式的方法，如图 6-32 所示。

```
<div id="box">
  <p class="font01">纯天然绿色农场</p>
  <p>随着生活节奏的快速化，饮食的安全性被慢慢重视，绿色食品的
需求大量化也让小作坊的农场供不应求，产品的质量问题也会进一步
凸显。绿色农场的牛奶产出是现代都市的需求和质量保证，来参加绿
色农场建设吧</p>
  <p>让我们参加吧</p>
</div>
```

图 6-31　页面效果　　　　　　　　图 6-32　应用类 CSS 样式的方法

04 ▶ 使用相同的方法，在内部 CSS 样式表中创建名为.font02 和.font03 的类 CSS 样式，如图 6-33 所示。然后在设计视图中分别为网页中相应的文字应用相应的类 CSS 样式，效果如图 6-34 所示。

```
.font02{
    font-family:微软雅黑;
    font-size:15px;
    font-weight:bold;
    color:#FFF;
    margin-top:15px;
    line-height:2em;
}
.font03{
    font-family:微软雅黑;
    font-size:30px;
    font-weight:bold;
    color:#FFF;
    margin-top:500px;
}
```

图 6-33　CSS 样式代码　　　　　　　图 6-34　页面效果

6.4.3　链接外部 CSS 样式表文件

外部 CSS 样式表文件是 CSS 样式中比较理想的一种形式。将 CSS 样式代码编写在一个独立的文件之中，由网页进行调用，多个网页可以调用同一个外部 CSS 样式表文件，因此能够实现代码的最大化重用及网站文件的最优化配置。

链接外部 CSS 样式是指在外部定义 CSS 样式并形成以.css 为扩展名的文件，在网页中通过<link>标签将外部的 CSS 样式文件链接到网页中，而且该语句必须放在页面的<head>与</head>标签之间，其语法格式如下：

`<link rel="stylesheet" type="text/css" href="style/6-4-3.css">`

 rel 属性用于指定链接到 CSS 样式，其值为 stylesheet；type 属性用于指定链接的文件类型为 CSS 样式表；href 属性用于指定所定义链接的外部 CSS 样式文件的路径。

Dreamweaver CC 一本通

在这里使用的是相对路径，如果 HTML 文档与 CSS 样式文件没有在同一路径下，则需要指定 CSS 样式的相对位置或者绝对位置。

自测 16   链接外部 CSS 样式表文件

源文件：光盘\源文件\第 6 章\6-4-3.html   视频：光盘\视频\第 6 章\6-4-3.swf

01 ▶ 执行"文件>打开"命令，打开页面"光盘\源文件\第 6 章\6-4-3.html"，效果如图 6-35 所示。切换到代码视图中，可以看到该网页并没有定义任何形式的 CSS 样式，如图 6-36 所示。

图 6-35   页面效果

```
<!doctype html>
<html>
<head>
<meta charset="utf-8">
<title>链接外部CSS样式</title>
</head>
<body>
<div id="box">
  <p>纯天然绿色农场</p>
  <p>随着生活节奏的快速化，饮食的安全性被慢慢重视，绿色
食品的需求大量化也让小作坊的农场供不应求，产品的质量问题
也会进一步凸显。绿色农场的牛奶产出是现代都市的需求和质量
保证，来参加绿色农场建设吧</p>
  <p>让我们参加吧</p>
</div>
</body>
</html>
```

图 6-36   HTML 代码

02 ▶ 单击"CSS 设计器"面板的"源"选项区右上角的"添加 CSS 源"按钮，在弹出的菜单中选择"创建新的 CSS 文件"选项，然后在弹出的对话框中单击"文件/URL"选项后的"浏览"按钮，定位到需要创建外部 CSS 样式表文件的位置，如图 6-37 所示。单击"保存"按钮，创建外部 CSS 样式表文件，返回到"创建新的 CSS 文件"对话框中，如图 6-38 所示。

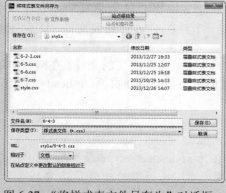

图 6-37   "将样式表文件另存为"对话框

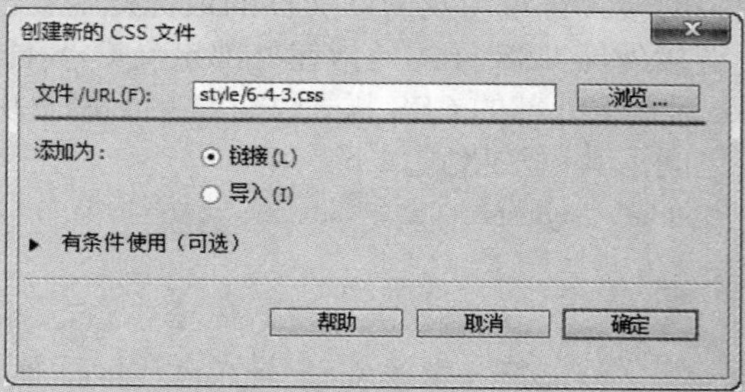

图 6-38   "创建新的 CSS 文件"对话框

03 ▶ 设置"添加为"选项为"链接"，单击"确定"按钮，链接刚刚创建的外部 CSS 样式表文件，在"CSS 设计器"面板的"源"选项区中可以看到刚链接的外部 CSS 样式表文件，如图 6-39 所示。切换到代码视图中，可以在页面头部的<head>与</head>标签之间看到链接外部 CSS 样式表的代码，如图 6-40 所示。

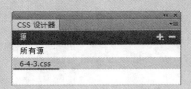

```
<head>
<meta charset="utf-8">
<title>链接外部css样式</title>
<link href="style/6-4-3.css" rel="stylesheet" type=
"text/css">
</head>
```

图 6-39　"CSS 设计器"面板　　　　　图 6-40　链接外部 CSS 样式表的代码

04 ▶ 切换到刚链接的外部 CSS 样式表文件中，创建名为*的通配符 CSS 样式和名为 body 的标签 CSS 样式，如图 6-41 所示。然后返回到网页的设计视图中，查看页面的效果，如图 6-42 所示。

```
*{
    margin:0px;
    padding:0px;
}
body{
    background-image:url(../images/beijing.jpg);
    background-repeat:no-repeat;
    background-position:top center;
}
```

图 6-41　CSS 样式代码　　　　　　　图 6-42　页面效果

05 ▶ 切换到外部 CSS 样式表文件中，创建名为#box 的 CSS 样式，如图 6-43 所示。然后返回到网页的设计视图中，查看页面的效果，如图 6-44 所示。

```
#box{
    width:800px;
    margin:0px auto;
    margin-top:100px;
    text-align:center;
}
```

图 6-43　CSS 样式代码　　　　　　　图 6-44　页面效果

06 ▶ 切换到外部 CSS 样式表文件中，创建名为.font01、.font02、.font03 的 CSS 样式，如图 6-45 所示。然后返回到网页的设计视图中，为网页中的文字内容应用相应的类 CSS 样式，页面效果如图 6-46 所示。

图 6-45　CSS 样式代码

图 6-46　页面效果

> **提 示**　　使用外部样式表主要有以下几个优点：一是独立于 HTML 文件，便于修改；二是多个文件可以引用同一个样式表文件；三是样式表文件只需要下载一次就可以在其他链接了该文件的页面中使用；四是浏览器会先显示 HTML 内容，然后再根据样式表文件进行渲染，从而使访问者可以更快地看到内容。

6.4.4　导入外部 CSS 样式表文件

　　导入外部 CSS 样式表文件与链接外部 CSS 样式表文件基本相同，都是创建一个单独的 CSS 样式表文件，然后引入到 HTML 文件中，只不过在语法和运作方式上有所区别。若采用导入的 CSS 样式，在 HTML 文件初始化时会被导入到 HTML 文件内，成为文件的一部分，类似于内部 CSS 样式。链接 CSS 样式表是在 HTML 标签需要 CSS 样式风格时才以链接方式引入。

　　导入的外部 CSS 样式表文件是指在嵌入样式的<style>与</style>标签中使用@important 导入一个外部 CSS 样式。

自测 17　　**导入外部 CSS 样式表文件**

　　　　源文件：光盘\源文件\第 6 章\6-4-4.html　　视频：光盘\视频\第 6 章\6-4-4.swf

01 ▶ 执行"文件>打开"命令，打开页面"光盘\源文件\第 6 章\6-4-4.html"，效果如图 6-47 所示。切换到代码视图，可以看到页面中并没有链接外部 CSS 样式，也没有内部的 CSS 样式，如图 6-48 所示。

图 6-47　页面效果

```
<!doctype html>
<html>
<head>
<meta charset="utf-8">
<title>导入外部CSS样式</title>
</head>

<body>
<div id="box">
  <p class="font01">纯天然绿色农场</p>
  <p class="font02">随着生活节奏的快速化，饮食的安全性被慢慢重视，绿色食品的需求大量化也让小作坊的农场供不应求，产品的质量问题也会进一步凸显。绿色农场的牛奶产出是现代都市的需求和质量保证，来参加绿色农场建设吧</p>
  <p class="font03">让我们参加吧</p>
</div>
</body>
</html>
```

图 6-48　页面 HTML 代码

02 ▶ 单击 "CSS 设计器" 面板的 "源" 选项区右上角的 "添加 CSS 源" 按钮 ✚，在弹出的菜单中选择 "附加现有的 CSS 文件" 选项，此时会弹出 "使用现有的 CSS 文件" 对话框，如图 6-49 所示。单击 "文件/URL" 选项后的 "浏览" 按钮，在弹出的对话框中选择需要导入的外部 CSS 样式表文件，如图 6-50 所示。

图 6-49 "使用现有的 CSS 文件" 对话框　　　图 6-50 "选择样式表文件" 对话框

03 ▶ 单击 "确定" 按钮，返回到 "使用现有的 CSS 文件" 对话框中，设置 "添加为" 选项为 "导入"，如图 6-51 所示。单击 "确定" 按钮，导入外部 CSS 样式表文件，在 "CSS 设计器" 面板的 "源" 选项区中可以看到刚导入的 CSS 样式表文件，如图 6-52 所示。

图 6-51 "使用现有的 CSS 文件" 对话框　　　图 6-52 "CSS 设计器" 面板

04 ▶ 切换到代码视图中，可以在页面头部的 `<head>` 与 `</head>` 标签之间看到导入外部 CSS 样式表文件的代码，如图 6-53 所示。保存页面，在浏览器中预览页面，可以看到页面的效果，如图 6-54 所示。

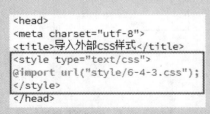

```
<head>
<meta charset="utf-8">
<title>导入外部css样式</title>
<style type="text/css">
@import url("style/6-4-3.css");
</style>
</head>
```

图 6-53 导入外部 CSS 样式表文件的代码

图 6-54 在浏览器中预览页面效果

6.5 CSS 样式的创建与编辑

在 Dreamweaver CC 中，通过"属性"面板定义页面元素即定义该元素的 CSS 样式。但是这样并不能有效地减少设计者的工作量，如果要定义一个完整的、简洁的 CSS 样式表，仍然需要使用"CSS 设计器"面板来定义。

6.5.1 创建标签 CSS 样式

标签 CSS 样式是网页中最常用的一种样式，例如我们在新建页面时都会首先建立一个 body 标签样式来控制页面整体的字体、颜色、背景等效果。

自测 18　创建标签 CSS 样式

源文件：光盘\源文件\第 6 章\6-5-1.html　　视频：光盘\视频\第 6 章\6-5-1.swf

01 ▶ 执行"文件>打开"命令，打开页面"光盘\源文件\第 6 章\6-5-1.html"，效果如图 6-55 所示。然后打开"CSS 设计器"面板，可以看到页面中已经定义的 CSS 样式，如图 6-56 所示。

图 6-55　页面效果　　　　　　　　　　图 6-56　"CSS 设计器"面板

02 ▶ 单击"CSS 设计器"面板的"选择器"选项区右上角的"添加选择器"按钮，在文本框中输入 body（如图 6-57 所示），创建 body 标签的 CSS 样式。然后在"属性"选项区中单击"布局"按钮，对相关 CSS 属性进行设置，如图 6-58 所示。

图 6-57　创建标签选择器　　　　　　　图 6-58　设置布局的 CSS 属性

03 ▶ 在"属性"选项区中单击"文本"按钮，对与文本相关的 CSS 属性进行设置，如图 6-59 所示。然后在"属性"选项区中单击"背景"按钮，对与背景相关的 CSS 属性进行设置，如图 6-60 所示。

图 6-59　设置文本的 CSS 属性

图 6-60　设置背景的 CSS 属性

04 ▶ 选中"显示集"复选框，在"属性"选项区中可以看到 body 标签的 CSS 样式的属性设置，如图 6-61 所示。切换到外部 CSS 样式表文件中，可以看到 body 标签的 CSS 样式代码，如图 6-62 所示。

```css
body {
    font-family: 宋体;
    font-size: 12px;
    line-height: 20px;
    color: #403A3A;
    background-color: #AA8D80;
    background-image: url(../images/6301.jpg);
    background-repeat: no-repeat;
    background-position: center top;
    margin: 0px;
}
```

图 6-61　查看 CSS 样式属性

图 6-62　body 标签的 CSS 样式代码

05 ▶ 返回页面的设计视图，可以看到页面的效果，如图 6-63 所示。保存页面，在浏览器中预览页面，可以看到页面的效果，如图 6-64 所示。

图 6-63　设计视图效果

图 6-64　在浏览器中预览效果

6.5.2　创建类 CSS 样式

　　通过类 CSS 样式可以对网页中的元素进行更精确的控制，使不同网页在外观上得到统一的效果。

自测 19　创建类 CSS 样式

　　　　源文件：光盘\源文件\第 6 章\6-5-2.html　　视频：光盘\视频\第 6 章\6-5-2.swf

01 ▶ 执行"文件>打开"命令，打开页面"光盘\源文件\第 6 章\6-5-2.html"，效果如图 6-65 所示。打开"CSS 设计器"面板，可以看到页面中已经定义的 CSS 样式，如图 6-66 所示。

图 6-65　页面效果

图 6-66　"CSS 设计器"面板

02 ▶ 单击"CSS 设计器"面板的"选择器"选项区右上角的"添加选择器"按钮，在文本框中输入.font01，如图 6-67 所示。然后在"属性"选项区中单击"文本"按钮，对相关的 CSS 属性进行设置，如图 6-68 所示。

图 6-67　输入类名

图 6-68　设置文字属性

03 ▶ 返回到页面的设计视图中，选择需要应用该类 CSS 样式的文字，如图 6-69 所示。在"属性"面板的"类"下拉列表中选择刚刚定义的 font01 类 CSS 样式，如图 6-70 所示。

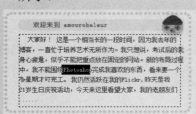

图 6-69　选择文字

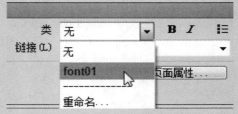

图 6-70　选择类 CSS 样式

04 ▶ 此时可以看到应用了该类 CSS 样式的文字效果，如图 6-71 所示。保存页面并保存外部 CSS 样式表文件，在浏览器中预览页面，效果如图 6-72 所示。

图 6-71　应用 CSS 样式后的效果　　　　图 6-72　在浏览器中预览页面效果

6.5.3　创建 ID CSS 样式

　　ID CSS 样式主要用于定义设置了特定 ID 名称的元素，通常，在一个页面中 ID 名称是不能重复的，所以，定义的 ID CSS 样式也是特定指向页面中唯一的元素。

自测 20　　创建 ID CSS 样式

　　　　　　源文件：光盘\源文件\第 6 章\6-5-3.html　视频：光盘\视频\第 6 章\6-5-3.swf

01 ▶ 执行"文件>打开"命令，打开页面"光盘\源文件\第 6 章\6-5-3.html"，效果如图 6-73 所示。然后单击"插入"面板上的 Div 按钮，弹出"插入 Div"对话框，如图 6-74 所示。

图 6-73　页面效果

图 6-74　"插入 Div"对话框

02 ▶ 在页面中的名为 main 的 Div 之后插入名为 bottom 的 Div，设置选项如图 6-75 所示。然后单击"确定"按钮，在页面中相应的位置插入名为 bottom 的 Div，如图 6-76 所示。

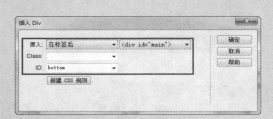

图 6-75　设置选项

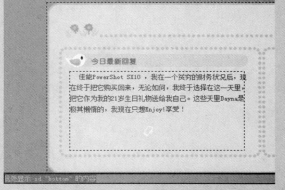

图 6-76　页面效果

03 ▶ 单击"CSS 设计器"面板的"选择器"选项区右上角的"添加选择器"按钮██，在文本框中输入#bottom，如图 6-77 所示。然后单击"属性"选项区中的"布局"按钮，设置 CSS 样式的相关属性，如图 6-78 所示。

图 6-77　添加选择器

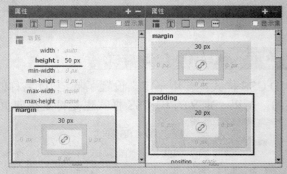

图 6-78　设置布局样式

04 ▶ 单击"属性"选项区中的"文本"按钮，设置相关属性，如图 6-79 所示。然后单击"属性"选项区中的"背景"按钮，设置相关属性，如图 6-80 所示。

图 6-79　设置文本样式

图 6-80　设置背景样式

05 ▶ 切换到外部 CSS 样式表文件中，可以看到刚刚创建的 CSS 样式的代码，如图 6-81 所示。返回到设计视图中，可以看到页面中名为 bottom 的 Div 的效果，将光标移到该 Div 中将多余的文字删除，并输入需要的文字，如图 6-82 所示。

```
#bottom {
    height: 50px;
    background-image: url(../images/6302.gif);
    background-repeat: repeat-x;
    margin-top: 30px;
    padding-top: 20px;
    line-height: 30px;
    text-align: center;
}
```

图 6-81　CSS 样式代码

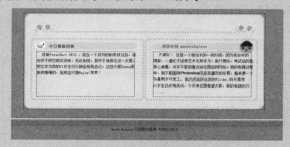

图 6-82　页面效果

6.5.4　创建复合 CSS 样式

使用复合 CSS 样式可以定义同时影响两个或多个标签、类（或 ID）的复合规则。例如，如果输入了 div p，则 div 标签内的所有 p 元素都将受该规则影响。

自测 21　　创建复合 CSS 样式

源文件：光盘\源文件\第 6 章\6-5-4.html　视频：光盘\视频\第 6 章\6-5-4.swf

01 ▶ 执行"文件>打开"命令，打开页面"光盘\源文件\第 6 章\6-5-4.html"，可以看到导航菜单的各菜单项紧靠在一起，如图 6-83 所示。切换到代码视图中，可以看到导航菜单所在 Div 的代码，如图 6-84 所示。

图 6-83　导航菜单效果

```
<div id="menu"><img src="images/6303.gif" width="111"
height="30" /><img src="images/6304.gif" width="111"
height="30" /><img src="images/6305.gif" width="111"
height="30" /><img src="images/6306.gif" width="111"
height="30" /><img src="images/6307.gif" width="111"
height="30" /><img src="images/6308.gif" width="111"
height="30" /></div>
</div>
```

图 6-84   名为 menu 的 Div 中的代码

02 ▶ 仔细观察，可以发现导航菜单图像都位于名为 menu 的 Div 中，所以可定义一个复合 CSS 样式对名为 menu 的 Div 中的图像起作用。

03 ▶ 单击"CSS 设计器"面板的"选择器"选项区右上角的"添加选择器"按钮，在文本框中输入#menu img，如图 6-85 所示。然后单击"属性"选项区中的"布局"按钮，设置相关属性，如图 6-86 所示。

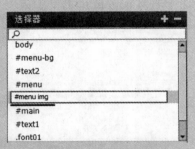

图 6-85   添加选择器   图 6-86   设置布局样式

此处创建的复合 CSS 样式#menu img 只对 ID 名为 menu 的 Div 中的 img 标签起作用，不会对页面中其他位置的 img 标签起作用。

04 ▶ 切换到所链接的外部样式表文件中，可以看到所定义的名为#menu img 的复合 CSS 样式的代码，如图 6-87 所示。返回到页面的设计视图，可以看到页面的导航菜单效果，如图 6-88 所示。

```
#menu img {
    margin-left: 8px;
    margin-right: 5px;
}
```

图 6-87   CSS 样式代码   图 6-88   页面效果

6.5.5   编辑 CSS 样式

当一个 CSS 样式创建完毕后，在进行网站的升级维护工作时只需要修改 CSS 样式即可。本节主要介绍 CSS 样式的编辑和删除。

在"CSS 设计器"面板的"选择器"选项区中选择需要重新编辑的 CSS 样式，如图 6-89 所示。然后展开"属性"选项区，在该选项区中对所选择的 CSS 样式进行重新设置和修改，如

图 6-90 所示。

图 6-89 "选择器"选项区　　　　　　　图 6-90 "属性"选项区

如果希望删除 CSS 样式，可以打开"CSS 设计器"面板，在"选择器"选项区中选择需要删除的 CSS 样式，单击"删除选择器"按钮 ▬，即可将所选的 CSS 样式删除。

6.6　丰富的 CSS 样式设置

通过 CSS 样式可以定义页面中元素的几乎所有的外观，包括文本、背景、边框、位置和效果等。在 Dreamweaver CC 中为了方便初学者的可视化操作提供了集成的"CSS 设计器"面板，在该面板中可以设置几乎所有的 CSS 样式属性。完成 CSS 样式属性的设置后，Dreamweaver 会自动生成相应的 CSS 样式代码。

6.6.1　布局样式设置

布局样式主要用来定义页面中各元素的位置和属性，例如大小和环绕方式等，通过应用 padding（填充）和 margin（边界）属性还可以设置各元素（例如图像）在水平和垂直方向上的空白区域。

在"CSS 设计器"面板的"属性"选项区中单击"布局"按钮，可以对布局的相关 CSS 属性进行设置，如图 6-91 所示。

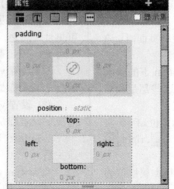

图 6-91　布局的相关 CSS 属性

width：该属性用于设置元素的宽度，默认为 auto。

height：该属性用于设置元素的高度，默认为 auto。

min-width和min-height：这两个属性是 CSS3.0 新增的属性，分别用于设置元素的最小宽度和最小高度。

max-width和max-height：这两个属性是 CSS 3.0 新增的属性，分别用于设置元素的最大宽度和最大高度。

margin：该属性用于设置元素的边界，如果对象设置了边框，margin 是边框外侧的空白区域。用户可以在下面对应的 top、right、bottom 和 left 选项中设置具体的数值和单位。如果单击该属性下方的"单击更改特定属性"按钮 🔗，可以分别对 top、right、bottom 和 left 选项设置不同的值。

padding：该属性用于设置元素的填充，如果对象设置了边框，则 padding 指的是边框和其中内容之间的空白区域。padding 的用法和 margin 属性的用法相同。

position：该属性用于设置元素的定位方式，共有 static（静态）、absolute（绝对）、fixed（固定）和 relative（相对）4 个选项，如图 6-92 所示。

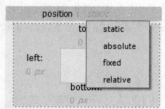

图 6-92 　position 属性值

① static 是元素定位的默认方式，无特殊定位。

② absolute 表示绝对定位，此时父元素的左上角的顶点为元素定位时的原点。在 position 下的 top、right、bottom 和 left 选项中进行设置，可以控制元素相对于原点的位置。

③ fixed 表示固定定位，当用户滚动页面时，该元素将在所设置的位置保持不变。

④ relative 表示相对定位，在 position 下的 top、right、bottom 和 left 选项中进行设置，这些都是相对于元素原来在网页中的位置进行的设置。

float：该属性用于设置元素的浮动定位，float 实际上是指文字等对象的环绕效果，有 left ▤、right ▤ 和 none ◻ 3 个选项。

① 单击 left 按钮▤，可以设置 float 属性值为 left，此时对象居左，文字等内容从另一侧环绕。

② 单击 right 按钮▤，可以设置 float 属性值为 right，此时对象居右，文字等内容从另一侧环绕对象。

③ 单击 none 按钮▤，可以设置 float 属性值为 none，从而取消环绕效果。

clear：该属性用于设置元素清除浮动，在其后有 left ▤、right ▤、both ▤ 和 none ◻ 4 个选项。

① 单击 left 按钮▤，清除左浮动，即元素的左侧不允许有浮动元素。

② 单击 right 按钮▤，清除右浮动，即元素的右侧不允许有浮动元素。

③ 单击 both 按钮▤，则清除左浮动和右浮动，元素的左侧和右侧均不允许有浮动元素。

④ 单击 none 按钮◻，则不清除浮动。

overflow-x 和 overflow-y：这两个属性分别用于设置元素内容溢出在水平方向和在垂直方向上的处理方式，用户可以在选项后的属性值列表中选择相应的属性值，如图 6-93 所示。

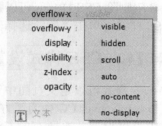

图 6-93 　overflow-x 属性值

display：该属性用于设置是否显示以及如何显示元素。

visibility：该属性用于设置元素的可见性，在属性值列表中有 inherit（继承）、visible（可见）和 hidden（隐藏）3 个选项。如果不指定可见性属性，则默认情况下将继承父级元素的属性设置。

① inherit 属性值主要是针对嵌套元素的设置。嵌套元素是插入在其他元素中的子元素，分为嵌套的元素（子元素）和被嵌套的元素（父元素）。如果将 visibility 属性设置为 inherit，子元素会继承父元素的可见性。总之，父元素可见，子元素也可见；父元素不可见，子元素也不可见。

② 设置 visibility 属性为 visible，则无论在任何情况下元素都是可见的。

③ 设置 visibility 属性为 hidden，则无论在任何情况下元素都是隐藏的。

z-index：该属性用于设置元素的先后顺序和覆盖关系。

opacity：该属性是 CSS 3.0 新增的属性，用于设置元素的不透明度，将在第 7 章中进行详细介绍。

自测 22　布局样式设置

> 源文件：光盘\源文件\第 6 章\6-6-1.html　视频：光盘\视频\第 6 章\6-6-1.swf

01 ▶ 执行"文件>打开"命令，打开页面"光盘\源文件\第 6 章\6-6-1.html"，效果如图 6-94 所示。然后单击"CSS 设计器"面板的"选择器"选项区右上角的"添加选择器"按钮 ，在文本框中输入类名为 .img01，如图 6-95 所示。

图 6-94　页面效果

图 6-95　新建选择器

02 ▶ 单击"CSS 设计器"面板的"属性"选项区中的"布局"按钮，在"布局"样式选项中设置相关属性，如图 6-96 所示。然后在页面中选择需要应用方框样式的图像，在"属性"面板的"类"下拉列表中选择刚刚定义的样式 img01，如图 6-97 所示。

图 6-96　设置"布局"样式

图 6-97　应用样式

03 ▶ 使用相同的方法，为其他图像应用该样式，效果如图 6-98 所示。

图 6-98　应用布局样式的效果

6.6.2　文本样式设置

　　文本是网页中最基本的重要元素之一，文本的 CSS 样式设置是网页设计人员经常使用的，也是在制作网页的过程中使用频率最高的。在"CSS 设计器"面板的"属性"选项区中单击"文本"按钮，可以显示与文本相关的 CSS 属性，如图 6-99 所示。

图 6-99　与文本相关的 CSS 属性

color：该属性用于设置文字颜色，单击"设置颜色"按钮可以为字体设置颜色，用户也可以直接在文本框中输入颜色值。

font-family：该属性用于设置字体，可以选择预设的字体组合，也可以在该选项后的文本框中输入相应的字体名称。

font-style：该属性用于设置字体样式，在其下拉菜单中可以选择文字的样式，如图 6-100 所示。其中，normal 表示浏览器显示一个标准的字体样式；italic 表示显示一个斜体的字体样式；oblique 表示显示一个倾斜的字体样式。

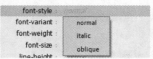

图 6-100　下拉菜单

font-variant：该下拉菜单主要是针对英文字体的设置。其中，normal 表示浏览器显示一个标准的字体；small-caps 表示浏览器显示小型大写字母的字体。

font-weight：在该下拉菜单中可以设置字体的粗细，也可以设置具体的数值。

font-size：在该处单击可以选择字体的单位，然后输入字体的大小值。通常将正文文字大小设置为 12px 或 9pt，因为该字号的文字和软件界面上的文字是一样大小，也是目前使用最普遍的字体大小。在设置字体大小时还可以选择其他的单位，例如 in、cm 和 mm 等，但都没有 px 和 pt 常用。

line-height：该属性用于设置文本行的高度。在设置行高时需要注意，所设置行高的单位应该和设置的字体大小的单位一致。行高数值是把字体大小选项中的数值包括在内的。例如，将字体大小设置为 12px，如果要创建一倍行距，则行高应该为 24px。

text-align：该属性用于设置文本的对齐方式，共有 left（左对齐）、center（居中对齐）、right（右对齐）和 justify（两端对齐）4 个选项。

text-decoration：该属性用于设置文字修饰，它

提供了 4 种修饰效果供用户选择。

① none（无）：单击该按钮，则文字不进行任何修饰。

② underline（下画线）：单击该按钮，可以为文字添加下画线。

③ overline（上画线）：单击该按钮，可以为文字添加上画线。

④ line-through（删除线）：单击该按钮，可以为文字添加删除线。

text-indent：该属性用于设置段落文本的首行缩进。

text-shadow：该属性是 CSS 3.0 中新增的属性，用于设置文本的阴影效果。其中，h-shadow 主要是设置文本阴影在水平方向上的位置，允许使用负值；v-shadow 主要是设置文本阴影在垂直方向上的位置，允许使用负值；blur 主要是设置文本阴影的模糊距离；color 主要是设置文本阴影的颜色。

text-transform：该属性用于设置英文字体的大小写，共提供了 4 种样式供用户选择。其中，none 是将默认样式定义为标准样式；capitalize 按钮用于将文本中的每个单词都以大写字母开头；uppercase 按钮用于将文本中的字母全部大写；lowercase 按钮用于将文本中的字母全部小写。

letter-spacing：该选项用于设置英文字母之间的距离，用户也可以使用数值和单位相结合的形式进行设置。通常，使用正值来增大字母间距，使用负值来减小字母间距。

word-spacing：该选项用于设置英文单词之间的距离，用户还可以使用数值和单位相结合的形式进行设置。通常，使用正值来增大单词间距，使用负值来减小单词间距。

white-space：该选项用于对源代码中的空格进行控制，共有 5 个可选项，如图 6-101 所示。

① normal（正常）：选择该选项，将忽略源代码文字之间的所有空格。

② nowrap（不换行）：选择该选项，可以设置

文字不自动换行。

图 6-101　下拉菜单

③ pre（保留）：选择该选项，将保留源代码中所有的空格，包括空格键、Tab 键和 Enter 键的空格（如果写了一首诗，使用普通的方法很难保留所有的空格）。

④ pre-line（保留换行）：选择该选项，可以忽略空格，保留源代码中的换行。

⑤ pre-wrap（保留空格）：选择该选项，可以保留源代码中的空格，从而正常地进行换行。

vertical-align：该选项用于设置对象的垂直对齐方式，提供了 baseline（基线）、sub（下标）、super（上标）、top（顶部）、text-top（文本顶对齐）、middle（中线对齐）、bottom（底部）、text-bottom（文本底对齐）以及自定义的数值和单位相结合的形式。

自测 23　文本样式设置

源文件：光盘\源文件\第 6 章\6-6-2.html　　视频：光盘\视频\第 6 章\6-6-2.swf

01 ▶ 打开页面"光盘\源文件\第 6 章\6-6-2.html"，单击"CSS 设计器"面板的"选择器"选项区右上角的"添加选择器"按钮，新建名称为.font01 的选择器，如图 6-102 所示。然后单击"CSS 设计器"面板的"属性"选项区中的"文本"按钮，对文本样式进行设置，如图 6-103 所示。

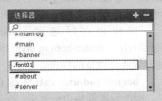

图 6-102　新建选择器

图 6-103　设置文本样式

02 ▶ 拖动鼠标选择页面中需要应用 CSS 样式的文字内容，然后在"属性"面板的"类"下拉列表中选择刚刚定义的 CSS 样式 font01，如图 6-104 所示。接着使用相同的方法，为其他文字应用名为 font01 的类 CSS 样式，如图 6-105 所示。

图 6-104　应用样式

图 6-105　应用文字样式的的效果

6.6.3　边框样式设置

通过为网页元素设置与边框相关的 CSS 属性，可以对网页元素的边框颜色、粗细和样式等进行设置。在"CSS 设计器"面板的"属性"选项区中单击"边框"按钮，可以显示与边框相关的 CSS 属性，如图 6-106 所示。

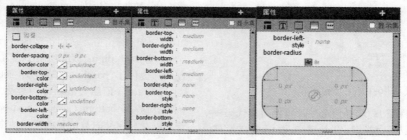

图 6-106　与边框相关的 CSS 属性

border-collapse：该属性用于设置边框是否合成单一的边框。其中，collapse▦按钮用于合并单一的边框；separate▦用于分开边框，默认为分开。

border-spacing：该属性用于设置相邻边框之间的距离，前提是必须设置 border-collapse 属性值为 separate;，其第一个选项值表示垂直间距，第二个选项值表示水平间距。

border-color：该属性用于设置上、右、下、左 4 个边框的颜色。

用户也可以通过 border-top-color、border-right-color、border-bottom-color 和 border-left-color 分别设置 4 个边框的颜色。

border-width：该属性用于设置上、右、下、左 4 个边框的宽度。

用户也可以通过 border-top-width、border-right-width、border-bottom-width 和 border-left- width 分别设置 4 个边框的宽度。

border-style：该属性用于设置上、右、下、左 4 个边框的样式。在该下拉菜单中提供了 9 个可选项值供用户选择，如图 6-107 所示。

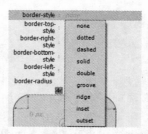

图 6-107　border-style 属性的可选值

这些值具体包括 none（无）、dotted（点画线）、dashed（虚线）、solid（实线）、double（双线）、groove（槽状）、ridge（脊状）、inset（凹陷）、outset（凸出）。

用户也可以通过 border-top-style、border-right-style、border-bottom-style 和 border-left-style 分别设置 4 个边框的样式。

border-radius：该属性是 CSS 3.0 中新增的属性，用于设置圆角边框效果，在第 7 章中将对该属性进行详细介绍。

自测 24　边框样式设置
源文件：光盘\源文件\第 6 章\6-6-3.html　视频：光盘\视频\第 6 章\6-6-3.swf

01 ▶ 打开页面"光盘\源文件\第 6 章\6-6-3.html"，单击"CSS 设计器"面板的"选择器"选项区右上角的"添加选择器"按钮▦，新建一个名称为.img_border 的选择器，如图 6-108 所示。单击"CSS 设计器"面板的"属性"选项区中的"边框"按钮，可以对边框样式进行设置，如图 6-109 所示。

图 6-108　新建选择器

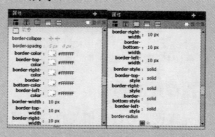

图 6-109　设置边框样式

02 ▶ 完成 CSS 样式的设置后，在页面中选择需要应用边框样式的图像，在"属性"面板的"类"下拉列表中选择刚定义的 CSS 样式 img_border，如图 6-110 所示。至此完成 CSS 样式的应用，用户在页面中可以看到图像的效果，如图 6-111 所示。

图 6-110　应用样式　　　　　　　　图 6-111　应用边框样式的效果

6.6.4　背景样式设置

在使用 HTML 编写的页面中，背景只能使用单一的色彩或利用背景图像在水平和垂直方向上平铺，而通过 CSS 样式可以更加灵活地对背景进行设置。在"CSS 设计器"面板的"属性"选项区中单击"背景"按钮，可以显示与背景相关的 CSS 属性，如图 6-112 所示。

图 6-112　与背景相关的 CSS 属性

background-color：该属性用于设置页面元素的背景颜色值。

background-image：该属性用于设置元素的背景图像，在 url 文本框中可以直接输入背景图像的路径，也可以单击"浏览"按钮，定位到需要的背景图像。

gradient：该属性是 CSS 3.0 新增的属性，主要用于填充 HTML5 中图形的渐变色。

background-position：该属性用于设置背景图像在页面水平和垂直方向上的位置。在水平方向上可以是 left（左对齐）、right（右对齐）和 center（居中对齐），在垂直方向上可以是 top（上对齐）、bottom（底对齐）和 center（居中对齐），还可以使用数值与单位相结合的方式表示背景图像的位置。

background-size/clip/origin：这 3 个属性是 CSS 3.0 新增的属性，分别用于设置背景图像的尺寸、定位区域和绘制区域，这 3 个属性将在第 7 章中进行详

细介绍。

background-repeat：该属性用于设置背景图像的平铺方式。该属性提供了 4 种平铺方式，其中，repeat设置背景图像可以在水平和垂直方向上平铺；repeat-x设置背景图像只能在水平方向上平铺；repeat-y设置背景图像只能在垂直方向上平铺；no-repeat设置背景图像不平铺，只显示一次。

background-attachment：如果以图像作为背景，可以设置背景图像是否随着页面一起滚动。在该下拉菜单中可以选择 fixed（固定）或 scroll（滚动），默认背景图像随页面一起滚动。

box-shadow：该属性是 CSS 3.0 中新增的属性，用于为元素添加阴影。其中，h-shadow 属性用于设置水平阴影的位置；v-shadow 用于设置垂直阴影的位置；blur 用于设置阴影的模糊距离；spread 用于设置阴影的尺寸；color 用于设置阴影的颜色；inset 用于将外部投影设置为内部投影。

自测 25 背景样式设置

　　源文件：光盘\源文件\第 6 章\6-6-4.html　　视频：光盘\视频\第 6 章\6-6-4.swf

01 ▶ 打开页面"光盘\源文件\第 6 章\6-6-4.html"，单击"CSS 设计器"面板的"选择器"选项区右上角的"添加选择器"按钮，新建名为.bg01 的选择器，如图 6-113 所示。单击"CSS 设计器"面板的"属性"选项区中的"背景"按钮，可以对背景样式进行设置，如图 6-114 所示。

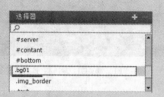

　　图 6-113　新建选择器　　　　　　　　图 6-114　设置背景样式

02 ▶ 将光标移动到名为 menu 的 Div 中，在"属性"面板的 Class 下拉列表中选择刚刚定义的 CSS 样式 bg01，如图 6-115 所示。完成 CSS 样式的应用后，可以看到导航菜单部分的背景效果，如图 6-116 所示。

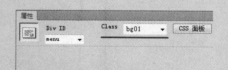

　　图 6-115　应用样式　　　　　　　图 6-116　应用背景样式的效果

6.6.5　其他样式设置

　　通过 CSS 样式对列表进行设置，可以得到非常丰富的列表效果。在"CSS 设计器"面板的"属性"选项区中单击"其他"按钮，可以显示与列表相关的 CSS 属性，如图 6-117 所示。

图 6-117　与列表相关的 CSS 属性

　　list-style-position：该属性用于设置列表项目缩进的程度。单击 inside（内）按钮，列表缩进；单击 outside（外）按钮，列表贴近左侧边框。

　　list-style-image：该属性用于选择图像作为项目的引导符号。单击"浏览"按钮，然后选择图像文件即可。

　　list-style-type：在该下拉菜单中可以设置引导列表项目的符号类型，用户可以选择 disc（圆点）、circle（圆圈）、square（方块）、decimal（数字）、lower-roman（小写罗马数字）、upper-roman（大写罗马数字）、lower-alpha（小写字母）、upper-alpha（大写字母）、none（无）等多个常用选项。

自测 26 其他样式设置

　　源文件：光盘\源文件\第 6 章\6-6-5.html　　视频：光盘\视频\第 6 章\6-6-5.swf

01 ▶ 打开页面"光盘\源文件\第 6 章\6-6-5.html"，单击"CSS 设计器"面板的"选择器"选项区右上角的"添加选择器"按钮，新建名为.list01 的选择器，如图 6-118 所示。单击"CSS 设计器"面板的"属性"选项区中的"其他"按钮，可以对其他样式进行设置，如图 6-119 所示。

图 6-118　新建选择器

图 6-119　设置其他样式

02 ▶ 在页面中选择需要应用列表样式的列表文字，然后在"属性"面板的"类"下拉列表中选择刚刚定义的 CSS 样式 list01（如图 6-120 所示），可以看到应用列表样式的效果，如图 6-121 所示。

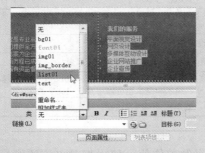

图 6-120　应用样式

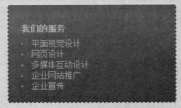

图 6-121　应用列表样式的效果

03 ▶ 完成页面中所有 CSS 样式的设置后，保存页面，并保存外部 CSS 样式表文件，在浏览器中预览整个页面，效果如图 6-122 所示。

图 6-122　在浏览器中预览页面效果

6.7　CSS 的单位和颜色值

如果想让页面布局合理，就必须精确地安排各页面元素的位置，并且页面颜色搭配的协调以及字体的大小、格式都离不开 CSS 中用来设置基础样式的属性，这些属性的基础是单位，用户只有合理地应用各种单位才能精确地布局页面中的各个元素。

6.7.1　单位

为了保证页面元素能够在浏览器中完全显示并且布局合理，需要设定元素的间距和元素本身的边距，这些都离不开长度单位的使用。

在 CSS 中，长度单位可以分为两类：绝对单位和相对单位。

1．绝对单位

绝对单位用于设置绝对值，主要有 5 种绝对单位，如表 6-3 所示。

表 6-3　绝对单位

单　　位	说　　明
in（英寸）	英寸是国外常用的量度单位，对于国内设计而言，使用较少。1 英寸等于 2.54 厘米，1 厘米等于 0.394 英寸
cm（厘米）	厘米是常用的长度单位。它可以用来设定距离比较大的页面元素
mm（毫米）	毫米可以用来精确地设定页面元素的距离或大小。10 毫米等于 1 厘米
pt（磅）	磅是标准的印刷量度，一般用来设定文字的大小。它广泛应用于打印机、文字程序等。72 磅等于 1 英寸，也就是等于 2.54 厘米。另外，英寸、厘米和毫米也可以用来设定文字的大小
pc（pica）	pc 是另一种印刷量度，1pc 等于 12 磅，该单位并不经常使用

2．相对单位

相对单位是指在度量时需要参照其他页面元素的单位值，使用相对单位所度量的实际距离可能会随着这些单位值的变化而变化。CSS 共提供了 3 种相对单位：em、ex 和 px，如表 6-4 所示。

表 6-4　相对单位

单　　位	说　　明
em	em 用于给定字体的 font-size 值。1em 总是字体的大小值，它随着字体大小的变化而变化。如果一个元素的字体大小为 12pt，那么 1em 就是 12pt；若该元素的字体大小改为 15pt，则 1em 就是 15pt
ex	ex 是以给定字体的小写字母"x"的高度作为基准，对于不同的字体来说，小写字母"x"的高度是不同的，因此 ex 的基准也不同
px	px 也叫像素，它是目前广泛使用的一种量度单位，1px 就是屏幕上的一个小方格，其通常是看不出来的。由于显示器大小不同，它的每个小方格是有所差异的，因此以像素为单位的基准也是不同的

6.7.2　颜色值

在网页中经常需要为文字和背景设置颜色。在 CSS 中设置颜色的方法有很多，例如可以使用颜色名称、RGB 颜色、十六进制颜色、网络安全色。下面分别介绍各种颜色的设置方法。

1．颜色名称

在 CSS 中可以直接使用英文单词命名与之相应的颜色，这种方法的优点是简单、直接、容易掌握。表 6-5 列出了 16 种颜色以及所对应的英文名称，这 16 种颜色是 CSS 规范推荐的，主流的浏览器都能够识别。

表 6-5　颜色名称

颜　　色	英 文 名 称	颜　　色	英 文 名 称
白色	white	黑色	black
灰色	gray	红色	red
黄色	yellow	褐色	maroon
绿色	green	水绿色	aqua
浅绿色	lime	橄榄色	olive
深青色	teal	蓝色	blue
深蓝色	navy	紫色	purple
紫红色	fuchsia	银色	silver

这些颜色最初来源于基本的 Windows VGA 颜色，在 CSS 中定义字体颜色时可以直接使用这些颜色的名称，例如：

```
p { color: green;}
```

2．RGB 颜色

如果要使用十进制表示颜色，则需要使用 RGB 颜色。使用十进制表示颜色，最大值为 255，最小值为 0。如果要使用 RGB 颜色，必须使用 rgb(R,G,B)，其中，R、G、B 分别表示红、绿、蓝的十进制值，通过这 3 个值的变化可以形成不同的颜色。例如，rgb（255,0,0）表示红色，rgb（0,255,0）表示绿色，rgb（0,0,255）表示蓝色，rgb（0,0,0,）表示黑色，rgb（255,255,255）表示白色。

RGB 的设置方法一般有两种，即使用百分比设置和直接用数值设置。例如，为 p 标记设置颜色有以下两种方法：

```
p { color: rgb ( 123,0,25 )}
p { color: rgb ( 45%,0%,25% )}
```

这两种方法都是用 3 个值表示"红"、"绿"、"蓝" 3 种颜色。这 3 种基本色的取值范围都是 0～255，通过定义这 3 种基本色的分量，可以得到各种各样的颜色。

3．十六进制颜色

当然，除了可以使用 CSS 预定义的颜色外，设计者为了使页面的色彩更加丰富，还可以使用十六进制颜色。

十六进制颜色是最常用的定义方式，十六进制数是由 0～9 和 A～F 组成的。十进制中的 0、1、2、3、…用十六进制表示如下：

00、01、02、03、04、05、06、07、08、09、0A、0B、0C、0D、0E、0F、10、11、12、13、14、15、16、17、18、19、1A、1B、1C、1D、1E、1F、20、21、22、…

在上述表示中，0A 表示十进制中的 10，1A 表示十进制中的 26，依此类推。

十六进制颜色的基本格式为#RRGGBB。其中，R 表示红色，G 表示绿色，B 表示蓝色。RR、GG、BB 的最大值为 FF，表示十进制中的 255；最小值为 00，表示十进制中的 0。例如，#FF0000 表示红色，#00FF00 表示绿色，#0000FF 表示蓝色，#000000 表示黑色，#FFFFFF 表示白色，其他颜色是通过红、绿、蓝这 3 种基本色结合而成的。例如，#FFFF00 表示黄色，#FF00FF 表示紫红色。

对于浏览器不能识别的颜色名称，可以使用所需颜色的十六进制值或 RGB 值。表 6-6 所示为几种常见的预定义颜色值的十六进制值和 RGB 值。

表 6-6 颜色对照表

颜 色 名 称	十六进制值	RGB 值
红色	#FF0000	rgb(255,0,0)
橙色	#FF6600	rgb(255,102,0)
黄色	#FFFF00	rgb(255,255,0)
绿色	#00FF00	rgb(0,255,0)
蓝色	#0000FF	rgb(0,0,255)
紫色	#800080	rgb(128,0,128)
紫红色	# FF00FF	rgb(255,0,255)
水绿色	#00FFFF	rgb(0,255,255)
灰色	#808080	rgb(128,128,128)
褐色	#800000	rgb(128,0,0)
橄榄色	#808000	rgb(128,128,0)
深蓝色	#000080	rgb(0,0,128)
银色	#C0C0C0	rgb(192,192,192)
深青色	#008080	rgb(0,128,128)
白色	#FFFFFF	rgb(255,255,255)
黑色	#000000	rgb(0,0,0)

6.8 CSS 类选区

　　CSS 类选区的作用是将多个类 CSS 样式应用于页面中的同一个元素，操作起来非常方便，下面介绍如何在页面中的同一个元素上应用多个类的 CSS 样式。

自测 27 CSS 类选区

　　源文件：光盘\源文件\第 6 章\6-8.html　视频：光盘\视频\第 6 章\6-8.swf

`01` ▶ 执行"文件>打开"命令，打开页面"光盘\源文件\第 6 章\6-8.html"，效果如图 6-123
所示。然后切换到该页面所链接到的外部 CSS 样式文件中定义两个类 CSS 样式，
如图 6-124 所示。

```
.font01 {
    font-family: 宋体;
    font-size: 12px;
    font-weight: bold;
    color: #F00;
}
.font02 {
    font-family: 宋体;
    font-size: 12px;
    color: #00F;
    border-bottom: dashed 1px #036;
}
```

　　图 6-123　打开页面　　　　　　　图 6-124　CSS 样式代码

`02` ▶ 在设计视图中选择需要应用类 CSS 样式的文字，如图 6-125 所示，然后在"属性"

面板的"类"下拉列表中选择"应用多个类"选项，如图 6-126 所示。

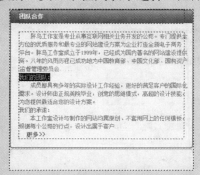

图 6-125　选择文字　　　　　　　图 6-126　"属性"面板

03 ▶ 此时会弹出"多类选区"对话框，选择需要为所选文字应用的多个类样式，如图 6-127 所示。然后单击"确定"按钮，即可将选择的多个类 CSS 样式应用于所选的文字，如图 6-128 所示。

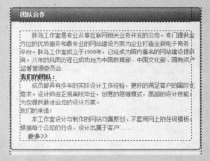

图 6-127　"多类选区"对话框　　　　　图 6-128　应用多个类 CSS 样式的效果

 　　在"多类选区"对话框中将显示当前页面的 CSS 样式中的所有类 CSS 样式，ID 样式、标签样式、复合样式等其他的 CSS 样式并不会显示在该对话框的列表中，从列表中选择需要为所选元素应用的多个类 CSS 样式即可。

04 ▶ 使用相同的方法为页面中相应的文字应用多类选区，然后切换到代码视图，可以看到为刚选中的文字应用的多个 CSS 样式的代码效果，如图 6-129 所示。最后保存页面，在浏览器中浏览页面，效果如图 6-130 所示。

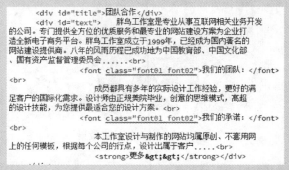

图 6-129　应用多个类样式的代码

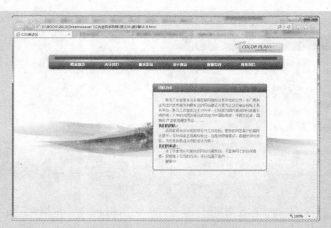

图 6-130　在浏览器中预览页面

> 💡 **提示**　在名为.font02的类CSS样式中和名为.font02的类CSS样式中都定义了color属性，其属性值不同，在同时应用这两个类的CSS样式时需要遵循靠近原则，将应用靠近元素的CSS样式中的属性，在这里会应用.font02的CSS样式中的color属性设置。

6.9　设计制作工作室网站页面

本节来制作一个工作室网站页面，使用 Div+CSS 的布局方法制作该页面，通过该例的练习，读者要掌握 CSS 样式的设置和应用方法。本实例的最终效果如图 6-131 所示。

图 6-131　页面的最终效果

自测 28　设计制作工作室网站页面
源文件：光盘\源文件\第 6 章\6-9.html　　视频：光盘\视频\第 6 章\6-9.swf

01 ▶ 执行"文件>新建"命令，弹出"新建文档"对话框，新建 HTML 页面，如图 6-132 所示，将页面保存为"光盘\源文件\第 6 章\6-9.html"。使用相同的方法，新建 CSS 样式表文件，将其保存为"光盘\源文件\第 6 章\style\style.css"。

02 ▶ 返回到 6-9.html 页面中，单击"CSS 设计器"面板的"源"选项区右上角的"添加 CSS 源"按钮██，在弹出的菜单中选择"使用现有的 CSS 文件"选项，然后在弹出的对话框中链接刚创建的外部 CSS 样式表文件（如图 6-133 所示），并单击"确定"按钮。

图 6-132　"新建文档"对话框

图 6-133　"使用现有的 CSS 文件"对话框

03 ▶ 切换到 style.css 文件中，创建名为*的通配符 CSS 样式，如图 6-134 所示。然后创建名为 body 的标签 CSS 样式，如图 6-135 所示。

```css
* {
    margin: 0px;
    padding: 0px;
    border-top-width: 0px;
    border-right-width: 0px;
    border-bottom-width: 0px;
    border-left-width: 0px;
}
```

图 6-134　CSS 样式代码

```css
body {
    font-family: Arial, Helvetica, sans-serif;
    font-size: 12px;
    color: #FFFFFF;
    background-image: url(../images/bg.gif);
    background-repeat: repeat;
}
```

图 6-135　CSS 样式代码

04 ▶ 返回到 6-9.html 页面中，查看页面的效果，如图 6-136 所示。

图 6-136　页面效果

05 ▶ 将光标移动到页面的设计视图中，单击"插入"面板上的 Div 按钮，此时会弹出"插入 Div"对话框，设置选项如图 6-137 所示。然后单击"确定"按钮，在页面中插入名为 box 的 Div，如图 6-138 所示。

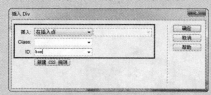

图 6-137　"插入 Div"对话框

图 6-138　页面效果

提示 Div 标签只用于标识，其作用是把内容标识成一个区域，并不负责其他事情。Div 是 CSS 布局工作的第一步，用户需要通过 Div 将页面中的内容元素标识出来，为内容添加样式则由 CSS 来完成。

06 ▶ 切换到 style.css 文件中，创建名为#box 的 CSS 样式，如图 6-139 所示。完成 CSS 样式的设置后，页面效果如图 6-140 所示。

```
#box {
    width: 1062px;
    margin-top: 0px;
    margin-right: auto;
    margin-bottom: 0px;
    margin-left: auto;
}
```

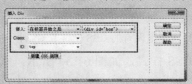

图 6-139　CSS 样式代码

图 6-140　页面效果

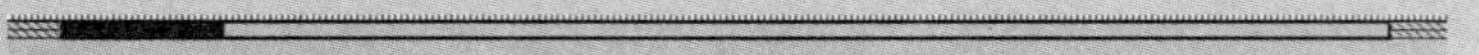

07 ▶ 将光标移动到名为 box 的 Div 中，将多余的文字内容删除，然后单击“插入”面板上的 Div 按钮，弹出“插入 Div”对话框，设置选项如图 6-141 所示。接着单击“确定”按钮，在名为 box 的 Div 中插入名为 top 的 Div，如图 6-142 所示。

图 6-141　“插入 Div”对话框

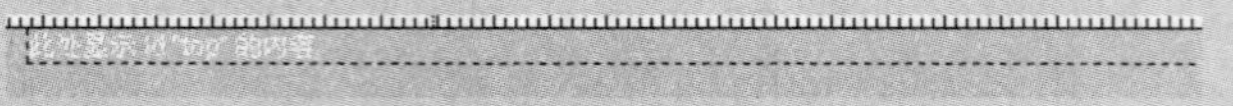

图 6-142　页面效果

08 ▶ 切换到 style.css 文件中，创建名为#top 的 CSS 样式，如图 6-143 所示。然后返回到设计视图中，页面效果如图 6-144 所示。

```
#top {
    height: 240px;
    width: 1062px;
}
```

图 6-143　CSS 样式代码

图 6-144　页面效果

09 ▶ 将光标移动到名为 top 的 Div 中，将多余的文本内容删除，并在该 Div 中插入 Flash 动画“光盘\源文件\第 6 章\images\top.swf”，如图 6-145 所示。然后选中刚插入的 Flash 动画，单击“属性”面板上的“播放”按钮，在 Dreamweaver 设计视图中播放该 Flash 动画，如图 6-146 所示。

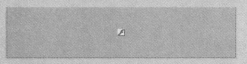

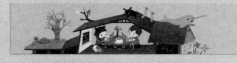

图 6-145　插入 Flash 动画

图 6-146　预览 Flash 动画

10 ▶ 将光标置于页面的设计视图中，单击“插入”面板上的 Div 按钮，弹出“插入 Div”对话框，设置选项如图 6-147 所示。然后单击“确定”按钮，在名为 top 的 Div 后插入名为 menu_bg 的 Div，如图 6-148 所示。

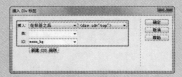

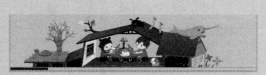

图 6-147　“插入 Div”对话框

图 6-148　页面效果

11 ▶ 切换到 style.css 文件中，创建名为#menu_bg 的 CSS 样式，如图 6-149 所示。然后返回到设计视图中，页面效果如图 6-150 所示。

```
#menu_bg {
    background-image: url(../images/menu_bg.gif);
    background-repeat: no-repeat;
    height: 85px;
    width: 1062px;
}
```

图 6-149 CSS 样式代码　　　　　　　　　　图 6-150 页面效果

12 ▶ 将光标移动到名为 menu_bg 的 Div 中，将多余的文本内容删除，然后单击"插入"面板上的 Div 按钮，弹出"插入 Div"对话框，设置选项如图 6-151 所示。接着单击"确定"按钮，在名为 menu_bg 的 Div 中插入名为 menu_left 的 Div，如图 6-152 所示。

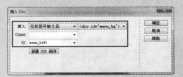

图 6-151 "插入 Div"对话框　　　　　　图 6-152 页面效果

13 ▶ 切换到 style.css 文件中，创建名为#menu_left 的 CSS 样式，如图 6-153 所示。然后返回到设计视图中，将光标移动到名为 menu_left 的 Div 中，将多余的文本删除，并在该 Div 中插入图像"光盘\源文件\第 6 章\images\logo.gif"，如图 6-154 所示。

```
#menu_left {
    height: 48px;
    width: 180px;
    padding-left: 84px;
    float: left;
}
```

图 6-153 CSS 样式代码　　　　　　　　　　图 6-154 页面效果

> 提示　同一名称的 id 值在当前 HTML 页面中不管是应用到 Div 还是其他对象的 id 中，只允许使用一次，而 class 名称可以重复使用。

14 ▶ 将光标置于页面的设计视图中，单击"插入"面板上的 Div 按钮，弹出"插入 Div"对话框，设置选项如图 6-155 所示。然后单击"确定"按钮，在名为 menu_left 的 Div 之后插入名为 menu_right 的 Div，如图 6-156 所示。

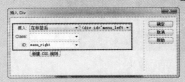

图 6-155 "插入 Div"对话框　　　　　　　　图 6-156 页面效果

15 ▶ 切换到 style.css 文件中，创建名为#menu_right 的 CSS 样式，如图 6-157 所示。然后返回到设计视图中，页面效果如图 6-158 所示。

```
#menu_right {
    float: left;
    height: 48px;
    width: 470px;
    margin-left: 19px;
    text-align: center;
}
```

图 6-157 CSS 样式代码　　　　　　　　　　图 6-158 页面效果

16 ▶ 将光标移动到名为 menu_right 的 Div 中，将多余的文本删除，然后单击"插入"面板上的 Div 按钮，弹出"插入 Div"对话框，设置选项如图 6-159 所示。接着单击"确定"按钮，在名为 menu_right 的 Div 中插入名为 menu 的 Div，如图 6-160 所示。

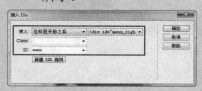

图 6-159 "插入 Div"对话框

图 6-160 页面效果

17 ▶ 切换到 style.css 文件中，创建名为#menu 的 CSS 样式，如图 6-161 所示。然后返回到设计视图中，将光标移动到名为 menu 的 Div 中，将多余的文本删除，并插入相应的图像，效果如图 6-162 所示。

```
#menu {
    height: 20px;
    width: 470px;
    padding-top: 5px;
}
```

图 6-161 CSS 样式代码

图 6-162 页面效果

18 ▶ 单击"插入"面板上的 Div 按钮，弹出"插入 Div"对话框，设置选项如图 6-163 所示。然后单击"确定"按钮，在名为 menu 的 Div 之后插入名为 menu_bottom 的 Div，如图 6-164 所示。

图 6-163 "插入 Div"对话框

图 6-164 页面效果

19 ▶ 切换到 style.css 文件中，创建名为#menu_bottom 的 CSS 样式，如图 6-165 所示。然后返回到设计视图中，将光标移动到名为 menu_bottom 的 Div 中，将多余的文本删除，并在该 Div 中插入相应的图像，效果如图 6-166 所示。

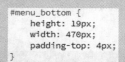

```
#menu_bottom {
    height: 19px;
    width: 470px;
    padding-top: 4px;
}
```

图 6-165 CSS 样式代码

图 6-166 页面效果

20 ▶ 至此完成页面导航部分的制作，观察页面，效果如图 6-167 所示。

图 6-167 页面效果

21 ▶ 单击"插入"面板上的 Div 按钮，弹出"插入 Div"对话框，设置选项如图 6-168 所示。然后单击"确定"按钮，在名为 menu_bg 的 Div 之后插入名为 left 的 Div，如图 6-169 所示。

图 6-168　"插入 Div"对话框　　　　　　　　图 6-169　页面效果

22 ▶ 切换到 style.css 文件中，创建名为#left 的 CSS 样式，如图 6-170 所示。然后返回到设计视图中，页面效果如图 6-171 所示。

```
#left {
    float: left;
    height: 813px;
    width: 108px;
}
```

图 6-170　CSS 样式代码　　　　　　　　图 6-171　页面效果

23 ▶ 将光标移动到名为 left 的 Div 中，将多余的文本删除，并在该 Div 中插入图像"光盘\源文件\第 6 章\images\left1.gif"，如图 6-172 所示。然后将光标移动到刚插入的图像后，插入 Flash 动画"光盘\源文件\第 6 章\images\left.swf"，效果如图 6-173 所示。接下来使用相同的方法在该 Div 中插入其他的相关图像，效果如图 6-174 所示。

图 6-172　插入图像　　　　图 6-173　插入 Flash 动画　　　　图 6-174　页面效果

24 ▶ 单击"插入"面板上的 Div 按钮，弹出"插入 Div"对话框，设置选项如图 6-175 所示。然后单击"确定"按钮，在名为 left 的 Div 之后插入名为 main 的 Div，如图 6-176 所示。

图 6-175　"插入 Div"对话框　　　　　　　　图 6-176　页面效果

25 ▶ 切换到 style.css 文件中，创建名为#main 的 CSS 样式，如图 6-177 所示。然后返回到设计视图中，页面效果如图 6-178 所示。

```
#main {
    background-color: #3E2B09;
    float: left;
    height: 813px;
    width: 563px;
    padding-right: 10px;
    padding-left: 10px;
}
```

图 6-177　CSS 样式代码　　　　　　　　　　图 6-178　页面效果

26 ▶ 单击"插入"面板上的 Div 按钮，弹出"插入 Div"对话框，设置选项如图 6-179 所示。然后单击"确定"按钮，在名为 main 的 Div 之后插入名为 right 的 Div，如图 6-180 所示。

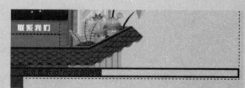

图 6-179　"插入 Div"对话框　　　　　　　图 6-180　页面效果

27 ▶ 切换到 style.css 文件中，创建名为#right 的 CSS 样式，如图 6-181 所示。然后返回到设计视图中，页面效果如图 6-182 所示。

```
#right {
    float: left;
    height: 813px;
    width: 371px;
    background-image: url(../images/right_bg.gif);
    background-repeat: repeat-y;
}
```

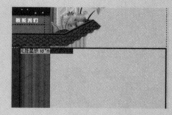

图 6-181　CSS 样式代码　　　　　　　　　　图 6-182　页面效果

28 ▶ 将光标移动到名为 right 的 Div 中，将多余的文本删除，并插入 Flash 动画"光盘\源文件\第 6 章\images\right1.swf"，如图 6-183 所示。然后选中刚插入的 Flash 动画，单击"属性"面板上的"播放"按钮，预览该 Flash 动画，效果如图 6-184 所示。接着使用相同的方法，完成名为 right 的 Div 中内容的制作，页面效果如图 6-185 所示。

图 6-183　插入 Flash 动画　　　　图 6-184　预览 Flash 动画　　　　图 6-185　页面效果

29 ▶ 将光标移动到名为 main 的 Div 中，将多余的文本删除，并单击"插入"面板上的 Div 按钮，弹出"插入 Div"对话框，设置选项如图 6-186 所示。然后单击"确定"按钮，在名为 main 的 Div 中插入名为 main_left 的 Div，如图 6-187 所示。

图 6-186　"插入 Div"对话框

图 6-187　页面效果

30 ▶ 切换到 style.css 文件中，创建名为#main_left 的 CSS 样式，如图 6-188 所示。然后返回到设计视图中，页面效果如图 6-189 所示。

```
#main_left {
    float: left;
    height: 813px;
    width: 228px;
}
```

图 6-188　CSS 样式代码

图 6-189　页面效果

31 ▶ 将光标移动到名为 main_left 的 Div 中，将多余的文本删除，并单击"插入"面板上的 Div 按钮，弹出"插入 Div"对话框，设置选项如图 6-190 所示。然后单击"确定"按钮，在名为 main_left 的 Div 中插入名为 notice 的 Div，如图 6-191 所示。

图 6-190　"插入 Div"对话框

图 6-191　页面效果

32 ▶ 切换到 style.css 文件中，创建名为#notice 的 CSS 样式，如图 6-192 所示。然后返回到设计视图中，页面效果如图 6-193 所示。

```
#notice {
    height: 248px;
    width: 228px;
    background-color: #5A3D1C;
}
```

图 6-192　CSS 样式代码

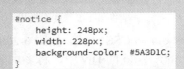

图 6-193　页面效果

33 ▶ 将光标移动到名为 notice 的 Div 中，将多余的文本删除，并插入图像"光盘\源文件\第 6 章\images\notice.gif",如图 6-194 所示。然后将光标移动到刚插入的图像后,单击"插入"面板中的"换行符"按钮,插入换行符,并输入相关的文字内容,页面效果如图 6-195 所示。

图 6-194　插入图像

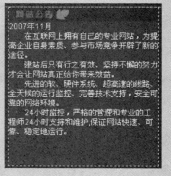
图 6-195　输入文字

34 ▶ 切换到 style.css 文件中,创建名为.font01 和.font02 的 CSS 样式,如图 6-196 所示。然后返回到设计视图中,选中文字,应用相应的 CSS 样式表,页面效果如图 6-197 所示。

图 6-196　CSS 样式代码

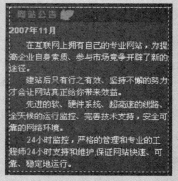
图 6-197　页面效果

35 ▶ 单击"插入"面板上的 Div 按钮,弹出"插入 Div"对话框,设置选项如图 6-198 所示。然后单击"确定"按钮,在名为 notice 的 Div 之后插入名为 notice_old 的 Div,如图 6-199 所示。

图 6-198　"插入 Div"对话框

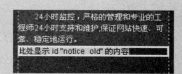
图 6-199　页面效果

36 ▶ 切换到 style.css 文件中,创建名为#notice_old 的 CSS 样式,如图 6-200 所示。然后返回到设计视图中,将光标移动到名为 notice_old 的 Div 中,将多余的文本删除,并插入图像"光盘\源文件\第 6 章\images\notice_old.gif",效果如图 6-201 所示。

37 ▶ 单击"插入"面板上的 Div 按钮,弹出"插入 Div"对话框,设置选项如图 6-202 所示。然后单击"确定"按钮,在名为 notice_old 的 Div 之后插入名为 blog 的 Div,

如图 6-203 所示。

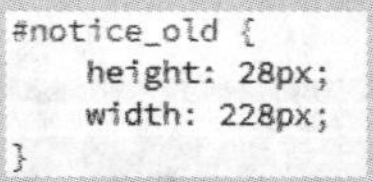

```
#notice_old {
        height: 28px;
        width: 228px;
}
```

图 6-200　CSS 样式代码

图 6-201　页面效果

图 6-202　"插入 Div"对话框

图 6-203　页面效果

38 ▶ 切换到 style.css 文件中,创建名为#blog 的 CSS 样式,如图 6-204 所示。然后返回到设计视图中,将光标移动到名为 blog 的 Div 中,将多余的文本删除,并插入图像"光盘\源文件\第 6 章\images\blog.gif",效果如图 6-205 所示。

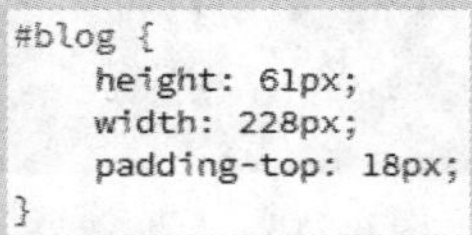

```
#blog {
        height: 61px;
        width: 228px;
        padding-top: 18px;
}
```

图 6-204　CSS 样式代码

图 6-205　页面效果

39 ▶ 使用相同的方法,在名为 blog 的 Div 之后插入相应的 Div,并切换到 style.css 文件中,创建相应的 CSS 样式,如图 6-206 所示。然后返回到设计视图中,对 Div 中的内容进行制作,效果如图 6-207 所示。

```
#button {
        height: 88px;
        width: 228px;
        padding-top: 18px;
}
#desktop {
        height: 167px;
        width: 228px;
        padding-top: 18px;
}
```

图 6-206　CSS 样式代码

图 6-207　页面效果

40 ▶ 单击"插入"面板上的 Div 按钮,弹出"插入 Div"对话框,设置选项如图 6-208 所示。然后单击"确定"按钮,在名为 main_left 的 Div 之后插入名为 main_right 的 Div,如图 6-209 所示。

41 ▶ 切换到 style.css 文件中,创建名为#main_right 的 CSS 样式,如图 6-210 所示。然后返回到设计视图中,页面效果如图 6-211 所示。

42 ▶ 将光标移动到名为 main_right 的 Div 中,将多余的文本删除,然后单击"插入"面板上的 Div 按钮,弹出"插入 Div"对话框,设置选项如图 6-212 所示。接着单击

"确定"按钮，在名为 main_right 的 Div 中插入名为 pic 的 Div，如图 6-213 所示。

图 6-208 "插入 Div"对话框

图 6-209 页面效果

```
#main_right {
    float: left;
    height: 813px;
    width: 320px;
    margin-left: 14px;
}
```

图 6-210 CSS 样式代码

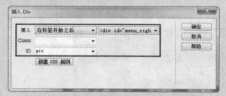

图 6-211 页面效果

图 6-212 "插入 Div"对话框

图 6-213 页面效果

43 ▶ 切换到 style.css 文件中，创建名为#pic 的 CSS 样式，如图 6-214 所示。然后返回到设计视图中，将光标移动到名为 pic 的 Div 中，将多余的文本删除，并插入图像"光盘\源文件\第 6 章\images\pic.gif"，如图 6-215 所示。

```
#pic {
    height: 175px;
    width: 320px;
    padding-top: 13px;
}
```

图 6-214 CSS 样式代码

图 6-215 页面效果

44 ▶ 单击"插入"面板上的"插入 Div"按钮，弹出"插入 Div"对话框，设置选项如图 6-216 所示。然后单击"确定"按钮，在名为 pic 的 Div 之后插入名为 title 的 Div，如图 6-217 所示。

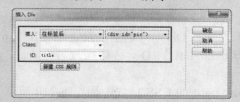

图 6-216 "插入 Div"对话框

图 6-217 页面效果

45 ▶ 切换到 style.css 文件中，创建名为#title 的 CSS 样式，如图 6-218 所示。然后返回到设计视图中，将光标移动到名为 title 的 Div 中，将多余的文本删除，并插入图像"光盘\源文件\第 6 章\images\title.gif",效果如图 6-219 所示。

```
#title {
    height: 21px;
    width: 320px;
    padding-top: 12px;
    padding-bottom: 16px;
}
```

图 6-218　CSS 样式代码

图 6-219　页面效果

46 ▶ 单击"插入"面板上的 Div 按钮,弹出"插入 Div"对话框,设置选项如图 6-220 所示。然后单击"确定"按钮,在名为 title 的 Div 之后插入名为 work1 的 Div,如图 6-221 所示。

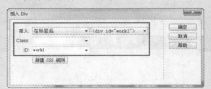

图 6-220　"插入 Div"对话框

图 6-221　页面效果

47 ▶ 切换到 style.css 文件中,创建名为#work1 的 CSS 样式,如图 6-222 所示。然后返回到设计视图中,将光标移动到名为 title 的 Div 中,将多余的文本删除,并在该 Div 中输入相应的文本内容,效果如图 6-223 所示。

```
#work1 {
    line-height: 18px;
    height: 100px;
    width: 148px;
    padding-top: 12px;
    padding-right: 12px;
    padding-bottom: 12px;
    padding-left: 160px;
    background-image: url(../images/work1.gif);
    background-repeat: no-repeat;
}
```

图 6-222　CSS 样式代码

图 6-223　页面效果

48 ▶ 使用相同的方法,在名为 work1 的 Div 之后插入其他的 Div,并切换到 style.css 文件中,创建相应的 CSS 样式,然后返回到设计视图中对 Div 中的内容进行制作,效果如图 6-224 所示。

图 6-224　页面效果

49 ▶ 单击"插入"面板上的 Div 按钮,弹出"插入 Div"对话框,设置选项如图 6-225 所示。然后单击"确定"按钮,在名为 box 的 Div 之后插入名为 bottom 的 Div,如图 6-226 所示。

图 6-225 "插入 Div"对话框   图 6-226 页面效果

50 ▶ 切换到 style.css 文件中，创建名为#bottom 的 CSS 样式，如图 6-227 所示。然后返回到设计视图中，页面效果如图 6-228 所示。

```css
#bottom {
    height: 255px;
    width: 100%;
    margin-top: 0px;
    margin-right: auto;
    margin-bottom: 0px;
    margin-left: auto;
    clear: both;
    background-image: url(../images/bottom_bg.gif);
    background-repeat: repeat-x;
}
```

图 6-227 CSS 样式代码   图 6-228 页面效果

51 ▶ 使用相同的方法，完成版底信息部分内容的制作。然后执行"文件>保存"命令，保存页面，并保存外部 CSS 样式表文件。在浏览器中预览页面，效果如图 6-229 所示。

图 6-229 在浏览器中预览页面效果

6.10 本章小结

在只有 HTML 的时代，只能实现简单的网页效果。有了 CSS 样式，网页排版可以说发生了翻天覆地的变化，过去只有在印刷中才能实现的排版效果现在通过使用 CSS 样式也可以实现，并且既方便又美观。本章重点介绍网页设计制作中 CSS 样式的使用方法，它是网页制作中的一项非常重要的技术，现在已经得到非常广泛的使用，读者需要熟练掌握 CSS 样式的设置与使用方法。

第 7 章 CSS 3.0 中新增的属性

实例名称：为网页文字添加阴影
效果
源文件：源文件\第 7 章\7-3-3.html
视频：视频\第 7 章\7-3-3.swf

实例名称：在网页中实现圆角
效果
源文件：源文件\第 7 章\7-5-3.html
视频：视频\第 7 章\7-5-3.swf

实例名称：在网页中实现半透明
的图像效果
源文件：源文件\第 7 章\7-6-2.html
视频：视频\第 7 章\7-6-2.swf

实例名称：在网页中实现文本分
栏效果
源文件：源文件\第 7 章\7-7-4.html
视频：视频\第 7 章\7-7-4.swf

实例名称：为网页中的元素添加
阴影效果
源文件：源文件\第 7 章\7-8-4.html
视频：视频\第 7 章\7-8-4.swf

实例名称：使用 CSS 过渡效果实
现网页特效
源文件：源文件\第 7 章\7-9-2.html
视频：视频\第 7 章\7-9-2.swf

本章知识点

在网页设计中，使用 CSS 可以控制
页面的布局样式，它是能够真正做到网
页表现与内容分离的一种样式设计语
言。在第 6 章中已经向读者介绍了 CSS
中几乎所有的属性以及设置方法，相信
读者已经对 CSS 样式有了全面的认识
和掌握，本章将向读者介绍 CSS 3.0 中
新增的属性，通过使用 CSS 3.0 中新增
的属性可以在网页中实现很多特殊
效果。

7.1 CSS 3.0 新增的选择器类型

在 CSS 3.0 中新增了 3 种选择器类型，分别是属性选择器、结构伪类选择器以及 UI 元素状态伪类选择器，本节将详细介绍这 3 种新增的选择器。

7.1.1 属性选择器

属性选择器是指直接使用属性控制 HTML 标签样式，它可以根据某个属性是否存在或者通过属性值来查找元素，具有很强的功能。与使用 CSS 样式对 HTML 标签进行修饰有很大的不同，它避免了通过使用 HTML 标签名称或自定义名称指向具体的 HTML 元素来达到控制 HTML 标签样式的目的，因此很方便。

常见的属性选择器有以下几种。

- E[foo]：选择匹配 E 的元素，且该元素定义了 foo 属性。注意，E 选择器可以省略，表示选择定义了 foo 属性的任意类型元素。
- E[foo="bar"]：选择匹配 E 的元素，且该元素将 foo 属性值定义为"bar"。注意，E 选择器可以省略，用法与上一个选择器类似。
- E[foo~="bar"]：选择匹配 E 的元素，且该元素定义了 foo 属性，foo 属性值是一个以空格符分隔的列表，其中一个列表的值为"bar"。注意，E 选择符可以省略，表示可以匹配任意类型的元素。

例如，a[title~="b1"]匹配<a title="b1 b2 b3"></a>，而不匹配<a title="b2 b3 b5"></a>。

- E[foo|="en"]：选择匹配 E 的元素，且该元素定义了 foo 属性，foo 属性值是一个用连字符（-）分隔的列表，开头的字符为"en"。注意，E 选择符可以省略，表示可以匹配任意类型的元素。例如，[lang|="en"]匹配<body lang="en-us"></body>，而不是匹配<body lang="f-ag"></body>。
- E[foo^="bar"]：选择匹配 E 的元素，且该元素定义了 foo 属性，foo 属性值包含前缀为"bar"的子字串符。注意，E 选择符可以省略，表示可以匹配任意类型的元素。例如，body [lang^="en"]匹配<body lang="en-us"></body>，而不匹配<body lang="f-ag"></body>。
- E[foo$="bar"]：选择匹配 E 的元素，且该元素定义了 foo 属性，foo 属性值包含后缀为"bar"的子字符串。注意，E 选择符可以省略，表示可以匹配任意类型的元素。例如，img[src$=" jpg"]匹配<img src="p.jpg"/>，而不匹配<img src="p.gif"/>。
- E[foo*="bar"]：选择匹配 E 的元素，且该元素定义了 foo 属性，foo 属性值包含"b"的子字符串。注意，E 选择器可以省略，表示可以匹配任意类型的元素。例如，img[src$= "jpg"]匹配<img src="p.jpg"/>，而不匹配<img src="p.gif"/>。

7.1.2 结构伪类选择器

结构伪类选择器是指运用文档结构树来实现元素过滤，简单来说，就是利用文档结构之间的相互关系来匹配指定的元素，用来减少文档内对 class 属性以及 id 属性的定义，从而使整个文档更加简洁。

常见的结构伪类选择器有以下几种。

- E:root：匹配文档的根元素，对于 HTML 文档，就是 HTML 元素。
- E:nth-child(n)：匹配其父元素的第 n 个子元素，第一个编号为 1。
- E:nth-of-type(n)：与:nth-child()作用类似，但是仅匹配使用同种标签的元素。
- E:nth-last-of-type(n)：与:nth-last-child 作用类似，但是仅匹配使用同种标签的元素。

- E:last-child：匹配父元素的最后一个子元素，等同于:nth-last-child(1)。
- E:first-of-type：匹配父元素下使用同种标签的第一个子元素，等同于:nth-of-type(1)。
- E:last-of-type：匹配父元素下使用同种标签的最后一个子元素，等同于:nth-last-of-type(1)。
- E:only-child：匹配父元素下仅有的一个子元素，等同于:first-child、:last-child 或:nth-child(1)、:nth-last- child(1)。
- E:only-of-type：匹配父元素下使用同种标签的唯一元素,等同于:first-of- type、:last-of-type 或:nth-of-type(1)、:nth-last-of-type(1)。
- E:empty：匹配一个不包含任何子元素的元素，注意文本结点也被看做子元素。

7.1.3　UI 元素状态伪类选择器

UI 元素状态包括可用、不可用、选中、未选中、获取焦点、失去焦点、锁定和待机等。常用的 UI 元素状态伪类选择器有以下几种。

- E:enabled：选择匹配 E 的所有可用 UI 元素。注意，在网页中，UI 元素一般指包含在 form 元素内的表单元素。例如，input:enabled 匹配<form><input type=text/><input type=button disabled="disabled"/></form>代码中的文本框，而不匹配代码中的按钮。
- E:disabled：选择匹配 E 的所有不可用元素。注意，在网页中，UI 元素一般指包含在 form 元素内的表单元素。例如，input:disabled 匹配<form><input type=text/><input type=button disabled="disabled"/></form>代码中的按钮，而不匹配代码中的文本框。
- E:checked:选择匹配 E 的所有可用 UI 元素。注意,在网页中,UI 元素一般指包含在 from 元素内的表单元素。例如，input:checked 匹配<form><input type=checkbox/><input type= radio checked="checked"/></form>代码中的单选按钮，但不匹配该代码中的复选框。

 UI 是用户界面（User Interface）的缩写，所谓 UI 设计是指对软件的人机交互、操作逻辑和界面美观的综合设计。优秀的 UI 设计不仅可以使软件更加独特、有品位，还给用户的使用带来简单、舒适和轻松的感觉。

7.2　CSS 3.0 新增的颜色定义方法

为网页搭配好的颜色可以更好地吸引浏览者的目光，在 CSS 3.0 中新增了 3 种定义网页中颜色的方法，分别是 HSL color、HSLA color、RGBA color，下面分别对这 3 种新增的定义网页中颜色的方法进行介绍。

7.2.1　HSL 颜色定义方法

在 CSS 3.0 中新增了 HSL 颜色定义方法，其定义语法如下：

```
hsl (<length>,<percentage>,<percentage>);
```

length： 表示 Hue（色调），0（或 360）表示红色，120 表示绿色，240 表示蓝色，当然也可以取其他的数值来确定其他颜色。

percentage： 表示 Saturation（饱和度），取 0%到 100%之间的值。

percentage： 表示 Lightness（亮度），取 0%到 100%之间的值。

7.2.2　HSLA 颜色定义方法

HSLA 是 HSL 颜色定义方法的扩展，在色相、饱和度、亮度三要素的基础上增加了对不透明度的设置。使用 HSLA 颜色定义方法能够灵活地设置各种透明效果。HSLA 颜色的定义语法如下：

    hsla (<length>,<percentage>,<percentage>,<opacity>);

前 3 个属性与 HSL 颜色定义方法的属性相同，第 4 个参数（也就是 a 参数）用于设置颜色的不透明度，取值范围为 0~1。如果值为 0，则表示颜色完全透明；如果值为 1，则表示颜色完全不透明。

7.2.3　RGBA 颜色定义方法

RGBA 在 RGB 的基础上多了控制 Alpha 透明度的参数，RGBA 颜色的定义语法如下：

    rgba (r,g,b,<opacity>);

R、G 和 B 分别表示红色、绿色和蓝色 3 种原色所占的比重。R、G 和 B 的值可以是正整数或百分数，正整数的取值范围为 0~255，百分比数的取值范围为 0%~100%，超出范围的数值将被截至其最近的取值极限。注意，并非所有浏览器都支持百分数，a 参数的取值范围为 0~1。

自测 29　使用 RGBA 颜色方法设置背景颜色

源文件：光盘\源文件\第 7 章\7-2-3.html　视频：光盘\视频\第 7 章\7-2-3.swf

01 ▶ 执行"文件>打开"命令，打开页面"光盘\源文件\第 7 章\7-2-3.html"，效果如图 7-1 所示。切换到外部的 CSS 文件，找到名为#box 的 CSS 样式代码，如图 7-2 所示。

图 7-1　打开页面　　　　　　　　图 7-2　CSS 样式代码

02 ▶ 在名为#box 的 CSS 样式代码中重新设置背景颜色，使用 RGBA 的颜色定义方法，如图 7-3 所示。然后保存页面，在浏览器中预览页面，效果如图 7-4 所示。

图 7-3　修改样式　　　　　　　图 7-4　在浏览器中预览页面

7.3　CSS 3.0 新增的文本设置属性

对于网页而言，文字永远都是不可缺少的重要元素，也是传递信息的主要手段。在 CSS 3.0

中新增了 3 种控制网页文字的属性，分别是 word-wrap、text-overflow 和 text-shadow，下面对这 3 种新增的文本设置属性进行介绍。

7.3.1　控制文本换行属性 word-wrap

word-wrap 属性用于设置当前文本行超过指定容器的边界时是否断开转行，word-wrap 属性的语法格式如下：

word-wrap: normal | break-word

normal：控制连续文本换行。

break-word：内容将在边界内换行。如果有需要，也会发生词内换行。

 word-wrap 属性主要是针对英文或阿拉伯数字进行强制换行，而中文内容本身具有遇到容器边界后自动换行的功能，所以将该属性应用于中文起不到什么效果。

7.3.2　文本溢出处理属性 text-overflow

在网页中显示信息时，如果显示信息过长超过了显示区域的宽度，其结果就是信息超过指定的信息区域，从而破坏整个网页布局。如果设置的信息显示区域过长，则会影响整体页面的效果。以前遇到这种情况，需要使用 JavaScript 将超出的信息进行省略，现在只需要使用 CSS 3.0 中新增的 text-overflow 属性就可以解决。

text-overflow 属性用于设置是否使用一个省略标记（…）标识对象内文本的溢出。text-overflow 属性仅仅是注解文本溢出时是否显示省略标记，并不具备其他的样式属性定义。在要实现溢出时产生省略号的效果还需要定义，强制文本在一行内显示（white-space: nowrap）及溢出内容为隐藏（overflow: hidden），只有这样才能实现溢出文本显示省略号的效果。text-overflow 属性的语法格式如下：

text-overflow: clip | ellipsis

clip：不显示省略标记（…），而是简单地裁切。

ellipsis：当对象内的文本溢出时显示省略标记（…）。

7.3.3　文字阴影属性 text-shadow

在显示文字时，有时需要制作出文字的阴影效果，从而增强文字的表现力。通过 CSS 3.0 中新增的 text-shadow 属性可以轻松地为文字添加阴影的效果，text-shadow 属性的语法格式如下：

text-shadow: none | <length> none | [<shadow>,]* <opacity>或 none | <color> [,<color>]*

length：由浮点数字和单位标识符组成的长度值，可以为负值，用于设置阴影的水平延伸距离。

color：用于设置阴影的颜色。

opacity：由浮点数字和单位标识符组成的长度值，不可以为负值，用于指定模糊效果的作用距离。如果仅仅需要模糊效果，可将前两个 length 属性全部设置为 0。

自测 30　为网页文字添加阴影效果

源文件：光盘\源文件\第 7 章\7-3-3.html　视频：光盘\视频\第 7 章\7-3-3.swf

01 ▶ 执行"文件>打开"命令，打开页面"光盘\源文件\第 7 章\7-3-3.html"，效果如图 7-5 所示。然后切换到外部的 CSS 样式表文件中，找到名为#title 的 CSS 样式代码，如图 7-6 所示。

02 ▶ 在名为#title 的 CSS 样式代码中添加文字阴影的设置，如图 7-7 所示。然后保存页面，在浏览器中预览页面，效果如图 7-8 所示。

图 7-5   打开页面

```
#title {
    width: 100%;
    height: 80px;
    font-size: 28px;
    line-height: 80px;
    text-align: center;
    letter-spacing: 10px;
}
```

图 7-6   外部 CSS 样式

```
#title {
    width: 100%;
    height: 80px;
    font-size: 28px;
    line-height: 80px;
    text-align: center;
    letter-spacing: 10px;
    text-shadow: 5px 5px 5px #FFFFFF;
}
```

图 7-7   添加样式

图 7-8   在浏览器中预览页面

7.4   CSS 3.0 新增的背景设置属性

在 CSS 3.0 中新增了 3 种控制网页背景的属性，分别是 background-origin 属性、backgro-undclip 属性和 background-size 属性，下面分别对这 3 种新增的背景设置属性进行介绍。

7.4.1   背景图像显示区域属性 background-origin

默认情况下，background-position 属性总是以元素左上角的原点作为背景图像定位，使用 CSS 3.0 中新增的 background-origin 属性可以改变这种背景图像的定位方式，从而更加灵活地对背景图像进行定位。background-origin 属性的语法格式如下：

background-origin: border | padding | content

border： 从 border 区域开始显示背景图像。   **content：** 从 content 区域开始显示背景图像。
padding： 从 padding 区域开始显示背景图像。

7.4.2   背景图像裁剪区域属性 background-clip

在 CSS 3.0 中新增了背景图像裁剪区域属性 background-clip，通过该属性可以定义背景图像的裁剪区域。background-clip 属性和 background-origin 属性类似，background-clip 属性用来判断背景图像是否包含边框区域，而 background-origin 属性用来决定 background-position 属性定位的参考位置。background-clip 属性的语法格式如下：

background-clip:border-box |padding-box |content-box|no-clip

如果设置 background-clip 属性值为 border-box，则从 border 区域向外裁剪背景图像；如果设置 background-clip 属性值为 padding-box，则从 padding 区域向外裁剪背景图像；如果设置

background-clip 属性值为 content-box，则从 content 区域向外裁剪背景图像；如果设置 background-clip 属性值为 no-clip，则和 border-box 属性值相同，从 border 区域向外裁剪背景图像。

7.4.3　背景图像大小属性 background-size

以前在网页中背景图像的大小是无法控制的，如果想让背景图像填充整个页面背景，则需要事先设计一个较大的背景图像，并且只能让背景图像以平铺的方式来填充页面元素。在 CSS 3.0 中新增了一个 background-size 属性，通过该属性可以自由控制背景图像的大小，backgroundsize 属性的语法格式如下：

background-size:[<length> | <percentage> | auto]{1,2} | cover | contain

length：由浮点数字和单位标识符组成的长度值，不可以为负值。

percentage：取值范围为 0%～100%，不可以为负值。

cover：保持背景图像本身的宽高比，将背景图像缩放到正好完全覆盖所定义的背景区域。

contain：保持背景图像本身的宽高比，将图片缩放到宽度和高度正好适应所定义的背景区域。

自测 31　控制网页中背景图像的大小
源文件：光盘\源文件\第 7 章\7-4-3.html　视频：光盘\视频\第 7 章\7-4-3.swf

01 ▶ 执行"文件>打开"命令，打开页面"光盘\源文件\第 7 章\7-4-3.html"，效果如图 7-9 所示。然后切换到所链接的外部 CSS 样式表文件中，找到名为 #bg 的 CSS 样式代码，如图 7-10 所示。

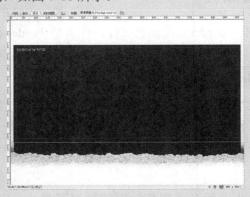

```
#bg {
    width: 938px;
    height: 397px;
}
```

图 7-9　打开页面　　　　　　　　图 7-10　CSS 样式代码

02 ▶ 在名为 #bg 的 CSS 样式中添加背景图像样式，如图 7-11 所示。然后返回到页面的设计视图中，将名为 bg 的 Div 中的多余文字删除，并保存页面，在浏览器中预览页面，效果如图 7-12 所示。

```
#bg {
    width: 938px;
    height: 397px;
    background-image:url(../images/75302.jpg);
    background-repeat:no-repeat;
}
```

图 7-11　添加样式

图 7-12　在浏览器中预览页面

03 ▶ 返回外部的 CSS 样式表文件中，在名为#bg 的 CSS 样式中添加对背景图像大小的属性设置，如图 7-13 所示。然后保存外部的样式表文件，在浏览器中预览页面，可以看到控制背景图像大小的效果，如图 7-14 所示。

```
#bg {
    width: 938px;
    height: 397px;
    background-image:url(../images/75302.jpg);
    background-repeat:no-repeat;
    background-size:95% 300px;
}
```

图 7-13　添加样式

图 7-14　在浏览器中预览页面

> **提示**　使用 background-size 属性设置背景图像的大小，可以以像素或百分比的方式指定背景图像的大小。当使用百分比值时，大小会由所在区域的宽度、高度和位所决定。

7.5　CSS 3.0 新增的边框设置属性

在 CSS 3.0 中新增了 3 种有关边框（border）控制的属性，分别是 border-colors 属性、border-image 属性和 border-radius 属性，下面分别对这 3 种新增的边框设置属性进行介绍。

7.5.1　多重边框颜色属性 border-colors

border-color 属性可以用来设置对象边框的颜色，在 CSS 3.0 中增强了该属性的功能。如果设置边框的宽度为 Npx，那么就可以在这个边框上使用 N 种颜色，每种颜色显示 1px 的宽度。如果所设置的边框的宽度为 10 像素，但只声明了 5 或 6 种颜色，那么最后一个颜色将被添加到剩下的宽度中。border-colors 属性的语法格式如下：

border-colors: <color> <color> <color>…

border-colors 属性还可以分别为四边设置多重颜色，四边分别写为 border-top-colors、border-right-colors、border-bottom-colors 和 border-left-colors。

7.5.2　图像边框属性 border-image

为了增强边框效果，CSS 3.0 中新增了 border-image 属性，用来实现使用图像作为对象的边框效果。border-image 属性的语法格式如下：

border-image: none | <image> [<number> | <percentage>]{1,4}[/ <border-width>{1,4}]? [stretch | repeat | round] {0,2}

none：none 为默认值，表示无图像。

image：用于设置边框图像，可以使用绝对地址或相对地址。

number：边框宽度或者边框图像的大小，使用固定像素值表示。

percentage：用于设置边框图像的大小，即边框宽度，用百分比表示。

stretch | repeat | round：拉伸 | 重复 | 平铺（其中，stretch 是默认值）

为了能够更加方便、灵活地定义边框图像，CSS 3.0 允许从 border-image 属性派生出众多的子属性，下面介绍几种从 border-image 派生的子属性。

border-top-image：定义上边框图像。

border-right-image：定义右边框图像。

border-bottom-image：定义下边框图像。

border-left-image：定义左边框图像。

border-top-left-image：定义边框左上角图像。

border-top-right-image：定义边框右上角图像。

border-bottom-left-image：定义边框左下角图像。

border-bottom-right-image：定义边框右下角图像。

border-image-source：定义边框图像源，即图像的地址。

border-image-slice：定义如何裁切边框图像。

border-image-repeat：定义边框图像的重复属性。

border-image-width：定义边框图像的大小。

border-image-outset：定义边框图像的偏移位置。

7.5.3 圆角边框属性 border-radius

在 CSS 3.0 出现之前，如果需要在网页中实现圆角边框的效果，通常使用图像来实现，而在 CSS 3.0 中新增了圆角边框的定义属性 border-radius，通过该属性可以轻松地在网页中实现圆角边框的效果。border-radius 属性的语法格式如下：

border-radius: none | <length>{1,4} [/ <length>{1,4}]?

none：none 为默认值，表示不设置圆角效果。

length：用于设置圆角度数值，由浮点数字和单位标识符组成，不可以设置为负值。

border-radius 属性还可以分开，分别为 4 个角设置相应的圆角值，分别写成 border-top-right-radius（右上角）、border-bottom-right-radius（右下角）、border-bottom-left-radius（左下角）、border-top- left-radius（左上角）。

自测 32 在网页中实现圆角效果

源文件：光盘\源文件\第 7 章\7-5-3.html 视频：光盘\视频\第 7 章\7-5-3.swf

01 ▶ 执行"文件>打开"命令，打开页面"光盘\源文件\第 7 章\7-5-3.html"，效果如图 7-15 所示。然后切换到所链接的外部 CSS 样式表文件，找到名为#text 的 CSS 样式代码，如图 7-16 所示。

```
#text {
    position: absolute;
    right: 50px;
    bottom: 80px;
    width: 220px;
    height: auto;
    overflow: hidden;
    background-color: #FFF;
    padding: 10px;
}
```

图 7-15 打开页面 图 7-16 CSS 样式代码

02 ▶ 在名为#text 的 CSS 样式中添加边框和圆角边框样式，如图 7-17 所示。然后返回到页面的设计视图中，保存页面，在浏览器中预览页面，效果如图 7-18 所示。

03 ▶ 返回到外部的 CSS 样式表文件中，修改名为#text 的 CSS 样式中圆角边框的样式，如图 7-19 所示。然后保存外部的样式表文件，在浏览器中预览页面，可以看到所实现的圆角边框效果，如图 7-20 所示。

```
#text {
    position: absolute;
    right: 50px;
    bottom: 80px;
    width: 220px;
    height: auto;
    overflow: hidden;
    background-color: #FFF;
    padding: 10px;
    border:2px solid #000;
    border-radius:20px;
}
```

图 7-17　添加 CSS 样式

图 7-18　在浏览器中预览页面

```
#text {
    position: absolute;
    right: 50px;
    bottom: 80px;
    width: 220px;
    height: auto;
    overflow: hidden;
    background-color: #FFF;
    padding: 10px;
    border:2px solid #000;
    border-radius:20px 0px 20px 0px;
}
```

图 7-19　修改 CSS 样式

图 7-20　在浏览器中预览页面

　　　　border-radius 属性的第一个值是水平半径值，如果第二个值省略，则它等于第一个值，这时这个角就是一个四分之一圆角。如果任意一个值为 0，则这个角是矩形，不会是圆的，并且所设置的角不允许为负值。

7.6　CSS 3.0 新增的内容和透明度属性

　　在 CSS 3.0 中还新增了控制元素内容和透明度的属性，通过这些属性可以非常方便地为容器赋予内容或者设置元素的不透明度，本节将详细介绍这两个新增的 CSS 3.0 属性。

7.6.1　内容属性 content

　　content 属性用于在网页中插入生成内容。content 属性与:before 以及:after 伪元素配合使用，可以将生成的内容放在一个元素内容的前面或后面。content 属性的语法格式如下：

content: normal | string | attr() | url() | counter();

normal： 默认值，表示不赋予内容。
string： 赋予元素的内容。
attr()： 赋予元素的属性值。

url()： 赋予一个外部资源（图像、声音、视频或浏览器支持的其他任何资源）。
counter()： 计数器，用于插入赋予标识。

　　　　用户可以使用 content 属性为网页中的容器赋予相应的内容，但是 content 属性必须与:after 或者:before 伪类元素结合使用。

7.6.2　透明度属性 opacity

opacity 属性用来设置一个元素的透明度，其语法格式如下：

opacity: <length> | inherit;

length： 由浮点数字和单位标识符组成的长度值，不可以为负值，其默认值为 1。

inherit： 默认继承父级元素的 opacity 属性设置。

opacity 属性取值为 1 的元素完全不透明，取值为 0 时完全透明，1 到 0 之间的任何值都表示该元素的透明度。

自测 33 在网页中实现半透明的图像效果

源文件：光盘\源文件\第 7 章\7-6-2.html　视频：光盘\视频\第 7 章\7-6-2.swf

01 ▶ 执行"文件>打开"命令，打开页面"光盘\源文件\第 7 章\7-6-2.html"，效果如图 7-21 所示。然后切换到所链接的外部 CSS 样式表文件中，分别创建名为.img01、.img02 和.img03 的类 CSS 样式，如图 7-22 所示。

图 7-21　打开页面

图 7-22　CSS 样式代码

02 ▶ 返回到设计视图，选择要进行透明度设置的图片，在"属性"面板上分别给 3 张图片应用刚刚定义的 3 个类 CSS 样式，如图 7-23 所示。然后保存页面并保存外部的 CSS 样式表文件，在浏览器中预览页面，效果如图 7-24 所示。

图 7-23　应用类 CSS 样式

图 7-24　在浏览器中预览页面

7.7　CSS 3.0 新增的多列布局属性

网页设计者如果要设计多列布局，有两种方法，一种是使用浮动布局，另一种是使用定位

布局。浮动布局比较灵活，但容易发生错位，需要添加大量的附加代码或无用的换行符，增加了不必要的工作量。定位布局可以精确地确定位置，不会发生错位，但是无法满足模块的适应能力。在 CSS 3.0 中新增了 column 属性，用户通过该属性可以轻松地实现多列布局。

7.7.1　列宽度属性 column-width

column-width 属性可以定义多列布局中每一列的宽度，可以单独使用，也可以和其他多列布局属性组合使用。column-width 属性的语法格式如下：

```
column-width: [<length> | auto];
```

用户可以设置 column-width 属性的属性值为固定的值，由浮点数和单位标识符组成的长度值，也可以设置 column-width 属性的属性值为 auto，如果设置属性值为 auto，则根据浏览器自动计算列宽。

7.7.2　列数属性 column-count

使用 column-count 属性可以设置多列布局的列数，而不需要通过列宽度自动调整列数。column-count 属性的语法格式如下：

```
column-count: <integer> | auto;
```

column-count 属性用于定义栏目的列数，取大于 0 的整数，不可以为负值。如果设置 column-count 属性的值为 auto，则根据浏览器自动计算列数。

7.7.3　列间距属性 column-gap

在多列布局中，可以通过 column-gap 属性设置列间距，从而更好地控制多列布局中的内容和版式。column-gap 属性的语法格式如下：

```
column-gap: <length> | normal;
```

length：由浮点数和单位标识符组成的长度值，不可以为负值。

auto：根据浏览器的默认设置进行解析，一般为 1em。

column-gap 属性不能单独设置，只有通过 column-count 属性为元素进行分栏后才可以使用 column-gap 属性设置列间距。column-gap 属性的属性值是由浮点数和单位标识符组成的长度值，不可以为负值。如果设置 column-gap 属性值为 auto，则根据浏览器的默认设置进行解析，一般为 1em。

7.7.4　列边框属性 column-rule

边框是非常重要的 CSS 属性之一，通过边框可以划分不同的区域。在多列布局中，同样可以设置多列布局的边框，用于区分不同的列。通过 column-rule 属性可以定义列边框的颜色、样式和宽度等，column-rule 属性的语法格式如下：

```
column-rule: <length> | <style> | <color>;
```

length：由浮点数和单位标识符组成的长度值，不可以为负值，用于设置边框的宽度。

style：设置边框的样式。
color：设置边框的颜色。

自测 34　在网页中实现文本分栏效果

源文件：光盘\源文件\第 7 章\7-7-4.html　　视频：光盘\视频\第 7 章\7-7-4.swf

01 ▶ 执行"文件>打开"命令，打开页面"光盘\源文件\第 7 章\7-7-4.html"，效果如图 7-25 所示。然后切换到所链接的外部 CSS 样式表文件中，找到名为#text 的 CSS 样式代码，如图 7-26 所示。

图 7-25　打开页面

```
#text {
    width: 780px;
    height: auto;
    overflow: hidden;
    padding: 10px;
    margin: 10px auto 0px auto;
    background-color:rgba(255,255,255,0.4);
}
```

图 7-26　CSS 样式代码

02 ▶ 在名为#text 的 CSS 样式中添加 column-width 属性设置，如图 7-27 所示。然后保存页面，并在浏览器中预览页面，效果如图 7-28 所示。

```
#text {
    width: 780px;
    height: auto;
    overflow: hidden;
    padding: 10px;
    margin: 10px auto 0px auto;
    background-color:rgba(255,255,255,0.4);
    column-width:380px;
}
```

图 7-27　CSS 样式代码

图 7-28　在浏览器中预览页面

03 ▶ 切换到外部 CSS 样式表文件中，在名为#text 的 CSS 样式中将 column-width 属性设置删除，添加 column-count 属性设置，如图 7-29 所示。然后保存页面，并在浏览器中预览页面，效果如图 7-30 所示。

```
#text {
    width: 780px;
    height: auto;
    overflow: hidden;
    padding: 10px;
    margin: 10px auto 0px auto;
    background-color:rgba(255,255,255,0.4);
    column-count:3;
}
```

图 7-29　CSS 样式代码

图 7-30　在浏览器中预览页面

04 ▶ 切换到外部 CSS 样式表文件中，在名为#text 的 CSS 样式中添加 column-gap 属性设置，如图 7-31 所示。然后保存页面，并在浏览器中预览页面，效果如图 7-32 所示。

```
#text {
    width: 780px;
    height: auto;
    overflow: hidden;
    padding: 10px;
    margin: 10px auto 0px auto;
    background-color:rgba(255,255,255,0.4);
    column-count:3;
    column-gap:30px;
}
```

图 7-31　CSS 样式代码

图 7-32　在浏览器中预览页面

05 ▶ 切换到外部 CSS 样式表文件中，在名为#text 的 CSS 样式中添加 column-rule 属性设置，如图 7-33 所示。然后保存页面，并在浏览器中预览页面，效果如图 7-34 所示。

```
#text {
    width: 780px;
    height: auto;
    overflow: hidden;
    padding: 10px;
    margin: 10px auto 0px auto;
    background-color:rgba(255,255,255,0.4);
    column-count:3;
    column-gap:30px;
    column-rule:dashed 1px #003366;
}
```

图 7-33　CSS 样式代码

图 7-34　在浏览器中预览页面

7.8　CSS 3.0 新增的其他属性

在 CSS 3.0 中还增加了其他的网页元素设置属性，主要有 overflow 属性、outline 属性、resize 属性和 box-shadow 属性，下面分别对这 4 种新增的 CSS 属性进行介绍。

7.8.1　内容溢出处理属性 overflow

当对象的内容超过其指定的高度和宽度时应该如何处理呢？ 在 CSS 3.0 中新增了 overflow 属性，通过该属性可以设置内容溢出时的处理方法。overflow 属性的语法格式如下：

overflow: visible | auto | hidden | scroll;

visible： 不剪切内容也不添加滚动条。如果显式地声明该默认值，对象将被剪切为包含对象的 window 或 frame 的大小，并且 clip 属性设置将失效。

auto： 该属性值为 body 对象和 textarea 的默认值，在需要时剪切内容并添加滚动条。

hidden： 不显示超出对象尺寸的内容。

scroll： 总是显示滚动条。

overflow 属性还有两个相关属性，即 overflow-x 和 overflow-y，它们分别用于设置水平方向上溢出的处理方式和垂直方向上溢出的处理方式。

7.8.2　轮廓外边框属性 outline

outline 属性用于在元素周围绘制轮廓外边框，通过设置一个数值使边框边缘的外围偏移，可以起到突出元素的作用。outline 属性的语法格式如下：

outline: [outline-color] || [outline-style] || [outline-width] || [outline-offset] | inherit;

outline-color：该属性值用于指定轮廓边框的颜色。

outline-style：该属性值用于指定轮廓边框的样式。

outline-width：该属性值用于指定轮廓边框的宽度。

outline-offset：该属性值用于指定轮廓边框偏移位置的数值。

inherit：默认继承。

outline 属性还有 4 个相关属性，即 outline-style、outline-width、outline-color 和 outline-offset，用于对外边框的相关属性进行设置。

7.8.3　区域缩放调节属性 resize

在 CSS 3.0 中新增了区域缩放调节的功能设置，通过新增的 resize 属性可以实现页面中元素的区域缩放操作，从而调节元素的尺寸大小。resize 属性的语法格式如下：

resize: none | both | horizontal | vertical | inherit;

none：不提供元素尺寸调整机制，用户不能操纵调节元素的尺寸。

both：提供元素尺寸的双向调整机制，让用户可以调节元素的宽度和高度。

horizontal：提供元素尺寸的单向水平方向调整机制，让用户可以调节元素的宽度。

vertical：提供元素尺寸的单向垂直方向调整机制，让用户可以调节元素的高度。

inherit：默认继承。

7.8.4　元素阴影属性 box-shadow

在 CSS 3.0 中新增了为元素添加阴影的 box-shadow 属性，通过该属性可以轻松地为网页中的元素添加阴影效果。box-shadow 属性的语法格式如下：

box-shadow: <length> <length> <length> || <color>;

第 1 个 length 值表示阴影水平偏移值（可以取正、负值）；第 2 个 length 值表示阴影垂直偏移值（可以取正、负值）；第 3 个 length 值表示阴影的模糊值。color 用于设置阴影的颜色。

自测 35 为网页中的元素添加阴影效果

源文件：光盘\源文件\第 7 章\7-8-4.html　视频：光盘\视频\第 7 章\7-8-4.swf

01 ▶ 执行"文件>打开"命令，打开页面"光盘\源文件\第 7 章\7-8-4.html"，效果如图 7-35 所示。然后切换到所链接的外部 CSS 样式表文件中，可以看到该网页中所创建的 CSS 样式，如图 7-36 所示。

图 7-35　打开页面

图 7-36　CSS 样式代码

02 ▶ 在外部 CSS 样式表中找到名为#box img 的复合 CSS 样式，添加相应的元素阴影样式设置，如图 7-37 所示。然后保存页面，并在浏览器中预览页面，效果如图 7-38 所示。

```
#box img {
    border: solid 10px #FFF;
    margin-bottom: 10px;
    box-shadow:8px 8px 20px #000;
}
```

图 7-37　添加 CSS 样式　　　　　　　　图 7-38　在浏览器中预览页面

7.9　CSS 3.0 过渡效果

　　通过设置 CSS 3.0 过渡效果，可以创建很多视觉效果突出的网页动态效果。在 Dreamweaver 中提供了"CSS 过渡效果"面板，通过该面板可以创建相应的 CSS 过渡效果，并将其应用到网页元素中。

7.9.1　"CSS 过渡效果"面板

　　如果需要为网页元素创建 CSS 过渡效果，可以通过为元素的过渡效果属性指定值来创建过渡效果类。如果在创建 CSS 过渡效果类之前选择网页元素，则 CSS 过渡效果将自动应用于所选择的网页元素。

　　执行"窗口>CSS 过渡效果"命令，打开"CSS 过渡效果"面板，如图 7-39 所示。单击"新建过渡效果"按钮，弹出"新建过渡效果"对话框（如图 7-40 所示），在该对话框中设置相关选项，可以在网页中创建 CSS 过渡效果。

图 7-39　"CSS 过渡效果"面板

图 7-40　"新建过渡效果"对话框

　　目标规则：该选项用于选择应用 CSS 过渡效果的目标选择器。选择器可以是任意 CSS 选择器，例如标签、ID、类 CSS 样式或复合 CSS 样式选择器。如果希望将过渡效果添加到所有\<p\>标签，可以在该选项后的下拉列表中输入 p。

　　过渡效果开启：该选项用于设置应用 CSS 过渡

效果的状态，在该选项的下拉列表中包含了 8 种可以选择的状态，如图 7-41 所示。

　　其中，active 表示单击或激活状态；checked 表示被选中状态；disabled 表示元素被禁用状态；enabled 表示已启用状态；focus 表示元素获得焦点状态；hover 表示鼠标经过或悬停元素上方的状态；indeterminate 表示元素处于不确定状态；target 表示打开超链接状态。

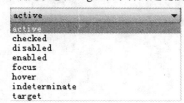

图 7-41　"过渡效果开启"下拉列表

对所有属性使用相同的过渡效果：如果希望为要过渡的所有 CSS 属性指定相同的"持续时间"、"延迟"和"计时功能"设置，可以选择该选项。

对每个属性使用不同的过渡效果：如果希望为要过渡的每个 CSS 属性指定不同的"持续时间"、"延迟"和"计时功能"设置，可以选择该选项。

持续时间：该选项用于设置过渡效果的持续时间，以 s（秒）或 ms（毫秒）为单位。

延迟：该选项用于设置过渡效果开始之前的延迟时间，以 s（秒）或 ms（毫秒）为单位。

计时功能：该选项用于设置所要添加的过渡效果，可以在该选项的下拉列表中进行选择。

属性：单击加号按钮 ，可以在弹出的菜单中选择需要添加 CSS 过渡效果的 CSS 属性。

结束值：该选项用于设置过渡效果的结束值。例如，如果需要字体大小在过渡效果的结束增到加 40px，可以设置 font-size 属性值为 40px。

选择过渡的创建位置：该选项用于设置过渡效果 CSS 样式的创建位置。如果选择"仅限该文档"选项，则创建的过渡效果 CSS 样式会嵌入到当前文档写入内部 CSS 样式。如果选择"新建样式表文件"选项，则完成过渡效果的创建后，系统会提示用户提供一个位置来保存新的 CSS 样式表文件。

7.9.2　创建 CSS 过渡效果

通过使用 CSS 过渡效果能够在网页中实现许多动态的交互，最常见的就是光标移至某个网页元素上方时，该网页元素出现平滑的动画过渡效果。在了解了创建 CSS 过渡的方法以及"新建 CSS 过渡"对话框中各选项的功能之后，接下来通过一个实例向读者介绍使用 CSS 过渡在网页中实现动态交互效果的方法。

自测 36　使用 CSS 过渡效果实现网页特效

源文件：光盘\源文件\第 7 章\7-9-2.html　视频：光盘\视频\第 7 章\7-9-2.swf

01 ▶ 执行"文件>打开"命令，打开页面"光盘\源文件\第 7 章\7-9-2.html"，效果如图 7-42 所示。将光标移动到名为 pic 的 Div 中，将多余的文字删除，插入图像"光盘\源文件\第 7 章\images\79205.jpg"，如图 7-43 所示。

02 ▶ 选择刚插入的图像，在"属性"面板中设置其"宽"和"高"（如图 7-44 所示），页面效果如图 7-45 所示。

图 7-42　打开页面

图 7-43　插入图像

提示　图像尺寸约束功能是 Dreamweaver CC 中新增的功能，单击"切换尺寸约束"按钮 ，在"属性"面板的"宽"或"高"文本框中修改数值时，图像会进行等比例缩放。

图 7-44　设置属性　　　　　　　　　　　图 7-45　图像效果

03 ▶ 使用相同的方法，在刚插入的图像后面插入其他图像，并分别进行相同的设置，效果如图 7-46 所示。然后切换到该网页链接的外部 CSS 样式表文件中，创建名为 #pic img 的 CSS 样式，如图 7-47 所示。

```
#pic img {
    background-color: #FFF;
    padding: 10px;
    border: solid 1px #000;
    position: relative;
    z-index: 1;
    display: block;
}
```

图 7-46　页面效果　　　　　　　　　　　图 7-47　CSS 样式代码

04 ▶ 返回到网页的设计视图中，可以看到页面效果，如图 7-48 所示。然后切换到外部 CSS 样式表文件中，创建名为.rotateright 的类 CSS 样式，如图 7-49 所示。

```
.rotateright {
    transform: rotate(6deg);
    transform-origin: right top;
    margin-top: 20px;
}
```

图 7-48　页面效果　　　　　　　　　　　图 7-49　CSS 样式代码

05 ▶ 在外部 CSS 样式表文件中创建名为.rotateleft 的类 CSS 样式，如图 7-50 所示。然后返回到页面的设计视图中，选择第 1 张图像，在"属性"面板的 Class 下拉列表中选择名为.rotateright 的类 CSS 样式，如图 7-51 所示。

06 ▶ 使用相同的方法，为其他两个图像分别应用.rotateleft 和.rotateright 样式，然后保存页面，在浏览器中预览页面，可以看到图像产生了变换的效果，如图 7-52 所示。接着执行"窗口>CSS 过渡效果"命令，打开"CSS 过渡效果"面板，如图 7-53 所示。

```
.rotateleft {
    transform: rotate(-6deg);
    transform-origin: right bottom;
    margin-top: -40px;
}
```

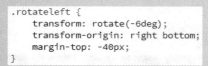

图 7-50　CSS 样式代码

图 7-51　应用类 CSS 样式

图 7-52　在浏览器中预览页面效果

图 7-53　"CSS 过渡效果"面板

07 ▶ 单击"新建过渡效果"按钮，弹出"新建过渡效果"对话框，对相关选项进行设置，如图 7-54 所示。然后单击"添加属性"按钮，添加 z-index 属性，如图 7-55 所示。

图 7-54　设置"新建过渡效果"对话框

图 7-55　添加 z-index 属性

08 ▶ 单击"创建过渡效果"按钮，即可创建 CSS 过渡效果，"CSS 过渡效果"面板如图 7-56 所示。切换到该文件链接的外部 CSS 样式文件中，可以看到生成的 CSS 样式，如图 7-57 所示。

09 ▶ 至此完成 CSS 过渡效果的创建，保存页面，并在浏览器中预览页面，效果如图 7-58 所示。可以看到，当光标移至图像上时会出现平滑的动画过渡效果，如图 7-59 所示。

```
#pic img:hover {
  -webkit-transform: rotate(0deg) scale(1.33);
  -moz-transform: rotate(0deg) scale(1.33);
  -ms-transform: rotate(0deg) scale(1.33);
  -o-transform: rotate(0deg) scale(1.33);
  transform: rotate(0deg) scale(1.33);
  z-index: 10;
}
```

图 7-56 "CSS 过渡效果" 面板　　　　图 7-57　CSS 样式代码

图 7-58　在浏览器中预览页面　　　　图 7-59　出现平滑的动画过渡效果

　　CSS 的 transform 属性是 CSS 3.0 中新增的属性，如果用户在浏览器中预览页面时看不到相应的 CSS 过渡效果，则说明用户使用的浏览器版本过低，需要将浏览器升级到较高的版本。

7.10　本章小结

在本章中介绍了与 CSS 3.0 属性相关的知识，可以看到使用 CSS 3.0 无论对于图片、文字还是边框都可以起到重要作用。本章主要向大家介绍 CSS 3.0 中新增的文字属性、背景属性、边框属性和多列布局属性等，通过本章的学习，可以使大家在以后的网页设计制作中更加得心应手。

第 8 章　使用 Div+CSS 布局网页

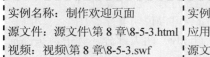

实例名称：制作欢迎页面

源文件：源文件\第 8 章\8-5-3.html

视频：视频\第 8 章\8-5-3.swf

实例名称：空白边叠加在网页中的应用

源文件：源文件\第 8 章\8-5-6.html

视频：视频\第 8 章\8-5-6.swf

实例名称：网页元素的相对定位

源文件：源文件\第 8 章\8-7-3.html

视频：视频\第 8 章\8-7-3.swf

实例名称：固定的网页元素

源文件：源文件\第 8 章\8-7-5.html

视频：视频\第 8 章\8-7-5.swf

实例名称：制作适用于手机浏览的网页

源文件：源文件\第 8 章\8-10.html

视频：视频\第 8 章\8-10.swf

实例名称：设计制作卡通个性网站页面

源文件：源文件\第 8 章\8-11.html

视频：视频\第 8 章\8-11.swf

本章知识点

　　基于 Web 标准的网站设计核心在于如何使用众多 Web 标准中的各项技术来达到表现与内容的分离，只有真正实现了结构分离的网页设计才是真正意义上的符合 Web 标准的网页设计。在此，推荐大家使用 HTML 以更严谨的语言编写结构，并使用 CSS 来完成网页的布局表现，因此掌握基于 CSS 的网页布局方式是实现 Web 标准的基础。

　　在第 7 章中已经对 CSS 样式进行了详细的介绍，本章将在此基础上对 CSS 定位以及 Div 进行详细的介绍，讲解使用 Div+CSS 布局网页的方法。

8.1 Web 标准的构成

Web 标准由一系列规范组成，由于现在 Web 设计越来越趋向于整体化与结构化，之前的 Web 标准也逐渐变为由三大部分组成的标准集，即结构（Structure）、表现（Presentation）和行为（Behavior）。

8.1.1 结构

HTML 是网页的基本描述语言，设计 HTML 语言是为了能把存放在一台计算机中的文本或图形与另一台计算机中的文本或图形方便地联系起来，形成有机的整体，而不用考虑具体信息是在当前计算机上还是在网络的其他计算机上。这样，只要用鼠标在某一文档中单击一个图标，Internet 就会马上转到与此图标相关的内容上，而这些信息可能存放在网络的另一台计算机中。

HTML 文本是由 HTML 命令组成的描述性文本，HTML 命令可以说明文字、图形、动画、声音、表格、链接等。HTML 的结构包括头部（head）和主体（body）两大部分，其中，头部描述浏览器所需的信息，主体是网页所要说明的具体内容。

8.1.2 表现

表现技术用于对已经被结构化的信息进行显示上的控制，包含版式、颜色和大小等控制。用于表现的 Web 标准技术主要是 CSS 层叠样式表。

W3C 创建 CSS 标准的目的是希望用 CSS 来描述整个页面的布局设计，与 HTML 所附着的结构分开。使用 CSS 布局和 HTML 所描述的信息结构相结合能帮助设计师分离外观与结构，使站点的构建及维护更加容易。

8.1.3 行为

行为是指对整个文档内部的一个模型定义及交互行为的编写，用于编写用户可进行交互操作的文档。下面介绍表现行为的 Web 标准技术。

1. DOM——文档对象模型

根据 W3C DOM 规范，DOM（Document Object Model）是一种 W3C 颁布的标准，用于对结构化文档建立对象模型，从而使用户可以通过程序语言（包括脚本）来控制其内部结构。简单地理解，DOM 解决了 Netscape 的 JavaScript 和 Microsoft 的 Jscript 之间的冲突，给予 Web 设计师和开发者一个标准的方法，让他们来访问其站点中的数据、脚本和表现对象。

2. ECMAScript

ECMAScript 是 ECMA（European Computer Manufacturers Association）制定的标准脚本语言，目前遵循的是 ECMAScript262 标准。

8.2 Div+CSS 布局与表格布局

复杂的表格使得设计极为困难，修改也更加烦琐，最后生成的网页代码除了表格本身的代码以外还有许多没有意义的图像占位符和其他元素，文件量较大，最终导致浏览器下载、解析的速度变慢。

使用 CSS 布局可以从根本上改变这种情况。CSS 布局的重点不再放在表格元素的设计上，取而代之的是 HTML 中的另一个元素——Div。Div 可以理解为"图层"或是一个"块"，Div 是一种比表格简单的元素，语法上从<div>开始到</div>结束， Div 的功能是将一段信息标记出来用于后期的样式定义。

8.2.1　CSS 的优势

CSS 层叠样式表是控制页面布局样式的基础，是真正能够做到网页表现与内容分离的一种样式设计语言。相对于传统 HTML 的简单样式控制而言，CSS 能够对网页中对象的位置排版进行像素级的精确控制，支持几乎所有的字体、字号、样式，以及拥有对网页对象盒模型样式的控制能力，并能够进行初步页面交互设计，是目前基于文本展示的最优秀的表现设计语言。其归纳起来主要有以下优势：

1．浏览器支持完善

目前，CSS 2.1 是众多浏览器支持的最完善的版本，最新的浏览器均以 2.1 为 CSS 支持原型进行设计，使用 CSS 样式设计的网页在众多平台及浏览器下样式表最为接近。

2．表现与结构分离

CSS 在真正意义上实现了设计代码与内容分离，而在 CSS 的设计代码中通过 CSS 的内容导入特性又可以使设计代码根据设计需要进行二次分离。例如为字体专门设计一套样式表，为版式等设计一套样式表，根据页面显示需要重新组织，使得设计代码本身也便于维护和修改。

3．样式设计控制功能强大

对网页对象的位置排版能够进行像素级的精确控制，支持所有的字体、字号、样式，拥有优秀的盒模型控制能力、简单的交互设计能力。

4．继承性能优越

CSS 的语言在浏览器的解析顺序上具有类似面向对象的基本功能，浏览器能够根据 CSS 的级别先后应用多个样式定义，良好的 CSS 代码设计可以使代码之间产生继承和重载关系，能够达到最大限度的代码重用，降低代码量及维护成本。

8.2.2　表格布局

传统表格布局方式实际上是利用了 HTML 中的表格元素（table）具有的无边框特性，由于表格元素可以在显示时使单元格的边框和间距设置为 0，所以可以将网页中的各个元素按版式划分放入表格的各单元格中，从而实现复杂的排版组合。图 8-1 所示为使用表格布局的页面，该表格布局的源代码如图 8-2 所示。

图 8-1　表格布局页面

图 8-2　表格布局源代码

表格布局的代码最常见的是在 HTML 标签<>之间嵌入一些设计代码，例如 width=100%、border=0 等。表格布局的混合式代码就是这样编写的，大量样式设计代码混杂在表格、单元格之中，使得可读性大大降低，维护起来成本也相当高，尽管现在有 Dreamweaver 这样优秀的软件能够帮助制作者可视化地进行这些代码的编写，但是有经验的网页设计者都知道，Dreamweaver 永远不会智能地帮助我们减少代码或重用代码。

8.2.3　Div+CSS 布局

Div 在使用时不需要像表格那样通过其内部的单元格来组织版式，使用 CSS 强大的样式定义功能可以比表格更简单、更自由地控制页面版式和样式。图 8-3 所示为使用 CSS 布局的页面，该 CSS 布局的源代码如图 8-4 所示。

图 8-3　CSS 布局页面

图 8-4　CSS 布局源代码

由于 Div 与样式分离，最终样式由 CSS 来完成，这种与样式无关的特性使得 Div 在设计中拥有较大的可伸缩性，用户可以根据自己的想法改变 Div 的样式，不再拘泥于单元格固定模式的束缚。

8.3　块元素和行内元素

HTML 中的元素分为块元素和行内元素，通过 CSS 样式可以改变 HTML 元素原本具有的显示属性。也就是说，通过设置 CSS 样式可以将块元素与行内元素相互转换。

8.3.1　块元素

在 HTML 代码中常见的块元素有<div>、<p>和<table>等。块元素具有以下特点：

（1）总是在新行上开始显示。

（2）行高以及顶边距和底边距都可以控制。

（3）如果不设置宽度，则会默认为整个容器的 100%；如果设置了其宽度值，则会应用所设置的宽度。

在 CSS 样式中，可以通过 display 属性控制元素的显示方式。

disaplay 属性的语法格式如下：

display:block|none|inline|compact|marker|inline-table|list-item|run-in|table|table-caption|table-cell|table-column|table-column-group|table-footer-group|table-header-group|table-row|table-row-group

display 属性值及其含义如表 8-1 所示。

表 8-1　display 属性值的说明

属　性　值	说　　　明
block	以块元素方式显示
none	元素隐藏

（续）

属 性 值	说　　明
inline	以行内元素方式显示
compact	分配对象为块元素或基于内容之上的行内对象
marker	指定内容在容器对象之前或之后。如果要使用该参数，对象必须和:after 以及:before 一起为元素使用
inline-table	将表格显示为无前后换行的行内对象或行内容器
list-item	将块对象指定为列表项目，并可以添加可选项目标识
run-in	分配对象为块对象或基于内容之上的行内对象
table	将对象作为块元素级的表格显示
table-caption	将对象作为表格标题显示
table-cell	将对象作为表格单元格显示
table-column	将对象作为表格列显示
table-column-group	将对象作为表格列组显示
table-footer-group	将对象作为表格脚注组显示
table-header-group	将对象作为表格标题组显示
table-row	将对象作为表格行显示
table-row-group	将对象作为表格行组显示

display 属性的默认值为 block，即元素默认以块元素方式显示。

8.3.2　行内元素

当 display 属性的值被设置为 inline 时，可以把元素设置为行内元素，该类元素具有以下特点：

（1）和其他元素显示在一行上。

（2）行高以及顶边距和底边距不可以改变。

（3）宽度就是它的文字或图片的宽度，不可以改变。

在常用的一些元素中，<span>、<a>、<img>、<b>、<font>和<input>等默认都是行内元素。

8.4　定义 Div

Div 和其他 HTML 标签一样，是一个 HTML 所支持的标签。例如，当使用一个表格时应用<table></table>这样的结构，Div 在使用时也同样以<div></div>的形式出现。

8.4.1　什么是 Div

Div 是一个容器，在 HTML 页面中，几乎每一个标签对象都可以称得上一个容器。例如使用 p 段落标签对象：

<p>文档内容</p>

p 作为一个容器，其中放置了内容。相同的，Div 也是一个容器，能够放置内容，例如：

<div>文档内容</div>

Div 是 HTML 中指定的、专门用于布局设计的容器对象。在传统的表格布局当中之所以能够进行页面的排版布局设计，完全依赖于表格对象 table。在页面当中绘制一个由多个单元格组成的表格，在相应的表格中放置内容，通过表格单元格的位置控制达到实现布局的目的，这是表格式布局的核心对象。

现在，我们所要接触的是一种全新的布局方式——"CSS 布局"。Div 是这种布局方式的核心对象，使用 CSS 布局的页面排版不需要依赖表格，仅从 Div 的使用上来说，做一个简单的布局只需要依赖 Div 与 CSS，因此可以称之为 Div+CSS 布局。

8.4.2　插入 Div

与其他 HTML 对象一样，用户只需要在代码中应用<div></div>这样的标签形式，将内容放置其中，就可以应用 Div 标签。

> 提示　Div 标签只是一个标识，作用是把内容标识为一个区域，并不负责其他事情。Div 只是 CSS 布局工作的第一步，需要通过 Div 将页面中的内容元素标识出来，为内容添加样式则由 CSS 来完成。

Div 对象除了可以直接放入文本和其他标签以外，还可以多个 Div 标签进行嵌套使用，最终目的是合理地标识出页面的区域。

Div 对象在使用的时候和其他 HTML 对象一样，可以加入其他属性，例如 id、class、align 和 style 等，而在 CSS 布局方面，为了实现内容与表现的分离，不应该将 align 对齐属性和 style 行间样式表属性编写在 HTML 页面的 Div 标签中，因此，Div 代码只可能拥有以下两种形式：

　　<div id="id 名称">内容</div>

　　<div class="class 名称">内容</div>

使用 id 属性可以为当前 Div 指定一个 id 名称，在 CSS 中使用 ID 选择器进行样式的编写。当然，用户也可以使用 class 属性，在 CSS 中使用 class 选择器进行样式的编写。

> 提示　同一名称的 id 值在当前 HTML 页面中只允许使用一次，不管是应用到 Div 还是其他对象的 id 中，而 class 名称可以重复使用。

用户还可以通过 Dreamweaver CC 的设计视图在网页中插入 Div。单击"插入"面板上的 Div 按钮（如图 8-5 所示），可以弹出"插入 Div"对话框，如图 8-6 所示。

图 8-5　单击 Div 按钮

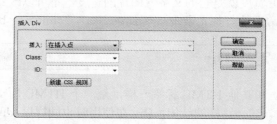

图 8-6　"插入 Div"对话框

插入：在该选项的下拉列表中可以选择要在网页中插入 Div 的位置，包含"在选定内容旁换行"、"在标签前"、"在标签开始之后"、"在标签结束之前"、"在标签后"5 个选项，如图 8-7 所示。

图 8-7　"插入"下拉列表

在选择除"在选定内容旁换行"以外的任意一个

选项时，可以激活第二个下拉列表，用户可以在该下拉列表中选择相对于某个页面已经存在的标签进行操作，如图 8-8 所示。

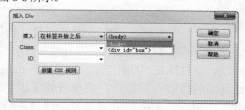

图 8-8　"插入 Div"对话框

① 在选定内容旁换行：选择该选项，将在当前选中的网页元素之后插入换行符并插入 Div。

② 在标签前：选择该选项后，在第二个下拉列表中选择标签，可以在所选择的标签之前插入相应的 Div。

③ 在标签开始之后：选择该选项后，在第二个下拉列表中选择标签，可以在所选择标签的开始标签之后插入相应的 Div。

④ 在标签结束之前：选择该选项后，在第二个下拉列表中选择标签，可以在所选择标签的结束标签之前插入相应的 Div。

⑤ 在标签后：选择该选项后，在第二个下拉列表中选择标签，可以在所选择的标签之后插入相应的 Div。

Class：在该选项的下拉列表中可以选择为所插入的 Div 应用的类 CSS 样式。

ID：在该选项的下拉列表中可以选择为所插入的 Div 应用的 ID CSS 样式。

新建 CSS 规则：单击该按钮，将弹出"新建 CSS 规则"对话框，可以新建应用于所插入的 Div 的 CSS 样式。

在"插入"下拉列表中选择相应的选项，在 ID 下拉列表中输入需要插入的 Div 的 ID 名称，如图 8-9 所示。然后单击"确定"按钮，即可在网页中插入一个 Div，如图 8-10 所示。

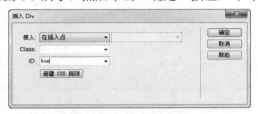

图 8-9　"插入 Div"对话框

图 8-10　在网页中插入 Div

切换到页面的代码视图中，可以看到刚插入的 id 名称为 box 的 Div 的代码，如图 8-11 所示。

```
<body>
<div id="box">此处显示　id "box" 的内容</div>
</body>
```

图 8-11　Div 的 HTML 代码

8.4.3　Div 的嵌套和固定格式

Div 可以多层嵌套使用，嵌套的目的是为了实现更加复杂的页面排版。在设计一个网页时首先需要有整体布局，需要产生头部、中部和底部，这也许会产生一个复杂的 Div 结构。例如：

```
<div id="top">顶部 </div>
<div id ="main">
    <div id="left">左</div>
    <div id="right">右</div>
</div>
<div id="bottom"> 底部</div>
```

在该段代码中，每个 Div 定义了 id 名称以供识别。可以看到，id 为 top、main 和 bottom 的 3 个对象，它们之间属于并列关系，一个接着一个。在网页的布局结构中如果以垂直方向布局为例，代表的是如图 8-12 所示的一种布局关系，而在 main 中，为了内容需要，有可能在 main 中使用左、右栏的布局，因此在 main 中增加了两个 id 为 left 和 right 的 Div，这两个 Div 本身是并列关系，但它们都处于 main 中。这样，它们与 main 形成了一种嵌套关系，如果 left 和 right 被样式控制为左右显示，那么它们最终的布局关系应该如图 8-13 所示。

网页布局，则由这些嵌套着的 Div 来构成，无论是多么复杂的布局方法，都可以使用 Div 之间的并列与嵌套来实现。

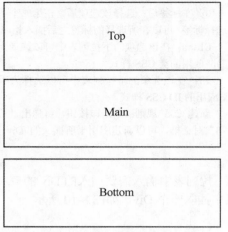

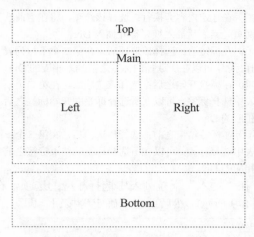

图 8-12　垂直排列布局　　　　　　　　　　　图 8-13　嵌套布局

8.5　可视化盒模型

盒模型是 CSS 控制页面时的一个重要概念，用户只有很好地掌握了盒模型以及其中每个元素的用法，才能真正地控制页面中各个元素的位置。

8.5.1　盒模型的概念

在 CSS 中，所有的页面元素都包含在一个矩形框内，这个矩形框称为盒模型。盒模型描述了元素及其属性在页面布局中所占的空间大小，因此盒模型可以影响其他元素的位置和大小。一般来说，这些被占据的空间往往比单纯内容占据的空间要大。换句话说，可以通过整个盒子的边框和距离等参数来调节盒子的位置。

盒模型由 margin（边界）、border（边框）、padding（填充）和 content（内容）几个部分组成，另外，在盒模型中还有高度和宽度两个辅助属性，如图 8-14 所示。

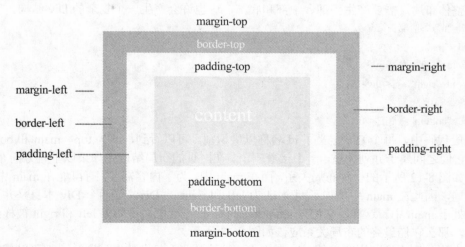

图 8-14　CSS 盒模型

从该图中可以看出，盒模型包含 4 个部分的内容。

● margin 属性：margin 属性称为边界或外边距，用来设置内容与内容之间的距离。

- border 属性：border 属性称为边框或内容边框线，可以设置边框的粗细、颜色和样式等。
- padding 属性：padding 属性称为填充或内边距，用来设置内容与边框之间的距离。
- content：content 属性称为内容，它是盒模型中必要的一个部分，可以放置文字、图像等内容。

 一个盒子的实际高度或宽度是由 content+padding+border+margin 决定的。在 CSS 中，用户可以通过设置 width 或 height 属性来控制 content 部分的大小，并且对于任何一个盒子，都可以分别设置 4 个边的 border、margin 和 padding。

8.5.2　CSS 盒模型的要点

对于 CSS 盒模型，在使用过程中有以下几个要点需要注意：

（1）边框默认的样式（border-style）可设置为不显示（none）。

（2）填充值（padding）不可以为负。

（3）边界值（margin）可以为负，其显示效果在各浏览器中可能不同。

（4）内联元素，例如<a>，定义上、下边界不会影响到行高。

（5）对于块级元素，未浮动的垂直相邻元素的上边界和下边界会被压缩。例如有上、下两个元素，上面元素的下边界为 10px，下面元素的上边界为 5px，则两个元素的间距实际为 10px（两个边界值中较大的值），这就是盒模型的垂直空白边叠加的问题。

（6）浮动元素（无论是左浮动还是右浮动）边界不压缩，并且如果浮动元素不声明宽度，其宽度趋向于 0，即压缩到其内容能够承受的最小宽度。

（7）如果盒中没有内容，即使定义宽度和高度都为 100%，实际上只占 0%，因此不会被显示，对于这一点，大家在使用 Div+CSS 布局的时候需要特别注意。

8.5.3　margin 属性

margin 属性用于设置页面中元素和元素之间的距离，即定义元素周围的空间范围，它是页面排版中的一个比较重要的概念。margin 属性的语法格式如下：

```
margin: auto | length;
```

其中，auto 表示根据内容自动调整，length 表示由浮点数字和单位标识符组成的长度值或百分数，百分数是基于父对象的高度。对于内联元素来说，左、右外延边距都可以是负数。

margin 属性包含 4 个子属性，分别用于控制元素四周的边距，包括 margin-top（上边界）、margin-right（右边界）、margin-bottom（下边界）和 margin-left（左边界）。

自测 37　制作欢迎页面

源文件：光盘\源文件\第 8 章\8-5-3.html　　视频：光盘\视频\第 8 章\8-5-3.swf

01 ▶ 执行"文件>打开"命令，打开页面"光盘\源文件\第 8 章\8-5-3.html"，效果如图 8-15 所示。然后将光标移动到页面中名为 box 的 Div 中，将多余的文字删除，并插入图像"光盘\源文件\第 8 章\images\8501.png"，如图 8-16 所示。

02 ▶ 切换到外部的 CSS 样式文件中，创建名为#box 的 CSS 样式，如图 8-17 所示。然后返回到设计视图中，选中名为 box 的 Div，可以看到所设置的边界效果，如图 8-18 所示。

03 ▶ 执行"文件>保存"命令，保存页面和外部的 CSS 样式文件，并在浏览器中预览页面，效果如图 8-19 所示。

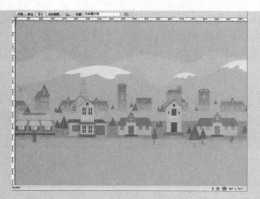

图 8-15　打开页面

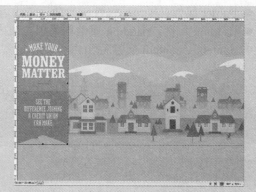

图 8-16　插入图像

```
#box{
    margin:0px auto;
    width:220px;
    height:560px;
    }
```

图 8-17　CSS 样式代码

图 8-18　页面效果

图 8-19　页面效果

8.5.4　border 属性

　　border 属性是内边距和外边距的分界线，可以分离不同的 HTML 元素，border 的外边是元素的最外围。在网页设计中，如果计算元素的宽和高，则需要把 border 属性值计算在内。

　　border 属性的语法格式如下：

border : border-style | border-color | border-width;

　　border 属性有 3 个子属性，分别是 border-style（边框样式）、border-width（边框宽度）和 border-color（边框颜色）。

自测 38 为网页中的图像添加边框

源文件：光盘\源文件\第 8 章\8-5-4.html　　视频：光盘\视频\第 8 章\8-5-4.swf

01 ▶ 执行"文件>打开"命令，打开页面"光盘\源文件\第 8 章\8-5-4.html"，效果如图 8-20 所示。然后将光标移动到页面中名为 box 的 Div 中，将多余的文字删除，并插入图像"光盘\源文件\第 8 章\images\8504.gif"，如图 8-21 所示。

 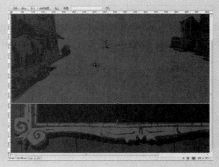

图 8-20　打开页面　　　　　　　　　　　　图 8-21　插入图像

02 ▶ 切换到外部的 CSS 样式文件中，定义名为.pic01 的类 CSS 样式，如图 8-22 所示。然后返回到设计视图中，选中刚插入的图像，在"属性"面板的 Class 下拉列表中选择刚定义的 CSS 样式 pic01，如图 8-23 所示。

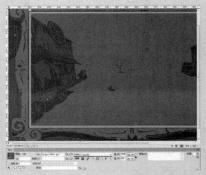

```
.pic01{
    position: absolute;
    left: 103px;
    top: 103px;
    border: solid 10px #999;
}
```

图 8-22　CSS 样式代码　　　　　　　　　图 8-23　为图片应用样式

03 ▶ 执行"文件>保存"命令，保存页面和外部的 CSS 样式文件，并在浏览器中预览页面，效果如图 8-24 所示。

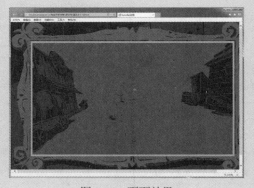

图 8-24　页面效果

8.5.5　padding 属性

在 CSS 中可以通过设置 padding 属性定义内容和边框之间的距离，即内边距。

padding 属性的语法格式如下：

padding: length;

padding 属性值可以是一个具体的长度，也可以是一个相对于上级元素的百分比，但不可以使用负值。

Padding 属性包括 4 个子属性，即 padding-top（上边界）、padding-right（右边界）、padding-bottom（下边界）和 padding-left（左边界），可以分别为盒子定义上、右、下、左各边填充的值。

自测 39　控制网页中元素的位置

源文件：光盘\源文件\第 8 章\8-5-5.html　视频：光盘\视频\第 8 章\8-5-5.swf

01 ▶ 执行"文件>打开"命令，打开页面"光盘\源文件\第 8 章\8-5-5.html"，效果如图 8-25 所示。然后将光标移动到页面中名为 box 的 Div 中，将多余的文字删除，并插入图像"光盘\源文件\第 8 章\images\8507.png"，如图 8-26 所示。

图 8-25　打开页面

图 8-26　插入图像

02 ▶ 切换到外部的 CSS 样式文件中，找到名为#box 的 CSS 样式，如图 8-27 所示。然后在该 CSS 样式代码中添加对 padding 属性的设置，如图 8-28 所示。

```
#box{
    width: 1190px;
    height:580px;
    background-image: url(../images/8506.jpg);
    background-repeat: no-repeat;
    background-position: top center;
    margin:100px auto 0px auto;
}
```

图 8-27　CSS 样式代码

```
#box{
    width:741px;
    height:456px;
    background-image: url(../images/8506.jpg);
    background-repeat: no-repeat;
    background-position: top center;
    margin:100px auto 0px auto;
    padding-left:449px;
    padding-top:124px;
}
```

图 8-28　添加属性设置

　提示

在 CSS 样式代码中，width 和 height 属性定义的分别是 Div 的内容区域宽度和高度，并不包括 margin、border 和 padding，此处在 CSS 样式中添加了 padding-left:449px;padding-top:124px;，则需要在宽度值和高度值上分别减去 449px 和 124px，这样才能保证 Div 的整体宽度和高度不变。

03 ▶ 返回到设计视图，可以看到填充区域的效果，如图 8-29 所示。然后执行"文件>保存"命令，保存页面和外部的 CSS 样式文件，并在浏览器中预览页面，效果如图 8-30 所示。

图 8-29　页面效果图

图 8-30　在浏览器中预览页面

8.5.6　空白边的叠加

空白边叠加是一个比较简单的概念，当两个垂直空白边相遇时它们将形成一个空白边，这个空白边的高度是两个发生叠加的空白边中高度较大的那一个。

当一个元素出现在另一个元素上面时，第一个元素的底空白边与第二个元素的顶空白边发生叠加。

自测 40　空白边叠加在网页中的应用
源文件：光盘\源文件\第 8 章\8-5-6.html　视频：光盘\视频\第 8 章\8-5-6.swf

01 ▶ 执行"文件>打开"命令，打开页面"光盘\源文件\第 8 章\8-5-6.html"，效果如图 8-31 所示。然后切换到该文件链接的外部 CSS 样式文件中，可以看到#pic1 和#pic2 的 CSS 样式，如图 8-32 所示。

图 8-31　打开页面

```
#pic1 {
    width: 600px;
    height: 170px;
    padding: 10px;
    background-color: #FFF;
}
#pic2 {
    width: 600px;
    height: 170px;
    padding: 10px;
    background-color: #FFF;
}
```

图 8-32　CSS 样式代码

02 ▶ 在名为#pic1 的 CSS 样式代码中添加下边界的设置，如图 8-33 所示。然后在名为#pic2 的 CSS 样式代码中添加上边界的设置，如图 8-34 所示。

03 ▶ 返回到设计视图，选中名为 pic1 的 Div，可以看到所设置的下边界效果，如图 8-35 所示。如果选中名为 pic2 的 Div，可以看到所设置的上边界效果，如图 8-36 所示。

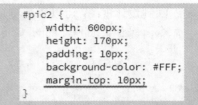

```
#pic1 {
    width: 600px;
    height: 170px;
    padding: 10px;
    background-color: #FFF;
    margin-bottom: 40px;
}
```

图 8-33　CSS 样式代码

```
#pic2 {
    width: 600px;
    height: 170px;
    padding: 10px;
    background-color: #FFF;
    margin-top: 10px;
}
```

图 8-34　CSS 样式代码

图 8-35　下边界效果

图 8-36　上边界效果

> **提示**　空白边的高度是两个发生叠加的空白边中高度较大的那一个，当一个元素包含在另一个元素中时（假如没有填充或边框将空白隔开），它们的顶空白边和底空白边也会发生叠加。

04 ▶ 执行"文件>保存"命令，保存页面和外部的 CSS 样式文件，并在浏览器中预览页面，效果如图 8-37 所示。

图 8-37　在浏览器中预览页面

> **提示**　只有普通文档流中块框的垂直空白边才会发生空白边的叠加，行内框、浮动框或者定位框之间的空白边是不会叠加的。

8.6　CSS 3.0 新增的弹性盒子模型的属性

弹性盒子模型是 CSS 3.0 最新引进的盒子模型处理机制，在 Dreamweaver 中，该模型能够控制元素在盒子中的布局方式以及如何处理盒子的可用空间。通过应用弹性盒子模型，用户可以轻松地设计出自适应浏览器窗口的流动布局或者自适应大小的弹性布局。

CSS 3.0 为弹性盒子模型新增了 8 个属性，下面进行介绍。

box-orient 属性：box-orient 属性用于定义盒子分布的坐标轴。

box-align 属性：box-align 属性用于定义子元素在盒子内垂直方向上的空间分配方式。

box-direction 属性：box-direction 属性用于定义盒子的显示顺序。

box-flex 属性：box-flex 属性用于定义子元素在盒子内的自适应尺寸。

box-flex-group 属性：box-flex-group 属性用于定义自适应子元素群组。

box-lines 属性：box-lines 属性用于定义子元素的分布显示。

box-ordinal-group 属性：box-ordinal-group 属性用于定义子元素在盒子内的显示位置。

box-pack 属性：box-pack 属性用于定义子元素在盒子内水平方向上的空间分配方式。

8.6.1　盒子取向属性 box-orient

盒子取向是指盒子元素内部的流动布局方向，包括横排和竖排两种。在 CSS 中，盒子取向可以通过 box-orient 属性进行控制。

box-orient 属性的语法格式如下：

```
box-orient: horizontal | vertical | inline-axis | block-axis | inherit
```

horizontal：设置 box-orient 属性为 horizon- tal，可以将盒子元素从左到右在一条水平线上显示它的子元素。

vertical：设置 box-orient 属性为 vertical，可以将盒子元素从上到下在一条垂直线上显示它的子元素。

inline-axis：设置 box-orient 属性为 inline- axis，可以将盒子元素沿着内联轴显示它的子元素。

block-axis：设置 box-orient 属性为 block- axis，可以将盒子元素沿着块轴显示它的子元素。

inherit：设置 box-orient 属性为 inherit，表示盒子继承父元素的相关属性。

弹性盒子模型是 W3C 标准化组织在 2009 年发布的，在目前还没有主流浏览器支持，即使 IE10 对该属性也不支持。但是采用 Webkit 和 Mozilla 核心的浏览器自定义了一套私有属性来支持弹性盒子模型。

8.6.2　盒子顺序属性 box-direction

盒子顺序在 Dreamweaver 中用来控制子元素的排列顺序，也可以说是控制盒子内部元素的流动顺序。在 CSS 中，盒子顺序可以通过 box-direction 属性进行控制。

box-direction 属性的语法格式如下：

```
box-direction: normal | reverse | inherit
```

normal：设置 box-direction 属性为 normal，表示盒子顺序为正常显示顺序，即当盒子元素的 box-orient 属性值为 horizontal 时，其包含的子元素按照从左到右的顺序进行显示，也就是说每个子元素的左边总是靠着前一个子元素的右边；当盒子元素的 box-orient 属性值为 vertical 时，其包含的子元素按照从上到下的顺序进行显示。

reverse：设置 box-direction 属性为 reverse，表示盒子所包含的子元素的显示顺序与 normal 相反。

inherit：设置 box-direction 属性为 inherit，表示继承上级元素的显示顺序。

8.6.3　盒子位置属性 box-ordinal-group

盒子位置指的是盒子元素在盒子中的具体位置。在 CSS 中，盒子位置可以通过 box-ordinal-group 属性进行控制。

box-ordinal-group 属性的语法格式如下：

```
box-ordinal-group: <integer>
```

参数值 integer 代表的是一个自然数，它从 1 开始，用来设置子元素的位置序号，子元素会根

据该属性的参数值从小到大进行排列。当不确定子元素的 box-ordinal-group 属性值时，其序号全部默认为 1，并且相同序号的元素会按照其在文档中加载的顺序进行排列。

在默认情况下，子元素根据元素的位置进行排列。

8.6.4 盒子弹性空间属性 box-flex

在 CSS 中，box-flex 属性能够灵活地控制盒子中的子元素在盒子中的显示空间。显示空间并不仅仅指子元素所在栏目的宽度，也包括子元素的宽度和高度，因此，可以说它指的是子元素在盒子中所占的面积。

box-flex 属性的语法格式如下：

box-flex: <number>

参数值 number 代表的是一个整数或者小数。当盒子中包含了多个定义过 box-flex 属性的子元素时，浏览器会将这些子元素的 box-flex 属性值全部相加，然后再根据它们各自占总值的比例来分配盒子所剩余的空间。

8.6.5 盒子空间管理属性 box-pack 和 box-align

当弹性元素和非弹性元素混合排版时，可能会出现所有子元素的尺寸大于或者小于盒子的尺寸，从而导致盒子空间不足或者富余的情况。如果子元素的总尺寸小于盒子的尺寸，用户可以通过 box-align 和 box-pack 属性对盒子的空间进行管理。

box-pack 属性的语法格式如下：

box-pack: start | end | center | justify

start：设置 box-pack 属性为 start，表示所有子容器都分布在父容器的左侧，右侧留空。

end：设置 box-pack 属性为 end，表示所有子容器都分布在父容器的右侧，左侧留空。

center：设置 box-pack 属性为 center，表示所有子容器平均分布（默认值）。

justify：设置 box-pack 属性为 justify，表示平均分配父容器中的剩余空间（能压缩子容器的大小，并且具有全局居中的效果）。

在 CSS 中，box-align 属性用于管理子容器在竖轴上的空间分配方式。

box-align 属性的语法格式如下：

box-align: start | end | center | baseline | stretch

start：设置 box-align 属性为 start，表示子容器从父容器的顶部开始排列，富余空间将显示在盒子的底部。

end：设置 box-align 属性为 end，表示子容器从父容器的底部开始排列，富余空间将显示在盒子的顶部。

center：设置 box-align 属性为 center，表示子容器横向居中，富余空间在子容器的两侧分配，上、下各一半。

baseline：设置 box-align 属性为 baseline，表示所有盒子沿着它们的基线排列，富余空间可以前后显示。

stretch：设置 box-align 属性为 stretch，表示每个子元素的高度被调整到适合盒子的高度显示，即所有的子容器和父容器保持同一高度。

8.6.6 盒子空间溢出管理属性 box-lines

弹性布局的盒子与传统盒子模型一样，盒子中的元素很容易出现空间溢出现象。在 CSS 3.0 中，允许使用 overflow 属性来处理溢出内容的显示，并且使用 box-lines 属性能够有效地避免空间溢出的现象。

box-lines 属性的语法格式如下：

box-lines: single | multiple

其中，参数 single 表示子元素全部单行或者单列显示，参数 multiple 表示子元素可以多行或者多列显示。

8.7　CSS 的布局定位

　　CSS 的排版是一种较新的排版理念，完全有别于传统的排版方式。它将页面首先在整体上进行 \<div\> 标签的分块，然后对各个块进行 CSS 定位，最后在各个块中添加相应的内容。通过 CSS 排版的页面，更新十分容易，甚至页面的拓扑结构都可以通过修改 CSS 属性来重新定位。

8.7.1　浮动定位

　　浮动定位是 CSS 排版中非常重要的手段。浮动框可以左右移动，直到其外边缘碰到包含框或另一个浮动框的边缘为止。因为浮动框不在文档的普通流中，所以文档流中的块框表现得就像浮动框不存在一样。float 属性值如表 8-2 所示。

表 8-2　float 属性值

属　　性	描　　述	可　用　值	注　释
float	用于设置对象是否浮动显示，以及设置具体的浮动方式	none left right	不浮动 左浮动 右浮动

　　下面介绍几种浮动形式，例如，普通文档流的 CSS 代码如下：

```css
#box {
        width:650px;
}
#left {
        background-color:#CCC;          /*设置背景颜色*/
        height:150px;                   /*设置 Div 宽度*/
        width:150px;                    /*设置 Div 高度*/
        margin:10px;                    /*设置边界*/
}
#main {
        background-color:#CCC;
        height:150px;
        width:150px;
        margin:10px;
}
#right {
        background-color:#CCC;
        height:150px;
        width:150px;
        margin:10px;
}
```

　　其效果如图 8-38 所示。

　　如果把 left 向右浮动，它脱离文档流并向右移动，直到其边缘碰到包含框 box 的右边框为止。left 向右浮动的 CSS 代码如下：

Dreamweaver CC 一本通

```
#left {
    background-color:#CCC;
    height:150px;
    width:150px;
    margin:10px;
    float:right;                        /*设置右浮动*/
}
```

其效果如图 8-39 所示。

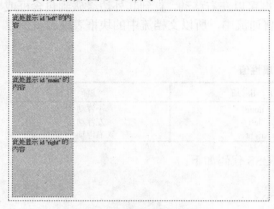

图 8-38　框不浮动

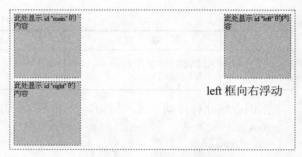

图 8-39　left 框向右浮动

当把 left 框向左浮动时，它脱离文档流并且向左移动，直到其边缘碰到包含 box 的左边缘为止。因为它不再处于文档流中，所以不占据空间，实际上覆盖了 main 框，使 main 框从左视图中消失。left 向左浮动的 CSS 代码如下：

```
#left {
    background-color:#CCC;
    height:150px;
    width:150px;
    margin:10px;
    float:left;                         /*设置左浮动*/
}
```

其效果如图 8-40 所示。

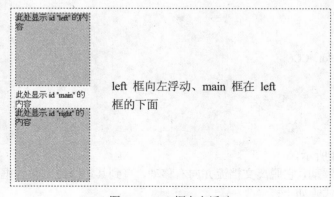

图 8-40　left 框向左浮动

如果把 3 个框都向左浮动，那么 left 框向左浮动直到碰到包含框 box 的左边缘，另两个框向左浮动直到碰到前一个浮动框。其 CSS 代码如下：

```
#box {
        width:650px;
}
#left {
        background-color:#CCC;
        height:150px;
        width:150px;
        margin:10px;
        float:left;
}
#main {
        background-color:#CCC;
        height:150px;
        width:150px;
        margin:10px;
        float:left;
}
#right {
        background-color:#CCC;
        height:150px;
        width:150px;
        margin:10px;
        float:left;
}
```

其效果如图 8-41 所示。

图 8-41　3 个框都向左浮动

如果包含框太窄，无法容纳水平排列的 3 个浮动元素，那么其他浮动块向下移动，直到有足够空间的地方。例如：

```
#box {
        width:400px;
}
#left {
        background-color:#CCC;
        height:150px;
        width:150px;
```

```
        margin:10px;
        float:left;
}
#main {
        background-color:#CCC;
        height:150px;
        width:150px;
        margin:10px;
        float:left;
}
#right {
        background-color:#CCC;
        height:150px;
        width:150px;
        margin:10px;
        float:left;
}
```

其效果如图 8-42 所示。

如果浮动框元素的高度不同，那么当它们向下移动时可能会被其他浮动元素卡住。例如：

```
#box {
        width:400px;
}
#left {
        background-color:#CCC;
        height:200px;
        width:150px;
        margin:10px;
        float:left;
}
#main {
        background-color:#CCC;
        height:150px;
        width:150px;
        margin:10px;
        float:left;
}
#right {
        background-color:#CCC;
        height:150px;
        width:150px;
        margin:10px;
        float:left;
}
```

其效果如图 8-43 所示。

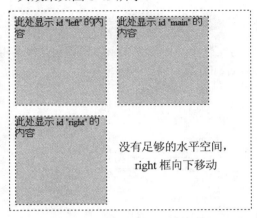

图 8-42　包含框太窄时的浮动

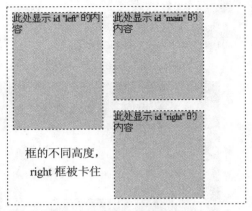

图 8-43　浮动框元素高度不同时的效果

8.7.2　position 定位属性

在使用 Div+CSS 布局制作页面的过程中，都是通过 CSS 的定位属性对元素进行位置和大小的控制的。定位就是精确地定义 HTML 元素在页面中的位置，可以是页面中的绝对位置，也可以是相对于父级元素或另一个元素的相对位置。

position 属性是最主要的定位属性，既可以定义元素的绝对位置，又可以定义元素的相对位置。position 属性的语法格式如下：

position: static | absolute | fixed | relative;

static：设置 position 属性值为 static，表示无特殊定位。这是元素定位的默认值，对象遵循 HTML 元素定位规则，不能通过 z-index 属性进行层次分级。

absolute：设置 position 属性值为 absolute，表示绝对定位，即相对于其父级元素进行定位，元素的位置可以通过 top、right、bottom 和 left 等属性进行设置。

fixed：设置 position 属性为 fixed，表示悬浮，使元素固定在屏幕的某个位置，其包含块是可视区域本身，因此它不随滚动条的滚动而滚动，IE5.5+ 及以下版本的浏览器不支持该属性。

relative：设置 position 属性为 relative，表示相对定位，对象不可以重叠，但可以通过 top、right、bottom 和 left 等属性在页面中偏移位置，还可以通过 z-index 属性进行层次分级。

在 CSS 样式中设置了 position 属性后，还可以对其他的定位属性进行设置，包括 width、height、z-index、top、right、bottom、left、overflow 和 clip，其中，top、right、bottom 和 left 只有在 position 属性中使用才会起到作用。

top、**right**、**bottom** 和 **left**：top 属性用于设置元素垂直距顶部的距离；right 属性用于设置元素水平距右部的距离；bottom 属性用于设置元素垂直距底部的距离；left 属性用于设置元素水平距左部的距离。

z-index：z-index 属性用于设置元素的层叠顺序。

width 和 height：width 属性用于设置元素的宽度；height 属性用于设置元素的高度。

overflow：overflow 属性用于设置元素内容溢出的处理方法。

clip：clip 属性用于设置元素的剪切方式。

8.7.3　relative 相对定位

设置 position 属性为 relative，即可将元素的定位方式设置为相对定位。对一个元素进行相对定位，元素首先出现在它所在的位置上。然后通过设置垂直或水平位置，让这个元素相对于它的原始起点进行移动。另外，在相对定位时，无论是否进行移动，元素仍然占据原来的空间，因此移动元素会导致它覆盖其他元素。

自测 41　网页元素的相对定位

源文件：光盘\源文件\第 8 章\8-7-3.html　视频：光盘\视频\第 8 章\8-7-3.swf

01 ▶ 执行"文件>打开"命令，打开页面"光盘\源文件\第 8 章\8-7-3.html"，效果如图 8-44 所示。然后切换到代码视图中，可以看到页面的代码，如图 8-45 所示。

```
<body>
<div id="box">
<div id="pic1"><img src="images/8517.jpg" width=
"200" height="287"  alt=""/></div>
<div id="pic2"><img src="images/8514.jpg" width=
"200" height="288"  alt=""/></div>
<div id="pic3"><img src="images/8513.jpg" width=
"200" height="288"  alt=""/></div>
<div id="pic4"><img src="images/8512.jpg" width=
"200" height="288"  alt=""/></div>
<div id="pic5"><img src="images/8515.jpg" width=
"200" height="288"  alt=""/></div>
</div>
</body>
```

图 8-44　打开页面　　　　　　　　　　　　图 8-45　页面代码

02 ▶ 切换到外部的 CSS 样式文件，可以看到所定义的 CSS 样式代码，如图 8-46 所示。然后创建名为#pic1 的 CSS 样式的相对定位代码，如图 8-47 所示。

```
*{
    margin:0px;
    padding:0px;
    }
body{
    background-image:url(../images/8511.jpg);
    background-repeat:no-repeat;
    background-position:top center;
    background-color: #000;
    }
#box{
    width:1000px;
    height: auto;
    overflow: hidden;
    margin:200px auto 0px auto;
    }
#pic1,#pic2,#pic3,#pic4,#pic5{
    float:left;
    }
```

```
#pic1{
    position:relative;
    top:150px;
    left:0px;
    }
```

图 8-46　CSS 样式代码　　　　　　　图 8-47　CSS 样式代码

03 ▶ 返回到设计视图，可以看到名为 pic1 的 Div 相对于原来的位置向下移动了 150 像素，如图 8-48 所示。切换到外部的 CSS 样式文件，分别创建名为#pic3、#pic4、#pic5 的 CSS 样式，并设置相对定位方式，如图 8-49 所示。

```
#pic3{
    position:relative;
    top:200px;
    left:0px;
    }
#pic4{
    position:relative;
    top:300px;
    left:0px;
    }
#pic5{
    position:relative;
    top:100px;
    left:0px;
    }
```

图 8-48　页面效果　　　　　　　　　　图 8-49　CSS 样式代码

04 ▶ 返回到网页的设计视图中，可以看到网页的效果，如图 8-50 所示。然后执行"文件>
保存"命令，保存页面和外部的 CSS 样式文件，并在浏览器中预览页面，效果如
图 8-51 所示。

图 8-50 页面效果

图 8-51 在浏览器中预览页面效果

💡 提示 在使用相对定位时，无论是否进行移动，元素仍然占据原来的空间，因此，移动
元素会导致它覆盖其他框。

8.7.4 absolute 绝对定位

设置 position 属性为 absolute，即可将元素的定位方式设置为绝对定位。绝对定位是参照浏览
器的左上角配合 top、right、bottom 和 left 进行定位的，如果没有设置上述 4 个值，则默认以父级
元素的坐标原点为原始点。

当父级元素的 position 属性为默认值时，top、right、bottom 和 left 的坐标原点以 body 的坐标
原点为起始位置。

自测 42 网页元素的绝对定位
源文件：光盘\源文件\第 8 章\8-7-4.html 视频：光盘\视频\第 8 章\8-7-4.swf

01 ▶ 执行"文件>打开"命令，打开页面"光盘\源文件\第 8 章\8-7-4.html"，效果如图 8-52
所示。然后切换到代码视图中，可以看到页面的代码，如图 8-53 所示。

图 8-52 打开页面

```
<body>
<div id="box">
<div id="pic1"><img src="images/8517.jpg" width=
"200" height="287" alt=""/></div>
<div id="pic2"><img src="images/8514.jpg" width=
"200" height="288" alt=""/></div>
<div id="pic3"><img src="images/8513.jpg" width=
"200" height="288" alt=""/></div>
<div id="pic4"><img src="images/8512.jpg" width=
"200" height="288" alt=""/></div>
<div id="pic5"><img src="images/8515.jpg" width=
"200" height="288" alt=""/></div>
</div>
</body>
```

图 8-53 页面代码

02 ▶ 在名为 box 的 Div 中插入名为 pic6 的 Div 标签，并在该 Div 中插入图片"光盘\源文
件\第 8 章\images\8516.jpg"，如图 8-54 所示。然后切换到外部的 CSS 样式文件，为
名为#box 的 CSS 样式添加相对定位设置，并创建名为#pic6 的 CSS 样式，如图 8-55
所示。

图 8-54　插入 Div

```
#box{
    position: relative;
    width:1000px;
    height: auto;
    overflow: hidden;
    margin:0px auto;
    padding-top: 200px;
}
```

```
#pic6{
    width: 200px;
    height: 288px;
    position: absolute;
    top: 111px;
    left: 600px;
}
```

图 8-55　CSS 样式代码

> 提示
>
> 　　要记住每种定位的意义。相对定位是相对于元素在文档流中的初始位置，绝对定位是相对于最近的已定位的父元素，如果不存在已定位的父元素，那么相对于最初的包含块。

03 ▶ 返回到设计视图，可以看到名为 pic6 的 Div 脱离了文档流，相对于 id 名为 box 的 Div 左上角向下移动了 111 像素，向左移动了 600 像素，如图 8-56 所示。然后执行"文件>保存"命令，保存页面和外部的 CSS 样式文件，并在浏览器中预览页面，如图 8-57 所示。

图 8-56　页面效果

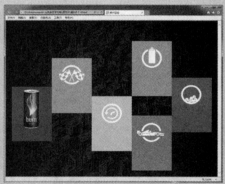

图 8-57　在浏览器中预览页面

> 提示
>
> 　　（1）因为绝对定位的框与文档流无关，所以它们可以覆盖页面上的其他元素。用户可以通过设置 z-index 属性来控制这些框的堆放次序，z-index 属性的值越大，框在堆中的位置就越高。
>
> 　　（2）相对于相对定位的父元素对元素进行绝对定位，在大多数浏览器中实现得很好，但在 IE5.X 或 IE6 中有一个 Bug，如果试图相对于相对定位的元素设置绝对定位框的位置，IE 会相对于文档定位这个框。解决方法是设置相对定位的框的定位方式为相对（position:relative;），并设置相对定位框的尺寸。

8.7.5　fixed 固定定位

　　设置 position 属性为 fixed，即可将元素的定位方式设置为固定定位。固定定位和绝对定位比较相似，它是绝对定位的一种特殊形式，固定定位的容器不会随着滚动条的滚动而变化位置。在访问者的视线中，固定定位的容器的位置是不会改变的。固定定位可以把一些特殊效果固定在浏览器的某一位置。

自测 43　固定的网页元素

源文件：光盘\源文件\第 8 章\8-7-5.html　　视频：光盘\视频\第 8 章\8-7-5.swf

`01 ▶` 执行"文件>打开"命令，打开页面"光盘\源文件\第 8 章\8-7-5.html"，效果如图 8-58 所示。在浏览器中预览页面，可以看到页面顶部的菜单栏会跟着滚动条一起滚动，如图 8-59 所示。

图 8-58　打开页面　　　　　　　　　　　　图 8-59　浏览器效果

`02 ▶` 切换到该文件链接的外部 CSS 样式文件中，找到名为#menu 的 CSS 样式，如图 8-60 所示。然后在该 CSS 样式代码中添加固定定位代码，如图 8-61 所示。

```
#menu{
    height:65px;
    width:100%;
    background-image:url(../images/8518.jpg);
    background-repeat:no-repeat;
    background-position:top center;
    }
```

```
#menu{
    position:fixed;
    height:65px;
    width:100%;
    background-image:url(../images/8518.jpg);
    background-repeat:no-repeat;
    background-position:top center;
    }
```

图 8-60　CSS 样式代码　　　　　　　　　　图 8-61　CSS 样式代码

`03 ▶` 执行"文件>保存"命令，保存页面和外部的 CSS 样式文件，在浏览器中预览页面，如图 8-62 所示。拖动滚动条，发现顶部的菜单栏始终固定在窗口的顶部，效果如图 8-63 所示。

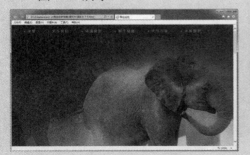　

图 8-62　在浏览器中预览效果　　　　　　　图 8-63　拖动滚动条时的效果

8.8　居中的页面布局方式

居中设计目前在网页布局中的应用非常广泛，所以，在 CSS 中让设计居中是大多数开发人员首先要学习的重点之一。

8.8.1   使用自动空白边让设计居中

假设一个布局，希望其中的容器 Div 在屏幕上水平居中，其 HTML 代码如下：

```
<body>
    <div id="box"></div>
</body>
```

此时只需定义 Div 的宽度，然后将水平空白边设置为 auto，其 CSS 样式代码如下：

```
#box {
    width: 720px;
    height: 300px;
    background-color: #0CF;
    margin: 0 auto;
}
```

这种 CSS 样式定义方法在现在所有浏览器中都是有效的，但是在 IE5.X 和低版本的浏览器中不支持自动空白边，因为 IE 将 text-align:center 理解为让所有对象居中，而不只是文本。用户可以利用这一点，让主体标签中的所有对象居中，包括容器 Div，然后将容量的内容重新对准左边。其 CSS 样式代码如下：

```
body {
    text-align: center;
}
#box {
    width: 720px;
    height: 300px;
    background-color: #0CF;
    margin: 0 auto;
    text-align: left;
}
```

以这种方式使用 text-align 属性不会对代码产生任何严重的影响，页面效果如图 8-64 所示。

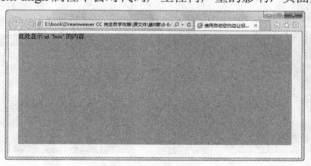

图 8-64   居中布局设计

8.8.2   使用定位和负值空白边让设计居中

首先定义容器的宽度，然后将容器的 position 属性设置为 relative，将 left 属性设置为 50%，就可以把容器的左边缘定位在页面的中间。其 CSS 样式代码如下：

```
#box {
        width: 720px;
        height: 300px;
        background-color: #0CF;
        position: relative;
        left: 50%;
}
```

预览页面，效果如图 8-65 所示。

如果不希望容器的左边缘居中，而是让容器的中间居中，只要对容器的左边应用一个负值的空白边即可，其宽度等于容器宽度的一半。这样就会把容器向左移动其宽度的一半，从而让它在屏幕上居中。其 CSS 样式代码如下：

```
#box {
        width: 720px;
        height: 300px;
        background-color: #0CF;
        position: relative;
        left: 50%;
        margin-left: -360px;
}
```

预览效果如图 8-66 所示。

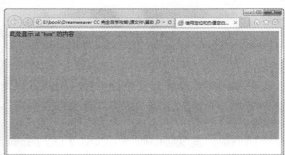

图 8-65　预览效果　　　　　　　　　　图 8-66　居中布局设计

8.9　浮动的页面布局方式

CSS 是控制网页布局样式的基础，是真正能够做到网页表现和内容分离的一种样式设计语言。相对于传统 HTML 的简单样式控制来说，CSS 能够对网页中对象的位置进行像素级的精确控制。

8.9.1　两列固定宽度布局

两列宽度布局非常简单，其 HTML 代码如下：

```
<div id="left">左列</div>
<div id="right">右列</div>
```

为 id 名为 left 和 right 的 Div 设置 CSS 样式，让两个 Div 在水平行中并排显示，从而形成两列式布局。其 CSS 代码如下：

```
#left {
```

```
        width:400px;
        height:200px;
        background-color:#CCC;
        border:2px solid #666;
        float:left;
}
#right {
        width:400px;
        height:200px;
        background-color:#CCC;
        border:2px solid #666;
        float:left;
}
```

在此为了实现两列式布局使用了 float 属性，这样两列固定宽度的布局就能够完整地显示出来，预览效果如图 8-67 所示。

图 8-67　两列固定宽度布局

两列固定宽度在页面设计中经常用到，无论是作为主框架还是作为内容分栏都同样适用。

8.9.2　两列固定宽度居中布局

两列固定宽度居中布局可以使用 Div 的嵌套方式来完成，即用一个居中的 Div 作为容器，将两列分栏的两个 Div 放置在容器中，从而实现两列的居中显示。其 HTML 代码如下：

```
<div id="box">
<div id="left">左列</div>
<div id="right">右列</div>
</div>
```

为分栏的两个 Div 加上一个 id 名为 box 的 Div 容器，其 CSS 代码如下：

```
#box {
        width:808px;
        margin:0px auto;
}
#left {
        width:400px;
        height:200px;
        background-color:#CCC;
        border:2px solid #666;
```

```
        float:left;
    }
    #right {
        width:400px;
        height:200px;
        background-color:#CCC;
        border:2px solid #666;
        float:left;
    }
```

> **提示** 一个对象的宽度不仅仅由 width 值来决定，它的真实宽度是由本身的宽度、左/右外边距，以及左/右边框和内边距这些属性相加而成的。在此#left 宽度为 400px，左、右都有 2px 的边框，因此实际宽度为 404px，#right 和#left 相同，所以 #box 的宽度设定为 808px。

#box 有了居中属性，自然其中的内容也能做到居中，这样就实现了两列的居中显示，其预览效果如图 8-68 所示。

图 8-68　两列固定宽度居中布局

8.9.3　两列宽度自适应布局

自适应主要通过宽度的百分比值来设置，因此，在两列宽度自适应布局中也同样是对宽度的百分比值进行设定。其 CSS 代码如下：

```
#left {
    width:20%;
    height:200px;
    background-color:#CCC;
    border:2px solid #666;
    float:left;
}
#right {
    width:70%;
    height:200px;
    background-color:#CCC;
    border:2px solid #666;
    float:left;
}
```

在此将左栏宽度设置为 20%，将右栏宽度设置为 70%，预览效果如图 8-69 所示。

图 8-69　两列宽度自适应布局

8.9.4　两列右列宽度自适应布局

在实际应用中，有时需要左栏固定宽度，右栏根据浏览器窗口的大小自动适应。在 CSS 中只需要设置左栏宽度，右栏不需要设置任何宽度，并且右栏不浮动。其 CSS 代码如下：

```
#left {
    width:200px;
    height:200px;
    background-color:#CCC;
    border:2px solid #666;
    float:left;
}
#right {
    height:200px;
    background-color:#CCC;
    border:2px solid #666;
}
```

此时，左栏将呈现 200px 的宽度，右栏将根据浏览器窗口大小自动适应，预览效果如图 8-70 所示。

图 8-70　两列右列宽度自适应布局

两列右列宽度自适应布局经常在网站中用到，不仅是右列，左列也可以自适应，它们的方法是一样的。

8.9.5　三列浮动中间列宽度自适应布局

三列浮动中间列宽度自适应布局是左栏固定宽度居左显示，右栏固定宽度居右显示，而中间栏在左栏和右栏的中间显示，并根据左、右栏的间距变化自动适应。对于这种布局，单纯地使用 float 属性和百分比属性不能实现，而是需要使用绝对定位来实现。绝对定位后的对象不需要考虑它在页面中的浮动关系，只需要设置对象的 top、right、bottom 和 left 方向即可。其 HTML 代码如下：

```
<div id="left">左列</div>
<div id="main">中列</div>
<div id="right">右列</div>
```

首先使用绝对定位将左列和右列进行位置控制，其 CSS 代码如下：

```
body {
    margin: 0px;
}
#left {
    width:200px;
    height:200px;
    background-color:#CCC;
    border:2px solid #666;
    position:absolute;
    top:0px;
    left:0px;
}
#right {
    width:200px;
    height:200px;
    background-color:#CCC;
    border:2px solid #666;
    position:absolute;
    top:0px;
    right:0px;
}
```

中列使用普通的 CSS 样式，其 CSS 代码如下：

```
#main {
    height:200px;
    background-color:#CCC;
    border:2px solid #666;
    margin:0px auto;
    margin:0px 204px 0px 204px;
}
```

对于名为 main 的 Div，不需要再设定浮动方式，只需要让它的左、右边距永远保持为名为 left 和 right 的 Div 的宽度，便实现了两边各让出 204px 的自适应宽度，刚好让名为 left 和 right 的 Div 出现在这个空间中，从而实现了布局的要求，预览效果如图 8-71 所示。

三列自适应布局目前在网络上较多地应用于 blog 设计方面，大型网站现在似乎较少使用三列自适应布局。

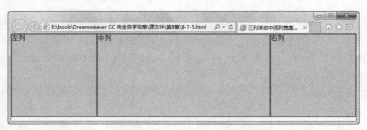

图 8-71　三列浮动中间列宽度自适应布局

8.9.6　高度自适应布局

高度值同样可以使用百分比进行设置，但直接使用 height:100%; 不会显示效果的，这与浏览器的解析方式有一定的关系，例如下面的实现高度自适应的 CSS 代码：

```
html,body {
        margin: 0px;
        height:100%;
}
#left {
        width: 400px;
        height:100%;
        background-color:#09F;
        float:left;
}
```

在将名为 left 的 Div 设置为 height:100%的同时，也设置了 HTML 与 body 的 height:100%，一个对象的高度是否可以使用百分比显示，取决于该对象的父级对象，由于名为 left 的 Div 在页面中直接放置于 body 中，因此它的父级就是 body，而浏览器在默认状态下没有给 body 一个高度属性，因此在直接设置名为 left 的 Div 的 height:100%时不会产生任何效果。在给 body 设置了 100%之后，它的子级对象（名为 left 的 Div）的 height:100%便起了作用，这便是浏览器解析规则引发的高度自适应问题。若将 HTML 对象设置为 height:100%，可以使 IE 和 Firefox 浏览器都能实现高度自适应，该页面的预览效果如图 8-72 所示。

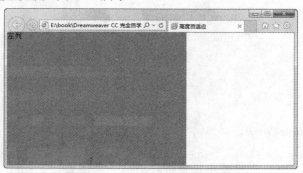

图 8-72　高度自适应布局

8.10　流体网格布局

流体网格布局是从 Dreamweaver CS6 开始加入的功能，该功能主要针对目前流行的智能手机、平板电脑和台式机 3 种设备。通过创建流体网格布局可以使页面适应 3 种不同的设备，并且可以随时在 3 种设备中查看页面的效果。

自测 44　制作适用于手机浏览的网页

　　源文件：光盘\源文件\第 8 章\8-10.html　　视频：光盘\视频\第 8 章\8-10.swf

01 ▶ 执行"文件>新建"命令，弹出"新建文档"对话框，选择"流体网格布局"选项，进入其设置界面，如图 8-73 所示。单击"创建"按钮，将弹出"另存为"对话框，定位到需要保存外部样式表文件的位置，并输入名称，如图 8-74 所示。

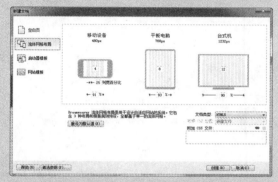

图 8-73　"流体网格布局"选项设置界面

图 8-74　"另存为"对话框

02 ▶ 单击"保存"按钮，保存外部样式表文件，并新建流体网格布局页面，如图 8-75 所示。执行"文件>保存"命令，弹出"另存为"对话框，将该文本保存为"光盘\源文件\第 8 章\8-10.html"，然后单击"保存"按钮，弹出复制相关文件的对话框，如图 8-76 所示。

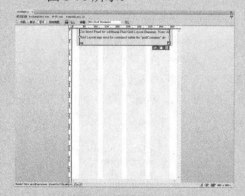

图 8-75　新建页面

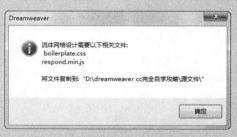

图 8-76　复制相关文件的对话框

03 ▶ 单击"确定"按钮，即可将相关文件复制到相应位置。切换到所链接的 CSS 样式文件 8-10.css 中，创建 body 标签的 CSS 样式，如图 8-77 所示。然后返回到设计视图中，可以看到页面的效果，如图 8-78 所示。

04 ▶ 将光标移动到页面中默认的名为 div1 的 Div 中，将多余的文字删除，并插入图像"光盘\源文件\第 8 章\images\81001.png"，如图 8-79 所示。然后切换到 8-10.css 文件中，找到名为 #div1 的 CSS 样式代码添加相应的 CSS 样式设置，如图 8-80 所示。

> **提示**　流体网格布局目前不支持嵌套的 Div 标签，并且所有插入的 Div 标签都必须位于默认的名为 gridContainer 的 Div 标签中。

```
body{
    font-family:"微软雅黑";
    font-size:12px;
    line-height:20px;
    background-color:#CCC;
}
```

图 8-77　CSS 样式代码

图 8-78　页面效果

图 8-79　插入图片

```
#div1 {
    clear: both;
    margin-left: 0;
    width: 100%;
    float: left;
    display: block;
    padding-top:15px;
    padding-bottom:15px;
}
```

图 8-80　CSS 样式代码

05 ▶ 返回到设计视图中，可以看到页面的效果，如图 8-81 所示。将光标移动到名为 div1
的 Div 之后，单击"插入"面板上的 Div 按钮，此时会弹出"插入 Div"对话框，设
置选项如图 8-82 所示。

图 8-81　页面效果

图 8-82　"插入 Div"对话框

06 ▶ 单击"确定"按钮，即可在光标所在的位置插入名为 work1 的 Div，如图 8-83 所示。
然后切换到 8-10.css 文件中，创建刚刚插入的 id 名为 work1 的 Div 的 CSS 样式，如
图 8-84 所示。

图 8-83　页面效果

```
#work1 {
    clear: both;
    margin-left: 0;
    float: left;
    display: block;
    background-color:#FFF;
    color:#CCC;
    padding:10px;
    margin:0px 5px 10px 5px;
}
```

图 8-84　CSS 样式代码

提示　在流体网格布局页面中插入流体网格布局 Div 标签，会自动在其链接外部 CSS
样式表文件中创建相应的 ID CSS 样式，因为流体网格布局是针对手机、平板电脑和
台式机的，所以在外部的 CSS 样式表文件中会针对相应的设备在不同的位置创建 3
个 ID CSS 样式。

205

07 ▶ 返回到设计视图中，可以看到名为 work1 的 Div 的效果，如图 8-85 所示。将光标移动到该 Div 中，将多余的文字删除，插入相应的图像并输入文字，如图 8-86 所示。

图 8-85　页面效果

图 8-86　插入图片和文字

08 ▶ 切换到名为 8-10.css 的文件中，创建名为.font01 的类 CSS 样式，如图 8-87 所示。然后返回到设计视图，选中相应的文字，在"类"下拉列表中选择名为 font01 的类 CSS 样式，如图 8-88 所示。

```
.font01 {
    font-size: 14px;
    font-weight: bold;
    color: #C91AB6;
    line-height: 25px;
}
```

图 8-87　CSS 样式代码

图 8-88　页面效果

09 ▶ 切换到名为 8-10.css 的文件中，创建名为#work1 img 和#work1:hover 的 CSS 样式，如图 8-89 所示。然后返回到设计视图中，单击"文档"工具栏上的"实时视图"按钮预览页面效果，如图 8-90 所示。

```
#work1 img{
    width:170px;
    }
#work1:hover{
    background-color:#FFD800;
    cursor:pointer;
    }
```

图 8-89　CSS 样式代码

图 8-90　页面效果

> **提示**　定义名为 work1 的 Div 的 hover 状态的 CSS 样式，是为了实现将光标移动到该 Div 上时的交互效果，从而使页面具有一定的互动性。

10 ▶ 将光标移动到名为 work1 的 Div 之后，单击"插入"面板上的 Div 按钮，此时会弹出

"插入 Div" 对话框，设置选项如图 8-91 所示。然后切换到名为 8-10.css 的文件中，创建名为#work2 的 CSS 样式（注意 3 种 CSS 样式代码都需要添加），如图 8-92 所示。

图 8-91 "插入 Div" 对话框

```
#work2{
    float:left;
    display:block;
    color:#CCC;
    background-color:#FFF;
    padding:10px;
    margin:0px 5px 10px 5px;
    }
```

图 8-92 CSS 样式代码

11 ▶ 返回到设计视图中，可以看到名为 work2 的 Div 的效果，如图 8-93 所示。然后切换到名为 8-10.css 的文件中，创建名为#work2 img 和#work2:hover 的 CSS 样式，如图 8-94 所示。

图 8-93 页面效果

```
#work2 img{
    width:170px;
    }
#work2:hover{
    background-color:#FFD800;
    cursor:pointer;
    }
```

图 8-94 CSS 样式代码

12 ▶ 使用相同的方法，完成该 Div 中内容的制作，如图 8-95 所示。然后使用相同的方法，在名为 work2 的 Div 后插入其他 Div，并完成页面内容的制作，效果如图 8-96 所示。

图 8-95 制作 Div 中的内容

图 8-96 页面效果

13 ▶ 执行 "文件>保存" 命令，保存页面并保存外部的 CSS 样式表文件，然后单击 "实时视图" 按钮，在实时视图中进行预览，效果如图 8-97 所示。单击状态栏中的 "平板电脑大小" 按钮 ▣，可以查看页面在平板电脑大小的区域中显示的效果，如图 8-98 所示。

14 ▶ 单击状态栏中的 "桌面电脑大小" 按钮 ▣，可以查看页面在桌面电脑大小的区域中显示的效果，如图 8-99 所示。保存页面，在 Chrome 浏览器中预览页面，效果如

图 8-100 所示。

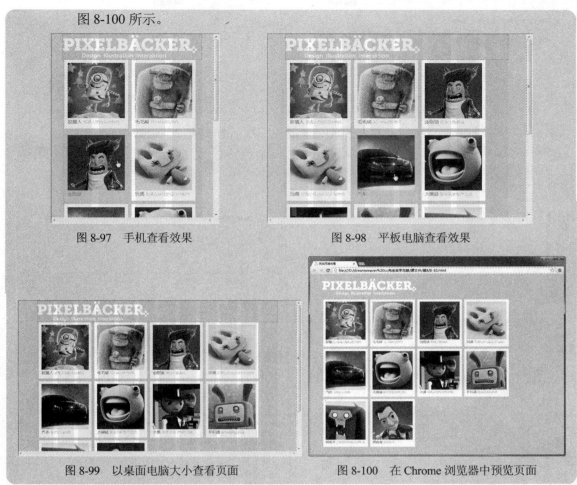

图 8-97　手机查看效果　　　　　　　图 8-98　平板电脑查看效果

图 8-99　以桌面电脑大小查看页面　　　图 8-100　在 Chrome 浏览器中预览页面

8.11　设计制作卡通个性网站页面

本实例设计制作一个卡通个性网站页面，该页面中的内容比较少，所以设计者通过非常个性的方式将所要展示的信息表达出来，给人留下深刻的印象。该实例页面的最终效果如图 8-101 所示。

图 8-101　页面最终效果

自测 45　设计制作卡通个性网站页面

源文件：光盘\源文件\第 8 章\8-11.html　　视频：光盘\视频\第 8 章\8-11.swf

01 ▶ 执行"文件>新建"命令，弹出"新建文档"对话框，新建 HTML 页面（如图 8-102 所示），并将该页面保存为"光盘\源文件\第 8 章\8-11.html"。使用相同的方法，新建外部 CSS 样式表文件，将其保存为"光盘\源文件\第 8 章\style\style.css"。然后返回到 8-11.html 页面中，链接刚刚创建的外部 CSS 样式表文件，如图 8-103 所示。

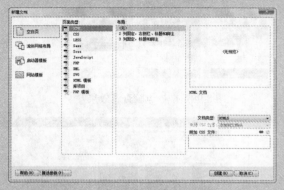
图 8-102　"新建文档"对话框

图 8-103　"使用现有的 CSS 文件"对话框

02 ▶ 切换到 style.css 文件中，创建名为*的通配符 CSS 样式，如图 8-104 所示。然后创建名为 body 的标签 CSS 样式，如图 8-105 所示。

```
* {
        margin:0px;
        padding:0px;
        border:0px;
}
```
图 8-104　CSS 样式代码

```
body{
        font-family:"宋体";
        font-size:12px;
        background-image:url(../images/16101.jpg);
        background-repeat:no-repeat;
        background-position:top center;
}
```
图 8-105　CSS 样式代码

03 ▶ 返回到 8-11.html 页面中，可以看到页面的背景效果，如图 8-106 所示。

图 8-106　页面的背景效果

04 ▶ 单击"插入"面板上的 Div 按钮，将弹出"插入 Div"对话框，设置选项如图 8-107 所示。然后单击"确定"按钮，在页面中插入名为 box 的 Div，效果如图 8-108 所示。

05 ▶ 切换到 style.css 文件中，创建名为#box 的 CSS 样式，如图 8-109 所示。然后返回到页面的设计视图中，页面效果如图 8-110 所示。

06 ▶ 将光标移动到名为 box 的 Div 中，将多余的文字删除，然后单击"插入"面板上的 Div 按钮，弹出"插入 Div"对话框，设置选项如图 8-111 所示。接着单击"确定"

按钮，在名为 box 的 Div 中插入名为 left 的 Div，如图 8-112 所示。

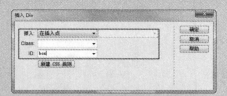

图 8-107 "插入 Div"对话框

图 8-108 页面效果

```
#box{
    width:960px;
    height:743px;
    background-image:url(../images/16102.jpg);
    background-repeat:no-repeat;
    margin: 0px auto;
}
```

图 8-109 CSS 样式代码

图 8-110 页面效果

图 8-111 "插入 Div"对话框

图 8-112 页面效果

07 ▶ 切换到 style.css 文件中，创建名为#left 的 CSS 样式，如图 8-113 所示。然后返回到页面的设计视图中，页面效果如图 8-114 所示。

```
#left {
    width:262px;
    margin-top: 190px;
    float: left;
}
```

图 8-113 CSS 样式代码

图 8-114 页面效果

08 ▶ 将光标移动到名为 left 的 Div 中，将多余的文字删除，然后单击"插入"面板上的 Div 按钮，弹出"插入 Div"对话框，设置选项如图 8-115 所示。接着单击"确定"按钮，在名为 left 的 Div 之后插入名为 news 的 Div，如图 8-116 所示。

图 8-115 "插入 Div"对话框

图 8-116 页面效果

09 ▶ 切换到 style.css 文件中，创建名为#news 的 CSS 样式，如图 8-117 所示。然后返回到页面的设计视图中，将光标移动到名为 news 的 Div 中，将多余的文字删除，并输入相应的文字内容，效果如图 8-118 所示。

```
#news{
    width:201px;
    height:194px;
    background-image:url(../images/16113.jpg);
    background-repeat:no-repeat;
    margin-top:190px;
    padding-top:140px;
    padding-left:80px;
    line-height:22px;
    float:left;
}
```
图 8-117　CSS 样式代码

图 8-118　页面效果

10 ▶ 单击"插入"面板上的 Div 按钮，弹出"插入 Div"对话框，设置选项如图 8-119 所示。然后单击"确定"按钮，在名为 news 的 Div 之后插入名为 pic 的 Div，如图 8-120 所示。

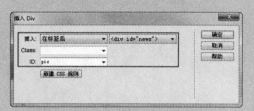
图 8-119　"插入 Div"对话框

图 8-120　页面效果

11 ▶ 切换到 style.css 文件中，创建名为#pic 的 CSS 样式，如图 8-121 所示。然后返回到页面的设计视图中，将光标移动到名为 pic 的 Div 中，将多余的文字删除，并插入相应的图像，效果如图 8-122 所示。

```
#pic{
    width:214px;
    height:334px;
    float:left;
    margin-top:190px;
}
```
图 8-121　CSS 样式代码

图 8-122　页面效果

12 ▶ 单击"插入"面板上的 Div 按钮，弹出"插入 Div"对话框，设置选项如图 8-123 所示。然后单击"确定"按钮，在名为 pic 的 Div 之后插入名为 menu 的 Div，如图 8-124 所示。

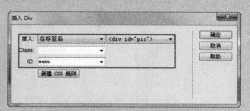
图 8-123　"插入 Div"对话框

图 8-124　页面效果

13 ▶ 切换到 style.css 文件中，创建名为#menu 的 CSS 样式，如图 8-125 所示。然后返回到页面的设计视图中，效果如图 8-126 所示。

```
#menu{
    width:142px;
    height:325px;
    float:left;
    margin-top:190px;
    padding-top:15px;
}
```

图 8-125　CSS 样式代码

图 8-126　页面效果

14 ▶ 将光标移动到名为 menu 的 Div 中，将多余的文字删除，然后在"插入"面板上单击 "图像"按钮旁边的小三角，在弹出的菜单中选择"鼠标经过图像"选项（如图 8-127 所示），此时会弹出"插入鼠标经过图像"对话框，设置选项如图 8-128 所示。

图 8-127　选择"鼠标经过图像"选项

图 8-128　"插入鼠标经过图像"对话框

15 ▶ 单击"确定"按钮，插入鼠标经过图像，效果如图 8-129 所示。然后将光标移动到刚 刚插入的鼠标经过图像后，使用相同的方法，插入其他鼠标经过图像。保存页面， 在浏览器中预览页面，可以看到鼠标经过图像的效果，如图 8-130 所示。

图 8-129　页面效果

图 8-130　预览鼠标经过图像的效果

16 ▶ 返回到设计视图中，单击"插入"面板上的 Div 按钮，弹出"插入 Div"对话框，设 置选项如图 8-131 所示。然后单击"确定"按钮，在名为 box 的 Div 之后插入名为 bottom 的 Div，如图 8-132 所示。

图 8-131　"插入 Div"对话框

图 8-132　页面效果

17 ▶ 切换到 style.css 文件中，创建名为#bottom 的 CSS 样式，如图 8-133 所示。然后返回到页面的设计视图中，效果如图 8-134 所示。

```
#bottom{
    width:570px;
    height:100px;
    margin:0px auto;
    line-height: 24px;
    text-align: center;
}
```

图 8-133　CSS 样式代码

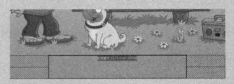

图 8-134　页面效果

18 ▶ 将光标移动到名为 bottom 的 Div 中，将多余的文字删除，并输入相应的文字，如图 8-135 所示。然后切换到代码视图中，为相应的文字添加<span>标签，如图 8-136 所示。

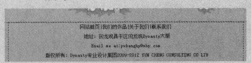

图 8-135　页面效果

```
<div id="bottom">网站首页<span>|</span>我们的作品<span>|</span>关于我们<span>|</span>联系我们<br />
地址：回龙观昌平区回龙观Dynasty大厦<br />
Email me at:ywhanghy@why.com<br />
版权所有：Dynasty专业设计集团2009-2012  YUN CHENG CONSULTING CO LTB </div>
```

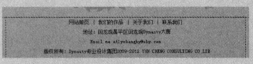

图 8-136　添加<span>标签

19 ▶ 切换到 style.css 文件中，创建名为#bottom span 的 CSS 样式，如图 8-137 所示。然后返回到页面的设计视图中，效果如图 8-138 所示。

```
#bottom span {
    margin-left: 8px;
    margin-right: 8px;
}
```

图 8-137　CSS 样式代码

图 8-138　页面效果

20 ▶ 至此完成该网站页面的制作，执行“文件>保存”命令，保存页面，并在浏览器中预览页面，效果如图 8-139 所示。

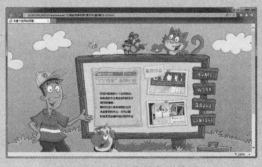

图 8-139　在浏览器中预览页面

8.12　本章小结

应用 CSS 布局的最终目的是搭建完善的整站页面架构，通过新的符合 Web 标准的构建形式来提高网站的设计制作效率、重用性以及其他实质性的优势，全站的 CSS 样式应用也是页面布局的一个重要环境。

本章主要讲解了 CSS 布局中常见的一些技巧和问题，读者在熟练掌握使用 Div+CSS 对网页进行布局制作的方法后，还需要掌握本章所介绍的 CSS 布局技巧，并注意 CSS 布局中的相关问题，从而制作出更加精美的网站页面。

第 9 章　处理网页文本

实例名称：在网页中输入文本
源文件：源文件\第 9 章\9-1.html
视频：视频\第 9 章\9-1.swf

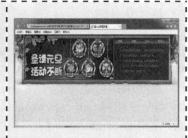

实例名称：制作项目列表
源文件：源文件\第 9 章\9-4-1.html
视频：视频\第 9 章\9-4-1.swf

实例名称：在网页中插入水平线
源文件：源文件\第 9 章\9-4-4.html
视频：视频\第 9 章\9-4-4.swf

实例名称：使用 Web 字体
源文件：源文件\第 9 章\9-6-1.html
视频：视频\第 9 章\9-6-1.swf

实例名称：使用 Adobe Edge Web Fonts
源文件：源文件\第 9 章\9-6-2.html
视频：视频\第 9 章\9-6-2.swf

实例名称：设计制作科技企业网站页面
源文件：源文件\第 9 章\9-7.html
视频：视频\第 9 章\9-7.swf

本章知识点

　　文本是网页中不可缺少的内容，对文本进行格式化可以充分体现页面所要表达的重点，例如在页面中制作一些段落的格式、在文档中构建一种字体，从而让文本达到令人赏心悦目的效果，这对于专业网站来说是不可或缺的。本章通过讲解网页中文本的插入和设置，帮助读者掌握网页中文本的处理方法。

9.1　在网页中输入文本

在网页中，文本内容是最重要、最基本的组成部分，Dreamweaver CC 和普通文字处理程序一样，可以对网页中的文字和字符进行格式化处理。

当在网页中需要输入大量的文本内容时，可以通过以下两种方式来输入：

第 1 种是在网页编辑窗口中直接用键盘输入，这是最基本的输入方式，和一些文本编辑软件的使用方法相同，例如 Microsoft Word。

第 2 种是使用复制—粘贴的方法。有些用户可能不喜欢在 Dreamweaver 中直接输入文字，更习惯在专门的文本编辑软件中快速打字，例如 Microsoft Word 和 Windows 中的记事本等。如果有文本的电子版本，那么就可以直接使用 Dreamweaver 的文本复制功能，将大段的文本内容复制到网页的编辑窗口中进行排版的工作。

接下来通过一个实例来介绍如何通过复制的方式向网页中添加文本内容。

自测 46　在网页中输入文本
　　源文件：光盘\源文件\第 9 章\9-1.html　　视频：光盘\视频\第 9 章\9-1.swf

01 ▶ 执行"文件>打开"命令，打开页面"光盘\源文件\第 9 章\9-1.html"，效果如图 9-1 所示。然后打开准备好的文本文件，在此打开"光盘\源文件\第 9 章\文本.txt"，将其中文本全部选中，如图 9-2 所示。

图 9-1　打开页面

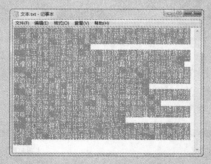
图 9-2　选中文本

02 ▶ 执行"编辑>复制"命令，切换到 Dreamweaver 中，将光标移动到页面中需要输入文本内容的位置，然后执行"编辑>粘贴"命令，即可将大段的文本快速粘贴到网页中，效果如图 9-3 所示。保存页面，在浏览器中预览页面，效果如图 9-4 所示。

图 9-3　页面效果

图 9-4　在浏览器中预览页面

9.2　输入文本时的注意事项

如果想得到最好的文本显示效果，在输入文本时很多细节需要注意，不能忽视。

9.2.1　页面编码方式

在 Dreamweaver 中，首先要根据用户使用的语言，选择不同的页面编码方式，错误的页面编码方式将使页面中的文字显示为乱码。

如果需要更改页面的编码格式，可以单击"属性"面板上的"页面属性"按钮，弹出"页面属性"对话框，在左侧的"分类"列表中选择"标题/编码"选项（如图 9-5 所示），然后在"编码"下拉列表中选择页面的编码格式，如图 9-6 所示。

图 9-5　"标题/编码"选项设置界面　　　　图 9-6　"编码"下拉列表

> **提示**　　在 Dreamweaver CC 中新建的 HTML 页面，默认的编码格式为 UTF-8，UTF-8 编码是一种被广泛应用的编码，这种编码致力于把全球的语言纳入一个统一的编码。如果是简体中文页面，还可以选择 GB2312 编码格式。

9.2.2　插入段落

段落是文本排版中最常见的一种方式，通过段落可以更好地组织大段的文字内容。在网页中对大段的文本内容进行排版处理时，常常需要对文本进行分段操作，在 Dreamweaver 中对文本进行分段操作有两种方法，一种是单击"插入"面板的"结构"下的"段落"按钮（如图 9-7 所示），这样可以在光标所在的位置插入一个段落，显示段落的提示文字，如图 9-8 所示。

图 9-7　单击"段落"按钮　　　　图 9-8　在网页中插入段落

将段落提示文字删除，输入相应的段落文本。段落标签为<p>，如图 9-9 所示，该标签可以将文本彻底划分到下一个段落中，在两个段落之间将会留出一个空白行，页面效果如图 9-10 所示。

图 9-9　代码视图　　　　　　　　　　　图 9-10　页面效果

　　另一种创建段落文本的方法是在网页中输入文字内容，在需要分段的位置按键盘上的 Enter 键，即可自动将文本分段，在 HTML 代码中会自动为文本添加段落标签<p>。

9.2.3　插入
分行

　　文本分行是指将文本内容强制转到下一行中显示，但文本内容仍然在一个段落中。在 Dreamweaver 中对文本进行分行的操作方法有两种，一种是将光标置于页面中需要进行文本分行的位置，单击"插入"面板的"常用"下的"字符：换行符"按钮（如图 9-11 所示），这样即可将光标以后的文本内容强制转到下一行中显示，如图 9-12 所示。

图 9-11　单击"字符：换行符"按钮　　　　　图 9-12　强制转到下一行

　　换行符在 HTML 代码中显示为
标签，如图 9-13 所示。该标签可以使文本转到下一行中，在这种情况下被分行的文本仍然在同一个段落中，中间也不会留出空白行，页面效果如图 9-14 所示。

图 9-13　代码视图　　　　　　　　　　　图 9-14　页面效果

另一种在 Dreamweaver 中插入换行的方法是在输入文本的过程中直接按 Shift+Enter 键，这样即可在光标所在的位置插入换行符并转到下一行。

在插入换行符后，有时效果可能不太明显，Dreamweaver 提供了一种标记功能，可以执行"编辑>首选项"命令，弹出"首选项"对话框，在左侧的"分类"列表中选择"不可见元素"选项，切换到"不可见元素"选项设置界面，选择"换行符"复选框（如图 9-15 所示），并确认"查看>可视化助理"中的"不可见元素"选项为选中状态（如图 9-16 所示），这样在页面中就可以看到黄色的换行符标记，如图 9-17 所示。

图 9-15 "首选项"对话框

图 9-16 选中"不可见元素"选项

图 9-17 页面中显示换行符标记

 这两种操作看起来很简单，不容易被人重视，但实际情况恰恰相反，很多文本样式是应用在段落上的，如果之前没有把段落和行划分好，之后修改起来会很麻烦。上一个段落会保持一种固定的样式，如果希望两段文本应用不同的样式，则用段落标签新分一个段落；如果希望两段文本有相同的样式，则直接使用换行符新分一行即可，它将仍然在原段落中，保持原段落的样式。

9.3 设置文本属性

在 Dreamweaver CC 中可以设置网页中文本的颜色、大小和对齐方式等属性，合理地设置文本属性可以使浏览者阅读起来更加方便。在将光标移动到文本中时，在"属性"面板中会出现相应的文本属性选项，如图 9-18 所示。

图 9-18 文字的"属性"面板

9.3.1　HTML 属性

执行"文件>打开"命令，打开页面"光盘\源文件\第 9 章\9-3.html"，效果如图 9-19 所示。然后拖动光标选中需要设置属性的文字，如图 9-20 所示。

图 9-19　页面效果

图 9-20　选中文字

在"属性"面板上单击 HTML 按钮，可以切换到文字的 HTML 属性设置面板中，如图 9-21 所示。

图 9-21　"属性"面板

格式："格式"下拉列表中的"标题 1"至"标题 6"分别对应各级标题，应用于网页的标题部分。对应字体由大到小，并且文字全部加粗。在代码视图中，当使用"标题 1"时，文字两端应用<h1></h1>标签；当使用"标题 2"时，文字两端应用<h2></h2>标签，依次类推。手动删除这些标签，文字的样式随即消失。

例如，拖动鼠标选中需要设置标题的文本内容，在"格式"下拉列表中选择"标题 2"选项，效果如图 9-22 所示。

图 9-23　加粗显示效果

"斜体"按钮 _I_：选中需要斜体显示的文本，单击"属性"面板上的"斜体"按钮 _I_，可以斜体显示文字，效果如图 9-24 所示。

文本格式控制：选中文本段落，单击"属性"面板上的"项目列表"按钮，可以将文本段落转换为项目列表；单击"编号列表"按钮，可以将文本段落转换为编号列表。

图 9-22　设置为"标题 2"的文字效果

ID：在该下拉列表中可以为选中的文字设置 ID 值。

类：在该下拉列表中可以选择已经定义的类 CSS 样式应用于选中的文字。

"粗体"按钮 B：选中需要加粗显示的文本，单击"属性"面板上的"粗体"按钮 B，可以加粗显示文字，效果如图 9-23 所示。

图 9-24　斜体显示效果

有时需要区别段落，可以使用"属性"面板上的"删除内缩区块"按钮  和"内缩区块"按钮 。操作方法是选中文本段落，单击"属性"面板上的"删除内缩区块"按钮 ，这样可以向左侧凸出一级；如果单击"属性"面板上的"内缩区块"按钮 ，将向右侧缩进一级。

9.3.2 CSS 属性

在"属性"面板上单击 CSS 按钮，可以切换到文字的 CSS 属性设置面板中，如图 9-25 所示。

图 9-25 "属性"面板

目标规则：该选项是从"CSS 设计器"面板中脱离出来的，加入到"属性"面板中，算是应用定义好的 CSS 样式的一种快捷操作。

① 在"目标规则"下拉列表中可以选择已经定义的 CSS 样式应用于选中的文字。

② 在"目标规则"下拉列表中选择"新内联样式"选项，并设置相关的样式，可以为选中的文字应用内联样式。

③ 在"目标规则"下拉列表中选择"应用多个类"选项，可以在弹出的对话框中为文字选择多个类 CSS 样式。

"编辑规则"按钮：单击该按钮，可以在 Dreamweaver 工作界面中显示"CSS 设计器"面板，在该面板中可以对 CSS 样式进行创建和编辑。

"CSS 面板"按钮：单击该按钮，可以在 Dreamweaver 工作界面中显示"CSS 设计器"面板。

字体：在"字体"下拉列表中可以给文本设置字体组合。Dreamweaver CC 默认的字体设置是"默认字体"，如果选择"默认字体"，网页在浏览时，文字的字体将显示为浏览器默认的字体。Dreamweaver CC 预设的可供用户选择的字体组合有 10 种，如图 9-26 所示。

图 9-26 预设的字体组合

如果用户需要使用这 10 种字体组合以外的字体，必须编辑新的字体组合，只需要在"字体"下拉列表中选择"管理字体"选项，然后在弹出的"管理字体"对话框中进行编辑即可。

在 Dreamweaver CC 的"管理字体"对话框中新增了 Adobe Edge Web Fonts 选项卡，其中的字体由全世界的设计师通过 Adobe 免费提供，字体通过使用方式进行分类，选中所需的字体，单击"完成"按钮即可对字体进行添加和使用，如图 9-27 所示。

图 9-27 "管理字体"对话框

将"管理字体"对话框切换到"本地 Web 字体"选项卡，可以添加本地计算机上的字体，所添加的各字体将会出现在 Dreamweaver 中的所有字体列表中，如图 9-28 所示。

图 9-28 "本地 Web 字体"选项卡

单击"自定义字体堆栈"标签，切换到对应的选项卡中，在该选项卡中可以编辑现有字体列表中的字体组合，用户可以从字体列表中选择要编辑的字体组合项，如图 9-29 所示。

图 9-29　"自定义字体堆栈"选项卡

在"字体"选项后有 3 个下拉列表，其中，第 2 个下拉列表用于设置字体的样式，如图 9-30 所示；第 3 个下拉列表用于设置字体的粗细，如图 9-31 所示。

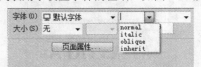

图 9-30　"字体"选项后的第 2 个下拉列表

图 9-31　第 3 个下拉列表

大小：在 Dreamweaver CC 中设置字体大小的方法非常简单，只需要在"属性"面板的"大小"下拉列表中设置字体的大小即可。

在左侧的下拉列表中可以选择常用的字体大小，如果没有合适的选项，还可以在其中输入自己想要的字号，之后右侧的下拉列表会变为可编辑状态，用户可以从中选择字号的单位，较为常用的单位是"像素（px）"和"点数（pt）"。

颜色：文本颜色被用来美化版面与强调文本的重点，当在网页中输入文本时，它将显示默认的颜色，如果要改变文本的默认颜色，可以拖动光标选中需要修改颜色的文本内容，在"属性"面板的"文本颜色"选项中直接设置即可，如图 9-32 所示。

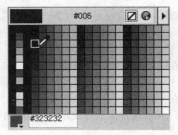

图 9-32　设置文本的颜色

文本对齐方式：在"属性"面板的 CSS 选项中可以设置 4 种文本段落的对齐方式，从左到右分别为"左对齐"、"居中对齐"、"右对齐"和"两端对齐"，在 Dreamweaver CC 中默认的文本对齐方式为"左对齐"。

> 　在简体中文页面中，通常使用"宋体"作为默认字体，所以，用户可以在"管理字体"对话框中添加"宋体"。注意，不建议用户添加一些特殊的字体，为了保证页面的通用性，最好使用计算机中默认的字体作为页面中文本的字体。

9.4　插入特殊的文本对象

在网页中除了可以插入普通的文本内容外，还可以插入一些比较特殊的文字元素，例如列表、时间、水平线等，本节将向读者介绍如何在网页中插入特殊的文本对象。

9.4.1　插入 ul 项目列表

在 Dreamweaver CC 中，可以直接单击"插入"面板中的"项目列表"按钮，在视图中插入项目列表，还可以在网页中输入段落文字，然后选中段落文本，单击"属性"面板中的"项目列表"按钮 创建项目列表。

自测 47 制作项目列表

源文件：光盘\源文件\第 9 章\9-4-1.html 视频：光盘\视频\第 9 章\9-4-1.swf

01 ▶ 执行"文件>打开"命令，打开页面"光盘\源文件\第 9 章\9-4-1.html"，效果如图 9-33 所示。然后将光标移动到页面中名为 news 的 Div 中（如图 9-34 所示），将多余的文字删除。

图 9-33 页面的效果

图 9-34 名为 news 的 Div

02 ▶ 单击"插入"面板的"结构"下的"项目列表"按钮（如图 9-35 所示），在名为 news 的 Div 中插入一个项目列表，然后切换到代码视图中，可以看到插入的项目列表标签，如图 9-36 所示。

图 9-35 "插入"面板

```
<div id="news">
    <ul>
        <li></li>
    </ul>
</div>
```

图 9-36 代码视图

03 ▶ 返回到设计视图，在项目列表符号后面输入文字内容，如图 9-37 所示。然后切换到代码视图，可以看到所输入的文字位于列表项<li>与</li>标签之间，如图 9-38 所示。

图 9-37 输入文字

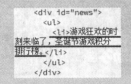

图 9-38 代码视图

04 ▶ 返回到设计视图，将光标移动到刚刚输入的项目文字之后，按 Enter 键插入一个列表项目，此时切换到代码视图可以看到自动插入的列表项目标签，如图 9-39 所示。然后使用相同的方法，在第二项中输入相应的文字，如图 9-40 所示。

05 ▶ 使用相同的方法，完成其他项目文字的输入，如图 9-41 所示。然后保存页面，在浏览器中浏览页面，可以看到网页中项目列表的效果，如图 9-42 所示。

```
<div id="news">
    <ul>
        <li>游戏狂欢的时刻来临了, 圣诞节游戏积分排行榜。
</li>
        <li></li>
    </ul>
</div>
```

图 9-39　代码视图　　　　　　　　　　　　　　图 9-40　设计视图

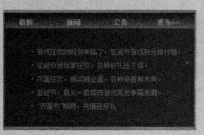

图 9-41　输入其他文字

图 9-42　页面效果

> **提示**　　如果想通过单击"属性"面板上的"项目列表"按钮生成项目列表, 则所选中的文本必须是段落文本, 此时 Dreamweaver 会自动将每个段落转换成一个项目列表。

9.4.2　插入 ol 编号列表

编号列表是指一系列按顺序进行编号的列表项目, 单击"插入"面板的"结构"下的"编号列表"按钮, 可以在网页中插入编号列表。用户还可以在网页中输入段落文字, 然后选中段落文本, 单击"属性"面板中的"编号列表"按钮 ⅰⅡ, 这样同样可以创建编号列表。

自测 48　　制作有序编号列表
　　　　　　　　　源文件: 光盘\源文件\第 9 章\9-4-2.html　视频: 光盘\视频\第 9 章\9-4-2.swf

01 ▶ 执行"文件>打开"命令, 打开页面"光盘\源文件\第 9 章\9-4-2.html", 效果如图 9-43 所示。然后将光标移动到页面中名为 news 的 Div 中 (如图 9-44 所示), 将多余的文字删除。

图 9-43　页面效果

图 9-44　选中名为 news 的 Div

02 ▶ 单击"插入"面板的"结构"下的"编号列表"按钮 (如图 9-45 所示), 在名为 news 的 Div 中插入一个编号列表, 然后切换到代码视图中, 可以看到自动生成的编号列表标签, 如图 9-46 所示。

图 9-45　"插入"面板

```
<div id="news">
    <ol>
        <li></li>
    </ol>
</div>
```

图 9-46　代码视图

03 ▶ 返回到设计视图，将光标移动到编号后面输入相关的文字内容，如图 9-47 所示。然后切换到代码视图，可以看到所输入的内容位于编号列表的<li>与</li>标签之间，如图 9-48 所示。

```
<div id="news">
    <ol>
        <li>游戏狂欢的时刻来临了，圣诞节游戏积分排行榜。<
/li>
    </ol>
</div>
```

图 9-47　输入文字　　　　　　　　　　　　　　图 9-48　代码视图

04 ▶ 返回到设计视图，将光标移至刚输入的编号列表文字之后，按 Enter 键插入一个列表项目，此时切换到代码视图，可以看到自动插入的列表项目标签，如图 9-49 所示。然后使用相同的方法，在第二项中输入相应的文字，如图 9-50 所示。

```
<div id="news">
    <ol>
        <li>游戏狂欢的时刻来临了，圣诞节游戏积分排行榜。
</li>
        <li></li>
    </ol>
</div>
```

图 9-49　代码视图

图 9-50　设计视图

05 ▶ 使用相同的方法，完成其他项目文字的输入，如图 9-51 所示。然后保存页面，在浏览器中预览页面，可以看到网页中编号列表的效果，如图 9-52 所示。

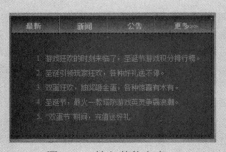

图 9-51　输入其他文字

图 9-52　页面效果

9.4.3　列表属性设置

在设计视图中选中已有列表的其中一项，然后执行"格式>列表>属性"命令，弹出"列表属性"对话框（如图 9-53 所示），在该对话框中可以对列表进行更深入的设置。

图 9-53　"列表属性"对话框

列表类型：在该下拉列表中提供了"项目列表"、"编号列表"、"目录列表"和"菜单列表"4 个选项（如图 9-54 所示），通过它们可以改变所选列表的类型。其中，"目录列表"类型和"菜单列表"类型只在较低版本的浏览器中起作用，在目前能用的高版本浏览器中已经失去效果，这里不做介绍。

图 9-54　"列表类型"下拉列表

如果在"列表类型"下拉列表中选择了"项目列表"选项，列表将被转换成无序列表。此时，"列表属性"对话框上除"列表类型"下拉列表外，只有"样式"下拉列表和"新建样式"下拉列表可用，如图 9-55 所示。

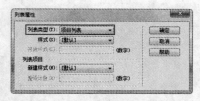

图 9-55　"列表属性"对话框

在"列表类型"下拉列表中选择"编号列表"选项，列表将被转换成有序列表。此时，"列表属性"对话框中的所有下拉列表都可以使用。

样式：在该下拉列表中可以选择列表的样式。如果在"列表类型"下拉列表中选择了"项目列表"，则"样式"下拉列表中共有 3 个选项，分别为"默认"、"项目符号"和"正方形"，它们用来设置项目列表中每行开头的列表标志，图 9-56 所示为以正方形作为项目列表标志。

默认的列表标志是项目符号，也就是圆点。在"样式"下拉列表中选择"默认"或"项目符号"选项都将设置列表标志为项目符号。

如果在"列表类型"下拉列表中选择了"编号列表"，则"样式"下拉列表中有 6 个选项，分别为"默认"、"数字"、"小写罗马字母"、"大写罗马字母"、"小写字母"和"大写字母"，如图 9-57 所示。它们用来设置编号列表中每行开头的编辑符号，图 9-58 所示为以大写字母作为编号符号的有序列表。

图 9-56　正方形项目列表

图 9-57　"样式"下拉列表

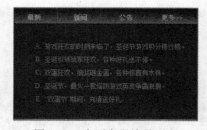

图 9-58　大写字母编号列表

开始计数：如果在"列表类型"下拉列表中选择"编号列表"选项，则该选项可用，用户可以在该选项后的文本框中输入一个数字指定编号列表从几开始，图 9-59 所示为设置"开始计数"选项后编号列表的效果。

新建样式：该下拉列表与"样式"下拉列表的选项相同，如果在该下拉列表中选择一个列表样式，则在该页面中创建列表时将自动应用该样式，而不会应用默认列表样式。

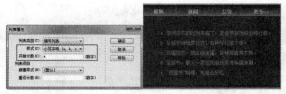

重设计数：该选项的使用方法和"开始计数"选项的使用方法相同，如果在该选项中设置一个值，则在该页面中创建编号列表时将从设置的数开始有序排列列表。

图 9-59　设置"开始计数"选项后编号列表的效果

> **提示**　网页中的列表除了可以使用"列表属性"对话框进行设置外，还可以通过 CSS 样式表对相关属性进行设置，在第 6 章中已经介绍了使用 CSS 样式对列表进行设置的方法，读者可以尝试使用 CSS 样式对列表进行设置。

 9.4.4　插入水平线

水平线可以起到分隔文本的作用，在页面中可以使用一条或多条水平线分隔文本或元素。

在设计视图中将插入的水平线选中后，可以在"属性"面板中对该水平线的属性进行设置，"属性"面板如图 9-60 所示。

图 9-60　水平线的"属性"面板

水平线："水平线"文字下方的文本框用于设置所选水平线的 ID 值。

宽：可以设置所选水平线的宽度，在右侧的下拉列表中可以选择宽度的单位，共有"%"和"像素"两个选项。

高：可以设置所选水平线的高度。

对齐：在该下拉列表中可以设置所选水平线的对齐方式，共有"默认"、"左对齐"、"居中对齐"和"右对齐"4 个选项。

阴影：该复选框默认为选中状态，可以为所选水平线添加阴影效果，如果取消选中将不会有阴影效果。

Class：在该下拉列表中可以选择已经定义的 CSS 样式应用于水平线。

自测 49　在网页中插入水平线
　　　　源文件：光盘\源文件\第 9 章\9-4-4.html　视频：光盘\视频\第 9 章\9-4-4.swf

01 ▶执行"文件>打开"命令，打开页面"光盘\源文件\第 9 章\9-4-4.html"，效果如图 9-61 所示。然后将光标移动到需要插入水平线的位置，单击"插入"面板的"常用"下的"水平线"按钮，如图 9-62 所示。

图 9-61　页面效果

图 9-62　单击"水平线"按钮

02 ▶此时可以在页面中光标所在的位置插入水平线，效果如图 9-63 所示。保存页面，在浏览器中预览页面，可以看到网页中水平线的效果，如图 9-64 所示。

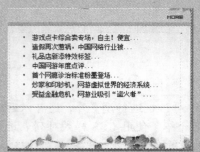

图 9-63　页面效果

图 9-64　在浏览器中预览页面

9.4.5　插入日期

在对网页进行更新以后，通常会加上更新日期。在 Dreamweaver 中只需要单击"日期"按钮，选择日期显示的格式，即可向网页中加入当前的日期和时间，并且通过设置，可以使网页每次保存时都能自动更新日期。

将光标移动到需要插入日期的位置，单击"插入"面板中的"日期"按钮（如图 9-65 所示），此时会弹出"插入日期"对话框，如图 9-66 所示。在该对话框中进行设置，单击"确定"按钮，即可在光标所在的位置插入日期。

图 9-65　单击"日期"按钮

图 9-66　"插入日期"对话框

星期格式： 该选项用来设置星期的格式，共有 7 个选项，如图 9-67 所示。选择其中的一个选项，星期的格式就会按照所选选项的格式插入到网页中，因为星期格式对中文的支持不是很好，所以一般选择"[不要星期]"选项，这样插入的日期不显示当前是星期几。

图 9-67　"星期格式"下拉列表

日期格式： 该选项用来设置日期的格式，共有 12 个选项，选择其中的一个选项，日期的格式就会按照所选选项的格式插入到网页中。

时间格式： 该选项用来设置时间的格式，共有 3 个选项，分别为"[不要时间]"、"10:19 PM"、"22:19"。如果选择"[不要时间]"选项，则插入到网页中的日期不包含时间。

储存时自动更新： 在向网页中插入日期时，如果选中"储存时自动更新"复选框，则插入的日期将在网页每次保存时自动更新为最新的日期。

自测 50　在网页中插入系统日期

源文件：光盘\源文件\第 9 章\9-4-5.html　视频：光盘\视频\第 9 章\9-4-5.swf

01 ▶ 执行"文件>打开"命令，打开页面"光盘\源文件\第 9 章\9-4-5.html"，效果如

图 9-68 所示。将光标移动到需要插入日期的位置，单击"插入"面板的"常用"
下的"日期"按钮，如图 9-69 所示。

图 9-68 页面效果 　　　　　　　　　　图 9-69 单击"日期"按钮

02 ▶ 此时会弹出"插入日期"对话框，对相关选项进行设置，如图 9-70 所示。然后单
击"确定"按钮，即可在页面中光标所在的位置插入当前的系统日期，如图 9-71
所示。

图 9-70 设置"插入日期"对话框 　　　　图 9-71 在网页中插入日期

03 ▶ 保存页面，在浏览器中预览页面，可以看到在网页中插入的日期效果，如图 9-72
所示。

图 9-72 在浏览器中预览页面

9.4.6 插入特殊字符

特殊字符在 HTML 中是以名称或数字的形式表示的，它们被称为实体，其中包含注册商标、
版权符号和商标符号等字符的实体名称。

将光标移动到需要插入特殊字符的位置，在"插入"面板的"常用"选项中单击"字符"
按钮旁边的三角符号，然后在弹出的菜单中选择需要插入的特殊字符，如图 9-73 所示。在此选
择"其他字符"选项，此时会弹出"插入其他字符"对话框，用户在其中可以选择更多的特殊
字符，如图 9-74 所示。单击需要的字符，或者直接在"插入"文本框中输入特殊字符的编码，
然后单击"确定"按钮，即可插入相应的特殊字符。

图 9-73 "字符"下拉菜单

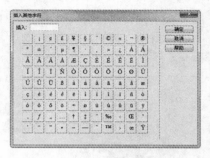

图 9-74 "插入其他字符"对话框

> **提示** 在网页的 HTML 编码中,特殊字符的编码是由以 "&" 开头、以 ";" 结尾的特定数字或英文字母组成的。

9.5 实现文本滚动效果

在 Dreamweaver 中可以实现字幕滚动效果,该效果既可以应用在文字上也可以应用在图像上,在页面中添加适当的滚动文字或图像可以使页面变得更加生动。

自测 51 实现文本滚动效果

源文件:光盘\源文件\第 9 章\9-5.html 视频:光盘\视频\第 9 章\9-5.swf

01 ▶ 执行"文件>打开"命令,打开页面"光盘\源文件\第 9 章\9-5.html",效果如图 9-75 所示。将光标移动到页面中名为 box 的 Div 中,将多余的文本删除,输入相应的文字内容,并为文字应用相应的 CSS 样式,如图 9-76 所示。

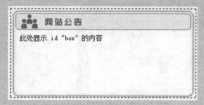

图 9-75 页面效果

图 9-76 输入文字内容

02 ▶ 将光标移动到需要添加滚动文本代码的位置,如图 9-77 所示。然后将视图切换到代码视图中,确定光标的位置,如图 9-78 所示。

图 9-77 定位光标位置

```
<div id="box"><span class="font01">[2007-4-24]</
span> 网站全新改版上线啦!~~希望广大...<br />
    <span class="font01">[2007-4-23]</span>
来趣游戏平台,我们的世界杯才刚开始<br />
    <span class="font01">[2007-4-22]</span>
最新活动通知,快快报名! <br />
    <span class="font01">[2007-4-20]</span>
《来趣对对》新区角色名抢注现已开放<br />
<span class="font01">[2007-4-19]</span> 为来趣播主
家族的致高荣誉努力拼搏...</div>
```

图 9-78 切换到代码视图

03 ▶ 添加滚动文本标签<marquee>,如图 9-79 所示。然后返回到设计视图中,单击"文档"工具栏中的"实时视图"按钮,在页面中可以看到文字已经实现了左、右滚动的效果,如图 9-80 所示。

```
<div id="box"><marquee><span class="font01">
[2007-4-24]</span>  网站全新改版上线啦!~希望广大...
<br />
        <span class="font01">[2007-4-23]</span>
来趣游戏平台,我们的世界杯才刚开始<br />
        <span class="font01">[2007-4-22]</span>
最新活动通知,快快报名! <br />
        <span class="font01">[2007-4-20]</span>
《来趣对对》新区角色名抢注现已开放<br />
<span class="font01">[2007-4-19]</span>  为来趣擂主
家族的致高荣誉努力拼搏...</marquee></div>
```

图 9-79　添加文本滚动代码

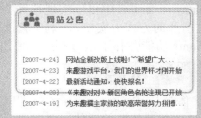

图 9-80　页面效果

04 ▶ 切换到代码视图中,在<marquee>标签中添加属性设置控制文本的滚动方向,如图 9-81 所示。然后返回到设计视图中,单击"文档"工具栏中的"实时视图"按钮,在页面中可以看到文字已经实现了上、下滚动的效果,如图 9-82 所示。

```
<div id="box"><marquee direction="up"><span class=
"font01">[2007-4-24]</span>  网站全新改版上线啦!~~
希望广大...<br />
        <span class="font01">[2007-4-23]</span>
来趣游戏平台,我们的世界杯才刚开始<br />
        <span class="font01">[2007-4-22]</span>
最新活动通知,快快报名! <br />
        <span class="font01">[2007-4-20]</span>
《来趣对对》新区角色名抢注现已开放<br />
<span class="font01">[2007-4-19]</span>  为来趣擂主
家族的致高荣誉努力拼搏...</marquee></div>
```

图 9-81　编辑代码

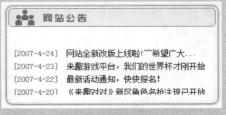

图 9-82　页面效果

05 ▶ 在预览时可以发现文字滚动超出了边框的范围,并且文字滚动的速度也比较快,切换到代码视图中,继续在<marquee>标签中添加属性设置,如图 9-83 所示。然后返回到设计视图中,单击"文档"工具栏中的"实时视图"按钮,在页面中可以看到文字滚动的效果,如图 9-84 所示。

```
<div id="box"><marquee direction="up" width="290"
height="100" scrollamount="2"><span class="font01">
[2007-4-
24]</span>  网站全新改版上线啦!~~希望广大...
<br />
        <span class="font01">[2007-4-23]</span>
来趣游戏平台,我们的世界杯才刚开始<br />
        <span class="font01">[2007-4-22]</span>
最新活动通知,快快报名! <br />
        <span class="font01">[2007-4-20]</span>
《来趣对对》新区角色名抢注现已开放<br />
<span class="font01">[2007-4-19]</span>  为来趣擂主
家族的致高荣誉努力拼搏...</marquee></div>
```

图 9-83　编辑代码

图 9-84　页面效果

06 ▶ 为了使浏览者能够清楚地看到滚动的文字,还需要实现当鼠标指向滚动字幕后字幕滚动停止、当鼠标离开字幕后字幕继续滚动的效果,切换到代码视图中,在<marquee>标签中添加属性设置,如图 9-85 所示。然后保存页面,在浏览器中预览页面,可以看到所实现的文本滚动效果,如图 9-86 所示。

```
<div id="box"><marquee direction="up" width="290"
height="100" scrollamount="2" onmouseover="stop();"
onmouseout="start();"><span class="font01">
[2007-4-24]</span>  网站全新改版上线啦!~希望广大...
<br />
        <span class="font01">[2007-4-23]</span>
来趣游戏平台,我们的世界杯才刚开始<br />
        <span class="font01">[2007-4-22]</span>
最新活动通知,快快报名! <br />
        <span class="font01">[2007-4-20]</span>
《来趣对对》新区角色名抢注现已开放<br />
<span class="font01">[2007-4-19]</span>  为来趣擂主
家族的致高荣誉努力拼搏...</marquee></div>
```

图 9-85　编辑代码

图 9-86　预览页面效果

 在滚动文本的标签属性中，direction 属性是指滚动的方向，direction="up" 表示向上滚动，等于 "down" 表示向下滚动，等于 "left" 表示向左滚动，等于 "right" 表示向右滚动；scrollamount 属性是指滚动的速度，数值越小滚动越慢；scrolldelay 属性是指滚动速度延时，数值越大速度越慢；height 属性是指滚动文本区域的高度；width 是指滚动文本区域的宽度；onMouseOver 属性是指当鼠标移动到区域上时所执行的操作；onMouseOut 属性是指当鼠标移开区域上时所执行的操作。

9.6 在网页中实现特殊文字效果

在 Dreamweaver CC 中可以实现特殊字体效果，以往在网页设计中，文字在使用特殊字体时都要通过图片的方式去实现，不利于修改，Dreamweaver CC 中的 "本地 Web 字体" 和 Adobe Edge Web Fonts 功能弥补了这一不足，使用该功能可以在网页中实现特殊文字效果。

9.6.1 使用 Web 字体

Web 字体是从 Dreamweaver CS6 开始加入的功能，通过使用 Web 字体，用户可以在 Dreamweaver 中加载特殊的字体，并在网页中使用这种特殊字体，从而在网页中实现特殊文字效果。

自测 52   使用 Web 字体

源文件：光盘\源文件\第 9 章\9-6-1.html   视频：光盘\视频\第 9 章\9-6-1.swf

01 ▶ 执行 "文件>打开" 命令，打开页面 "光盘\源文件\第 9 章\9-6-1.html"，效果如图 9-87 所示。然后执行 "修改>管理字体" 命令，弹出 "管理字体" 对话框，如图 9-88 所示。

图 9-87 页面效果

图 9-88 "管理字体" 对话框

02 ▶ 单击 "本地 Web 字体" 标签，切换到 "本地 Web 字体" 选项卡，如图 9-89 所示。单击 "TTF 字体" 选项后的 "浏览" 按钮，弹出 "打开" 对话框，选择需要添加的字体，如图 9-90 所示。

 在 "本地 Web 字体" 选项卡中可以添加 4 种格式的字体文件，分别单击各字体格式选项后的 "浏览" 按钮，即可添加相应格式的字体。

图 9-89 "本地 Web 字体"选项卡

图 9-90 "打开"对话框

03 ▶ 单击"打开"按钮后，添加该字体，然后选中相应的复选框，如图 9-91 所示。单击"添加"按钮，即可将所选字体添加到"本地 Web 字体的当前列表"中（如图 9-92 所示），然后单击"完成"按钮，完成对字体的管理。

图 9-91 "本地 Web 字体"选项卡

图 9-92 添加 Web 字体

04 ▶ 单击"CSS 设计器"面板的"选择器"选项区右上角的"添加选择器"按钮┇┇，添加名为.font01 的类选择器，如图 9-93 所示。选择创建的选择器，单击"CSS 设计器"面板的"属性"选项区中的"文本"按钮，设置相应的 CSS 样式，如图 9-94 所示。

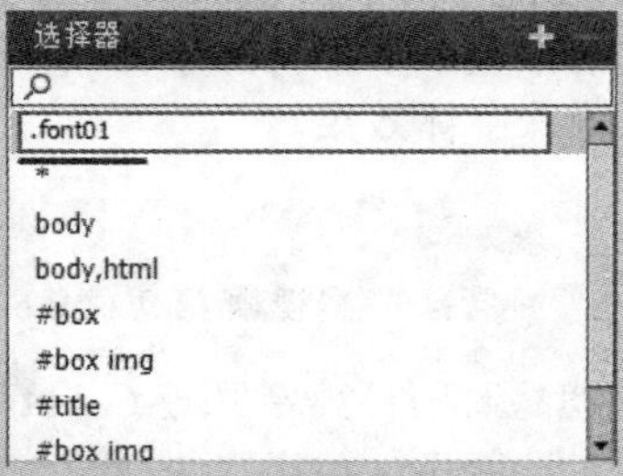

图 9-93 添加选择器

图 9-94 设置 CSS 样式

05 ▶ 切换到外部 CSS 样式表文件中，可以看到自己添加的代码，如图 9-95 所示。在 CSS 样式中定义字体为所添加的 Web 字体，则会在当前站点的根目录中自动创建名为 webfonts 的文件夹，如图 9-96 所示。

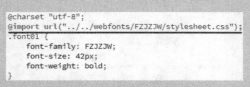

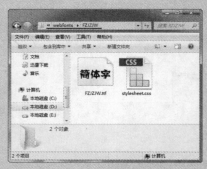

图 9-95　CSS 样式代码　　　　　　　图 9-96　自动创建的文件夹

06 ▶ 返回到设计视图，选中相应的文字，在"属性"面板的"类"下拉列表中选择刚刚定义的名为 font01 的类 CSS 样式，如图 9-97 所示。然后保存页面，在 Chrome 浏览器中预览页面，可以看到文字效果，如图 9-98 所示。

图 9-97　应用 CSS 样式　　　　　　　图 9-98　预览页面效果

　目前，对于 Web 字体的应用很多浏览器的支持方式并不完全相同，例如 IE10 就不支持 Web 字体，所以，在网页中要尽量少用 Web 字体。如果在网页中使用的 Web 字体过多，会导致网页下载的时间过长。

9.6.2　使用 Adobe Edge Web Fonts

　　Adobe Edge Web Fonts 是 Dreamweaver CC 新增的功能，可以解决网页中的字体过于单一，不能使用特殊字体的问题。在 Adobe Edge Web Fonts 中预置了多种特殊字体效果，用户可以在制作网页的过程中通过提供的特殊字体在网页中实现特殊字体效果。

自测 53　**使用 Adobe Edge Web Fonts**
　　源文件：光盘\源文件\第 9 章\9-6-2.html　视频：光盘\视频\第 9 章\9-6-2.swf

01 ▶ 执行"文件>打开"命令，打开页面"光盘\源文件\第 9 章\9-6-2.html"，效果如图 9-99 所示。然后执行"修改>管理字体"命令，弹出"管理字体"对话框，如图 9-100 所示。

图 9-99 页面效果

图 9-100 "管理字体"对话框

02 ▶ 在 Adobe Edge Web Fonts 选项卡中单击"建议用于标题的字体列表"按钮■，在字体列表中会显示相应的字体，如图 9-101 所示。选中 Miama 字体（如图 9-102 所示），然后单击"完成"按钮，完成对 Adobe Edge Web Fonts 中字体的添加。

图 9-101 显示相应的字体

图 9-102 选中需要使用的字体

> **提示**　在 Adobe Edge Web Fonts 左侧的字体类别中选择字体的使用类型，用户可以选择多个字体，单击选中，再次单击可以取消对某个字体的选择。

03 ▶ 单击"CSS 设计器"面板的"选择器"选项区右上角的"添加选择器"按钮，新建名为.font01 的类选择器，如图 9-103 所示。选中创建的选择器，单击"CSS 设计器"面板的"属性"选项区中的"文本"按钮，设置其相应的 CSS 样式，如图 9-104 所示。

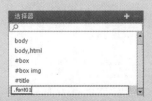

图 9-103 添加选择器

图 9-104 设置 CSS 样式

04 ▶ 返回到设计视图，选中相应的文字，在"属性"面板的"类"下拉列表中选择刚刚定义的名为 font01 的类 CSS 样式，如图 9-105 所示。然后切换到代码视图，可以看到添加 Adobe Edge Web Fonts 字体后自动在网页头部添加的 JavaScript 脚本代码,如图 9-106 所示。

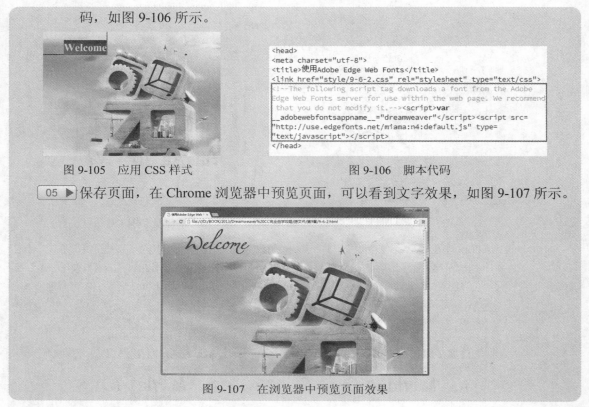

图 9-105　应用 CSS 样式　　　　　　　图 9-106　脚本代码

05 ▶ 保存页面,在 Chrome 浏览器中预览页面,可以看到文字效果,如图 9-107 所示。

图 9-107　在浏览器中预览页面效果

9.7　设计制作科技企业网站页面

　　本例制作一个科技企业网站页面,科技企业网站页面的特点在于体现高科技感。本例的页面内容较少,页面构成比较简单,在页面的最上部运用 Flash 动画的形式体现页面的主题内容,将 Flash 动画设计成一种特殊风格的形状,并且加以动画的表现形式体现页面的科技感,使页面有一种焕然一新的感觉,本例的最终效果如图 9-108 所示。

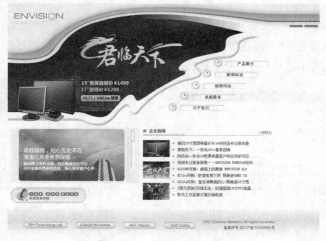

图 9-108　页面的最终效果

自测 54 设计制作科技企业网站页面

源文件：光盘\源文件\第 9 章\9-7.html　视频：光盘\视频\第 9 章\9-7.swf

01 ▶ 执行 "文件>新建" 命令，弹出 "新建文档" 对话框，新建 HTML 页面（如图 9-109 所示），并将该页面保存为 "光盘\源文件\第 9 章\9-7.html"。使用相同的方法，新建外部 CSS 样式表文件，将其保存为 "光盘\源文件\第 9 章\style\ 9-7.css"，然后返回到 9-7.html 页面中，链接刚刚创建的外部 CSS 样式表文件，如图 9-110 所示。

图 9-109 "新建文档" 对话框

图 9-110 链接外部样式表

02 ▶ 切换到外部 CSS 样式表文件中，创建名为 * 的通配符 CSS 样式，如图 9-111 所示。然后创建名为 body 的标签 CSS 样式，如图 9-112 所示。

```
*  {
        margin: 0px;
        padding: 0px;
        border: 0px;
}
```

图 9-111 CSS 样式代码

```
body {
        font-family:"宋体";
        font-size:12px;
        color:#3f4344;
        line-height: 21px;
        background-image: url(../images/7601.gif);
        background-repeat: repeat-x;
}
```

图 9-112 CSS 样式代码

03 ▶ 返回到 9-7.html 页面中，可以看到页面的背景效果，如图 9-113 所示。

图 9-113 页面效果

04 ▶ 单击 "插入" 面板上的 Div 按钮，弹出 "插入 Div" 对话框，设置选项如图 9-114 所示。然后单击 "确定" 按钮，在页面中插入名为 box 的 Div，如图 9-115 所示。

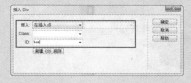

图 9-114 "插入 Div" 对话框

图 9-115 页面效果

05 ▶ 切换到外部 CSS 样式表文件中，创建名为 #box 的 CSS 样式，如图 9-116 所示。然后返回到页面的设计视图中，页面效果如图 9-117 所示。

06 ▶ 单击 "插入" 面板上的 Div 按钮，弹出 "插入 Div" 对话框，设置选项如图 9-118

所示。然后单击"确定"按钮，在名为 box 的 Div 中插入名为 top 的 Div，如
图 9-119 所示。

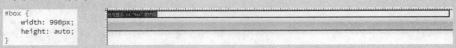

图 9-116　CSS 样式代码　　　　　　　　　　　　图 9-117　页面效果

　　　　　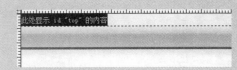

　　　　图 9-118　"插入 Div"对话框　　　　　　　　图 9-119　页面效果

07 ▶ 切换到外部 CSS 样式表文件中，创建名为#top 的 CSS 样式，如图 9-120 所示。然
后返回到页面的设计视图中，页面效果如图 9-121 所示。

```
#top {
    width: 990px;
    height: 410px;
    background-image: url(../images/7602.gif);
    background-repeat: no-repeat;
}
```

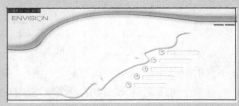

　　　　图 9-120　CSS 样式代码　　　　　　　　　　图 9-121　页面效果

08 ▶ 将光标移动到名为 top 的 Div 中，将多余的文本删除，并在该 Div 中插入 Flash 动
画"光盘\源文件\第 9 章\images\top.swf"，如图 9-122 所示。然后选中刚插入的 Flash
动画，在"属性"面板上设置 Wmode 属性为"透明"，如图 9-123 所示。

　　　图 9-122　插入 Flash 动画　　　　　　　　　图 9-123　设置属性

09 ▶ 保存页面，然后单击"文档"工具栏上的"实时视图"按钮，预览该 Flash 动画的
效果，如图 9-124 所示。

图 9-124　预览 Flash 动画效果

10 ▶ 将光标置于页面的设计视图中，单击"插入"面板上的 Div 按钮，弹出"插入 Div"
对话框，设置选项如图 9-125 所示。然后单击"确定"按钮，在名为 top 的 Div 之
后插入名为 left 的 Div，如图 9-126 所示。

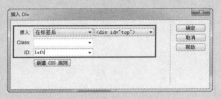

图 9-125 "插入 Div"对话框

图 9-126 页面效果

11 ▶ 切换到外部 CSS 样式表文件中，创建名为#left 的 CSS 样式，如图 9-127 所示。然
后返回到页面的设计视图中，页面效果如图 9-128 所示。

```
#left {
    width: 410px;
    height: 265px;
    margin-left: 10px;
    margin-right: 10px;
    float: left;
}
```

图 9-127 CSS 样式代码

图 9-128 页面效果

12 ▶ 将光标移动到名为 left 的 Div 中，将多余的文本删除，并在该 Div 中插入 Flash 动
画"光盘\源文件\第 9 章\images\pop.swf"，如图 9-129 所示。然后将光标移动到刚
刚插入的 Flash 之后，插入图像"光盘\源文件\第 9 章\images\7603.gif"，如图 9-130
所示。

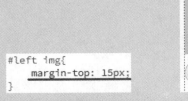

图 9-129 插入 Flash 动画

图 9-130 插入图像

13 ▶ 切换到外部 CSS 样式表文件中，创建名为#left img 的 CSS 样式，如图 9-131 所示。
然后返回到页面的设计视图中，页面效果如图 9-132 所示。

```
#left img{
    margin-top: 15px;
}
```

图 9-131 CSS 样式代码

图 9-132 页面效果

14 ▶ 将光标置于页面的设计视图中，单击"插入"面板上的 Div 按钮，弹出"插入 Div"
对话框，设置选项如图 9-133 所示。然后单击"确定"按钮，在名为 left 的 Div

之后插入名为 right 的 Div，如图 9-134 所示。

图 9-133 "插入 Div"对话框   图 9-134 页面效果

15 ▶ 切换到外部 CSS 样式表文件中，创建名为#right 的 CSS 样式，如图 9-135 所示。然后返回到页面的设计视图中，页面效果如图 9-136 所示。

```
#right {
    width: 410px;
    height: 240px;
    float: left;
}
```

图 9-135 CSS 样式代码   图 9-136 页面效果

16 ▶ 将光标移动到名为 right 的 Div 中，将多余的文本删除，然后单击"插入"面板上的 Div 按钮，弹出"插入 Div"对话框，设置选项如图 9-137 所示。单击"确定"按钮，在名为 right 的 Div 中插入名为 title 的 Div，如图 9-138 所示。

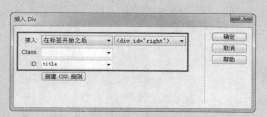

图 9-137 "插入 Div"对话框   图 9-138 页面效果

17 ▶ 切换到外部 CSS 样式表文件中，创建名为#title 的 CSS 样式，如图 9-139 所示。然后返回到页面的设计视图中，页面效果如图 9-140 所示。

```
#title {
    height: 25px;
    background-image: url(../images/7604.gif);
    background-repeat: no-repeat;
    background-position: left bottom;
}
```

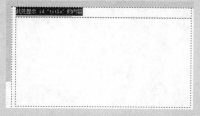

图 9-139 CSS 样式代码   图 9-140 页面效果

18 ▶ 将光标移动到名为 title 的 Div 中，将多余的文本删除，然后在该 Div 中输入相应的文字内容，并插入图像"光盘\源文件\第 9 章\images\7605.gif"，如图 9-141 所示。接着切换到代码视图中，为该 Div 中的文字添加<span>标签，如图 9-142 所示。

```
<div id="right">
    <div id="title"><span>企业新闻</span><img src=
"images/7605.gif" width="39" height="10" /></div>
</div>
```

图 9-141 页面效果   图 9-142 添加代码

19 ▶ 切换到外部 CSS 样式表文件中，创建名为#title span 和#title img 的 CSS 样式，如图 9-143 所示。然后返回到页面的设计视图中，页面效果如图 9-144 所示。

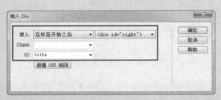

图 9-143 CSS 样式代码   图 9-144 页面效果

20 ▶ 单击"插入"面板上的 Div 按钮，弹出"插入 Div"对话框，设置选项如图 9-145 所示。然后单击"确定"按钮，在名为 title 的 Div 之后插入名为 news-pic 的 Div，如图 9-146 所示。

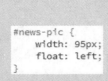

图 9-145 "插入 Div"对话框   图 9-146 页面效果

21 ▶ 切换到外部 CSS 样式表文件中，创建名为#news-pic 的 CSS 样式，如图 9-147 所示。然后返回到页面的设计视图中，将光标移动到名为 news-pic 的 Div 中，将多余的文字删除，并在该 Div 中插入相应的图像，如图 9-148 所示。

```
#news-pic {
    width: 95px;
    float: left;
}
```

图 9-147 CSS 样式代码   图 9-148 页面效果

22 ▶ 切换到外部 CSS 样式表文件中，创建名为#news-pic img 的 CSS 样式，如图 9-149 所示。然后返回到页面的设计视图中，效果如图 9-150 所示。

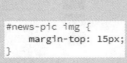

```
#news-pic img {
    margin-top: 15px;
}
```

图 9-149 CSS 样式代码   图 9-150 页面效果

23 ▶ 单击"插入"面板上的 Div 按钮，弹出"插入 Div"对话框，设置选项如图 9-151 所示。然后单击"确定"按钮，在名为 news-pic 的 Div 之后插入名为 news 的 Div，如图 9-152 所示。

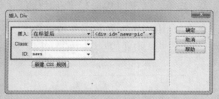

图 9-151 "插入 Div"对话框

图 9-152 页面效果

24 ▶ 切换到外部 CSS 样式表文件中，创建名为#news 的 CSS 样式，如图 9-153 所示。然后返回到页面的设计视图中，将光标移动到名为 news 的 Div 中，将多余的文字删除。接着单击"插入"面板中的"项目列表"按钮，在设计视图中插入相应的列表项，按 Enter 键进行列表项目的输入，如图 9-154 所示。

```
#news {
    width: 315px;
    margin-top: 15px;
    float: left;
}
```

图 9-153 CSS 样式代码

图 9-154 页面效果

25 ▶ 切换到外部 CSS 样式表文件中，创建名为#news li 的 CSS 样式，如图 9-155 所示。然后返回到页面的设计视图中，效果如图 9-156 所示。

```
#news li {
    list-style-type: none;
    background-image: url(../images/7610.gif);
    background-repeat: no-repeat;
    background-position: left center;
    padding-left: 15px;
}
```

图 9-155 CSS 样式代码

图 9-156 页面效果

26 ▶ 单击"插入"面板上的 Div 按钮，弹出"插入 Div"对话框，设置选项如图 9-157 所示。然后单击"确定"按钮，在名为 box 的 Div 之后插入名为 bottom 的 Div，如图 9-158 所示。

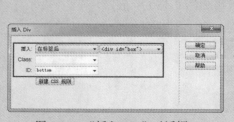

图 9-157 "插入 Div"对话框

图 9-158 页面效果

27 ▶切换到外部 CSS 样式表文件中，创建名为#bottom 的 CSS 样式，如图 9-159 所示。然后返回到页面的设计视图中，将光标移动到名为 bottom 的 Div 中，将该 Div 中多余的文本删除，并在该 Div 中插入相应的图像，如图 9-160 所示。

```
#bottom {
    height: 50px;
    background-image: url(../images/7611.gif);
    background-repeat: repeat-x;
    padding-left: 50px;
    padding-top: 30px;
    clear: left;
}
```

图 9-159　CSS 样式代码　　　　　　　　　　图 9-160　页面效果

28 ▶切换到外部 CSS 样式表文件中，创建名为#bottom img 的 CSS 样式，如图 9-161 所示。然后返回到页面的设计视图中，效果如图 9-162 所示。

```
#bottom img {
    margin-right: 20px;
}
```

图 9-161　CSS 样式代码　　　　　　　　　　图 9-162　页面效果

29 ▶至此完成该页面的设计制作，保存页面，并且保存外部 CSS 样式文件，在浏览器中预览页面，效果如图 9-163 所示。

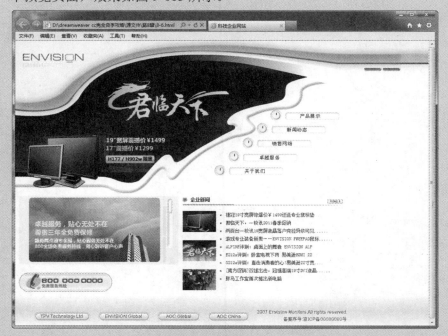

图 9-163　在浏览器中预览页面效果

9.8 本章小结

　　完成本章内容的学习后，相信读者已经掌握了文本对象的基本操作。文本页面是最基础的页面，读者要掌握文本的设置以及相关文本要素的插入方法，并且能够制作出相应的文本网页。

第 10 章　在网页中插入图像

网页图像常识

实例名称：在网页中插入图像
源文件：源文件\第 10 章\10-2.html
视频：视频\第 10 章\10-2.swf

本章知识点

　　在网页中插入图像目的是为了把设计好的图像展示给浏览者。图像是网页中必不可少的组成部分，恰当地使用图像可以使网页充满生命力和说服力，从而吸引更多的浏览者，加深浏览者对网站的印象。本章从最基本的操作开始，讲解网页中图像的插入和设置，帮助读者掌握基本的图像网页的制作。

设置图像属性

设置图像标题

实例名称：插入鼠标经过图像
源文件：源文件\第 10 章\10-3-1.html
视频：视频\第 10 章\10-3-1.swf

实例名称：设计制作卡通图像网页
源文件：源文件\第 10 章\10-4.html
视频：视频\第 10 章\10-4.swf

10.1 网页图像常识

目前虽然有很多图像格式，但是在网站页面中常用的只有 GIF、JPEG、PNG 这 3 种格式，其中，PNG 文件具有较大的灵活性且文件比较小，所以它对于目前任何类型的 Web 图形来说都是最适合的，但是只有较高版本的浏览器才支持这种图像格式，而且也不是对 PNG 文件的所有特性都能很好地支持。相对而言，GIF 和 JPEG 文本格式的支持情况是较好的，大多数浏览器都可以支持。因此，在制作 Web 页面时一般使用 GIF 和 JPEG 格式的图像。

1．JPEG 格式

JPEG 是英文 Joint Photographic Experts Group（联合图像专家组）的缩写，该图像格式是用于拍摄连续色调图像的高级格式，这是因为 JPEG 文件可以包含数百万种颜色。通常，JPEG 文件需要通过压缩图像品质和文件大小来达到良好的平衡，因为随着 JPEG 文件品质的提高，文件的大小和下载时间也会随之增加，如图 10-1 所示。

图 10-1   JPEG 格式图像在网页中的应用

2．GIF 格式

GIF 是英文 Graphics Interchange Format（图形交换格式）的缩写，20 世纪 80 年代，美国一家著名的在线信息服务机构 CompuServe 针对当时网络传输带宽的限制开发出了这种 GIF 图像格式，GIF 采用 LZW 无损压缩算法，而且最多使用 256 种颜色，最适合显示色调不连续或具有大面积单一颜色的图像，如图 10-2 所示。

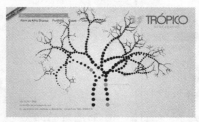

图 10-2   GIF 格式图像在网页中的应用

另外，GIF 图片支持动画，GIF 的动画效果是它广泛流行的重要原因。不可否认，在品质优良的矢量动画制作工具 Flash 推出之后，现在真正大型的、复杂的网上动画几乎都是用 Flash 软件制作的，但是在某些方面 GIF 动画依然有着不可取代的地位。首先，GIF 动画的显示不需要特定的插件，而离开特定的插件，Flash 动画就不能播放；此外，在制作简单的、只有几帧图片（特别是位图）交替的动画时，GIF 动画也有着特定的优势，图 10-3 所示为 GIF 动画的效果。

3．PNG 格式

PNG 是英文 Portable Network Graphics（可移植网络图形）的缩写，该图像格式是一种替代 GIF 格式的专利权限的格式，它包括对索引色、灰度、真彩色图像以及 Alpha 通道透明的支持，如图 10-4 所示。

图 10-3　网页中的 GIF 动画

图 10-4　PNG 格式图像在网页中的应用

　　PNG 是 Fireworks 固有的文件格式。PNG 文件可以保留所有的原始图层、矢量、颜色和效果信息，并且在任何时候都可以完全编辑所有元素（文件必须具有.png 扩展名才能被 Dreamweaver CC 识别为 PNG 文件）。

10.2　插入图像

　　在 Dreamweaver CC 中可以直接将图像插入到网页中，也可以将图像作为页面背景。另外，如果需要创建图像交替的效果，可以把图像插入到 Div 中。如果在制作网页的过程中需要修改网页中的图像，可以直接调出外部图像编辑器进行修改。

10.2.1　在网页中插入图像

　　在网页中插入图像可以使网页的内容更加丰富、更加有利于浏览者浏览，下面通过一个实例向读者介绍如何在网页中插入图像。

自测 55　在网页中插入图像

　　源文件：光盘\源文件\第 10 章\10-2.html　视频：光盘\视频\第 10 章\10-2-1.swf

01 ▶ 执行"文件>打开"命令，打开页面"光盘\源文件\第 10 章\10-2.html"，效果如图 10-5 所示。将光标移动到页面中名为 main 的 Div 中，将多余的文本删除，如图 10-6 所示。

图 10-5　打开页面　　　　　　　　图 10-6　删除多余文本

02 ▶ 单击"插入"面板的"常用"下的"图像"按钮，如图 10-7 所示。此时会弹出"选择图像源文件"对话框，选择图像"光盘\素材\第 10 章\images\8112.gif"，如图 10-8 所示。

图 10-7　单击"图像"按钮　　　　　　图 10-8　　"选择图像源文件"对话框

> **提示**　　在网页中插入图像时，如果所选择的图像不在本地站点的目录下会弹出提示对话框，提示用户复制图像文件到本地站点的目录中，单击"是"按钮后，将弹出"复制文件为"对话框，让用户选择图像文件的存放位置，可选择根目录或根目录下的任何文件夹。

`03` ▶ 单击"确定"按钮，在网页中光标所在的位置插入图像，效果如图 10-9 所示。

图 10-9　页面效果

`04` ▶ 执行"文件>保存"命令，保存页面，并在浏览器中预览页面，可以看到在网页中插入图像的效果，如图 10-10 所示。

图 10-10　在浏览器中预览页面效果

10.2.2　设置图像属性

如果需要对图像的属性进行设置，首先在 Dreamweaver 设计视图中选择需要设置属性的图像，然后在"属性"面板中对该图像的属性进行设置，如图 10-11 所示。

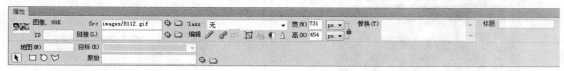

图 10-11　图像的"属性"面板

图像信息：在"属性"面板的左上角显示了所选图片的缩略图，并且在缩略图的右侧显示了该对象的信息。如图 10-12 所示，在信息中可以查看到该对象为图像文件，大小为 99KB。

图 10-12　图像信息

信息内容的下面还有一个 ID 文本框，用户可以在该文本框中定义图像的名称，主要是为了在脚本语言（例如 JavaScript 或 VBScript）中便于引用图像。

Src：在页面中选中图像，在"属性"面板的 Src 文本框中可以查看图像的源文件位置，用户也可以在此手动更改图像的位置。

链接：在"链接"文本框中可以输入图像的链接地址，如图 10-13 所示。

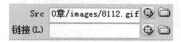

图 10-13　设置图像的链接地址

目标：在"目标"下拉列表中可以设置图像链接文件显示的目标位置（如图 10-14 所示），该部分内容将在后续章节中进行详细讲解。

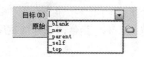

图 10-14　"目标"下拉列表

原始：该选项用于设置所选图像的低分辨率图像。低分辨率图像在网页中显示的速度比较快，可以在高分辨率图像还没有下载完成之前显示。

Class：在该下拉列表中可以选择已经定义好的类 CSS 样式，或者进行"重命名"和"附加样式表"操作，如图 10-15 所示。

编辑：该选项后提供了多个编辑按钮，单击相应的按钮，可以对图像进行相应的编辑操作。

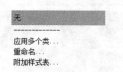

图 10-15　Class 下拉列表

①"编辑"按钮：单击该按钮，将启动外部图像编辑软件对所选图像进行编辑操作。

②"编辑图像设置"按钮：单击该按钮，将弹出"图像优化"对话框（如图 10-16 所示），在该对话框中可以对图像进行优化设置。在"预置"下拉列表中可以选择 Dreamweaver CC 预置的图像优化选项，如图 10-17 所示。

图 10-16　"图像优化"对话框

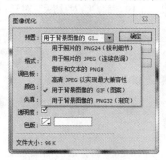

图 10-17　"预置"下拉列表

③"从源文件更新"按钮：单击该按钮，在更新智能对象时网页图像会根据原始文件的当前内容和原始优化设置以新的大小、无损方式重新呈现图像。

④"裁剪"按钮：单击该按钮，在图像上会出

现虚线区域，拖动该虚线区域的 8 个角点至合适的位置，然后按键盘上的 Enter 键即可完成图像的裁剪操作，如图 10-18 所示。

图 10-18　对图像进行裁剪操作

⑤"重新取样"按钮 ：对已经插入到页面中的图像进行编辑操作后，可以单击该按钮，重新读取该图像文件的信息。

⑥"亮度和对比度"按钮 ：选中图像，单击该按钮，将弹出"亮度/对比度"对话框，用户可以通过拖动滑块或者在后面的文本框中输入数值来设置图像的亮度和对比度，如图 10-19 所示。如果选中"预览"复选框，可以在调节的同时在 Dreamweaver 的设计视图中看到图像调节的效果，如图 10-20 所示。

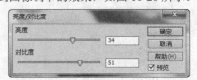

图 10-19　"亮度/对比度"对话框

图 10-20　调整后的图像效果

⑦"锐化"按钮 ：单击该按钮，可以对图像的清晰度进行调整。首先选中图像，在"属性"面板上单击"锐化"按钮，此时会弹出"锐化"对话框，如图 10-21 所示。然后输入数值或拖动滑块调整锐化效果，锐化后的效果如图 10-22 所示。

图 10-21　"锐化"对话框

图 10-22　锐化处理后的图像效果

宽和高：在网页中插入图像时，Dreamweaver 会自动在"属性"面板的"宽"和"高"文本框中显示图像的原始大小，如图 10-23 所示。在默认情况下，其单位为像素。

图 10-23　"宽"和"高"选项

如果需要调整图像的宽度和高度，可以直接在"宽"和"高"文本框中输入相应的数值，也可以在 Dreamweaver 设计视图中选中需要调整的图像，然后拖动图像的角点到合适的大小。改变图像尺寸后的"属性"面板如图 10-24 所示。

图 10-24　调整后的选项

从该图中可以看出，在 Dreamweaver 中改变了图像默认的"宽"和"高"，那么在"属性"面板的"宽"和"高"文本框后面会出现 3 个按钮，下面分别为大家进行介绍。

①"切换尺寸约束"按钮 ：单击该按钮，可以约束图像缩放的比例，当修改图像的宽度时，高度也会进行等比例的修改。

②"重置为原始大小"按钮 ：单击该按钮，可恢复图像至原始的尺寸大小。

③"提交图像大小"按钮 ：单击该按钮，会弹出一个提示对话框，提示是否提交对图像尺寸的修改，单击"确定"按钮，即可确认对图像大小的修改。

替换：选中页面中的图像，在"属性"面板的"替换"文本框中可以输入图像的替换说明文字，如图 10-25 所示。在浏览网页时，当该图片因丢失或者其他原因不能正确显示时，在其相应的区域会显示设置的替换说明文字，如图 10-26 所示。

图 10-25　设置替换文本

图 10-26　替换文本的效果

标题：用于设置图片的提示信息，如图 10-27 所

示。设置后在网页中将鼠标停在图片上时会出现信息提示，如图 10-28 所示。

图 10-27　设置标题

图 10-28　鼠标停留时的效果

（1）在设置图像的"宽"、"高"值时，除非有必要，不要对它们进行修改，因为会使图像失真、浪费文件资源。如果因为某些原因一定要修改，可以先在图像编辑软件中重新处理该图像的源文件，这样得到的效果是最好的。

（2）通过"属性"面板中的"编辑"按钮 ✎，可以根据图像格式的不同来应用相应的编辑软件。执行"编辑>首选项"命令，将弹出"首选项"对话框，在"分类"列表中选择"文件类型/编辑器"选项，在对话框右侧可以设置各图像格式需要应用的编辑软件。

10.3　插入其他图像元素

在 Dreamweaver CC 中还提供了在网页中插入一些其他相关图像元素的方法，在"插入"面板中单击"常用"下的"图像"按钮旁的下三角按钮，会弹出一个下拉菜单（如图 10-29 所示），用户在其中可以看到其他两种图像元素，下面向大家介绍如何在页面中插入其他两种图像元素。

10.3.1　插入鼠标经过图像

鼠标经过图像是一种在浏览器中查看并且鼠标指针经过它时发生变化的图像。鼠标经过图像实际上由两个图像组成，即主图像（首次载入页面时显示的图像）和次图像（当鼠标指针经过主图像时显示的图像）。鼠标经过图像中的两个图像大小应该相同，如果大小不同，Dreamweaver将自动调整次图像的大小匹配主图像的属性。

图 10-29　"图像"下拉菜单

自测 56　插入鼠标经过图像

　　源文件：光盘\源文件\第 10 章\10-3-1.html　视频：光盘\视频\第 10 章\10-3-1.swf

`01 ▶` 执行"文件>打开"命令，打开页面"光盘\源文件\第 10 章\10-3-1.html"，如图 10-30 所示。将光标移动到页面中名为 menu 的 Div 中，将多余的文本删除，如图 10-31 所示。

图 10-30　页面效果　　　　　　　　　　图 10-31　删除多余文字

02 ▶ 单击"插入"面板上的"图像"按钮右侧的下三角按钮，在弹出的菜单中选择"鼠标经过图像"选项（如图 10-32 所示），此时会弹出"插入鼠标经过图像"对话框，设置选项如图 10-33 所示。

图 10-32　选择"鼠标经过图像"选项　　　　图 10-33　"插入鼠标经过图像"对话框

03 ▶ 完成"插入鼠标经过图像"对话框的设置后单击"确定"按钮，在页面中插入鼠标经过图像，页面效果如图 10-34 所示。

图 10-34　插入鼠标经过图像

04 ▶ 使用相同的方法，在页面中插入其他的鼠标经过图像，页面效果如图 10-35 所示。

图 10-35　插入其他的鼠标经过图像

 "鼠标经过图像"通常被应用在链接的按钮上，通过按钮外观的变化使页面看起来更加生动，并且提示浏览者单击该按钮可以链接到另一个网页。

05 ▶ 执行"文件>保存"命令，保存页面，然后在浏览器中预览页面效果，当将鼠标移动到设置的鼠标经过图像上时的效果如图 10-36 所示。

图 10-36　在浏览器中预览页面效果

"插入鼠标经过图像"对话框中各选项的说明如下。

图像名称：在该文本框中默认会分配一个名称，用户也可以自己定义图像的名称。

原始图像：在该文本框中可以填入页面被打开时显示的图形，或者单击该文本框后的"浏览"按钮，选择一个图像文件作为原始图像。

鼠标经过图像：在该文本框中可以填入鼠标经过时显示的图像，或者单击该文本框后的"浏览"按钮，选择一个图像文件作为鼠标经过图像。

预载鼠标经过图像：选中该复选框，当页面载入时将同时加载鼠标经过图像文件，以便鼠标移动到该鼠标经过图像上时可以重新下载经过时的图像。在默认情况下，该复选框被选中。

替换文本：在该文本框中可以输入鼠标经过图像的替换说明文字，和图像的"替换"功能相同。

按下时，前往的 URL：在该文本框中可以设置单击该鼠标经过图像时跳转到的链接地址。

10.3.2　插入 Fireworks HTML

在 Dreamweaver CC 中整合了很多 Fireworks 的功能，这里讲的也是其中之一，即插入用 Fireworks 制作的 HTML 文档。

将光标移动到需要插入 Fireworks HTML 的位置，在"插入"面板中单击"图像"右侧的下三角按钮，在弹出的菜单中选择 Fireworks HTML 选项（如图 10-37 所示），此时会弹出"插入 Fireworks HTML"对话框，如图 10-38 所示。

图 10-37　选择 Fireworks HTML 选项　　　　图 10-38　"插入 Fireworks HTML"对话框

Fireworks HTML 文件：在"插入 Fireworks HTML"对话框的"Fireworks HTML 文件"文本框中可以设置需要插入的 Fireworks HTML 文件的地址，或者单击后面的"浏览"按钮，选择需要插入的 Fireworks HTML 文档。

插入后删除文件：如果选中"插入后删除文件"

复选框，可以在插入 Fireworks HTML 文档后删除原始的 Fireworks HTML 文档。

单击"确定"按钮，可以完成"插入 Fireworks HTML"对话框的设置，并在页面中插入 Fireworks HTML 文档。

10.4　设计制作卡通图像网页

图像能够体现出网页及其网站独有的风格，在网页拥有了华丽的视觉效果的同时，设计人员一定要留意图像占用的空间大小，在页面效果和大小之间找到一个平衡点。本例设计制作一个卡通图像网页，以色彩艳丽的卡通图案作为整个页面的背景，体现出可爱、轻松的氛围，把浏览者带入一个童话世界中。最终效果如图 10-39 所示。

图 10-39　页面的最终效果

自测 57　设计制作卡通图像网页

源文件：光盘\源文件\第 10 章\10-4.html　视频：光盘\视频\第 10 章\10-4.swf

01 ▶ 执行"文件>新建"命令，弹出"新建文档"对话框，新建 HTML 页面（如图 10-40 所示），并将该页面保存为"光盘\源文件\第 10 章\10-4.html"。使用相同的方法，新建外部 CSS 样式表文件，将其保存为"光盘\源文件\第 10 章\style\style.css"，然后返回到 HTML 页面中，链接刚刚创建的外部 CSS 样式表文件，如图 10-41 所示。

图 10-40　"新建文档"对话框　　　　　图 10-41　链接外部样式表

02 ▶ 切换到 style.css 文件中，创建名为*的通配符 CSS 样式，如图 10-42 所示。然后创建名为 body 的标签 CSS 样式，如图 10-43 所示。

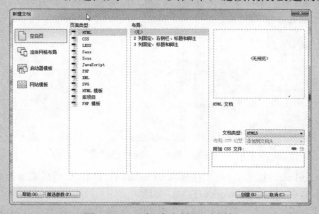

图 10-42　CSS 样式代码　　　　　　图 10-43　CSS 样式代码

03 ▶ 返回到 10-4.html 页面中，可以看到页面的背景效果，如图 10-44 所示。

图 10-44　页面效果

04 ▶ 单击"插入"面板上的 Div 按钮，弹出"插入 Div"对话框，设置选项如图 10-45 所示。然后单击"确定"按钮，在页面中插入名为 box 的 Div，如图 10-46 所示。

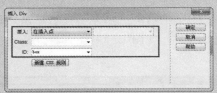

图 10-45　"插入 Div"对话框

图 10-46　页面效果

05 ▶ 切换到 style.css 文件中，创建名为#box 的 CSS 样式，如图 10-47 所示。然后返回到页面的设计视图中，可以看到页面的效果，如图 10-48 所示。

```
#box {
    width: 955px;
    height: 471px;
    background-image: url(../images/8402.jpg);
    background-repeat: no-repeat;
    margin: 0px auto;
    padding-top: 236px;
    padding-left: 49px;
}
```

图 10-47　CSS 样式代码

图 10-48　页面效果

06 ▶ 将光标移动到名为 box 的 Div 中，将多余的文字删除，然后单击"插入"面板上的 Div 按钮，弹出"插入 Div"对话框，设置选项如图 10-49 所示。接着单击"确定"按钮，在名为 box 的 Div 中插入名为 top 的 Div，如图 10-50 所示。

图 10-49　"插入 Div"对话框

图 10-50　页面效果

07 ▶ 切换到 style.css 文件中，创建名为#top 的 CSS 样式，如图 10-51 所示。然后返回到页面的设计视图中，可以看到页面的效果，如图 10-52 所示。

```
#top {
    width: 667px;
    height: 138px;
    border-bottom: dashed 1px #639401;
}
```

图 10-51　CSS 样式代码 　　　　　　　图 10-52　页面效果

08 ▶ 将光标移动到名为 top 的 Div 中，将多余的文字删除，然后单击"插入"面板上的 Div 按钮，弹出"插入 Div"对话框，设置选项如图 10-53 所示。接着单击"确定"按钮，在名为 top 的 Div 中插入名为 pic1 的 Div，如图 10-54 所示。

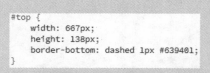

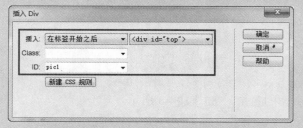

图 10-53　"插入 Div"对话框 　　　　　　　图 10-54　页面效果

09 ▶ 切换到 style.css 文件中，创建名为#pic1 的 CSS 样式，如图 10-55 所示。然后返回到页面的设计视图中，将光标移动到名为 pic1 的 Div 中，将多余的文字删除，并插入图像"光盘\源文件\第 10 章\images\8403.jpg"，如图 10-56 所示。

```
#pic1 {
    width: 116px;
    float: left;
}
```

图 10-55　CSS 样式代码 　　　　　　　图 10-56　页面效果

10 ▶ 单击"插入"面板上的 Div 按钮，弹出"插入 Div"对话框，设置选项如图 10-57 所示。然后单击"确定"按钮，在名为 pic1 的 Div 之后插入名为 top-bg 的 Div，如图 10-58 所示。

11 ▶ 切换到 style.css 文件中，创建名为#top-bg 的 CSS 样式，如图 10-59 所示。然后返回到页面的设计视图中，页面效果如图 10-60 所示。

图 10-57 "插入 Div"对话框

图 10-58 页面效果

```
#top-bg {
    width: 537px;
    height: 107px;
    background-image: url(../images/8405.gif);
    background-repeat: no-repeat;
    margin-top: 13px;
    padding: 8px 8px 5px 6px;
    float: left;
}
```

图 10-59 CSS 样式代码

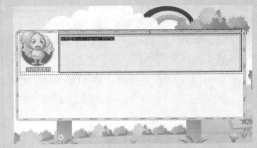

图 10-60 页面效果

12 ▶ 将光标移动到名为 top-bg 的 Div 中，将多余的文字删除，然后单击"插入"面板
上的 Div 按钮，弹出"插入 Div"对话框，设置选项如图 10-61 所示。接着单击"确
定"按钮，在名为 top-bg 的 Div 中插入名为 top-pic 的 Div，如图 10-62 所示。

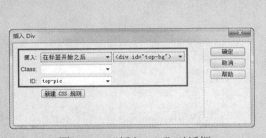

图 10-61 "插入 Div"对话框

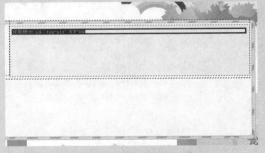

图 10-62 页面效果

13 ▶ 切换到 style.css 文件中，创建名为#top-pic 的 CSS 样式，如图 10-63 所示。然后返
回到页面的设计视图中，页面效果如图 10-64 所示。

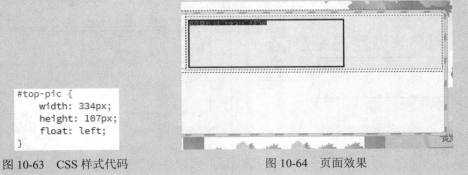

```
#top-pic {
    width: 334px;
    height: 107px;
    float: left;
}
```

图 10-63 CSS 样式代码

图 10-64 页面效果

14 ▶ 将光标移动到名为 top-pic 的 Div 中，将多余的文字删除，然后单击"插入"面板的"图像"右侧的下三角按钮，在弹出的菜单中选择"鼠标经过图像"选项（如图 10-65 所示），此时会弹出"插入鼠标经过图像"对话框，设置选项如图 10-66 所示。

图 10-65 选择"鼠标经过图像"选项   图 10-66 设置"插入鼠标经过图像"对话框

15 ▶ 单击"确定"按钮，在页面中插入鼠标经过图像，如图 10-67 所示。然后使用相同的方法插入多个鼠标经过图像，效果如图 10-68 所示。

图 10-67 页面效果   图 10-68 页面效果

16 ▶ 切换到 style.css 文件中，创建名为#top-pic img 的 CSS 样式，如图 10-69 所示。然后返回到页面的设计视图中，页面效果如图 10-70 所示。

```
#top-pic img {
    margin-right: 10px;
    margin-bottom: 4px;
}
```

图 10-69 CSS 样式代码   图 10-70 页面效果

17 ▶ 单击"插入"面板上的 Div 按钮，弹出"插入 Div"对话框，设置选项如图 10-71 所示。然后单击"确定"按钮，在名为 top-pic 的 Div 之后插入名为 top-news 的 Div，如图 10-72 所示。

图 10-71 "插入 Div"对话框   图 10-72 页面效果

18 ▶ 切换到 style.css 文件中，创建名为#top-news 的 CSS 样式，如图 10-73 所示。然后返回到页面的设计视图中，页面效果如图 10-74 所示。

```
#top-news {
    width: 203px;
    height: 107px;
    float: left;
}
```

图 10-73　CSS 样式代码

图 10-74　页面效果

19 ▶ 将光标移动到名为 top-news 的 Div 中，将多余的文字删除，然后单击"插入"面板上的 Div 按钮，弹出"插入 Div"对话框，设置选项如图 10-75 所示。接着单击"确定"按钮，在名为 top-news 的 Div 中插入名为 title 的 Div，如图 10-76 所示。

图 10-75　"插入 Div"对话框

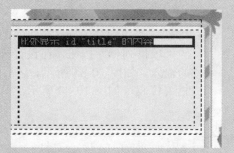

图 10-76　页面效果

20 ▶ 切换到 style.css 文件中，创建名为#title 的 CSS 样式，如图 10-77 所示。然后返回到页面的设计视图中，将光标移动到名为 title 的 Div 中，将多余的文字删除，效果如图 10-78 所示。

```
#title {
    height: 25px;
    background-image: url(../images/8422.gif);
    background-repeat: no-repeat;
}
```

图 10-77　CSS 样式代码

图 10-78　页面效果

21 ▶ 单击"插入"面板上的 Div 按钮，弹出"插入 Div"对话框，设置选项如图 10-79 所示。然后单击"确定"按钮，在名为 title 的 Div 之后插入名为 news 的 Div，如图 10-80 所示。

22 ▶ 切换到 style.css 文件中，创建名为#news 的 CSS 样式，如图 10-81 所示。然后返回到页面的设计视图中，效果如图 10-82 所示。

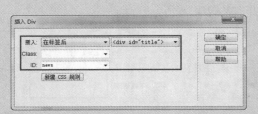

图 10-79 "插入 Div"对话框    图 10-80 页面效果

```
#news {
    height: 82px;
    background-color: #DAEAAA;
    padding-left: 8px;
}
```

图 10-81 CSS 样式代码   图 10-82 页面效果

23 ▶ 将光标移动到名为 news 的 Div 中，将多余的文字删除，然后单击"插入"面板中的"项目列表"按钮，在设计视图中插入相应的列表项，按 Enter 键进行列表项目的输入，如图 10-83 所示。之后切换到代码视图中，可以看到该 Div 中项目列表的相关代码，如图 10-84 所示。

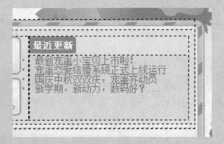

```html
<div id="news">
  <ul>
    <li>最新宠蛋小宝贝上市啦！</li>
    <li>宠蛋恋爱结婚系统正式上线运行</li>
    <li>国庆中秋双双庆，宠蛋齐动员</li>
    <li>新学期，新动力，数码好？...</li>
  </ul>
</div>
```

图 10-83 创建项目列表   图 10-84 项目列表代码

24 ▶ 切换到 style.css 文件中，创建名为#news li 的 CSS 样式，如图 10-85 所示。然后返回到页面的设计视图中，效果如图 10-86 所示。

```
#news li {
    list-style-type: none;
    background-image: url(../images/8423.gif);
    background-repeat: no-repeat;
    background-position: left center;
    padding-left: 12px;
    line-height: 20px;
}
```

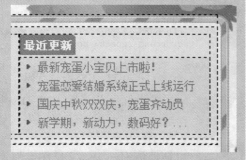

图 10-85 CSS 样式代码   图 10-86 页面效果

25 ▶ 单击"插入"面板上的 Div 按钮,弹出"插入 Div"对话框,设置选项如图 10-87
所示。然后单击"确定"按钮,在名为 top 的 Div 之后插入名为 bottom 的 Div,如
图 10-88 所示。

图 10-87　"插入 Div"对话框　　　　　　　　　图 10-88　页面效果

26 ▶ 切换到 style.css 文件中,创建名为#bottom 的 CSS 样式,如图 10-89 所示。然后返
回到页面的设计视图中,效果如图 10-90 所示。

```
#bottom {
    width: 667px;
    height: 132px;
}
```

图 10-89　CSS 样式代码　　　　　　　　　　　图 10-90　页面效果

27 ▶ 使用与制作名为 top 的 Div 中的内容相同的方法,完成名为 bottom 的 Div 中内容
的制作,页面效果如图 10-91 所示。

图 10-91　页面效果

28 ▶ 至此完成该页面的设计制作。保存页面,并保存外部 CSS 样式文件,然后在浏览
器中预览页面,效果如图 10-92 所示。

图 10-92　在浏览器中预览页面效果

10.5　本章小结

　　本章主要向读者介绍了网页中图像的应用方法，以及 Dreamweaver CC 中其他图像元素的编辑方法和应用技巧，掌握好这些图像元素的使用，有助于读者制作出更加丰富多彩的网站页面。

第 11 章　在网页中插入表单元素

实例名称：插入图像按钮
源文件:源文件\第 11 章\11-2-9.html
视频：视频\第 11 章\11-2-9.swf

实例名称:在网页中插入单选按钮
源文件:源文件\第 11 章\11-2-12.html
视频：视频第 11 章\11-2-12.swf

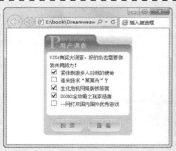

实例名称：在网页中插入复选框
源文件:源文件\第 11 章\11-2-13.html
视频：视频\第 11 章\11-2-13.swf

实例名称：制作留言表单页面
源文件:源文件\第 11 章\11-3-3.html
视频：视频\第 11 章\11-3-3.swf

实例名称：制作添加日志表单页面
源文件:源文件\第 11 章\11-3-8.html
视频：视频\第 11 章\11-3-8.swf

实例名称:设计制作网站注册页面
源文件:源文件\第 11 章\11-4.html
视频：视频\第 11 章\11-4.swf

本章知识点

有时候，浏览者在浏览网页的时候需要注册会员，在填写用户资料和提交用户资料时需要用到表单。开发表单分为两个部分，一部分是表单的前端；另一部分是表单的后端。表单的前端主要是制作网页上所需要的表单项目，后端主要是编写处理这些表单信息的程序。

11.1 表单概述

表单提供了从用户那里收集信息的方法，表单可以用于调查、定购和搜索等功能。一般的表单由两部分组成，一是描述表单元素的 HTML 源代码；二是客户端脚本，或者是服务器端用来处理用户所填写信息的程序。

11.1.1 关于表单

表单是 Internet 用户和服务器进行信息交流的最重要的工具。通常，一个表单中会包含多个对象，有时它们也被称为控件，例如用于输入文本的文本域、用于发送命令的按钮、用于选择项目的单选按钮和复选框，以及用于显示选项列表的列表框等。

当访问者将信息输入到表单并单击提交按钮时，这些信息将被发送到服务器，服务器端脚本或应用程序在该处对这些信息进行处理，服务器通过将请求信息发送回用户或基于该表单内容执行一些操作来进行响应。通常，通过通用网关接口（CGI）脚本、ColdFusion 页、JSP、PHP 或 ASP 来处理信息，如果不使用服务器端脚本或应用程序来处理表单数据就无法收集这些数据。

表单是网页中所包含的单元，如同 HTML 的 Div。所有的表单元素都包含在 <form> 与 </form> 标签中，如图 11-1 所示。表单与 Div 的不同之处是在页面中可以插入多个表单，但是不可以像 Div 那样嵌套表单。

图 11-1 <form> 标签效果

11.1.2 常用表单元素

在 Dreamweaver CC 的"插入"面板中有一个"表单"选项卡，切换到"表单"选项卡，可以看到能够在网页中插入表单元素的按钮，如图 11-2 所示。

图 11-2 "表单"选项卡

"表单"按钮：单击该按钮，可以在网页中插入一个表单域。所有表单元素要想实现作用，就必须存在于表单域中。

"文本"按钮：单击该按钮，在表单域中插入一个可以输入一行文本的文本域。文本域可以接受任何类型的文本、字母与数字内容。

"密码"按钮：单击该按钮，在表单域中插入密码域。密码域可以接受任何类型的文本、字母与数字内容，在以密码域方式显示的时候，输入的文本会以星号或项目符号的方式显示，这样可以避免其他用户看到这些文本信息。

"文本区域"按钮：单击该按钮，在表单域中插入一个可以输入多行文本的文本区域。

"按钮"按钮 ：单击该按钮，在表单域中插入一个普通按钮。单击该按钮，可以执行某一脚本或程序，并且用户还可以自定义按钮的名称和标签。

"'提交'按钮"按钮 ：单击该按钮，在表单域中插入一个提交按钮。该按钮用于向表单处理程序提交表单域中所填写的内容。

"'重置'按钮"按钮 ：单击该按钮，在表单域中插入一个重置按钮，重置按钮会将所有的表单字段重置为初始值。

"文件"按钮 ：单击该按钮，在表单中插入一个文本字段和一个"浏览"按钮。浏览者可以使用文件域浏览本地计算机上的某个文件并将该文件作为表单数据上传。

"图像"按钮 ：单击该按钮，在表单域中插入一个可放置图像的区域。放置的图像用于生成图形化的按钮，例如"提交"或"重置"按钮。

"隐藏"按钮 ：单击该按钮，在表单中插入一个隐藏域。隐藏域可以存储用户输入的信息，例如姓名、电子邮件地址或常用的查看方式，在用户下次访问该网站的时候使用这些数据。

"选择"按钮 ：单击该按钮，在表单域中插入选择列表或菜单。"列表"选项用于在一个列表框中显示选项值，浏览者可以从该列表框中选择多个选项。"菜单"选项则是在一个菜单中显示选项值，浏览者只能从中选择单个选项。

"单选按钮"按钮 ：单击该按钮，在表单域中插入一个单选按钮。单选按钮代表相互排斥的选择。在某一个单选按钮组（由两个或多个共享同一名称的按钮组成）中选择一个按钮，就会取消选择该组中的其他按钮。

"单选按钮组"按钮 ：单击该按钮，在表单域中插入一组单选按钮，也就是直接插入多个（两个或两个以上）单选按钮。

"复选框"按钮 ：单击该按钮，在表单域中插入一个复选框。复选框允许在一组选项框中选择多个选项，也就是说，用户可以选择任意多个适用的选项。

"复选框组"按钮 ：单击该按钮，在表单域中插入一组复选框，复选框组能够同时添加多个复选框。在"复选框组"对话框中可以添加或删除复选框的数量，在"标签"和"值"列表框中可以输入需要更改的内容，如图 11-3 所示。顾名思义，插入复选框组其实就是直接插入多个（两个或两个以上）复选框。

图 11-3　"复选框组"对话框

"域集"按钮 ：单击该按钮，可以在表单域中插入一个域集标签<fieldset>。<fieldset>标签用于将表单中的相关元素分组。<fieldset>标签将表单内容的一部分打包，生成一组相关表单的字段。<fieldset>标签没有必需的或唯一的属性。当把一组表单元素放到<fieldset>标签中时，浏览器会以特殊方式来显示它们。

"标签"按钮 ：单击该按钮，可以在表单域中插入<label>标签。label 元素不会向用户呈现任何特殊的样式，不过，它为鼠标用户改善了可用性，因为如果用户单击 label 元素内的文本就会切换到控件本身。<label>标签的 for 属性应该等于相关元素的 id 元素，以便将它们捆绑起来。

11.1.3　HTML5 表单元素

Dreamweaver CC 中提供了对 CSS 3.0 和 HTML5 的强大支持，在"插入"面板的"表单"选项卡中新增了多种 HTML5 表单元素的插入按钮，以便用户快速地在网页中插入并应用 HTML5 表单元素，如图 11-4 所示。

图 11-4　HTML5 表单元素

"**电子邮件**"**按钮** @：该按钮为 HTML5 新增的功能，单击该按钮，可以在表单域中插入电子邮件类型元素。电子邮件类型用于应该包含 E-Mail 地址的输入域，在提交表单时会自动验证 E-Mail 域的值。

Url 按钮 ⑧：该按钮为 HTML5 新增的功能，单击该按钮，在表单域中插入 Url 类型元素。Url 属性用于返回当前文档的 URL。

Tel 按钮 ☎：该按钮为 HTML5 新增的功能，单击该按钮，在表单域中插入 Tel 类型元素，其应用于电话号码的文本字段。

"**搜索**"**按钮** 🔍：该按钮为 HTML5 新增的功能，单击该按钮，在表单域中插入搜索类型元素，其应用于搜索的文本字段。Search 属性是一个可读、可写的字符串，可设置或返回当前 URL 的查询部分（问号?之后的部分）。

"**数字**"**按钮** ⌨：该按钮为 HTML5 新增的功能，单击该按钮，在表单域中插入数字类型元素，其应用于带有 spinner 控件的数字字段。

"**范围**"**按钮** ⌨：该按钮为 HTML5 新增的功能，单击该按钮，在表单域中插入范围类型元素。Range 对象表示文档的连续范围区域，例如用户在浏览器窗口中用鼠标拖动选中的区域。

"**颜色**"**按钮** ▦：该按钮为 HTML5 新增的功能，单击该按钮，在表单域中插入颜色类型元素，color 属性用于设置文本的颜色（元素的前景色）。

"**月**"**按钮** 📅：该按钮为 HTML5 新增的功能，单击该按钮，在表单域中插入月类型元素，其应用于日期字段的月（带有 calendar 控件）。

"**周**"**按钮** 📅：该按钮为 HTML5 新增的功能，单击该按钮，在表单域中插入周类型元素，其应用于日期字段的周（带有 calendar 控件）。

"**日期**"**按钮** 📅：该按钮为 HTML5 新增的功能，单击该按钮，在表单域中插入日期类型元素，其应用于日期字段（带有 calendar 控件）。

"**时间**"**按钮** 🕐：该按钮为 HTML5 新增的功能，单击该按钮，在表单域中插入时间类型元素，其应用于日期字段的时、分、秒（带有 time 控件）。<time> 标签用于定义公历的时间（24 小时制）或日期，时间和时区偏移是可选的。该元素能够以计算机可读的方式对日期和时间进行编码。

"**日期时间**"**按钮** 🗓：该按钮为 HTML5 新增的功能，单击该按钮，在表单域中插入日期时间类型元素，其应用于日期字段（带有 calendar 和 time 控件），datetime 属性用于规定文本被删除的日期和时间。

"**日期时间（当地）**"**按钮** 🗓：该按钮为 HTML5 新增的功能，单击该按钮，在表单域中插入日期时间（当地）类型元素，其应用于日期字段（带有 calendar 和 time 控件）。

11.2   常用表单元素在网页中的应用

每个表单都是由一个表单域和若干个表单元素组成的，在 11.1 节中已经向读者简单介绍了 Dreamweaver 中的所有表单元素，本节将向读者介绍如何在网页中插入表单元素，并对表单元素进行设置。

11.2.1   插入表单域

表单域是表单中必不可少的一项元素，所有的表单元素都要放在表单域中才会有效，制作表单页面的第一步就是插入表单域。

自测 58   插入表单域
> 源文件：光盘\源文件\第 11 章\11-2-1.html   视频：光盘\视频\第 11 章\11-2-1.swf

01 ▶ 执行"文件>打开"命令，打开页面"光盘\源文件\第 11 章\11-2-1.html"，效果如图 11-5 所示。然后将光标移动到页面中名为 login 的 Div 中，将多余的文本删除，如图 11-6 所示。

图 11-5   页面效果

图 11-6   删除多余文字

02 ▶ 单击"插入"面板的"表单"选项卡中的"表单"按钮（图 11-7），在该 Div 中插入带有红色虚线的表单域，如图 11-8 所示。

图 11-7 单击"表单"按钮

图 11-8 插入表单域

插入表单域后，如果在 Dreamweaver 设计视图中并没有显示红色的虚线框，执行"查看>可视化助理>不可见元素"命令，即可在 Dreamweaver 设计视图中看到红色虚线的表单域。红色虚线的表单域在浏览器中浏览时是看不到的。

03 ▶ 切换到代码视图中，可以看到红色虚线的表单域的代码，如图 11-9 所示。单击"文档"工具栏上的"实时视图"按钮，在实时视图中可以看到表单域的红色虚线在预览状态下是不显示的，如图 11-10 所示。它在 Dreamweaver 中显示为红色虚线，是为了使用户更清楚地辨识。

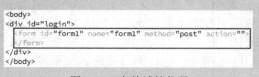

图 11-9 表单域的代码

图 11-10 预览时不显示红色虚线

将光标移动到表单域中，在状态栏的"标签选择器"中单击<form#form1>标签，即可将表单域选中，之后可以在"属性"面板中对表单域的属性进行设置，如图 11-11 所示。

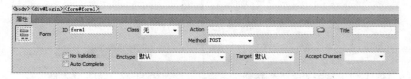

图 11-11 表单域的"属性"面板

ID：用来设置表单的名称。为了正确地处理表单，一定要给表单设置一个名称。

Class：在 Class 下拉列表中可以选择已经定义好的类 CSS 样式。

Action：用来设置处理这个表单的服务器端脚本的路径。如果希望该表单通过 E-Mail 方式发送，而不被服务器端脚本处理，需要在"动作"后输入 mailto: 和希望发送到的 E-Mail 地址。例如，在 Action 文本框中输入 mailto:XXX@163.com，表示把表单中的内容发送到这样的电子邮箱中，如图 11-12 所示。

图 11-12 使用 E-Mail 方式传输表单信息

Method：用来设置将表单数据发送到服务器的方法，共有 3 个选项，分别是"默认"、POST 和 GET。

如果选择"默认"或 GET，将以 GET 方法发送表单数据，即把表单数据附加到请求 URL 中发送。

如果选择 POST，将以 POST 方法发送表单数据，即把表单数据嵌入到 http 请求中发送。

Title：该选项用于设置表单域的标题名称。

No Validate：Validate 属性为 HTML5 新增的表单属性，选中该复选框，表示当提交表单时不对表单中的内容进行验证。

Auto Complete：Complete 属性为 HTML5 新增的表单属性，选中该复选框，表示启用表单的自动完成功能。

Enctype：用来设置发送数据的编码类型，共有两个选项，分别是 application/x-www-form- urlencoded 和 multipart/form-data，默认的编码类型是 application/x-www-form-urlencoded。application/ x-www-form- urlencoded 通常和 POST 方法协同使用，如果表单中包含文件上传域，则应该选择 multipart/form-data。

Target：该选项用于设置表单被处理后使网页打开的方式，共有 6 个选项，分别是"默认"、_blank、_new、_parent、_self 和_top，网站默认的打开方式是在原窗口中打开。

Accept Charset：该选项用于设置服务器处理表单数据所接受的字符集，在该下拉列表中共有 3 个选项，分别是"默认"、UTF-8 和 ISO-8859-1。

一般情况下应该选择 POST，因为 GET 方法有很多限制，如果使用 GET 方法，URL 的长度将限制在 8 192 个字符以内，一旦发送的数据量太大，数据将被截断，从而导致意外的或失败的处理结果。而且，发送用户名、密码、信用卡或其他机密信息时，用 GET 方法发送很不安全。

11.2.2　插入文本域

在文本域中可以输入任何类型的文本、数字或字母，文本域也是网页表单中最常用的一种表单元素。

自测 59　插入文本域

源文件：光盘\源文件\第 11 章\11-2-2.html　　视频：光盘\视频\第 11 章\11-2-2.swf

01 ▶ 执行"文件>打开"命令，打开页面"光盘\源文件\第 11 章\11-2-1.html"，然后执行"文件>另存为"命令，将页面另存为"光盘\源文件\第 11 章\11-2-2.html"。

02 ▶ 将光标移动到页面中的表单域中，单击"插入"面板的"表单"选项卡中的"文本"按钮（如图 11-13 所示），即可在光标所在的位置插入文本域，将提示文字删除，如图 11-14 所示。

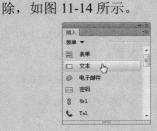

　　图 11-13　单击"文本"按钮　　　　图 11-14　插入文本域

03 ▶ 选中刚刚插入的文本域，在"属性"面板中设置 Name 属性为 uname，如图 11-15 所示。然后切换到外部 CSS 样式表文件中，创建名为#uname 的 CSS 样式，如图 11-16 所示。

　　图 11-15　设置 Name 属性　　　　　图 11-16　CSS 样式代码

04 ▶ 返回到 11-2-2.html 页面中，可以看到应用 CSS 样式后文本域的效果，如图 11-17 所示。切换到代码视图中，可以看到刚刚插入的文本域的代码，如图 11-18 所示。

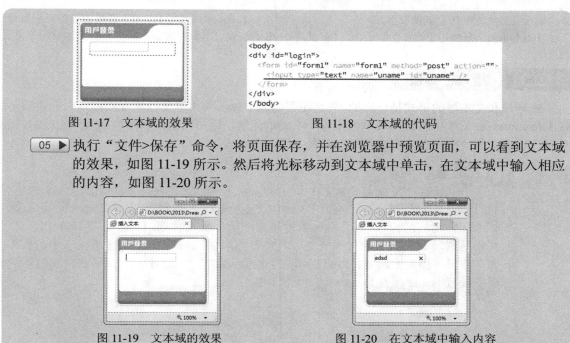

图 11-17　文本域的效果　　　　　　图 11-18　文本域的代码

05 ▶ 执行"文件>保存"命令，将页面保存，并在浏览器中预览页面，可以看到文本域的效果，如图 11-19 所示。然后将光标移动到文本域中单击，在文本域中输入相应的内容，如图 11-20 所示。

图 11-19　文本域的效果　　　　　　图 11-20　在文本域中输入内容

选择在页面中插入的文本域，在"属性"面板中可以对文本域的属性进行相应设置，如图 11-21 所示。

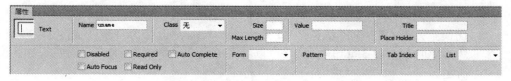

图 11-21　文本域的"属性"面板

Name：在该文本框中可以为文本域指定一个名称。每个文本域都必须有一个唯一的名称，所选名称必须在表单内唯一标识该文本域。

表单元素的名称不能包含空格或特殊字符，可以使用字母、数字字符和下画线的任意组合。注意，为文本域指定的名称最好便于记忆。

Size：该选项用于设置文本域中最多可以显示的字符数。

Max Length：该选项用于设置文本域中最多可以输入的字符数。如果不对该选项进行设置，则浏览者可以输入任意数量的文本。

Value：在该文本框中可以输入一些提示性的文本，以帮助浏览者顺利填写该文本域中的资料。在浏览者输入资料时，初始文本将被输入的内容代替。

Title：该选项用于设置文本域的提示标题文字。

Place Holder：该属性为 HTML5 新增的表单属性，用于设置文本域预期值的提示信息，该提示信息会在文本域为空时显示，并在文本域获得焦点时消失。

Disabled：选中该复选框，表示禁用该文本字段，被禁用的文本域既不可用，也不可单击。

Auto Focus：该属性为 HTML5 新增的表单属性，选中该复选框，当网页被加载时，该文本域会自动获得焦点。

Required：该属性为 HTML5 新增的表单属性，选中该复选框，则在提交表单之前必须填写所选文本域。

Read Only：选中该复选框，表示所选文本域为只读属性，不能对该文本域中的内容进行修改。

Auto Complete：该属性为 HTML5 新增的表单元素属性，选中该复选框，表示文本域启用自动完成功能。

Form：该属性用于设置与表单元素相关的表单标签的 ID，可以在该选项后的下拉列表中选择网页中已经存在的表单域标签。

Pattern：该属性为 HTML5 新增的表单元素属性，用于设置文本域值的模式或格式。例如 pattern="[0-9]"，表示输入值必须是 0～9 之间的数字。

Tab Index：该属性用于设置表单元素的 Tab 键控制次序。

List：该属性是 HTML5 新增的表单元素属性，用于设置引用数据列表，其中包含文本域的预定义选项。

11.2.3　插入密码域

密码域和文本域的形式是一样的，只是在密码域中输入的内容会以星号或圆点的方式显示。在 Dreamweaver CC 中将密码域单独作为一个表单元素，用户只需要单击"插入"面板的"表单"选项卡中的"密码"按钮，即可在网页中插入密码域。

自测 60　插入密码域

源文件：光盘\源文件\第 11 章\11-2-3.html　视频：光盘\视频\第 11 章\11-2-3.swf

01 ▶ 执行"文件>打开"命令，打开页面"光盘\源文件\第 11 章\11-2-2.html"，然后执行"文件>另存为"命令，将页面另存为"光盘\源文件\第 11 章\11-2-3.html"。

02 ▶ 将光标移动到页面中的文本域之后，单击"插入"面板的"表单"选项卡中的"密码"按钮，插入密码域，并将提示文字删除，如图 11-22 所示。然后在"属性"面板中设置 Name 属性为 upass，如图 11-23 所示。

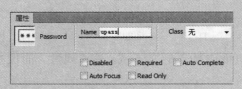

图 11-22　插入密码域　　　　图 11-23　设置 Name 属性

03 ▶ 切换到外部 CSS 样式表文件中，创建名为#upass 的 CSS 样式，如图 11-24 所示。然后返回到 11-2-3.html 页面中，可以看到应用 CSS 样式后的密码域效果，如图 11-25 所示。

```
#upass {
    width: 118px;
    height: 18px;
    border: solid 1px #CDCDCD;
    margin-bottom: 8px;
}
```

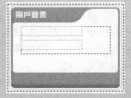

图 11-24　CSS 样式代码　　　　图 11-25　密码域的效果

04 ▶ 执行"文件>保存"命令，将页面保存，并在浏览器中预览页面，可以看到密码域的效果，如图 11-26 所示。将光标移动到密码域中单击，并输入相应的内容，可以看到密码域的效果，如图 11-27 所示。

图 11-26　密码域的效果　　　　图 11-27　在密码域中输入内容

11.2.4　插入文本区域

多行文本域也是常见的，在一些注册页面中大家看到的用户注册协议通常是用多行文本域制作的。

自测 61　插入文本区域

源文件：光盘\源文件\第 11 章\11-2-4.html　视频：光盘\视频\第 11 章\11-2-4.swf

01 ▶ 执行"文件>打开"命令，打开页面"光盘\源文件\第 11 章\11-2-4.html"，效果如图 11-28 所示。将光标移动到页面中的表单域中，单击"插入"面板的"表单"选项卡中的"文本区域"按钮，如图 11-29 所示。

图 11-28　页面效果

图 11-29　单击"文本区域"按钮

02 ▶ 此时即可在光标所在的位置插入文本区域，将提示文字删除，如图 11-30 所示。然后在"属性"面板中设置 Name 属性为 textbox，如图 11-31 所示。

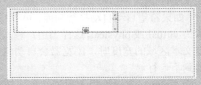

图 11-30　插入文本区域

图 11-31　设置 Name 属性

03 ▶ 选中该文本区域，在"属性"面板的 Value 文本框中输入初始值（如图 11-32 所示），此时可以看到页面中文本区域的效果，如图 11-33 所示。

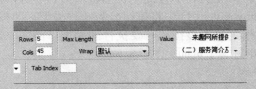

图 11-32　设置 Value 选项

图 11-33　文本区域的效果

04 ▶ 切换到外部 CSS 样式表文件中，创建名为 #textbox 的 CSS 样式，如图 11-34 所示。然后返回到 11-2-4.html 页面中，可以看到应用 CSS 样式后的文本区域的效果，如图 11-35 所示。

```
#textbox {
    width: 585px;
    height: 215px;
    border: solid 1px #CDCDCD;
    line-height: 18px;
}
```

图 11-34　CSS 样式代码

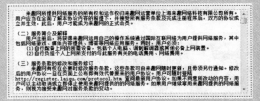

图 11-35　文本区域的效果

05 ▶ 执行"文件>保存"命令，将页面保存，并在浏览器中预览页面，可以看到文本区域的效果，如图 11-36 所示。

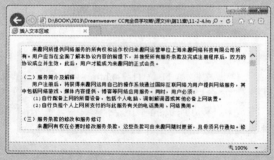

图 11-36 预览文本区域的效果

选择在页面中插入的文本区域，在"属性"面板中可以对文本区域的属性进行相应设置，如图 11-37 所示。

图 11-37 文本区域的"属性"面板

Rows：该属性用于设置文本区域的可见高度，以行计数。

Cols：该属性用于设置文本区域的字符宽度。

Wrap：通常情况下，当用户在文本区域中输入文本后，浏览器会将它们按照输入时的状态发送给服务器，注意只有在用户按下 Enter 键的地方才会生成换行。如果希望启动自动换行功能，可以将 Wrap 属性设置为 virtual 或 physical，这样当用户输入的一行文本超过文本区域的宽度时，浏览器会自动将多余的文字移动到下一行。

Value：该属性用于设置文本区域的初始值，可以在其后的文本框中输入相应的内容。

11.2.5　插入按钮

按钮的作用是在用户单击后执行一定的任务。常见的表单有提交表单、重置表单等，浏览者在网上申请邮箱、注册会员时会见到。在 Dreamweaver CC 中将按钮分为 3 种类型，即按钮、提交按钮和重置按钮。其中，按钮元素需要用户指定单击该按钮时要执行的操作，例如添加一个 JavaScript 脚本，使得浏览者单击该按钮时打开另一个页面。

11.2.6　插入提交按钮

提交按钮的功能是在用户单击该按钮时将表单数据内容提交至表单域的 Action 属性中指定的页面或脚本。

11.2.7　插入重置按钮

重置按钮的功能是在用户单击该按钮时清除表单中所做的设置，恢复为默认的设置内容。

自测 62 插入提交按钮和重置按钮

源文件：光盘\源文件\第 11 章\11-2-7.html　视频：光盘\视频\第 11 章\11-2-7.swf

01 ▶ 执行"文件>打开"命令，打开页面"光盘\源文件\第 11 章\11-2-7.html"，效果如图 11-38 所示。将光标移动到文本域之后，单击"插入"面板的"表单"选项卡中的"'提交'按钮"按钮，如图 11-39 所示。

图 11-38 打开页面   图 11-39 单击"'提交'按钮"按钮

02 ▶ 此时会在光标所在的位置插入提交按钮，如图 11-40 所示。选中刚刚插入的提交按钮，在"属性"面板中设置 Value 属性为"搜索"，如图 11-41 所示。

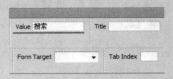

图 11-40 插入提交按钮   图 11-41 设置 Value 属性

 对于表单而言，按钮是非常重要的，它能够控制对表单内容的一些操作，例如"提交"或"重置"。如果要将表单内容发送到远端服务器上，可以使用"提交"按钮；如果要清除现有的表单内容，可以使用"重置"按钮。

03 ▶ 完成 Value 属性的设置后，可以看到提交按钮的效果，如图 11-42 所示。切换到代码视图中，可以看到提交按钮的代码，如图 11-43 所示。

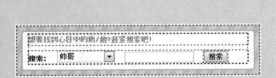

图 11-42 提交按钮的效果   图 11-43 提交按钮的代码

04 ▶ 返回到设计视图中，将光标移动到刚刚插入的提交按钮之后，单击"插入"面板的"表单"选项卡中的"'重置'按钮"按钮（如图 11-44 所示），在光标所在的位置插入重置按钮，效果如图 11-45 所示。

图 11-44 单击"'重置'按钮"按钮   图 11-45 插入重置按钮

05 ▶ 切换到代码视图中，可以看到提交按钮的代码，如图 11-46 所示。保存页面，在浏览器中预览页面，可以看到页面中提交按钮和重置按钮的效果，如图 11-47所示。

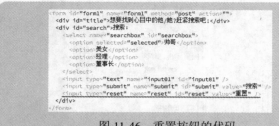

图 11-46　重置按钮的代码

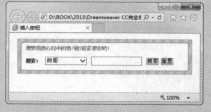

图 11-47　在浏览器中预览页面

　　选中插入到页面中的提交按钮，在"属性"面板中可以对提交按钮的相关属性进行设置，如图 11-48 所示。

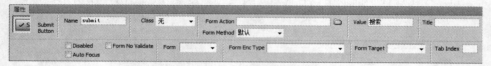

图 11-48　提交按钮的"属性"面板

　　按钮、提交按钮和重置按钮相关属性的设置与前面介绍的表单元素属性的设置基本相同，这里不再赘述。

11.2.8　插入文件域

　　文件域可以让用户在域内部填写自己硬盘上的文件路径，然后通过表单上传，这是文件域的基本功能。文件域由一个文本框和一个"浏览"按钮组成。浏览者可以通过表单的文件域上传指定的文件。浏览者可以在文件域的文本框中输入一个文件的路径，也可以单击文件域的"浏览"按钮来选择一个文件，当访问者提交表单时，这个文件将被上传。

自测 63　插入文件域

　　　　　　　源文件：光盘\源文件\第 11 章\11-2-8.html　　视频：光盘\视频\第 11 章\11-2-8.swf

01 ▶ 执行"文件>打开"命令，打开页面"光盘\源文件\第 11 章\11-2-8.html"，效果如图 11-49 所示。

图 11-49　页面效果

02 ▶ 将光标移动到页面中的"上传照片："文字之后，单击"插入"面板的"表单"选项卡中的"文件"按钮（如图 11-50 所示），在页面中插入文件域，并将提示文字删除，如图 11-51 所示。

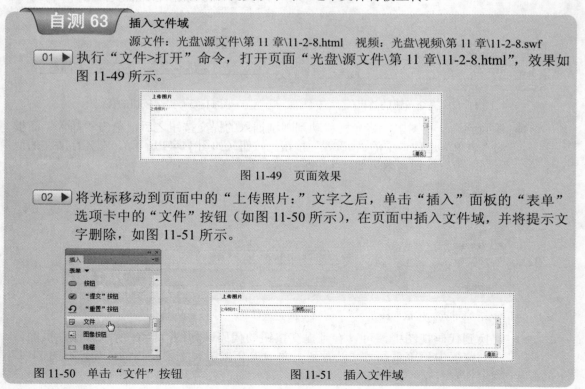

图 11-50　单击"文件"按钮　　　　　　图 11-51　插入文件域

03 ▶ 执行"文件>保存"按钮，保存页面，并在浏览器中预览页面，可以看到网页中文件域的效果，如图 11-52 所示。单击文件域中的"浏览"按钮，可以在弹出的对话框中选择需要上传的文件，如图 11-53 所示。

图 11-52　预览页面效果

图 11-53　选择需要上传的文件

选中在网页中插入的文件域，在"属性"面板中可以对该文件域的相关属性进行设置，如图 11-54 所示。

图 11-54　文件域的"属性"面板

Multiple：该属性为 HTML5 新增的表单元素属性，选中该复选框，表示该文件域可以接受多个值。

Required：该属性为 HTML5 新增的表单元素属性，选中该复选框，表示在提交表单之前必须设置相应的值。

11.2.9　插入图像按钮

在向表单中插入图像域后，图像域将起到提交表单的作用。提交表单可以直接使用按钮，也可以通过图像来提交，使用图像提交可以使页面效果更加美观，只需要把图像设置为图像域即可。

自测 64　插入图像按钮

源文件：光盘\源文件\第 11 章\11-2-9.html　　视频：光盘\视频\第 11 章\11-2-9.swf

01 ▶ 执行"文件>打开"命令，打开页面"光盘\源文件\第 11 章\11-2-3.html"，然后执行"文件>另存为"命令，将其另存为"光盘\源文件\第 11 章\11-2-9.html"。

02 ▶ 将光标移动到文本域之前（如图 11-55 所示），单击"插入"面板的"表单"选项卡中的"图像按钮"按钮，如图 11-56 所示。

图 11-55　确定光标的位置

图 11-56　单击"图像按钮"按钮

03 ▶ 此时会弹出"选择图像源文件"对话框，在其中选择需要作为图像按钮的图像，如图 11-57 所示。然后单击"确定"按钮，即可在光标所在的位置插入图像按钮，如图 11-58 所示。

图 11-57 "选择图像源文件"对话框

图 11-58 插入图像按钮

04 ▶ 选中刚插入的图像按钮，在"属性"面板中设置其 Name 属性为 button，如图 11-59 所示。然后切换到外部 CSS 样式表文件中，创建名为#button 的 CSS 样式，如图 11-60 所示。

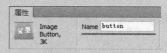

图 11-59 插入图像域

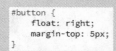

```
#button {
    float: right;
    margin-top: 5px;
}
```

图 11-60 CSS 样式代码

05 ▶ 返回到网页的设计视图中，可以看到图像域的效果，如图 11-61 所示。然后将光标移动到密码域之后，插入相应的图像，如图 11-62 所示。

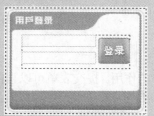

图 11-61 页面效果

图 11-62 插入图像

06 ▶ 切换到外部 CSS 样式表文件中，创建名为#login img 的 CSS 样式，如图 11-63 所示。返回到网页的设计视图中，可以看到页面的效果，如图 11-64 所示。然后保存页面，并且保存外部 CSS 样式表文件，在浏览器中预览页面，效果如图 11-65 所示。

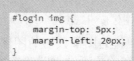

```
#login img {
    margin-top: 5px;
    margin-left: 20px;
}
```

图 11-63 CSS 样式代码

图 11-64 页面效果

图 11-65 预览页面效果

选中在页面中插入的图像按钮，在"属性"面板中可以对其相关属性进行设置，如图 11-66 所示。

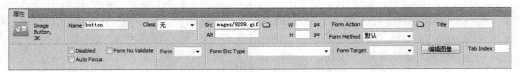

图 11-66　图像域的"属性"面板

Name： 在该文本框中可以为图像按钮设置一个名称，默认为 imageField。

Src： 用来显示该图像按钮所使用的图像地址。

Form Method： method 属性规定如何发送表单数据（表单数据发送到 action 属性所规定的页面）。

表单数据可以作为 URL 变量（method= "get"）或者以 HTTP post （method="post"）的方式来发送。

编辑图像： 单击"编辑图像"按钮，将启动外部图像编辑软件对该图像域所使用的图像进行编辑。

 需要注意的是，默认的图像域按钮只有提交表单的功能，如果想要改变其用途，则需要将某种"行为"附加到表单元素中，对于"行为"的内容将在后续章节中进行讲解。

11.2.10　插入隐藏域

隐藏域在浏览器中浏览页面时是看不见的，它用于储存一些信息，以便被处理表单的程序使用。

将光标移动到页面中需要插入隐藏域的位置，然后单击"插入"面板的"表单"选项卡中的"隐藏域"按钮，插入隐藏域，如图 11-67 所示。单击刚刚插入的隐藏域的图标，可以在"属性"面板中对隐藏域的属性进行设置，如图 11-68 所示。

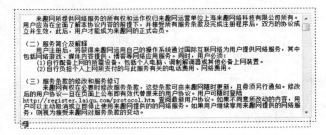

图 11-67　插入隐藏域

图 11-68　隐藏域的"属性"面板

Name： 指定隐藏域的名称，默认为 hiddenField。

Value： 设置要为隐藏域指定的值，该值将在提

交表单时传递给服务器。

Form： 规定输入字段所属的一个或多个表单。

 隐藏域是不能被浏览器显示的，但在 Dreamweaver 的设计视图中为了方便编辑，会在插入隐藏域的位置显示一个黄色的隐藏域图标。如果用户看不到该图标，可以执行"查看>可视化助理>不可见元素"命令显示。

11.2.11　插入选择域

选择域的功能与复选框和单选按钮的功能差不多，都可以列举出很多选项供浏览者选择，其最大的好处就是可以在有限的空间内为用户提供更多的选项，非常节省版面。其中列表提供一个滚动条，它使用户可以浏览许多项，并进行多重选择。下拉菜单默认仅显示一个项，该项为活动选项，用户单击打开菜单但只能选择其中一项。

自测 65   插入选择域

源文件：光盘\源文件\第 11 章\11-2-11.html   视频：光盘\视频\第 11 章\11-2-11.swf

01 ▶ 执行"文件>打开"命令，打开页面"光盘\源文件\第 11 章\11-2-11.html"，效果如图 11-69 所示。将光标移动到"搜索："文字之后，单击"插入"面板的"表单"选项卡中的"选择"按钮，如图 11-70 所示。

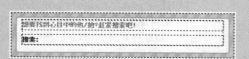

图 11-69   页面效果   图 11-70   单击"选择"按钮

提示 为什么该表单元素叫做"选择"呢？其实是因为它有两种可以选择的类型，分别为"列表"和"菜单"。"菜单"是浏览者单击时产生展开效果的下拉菜单；"列表"则显示为一个列有项目的可滚动列表，使浏览者可以从该列表中选择项目。

02 ▶ 此时即可在光标所在的位置插入选择表单元素，如图 11-71 所示。然后选中刚插入的选择表单元素，在"属性"面板中设置其 Name 属性为 searchbox，如图 11-72 所示。

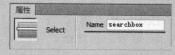

图 11-71   插入选择域   图 11-72   设置 Name 属性

03 ▶ 单击"属性"面板上的"列表值"按钮，弹出"列表值"对话框，如图 11-73 所示。在"列表值"对话框中添加相应的列表项目，如图 11-74 所示。

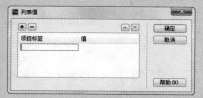

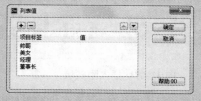

图 11-73   "列表值"对话框   图 11-74   添加相应的列表项目

提示 在"列表值"对话框中单击"添加项"按钮⊞，向列表中添加一个项目，然后在"项目标签"选项中输入该项目的说明文字，最后在"值"选项中输入传回服务器端的表单数据。单击"删除项"按钮⊟，可以从列表中删除一个项目。单击"在列表中上移项"按钮▲或"在列表中下移项"按钮▼，可以对这些项目进行上移或下移的排序操作。

04 ▶ 单击"确定"按钮，完成"列表值"对话框的设置，如图 11-75 所示。然后切换到外部 CSS 样式表文件中，创建名为#searchbox 的 CSS 样式，如图 11-76 所示。

05 ▶ 返回到网页的设计视图中，可以看到网页中选择表单元素的效果，如图 11-77 所示。使用相同的方法，在选择表单元素后面插入文本区域，效果如图 11-78 所示。

图 11-75　页面效果

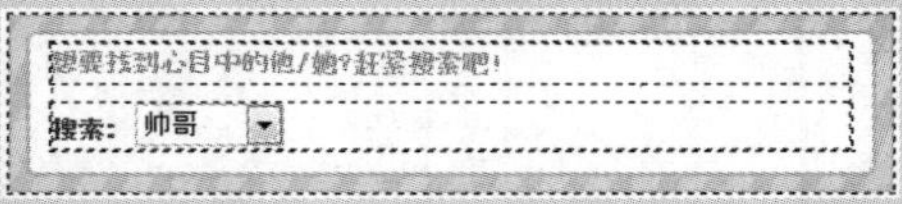

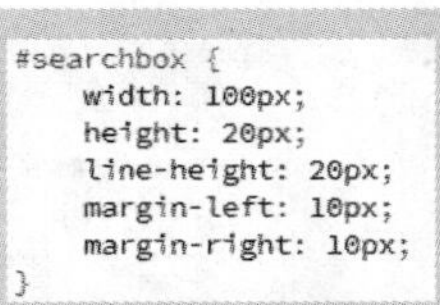

```
#searchbox {
    width: 100px;
    height: 20px;
    line-height: 20px;
    margin-left: 10px;
    margin-right: 10px;
}
```

图 11-76　CSS 样式代码

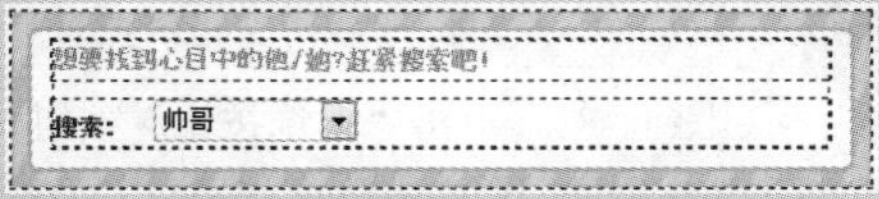

图 11-77　页面效果

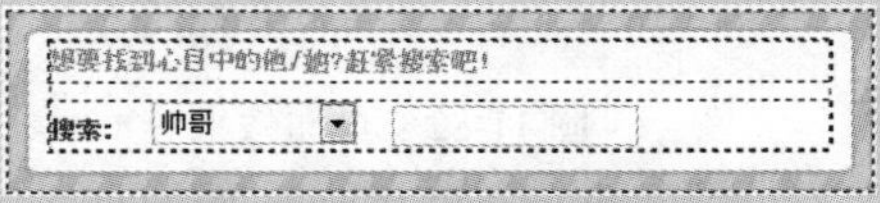

图 11-78　页面效果

06 ▶ 切换到页面的代码视图中，可以看到在页面中插入的表单元素的代码，如图 11-79 所示。保存页面，在浏览器中预览页面，可以看到选择表单元素的效果，如图 11-80 所示。

```
<div id="box">
  <form id="form1" name="form1" method="post" action="">
    <div id="title">想要找到心目中的他/她?赶紧搜索吧!</div>
    <div id="search">搜索:
      <select name="searchbox" id="searchbox">
        <option selected="selected">帅哥</option>
        <option>美女</option>
        <option>经理</option>
        <option>董事长</option>
      </select>
      <input type="text" name="input01" id="input01" />
    </div>
  </form>
</div>
```

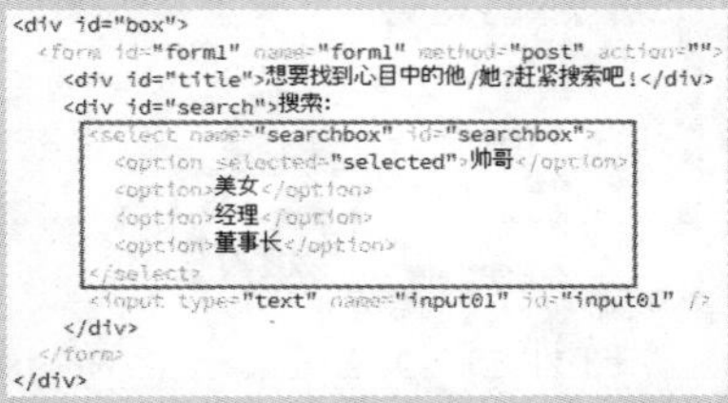

图 11-79　选择表单元素的代码

图 11-80　在浏览器中预览效果

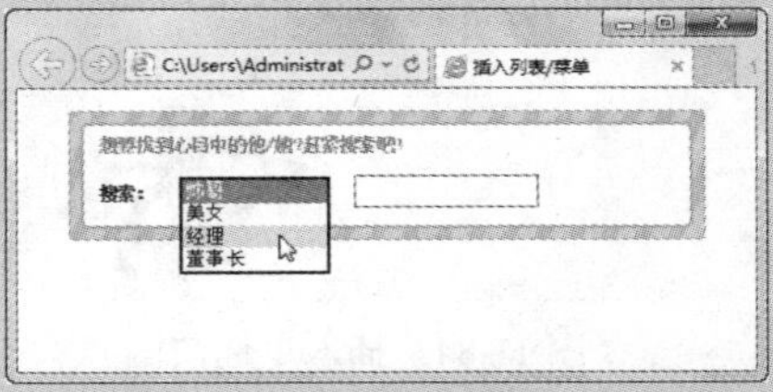

选中在页面中插入的选择表单元素，在“属性”面板中可以对其属性进行相应的设置，如图 11-81 所示。

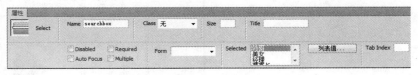

图 11-81　选择表单元素的“属性”面板

Name：在该文本框中可以为列表或菜单指定一个名称，并且该名称必须是唯一的。

Size：该属性用于规定下拉列表中可见选项的数目。如果 Size 属性的值大于 1，但是小于列表中选项的总数目，浏览器会显示出滚动条，表示可以查看更多选项。

列表值：单元该按钮，会弹出“列表值”对话框，在该对话框中用户可以进行列表/菜单中项目的操作。

Selected：当设置了多个列表值时，可以在该列表中选择某些列表项作为列表/菜单初始状态下所选中的选项。

11.2.12　插入单选按钮与单选按钮组

单选按钮可以作为一个组使用，用于提供彼此排斥的选项值，用户在单选按钮组内只能选择一个选项。

自测 66　在网页中插入单选按钮

源文件：光盘\源文件\第 11 章\11-2-12.html　视频：光盘\视频\第 11 章\11-2-12.swf

01 ▶ 执行“文件>打开”命令，打开页面“光盘\源文件\第 11 章\11-2-12.html”，效果如图 11-82 所示。然后将光标移动到页面中红色虚线的表单域中，单击“插入”面板的“表单”选项卡中的“单选按钮”按钮，如图 11-83 所示。

图 11-82　页面效果

图 11-83　单击"单选按钮"按钮

02 ▶ 此时即可在光标所在的位置插入单选按钮,将提示文字删除,输入相应的文字,如图 11-84 所示。然后将光标移动到文字后,插入换行符,接着使用相同的方法插入单选按钮并输入文字,如图 11-85 所示。

图 11-84　插入单选按钮

图 11-85　页面效果

03 ▶ 切换到页面的代码视图中,可以看到在页面中插入的单选按钮的代码,如图 11-86 所示。保存页面,在浏览器中预览页面,可以看到单选按钮的效果,如图 11-87 所示。

图 11-86　单选按钮的代码

图 11-87　预览页面效果

选中在页面中插入的单选按钮,在"属性"面板中可以对单选按钮的属性进行相应的设置,如图 11-88 所示。

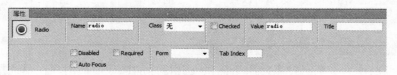

图 11-88　单选按钮的"属性"面板

Name:该文本框主要用来为单选按钮指定一个名称。

Value:该文本框用来设置在单选按钮被选中时发送给服务器的值。为了便于理解,一般将该值设置为与栏目内容的意思相近。

Checked:该属性用于设置单选按钮默认为选中状态还是未选中状态。如果选中该复选框,则表示单选按钮默认为选中状态。

提示　在一个实际的栏目中可能会有多个单选按钮,它们被称为"单选按钮组",单选按钮组中的所有单选按钮必须具有相同的名称,并且名称中不能包含空格或特殊字符。

11.2.13　插入复选框与复选框组

复选框用于对每个单独的响应进行关闭和打开状态的切换,因此用户可以从复选框组中选择多个选项。

自测 67　在网页中插入复选框

源文件:光盘\源文件\第 11 章\11-2-13.html　视频:光盘\视频\第 11 章\11-2-13.swf

01 ▶ 执行"文件>打开"命令,打开页面"光盘\源文件\第 11 章\11-2-13.html",效果如图 11-89 所示。将光标移动到名为 checkbox 的 Div 中并将多余的文字删除,然后单击"插入"面板的"表单"选项卡中的"复选框"按钮,如图 11-90 所示。

图 11-89　页面效果

图 11-90　单击"复选框"按钮

02 ▶ 此时即可在光标所在的位置插入复选框,将光标移动到刚刚插入的复选框后,输入相应的文字,如图 11-91 所示。然后将光标移动到刚刚输入的文字后,插入换行符,接着插入复选框并输入文字,效果如图 11-92 所示。

图 11-91　插入复选框

图 11-92　页面效果

03 ▶ 切换到外部 CSS 样式表文件中,创建名为.checkbox 的 CSS 样式,如图 11-93 所示。然后返回到网页的设计视图中,选中复选框,在"属性"面板的 Class 下拉列表中选择 checkbox,效果如图 11-94 所示。

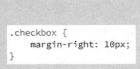

```
.checkbox {
    margin-right: 10px;
}
```

图 11-93　CSS 样式代码

图 11-94　页面效果

04 ▶ 切换到页面的代码视图中,可以看到在页面中插入的复选框的代码,如图 11-95 所示。保存页面,并在浏览器中预览页面,可以看到复选框的效果,如图 11-96 所示。

图 11-95　复选框的代码　　　　　　图 11-96　预览页面效果

选中在页面中插入的复选框，在"属性"面板中可以对复选框的属性进行相应的设置，如图 11-97 所示。

图 11-97　复选框的"属性"面板

Name：用来为复选框指定一个名称。在一个实际的栏目中可能会有多个复选框，每个复选框必须有一个唯一的名称，所选名称必须在该表单内唯一标识该复选框，并且名称中不能包含空格或特殊字符。

Checked：用来设置在浏览器中载入表单时复选框是处于选中状态还是未选中状态。如果选中该复选框，则复选框默认为选中状态。

Value：设置在该复选框被选中时发送给服务器的值。为了便于理解，一般将该值设置为与栏目内容的意思相近。

11.3　HTML5 表单元素在网页中的应用

HTML5 虽然还没有正式发布，但是网页中 HTML5 的应用已经越来越多，在 Dreamweaver CC 中为了适应 HTML5 的发展增加了许多全新的 HTML5 表单元素。HTML5 不仅增加了一系列功能性的表单、表单元素和表单特性，还增加了自动验证表单的功能。本节将向读者介绍 HTML5 表单元素在网页中的应用。

11.3.1　插入电子邮件

新增的电子邮件表单元素是专门为输入 E-Mail 地址而定义的文本框，主要是为了验证输入的文本是否符合 E-Mail 地址的格式，并会提示验证错误。

如果需要在网页中插入电子邮件表单，单击"插入"面板的"表单"选项卡中的"电子邮件"按钮（如图 11-98 所示），即可在页面中光标所在的位置插入电子邮件表单元素，如图 11-99 所示。切换到 HTML 代码视图中，可以看到电子邮件表单元素的 HTML 代码，如图 11-100 所示。

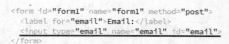

图 11-98　"插入"面板　　　图 11-99　插入电子邮件　　　图 11-100　电子邮件表单元素的代码

选中插入的电子邮件表单元素，在"属性"面板上可以对其属性进行设置，如图 11-101 所示。"属性"面板中的相关属性与前面介绍的其他表单元素的属性基本相同，在此不再赘述。

图 11-101 "电子邮件"的"属性"面板

11.3.2 插入 Url

Url 表单元素是专门为输入 Url 地址而定义的文本框，在验证输入的文本格式时，如果该文本框中的内容不符合 Url 地址的格式，则会提示验证错误。

如果需要在网页中插入 Url 表单元素，单击"插入"面板的"表单"选项卡中的 Url 按钮（如图 11-102 所示），即可在页面中光标的所在位置插入 Url 表单元素，如图 11-103 所示。然后切换到 HTML 代码视图中，可以看到 Url 表单元素的 HTML 代码，如图 11-104 所示。

```
<form id="form1" name="form1" method="post">
  <label for="url">Url:</label>
  <input type="url" name="url" id="url">
</form>
```

图 11-102 "插入"面板　图 11-103 插入 Url 表单元素　图 11-104 Url 表单元素的代码

11.3.3 插入 Tel

Tel 类型的表单元素是专门为输入电话号码而定义的文本框，没有特殊的验证规则。

如果需要在网页中插入 Tel 表单元素，单击"插入"面板的"表单"选项卡中的 Tel 按钮（如图 11-105 所示），即可在页面中光标所在的位置插入 Tel 表单元素，如图 11-106 所示。然后切换到 HTML 代码视图中，可以看到 Tel 表单元素的 HTML 代码，如图 11-107 所示。

```
<form id="form1" name="form1" method="post">
  <label for="tel">Tel:</label>
  <input type="tel" name="tel" id="tel">
</form>
```

图 11-105 "插入"面板　图 11-106 插入 Tel 表单元素　图 11-107 Tel 表单元素的代码

自测 68　制作留言表单页面

源文件：光盘\源文件\第 11 章\11-3-3.html　视频：光盘\视频\第 11 章\11-3-3.swf

01 ▶ 执行"文件>打开"命令，打开页面"光盘\源文件\第 11 章\11-3-3.html"，效果如图 11-108 所示。将光标移动到<p>标签内容中，将多余的文字删除，然后单击"插入"面板的"表单"选项卡中的"文本"按钮，如图 11-109 所示。

图 11-108　页面效果

图 11-109　单击"文本"按钮

02 ▶ 此时会在光标所在的位置插入一个文本域，将光标移动到刚刚插入的文本域前，修改相应的文字，如图 11-110 所示。然后选中插入的文本域，在"属性"面板中设置其相关属性，如图 11-111 所示。

图 11-110　插入文本域

图 11-111　设置"文本"属性

03 ▶ 切换到外部 CSS 样式表文件中，创建名为#textfield 的 CSS 样式，如图 11-112 所示。然后返回到网页的设计视图中，可以看到文本域的效果，如图 11-113 所示。

```
#textfield{
    margin-left: 100px;
    width: 260px;
    height: 30px;
    border: solid 2px #960;
    border-radius: 3px;
    }
```

图 11-112　CSS 样式代码

图 11-113　页面效果

04 ▶ 将光标移动到刚刚插入的文本域后，按 Enter 键插入段落，如图 11-114 所示。然后单击"插入"面板的"表单"选项卡中的"电子邮件"按钮，如图 11-115 所示。

图 11-114　插入段落

图 11-115　单击"电子邮件"按钮

05 ▶ 在网页中插入电子邮件表单元素，并修改相应的提示文字，如图 11-116 所示。然后选中插入的电子邮件表单元素，在"属性"面板中设置其相关属性，如图 11-117 所示。

图 11-116　插入电子邮件表单元素

图 11-117　设置"电子邮件"属性

06 ▶ 切换到外部 CSS 样式表文件中，创建名为#email 的 CSS 样式，如图 11-118 所示。然后返回到网页的设计视图中，可以看到电子邮件表单元素的效果，如图 11-119 所示。

```
#email{
    margin-left: 72px;
    width: 260px;
    height: 30px;
    border: solid 2px #960;
    border-radius: 3px;
    }
```

图 11-118　CSS 样式代码　　　　　　　　　图 11-119　页面效果

07 ▶ 使用相同的方法，在网页中插入其他表单元素，并创建相应的 CSS 样式，效果如图 11-120 所示。保存页面，并在浏览器中预览页面，可以看到页面中表单元素的效果，如图 11-121 所示。

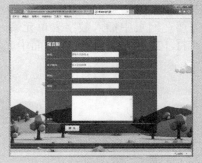

图 11-120　页面效果　　　　　　　　　图 11-121　在浏览器预览页面

08 ▶ 在网页所呈现的表单中根据提示输入相应的信息，当"姓名"和"电子邮件"为空时，单击"提交"按钮，网页会弹出相应的提示信息，如图 11-122 所示；当输入的信息有误时，网页同样会弹出相应的提示信息，如图 11-123 所示。

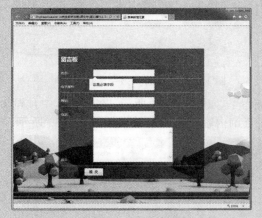
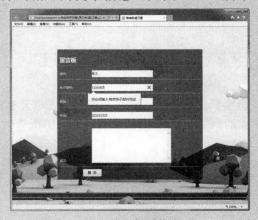

图 11-122　显示提示信息 1　　　　　　　　图 11-123　显示提示信息 2

11.3.4　插入搜索

搜索表单元素是专门为输入搜索引擎关键词而定义的文本框，没有特殊的验证规则。

如果需要在网页中插入搜索表单元素，单击"插入"面板的"表单"选项卡中的"搜索"按钮（如图 11-124 所示），即可在页面中光标所在的位置插入搜索表单元素，如图 11-125 所示。

然后切换到 HTML 代码视图中，可以看到搜索表单元素的 HTML 代码，如图 11-126 所示。

Search:

图 11-124　"插入"面板　　　图 11-125　插入搜索表单元素　　　图 11-126　搜索表单元素的代码

11.3.5　插入数字

数字表单元素是专门为输入特定的数字而定义的文本框，具有 min、max 和 step 特性，表示允许范围的最小值、最大值和调整步长。

如果需要在网页中插入数字表单元素，单击"插入"面板的"表单"选项卡中的"数字"按钮（如图 11-127 所示），即可在页面中光标所在的位置插入数字表单元素，如图 11-128 所示。

Number:

图 11-127　"插入"面板　　　　　图 11-128　插入数字表单元素

在"数字"文本框后面插入一个"提交"按钮，如图 11-129 所示。然后选中插入的"数字"文本框，设置其相关属性，如图 11-130 所示。

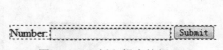

图 11-129　插入提交按钮　　　　　图 11-130　设置"数字"属性

切换到代码视图，可以看到数字表单元素的代码，如图 11-131 所示。在浏览器中预览页面，若输入的数字不在 1～10 范围之内，单击"提交查询内容"按钮时效果如图 11-132 所示。

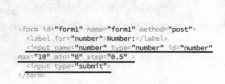

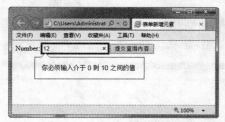

图 11-131　数字表单元素的代码　　　　　图 11-132　在浏览器预览效果

11.3.6　插入范围

范围表单元素是将输入框显示为滑动条，其作用是作为某一特定范围内的数值选择器。它和数字表单元素一样具有 min 和 max 特性，表示选择范围的最小值（默认值为 0）和最大值（默认值为 100），也具有 step 特性，表示拖动步长（默认值为 1）。

如果需要在网页中插入范围表单元素，单击"插入"面板的"表单"选项卡中的"范围"按钮（如图 11-133 所示），即可在页面中光标所在的位置插入范围表单元素，如图 11-134 所示。选中插入的范围表单元素，在"属性"面板上设置其相关属性，如图 11-135 所示。

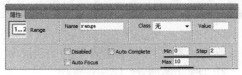

图 11-133 "插入"面板　图 11-134 插入范围表单元素　　图 11-135 设置"范围"属性

切换到代码视图，可以看到范围表单元素的代码，如图 11-136 所示。在浏览器中预览页面，可以看到范围表单元素的效果，通过滑动条能够设置范围表单元素，如图 11-137 所示。

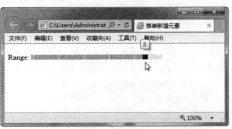

图 11-136 范围表单元素的代码　　　　图 11-137 浏览器预览效果

11.3.7　插入颜色

颜色表单元素应用于网页中时会默认提供一个颜色选择器，但在大部分浏览器中还不能实现效果，在 Chrome 浏览器中可以看到颜色表单元素的效果。

如果需要在网页中插入颜色表单元素，单击"插入"面板的"表单"选项卡中的"颜色"按钮（如图 11-138 所示），即可在页面中光标所在的位置插入颜色表单元素，然后切换到代码视图，可以看到颜色表单元素的代码，如图 11-139 所示。

```
<form id="form1" name="form1" method="post">
  <label for="color">Color:</label>
  <input type="color" name="color" id="color">
</form>
```

图 11-138 "插入"面板　　　　　　　图 11-139 颜色表单元素的代码

在 Chrome 浏览器中预览页面，可以看到颜色表单元素的效果，如图 11-140 所示。单击颜色表单元素的颜色块，会弹出"颜色"对话框，在其中选择颜色（如图 11-141 所示），然后单击"确定"按钮，效果如图 11-142 所示。

图 11-140 颜色表单元素的效果   图 11-141 "颜色"对话框   图 11-142 颜色表单元素的效果

11.3.8   插入与时间和日期相关的表单元素

　　HTML5 中所提供的时间和日期表单元素都会在网页中提供一个对应的时间选择器，在网页中既可以在文本框中输入精确的时间和日期，也可以在选择器中选择时间和日期。

　　在 Dreamweaver CC 中插入"月"表单元素，网页会提供一个月选择器；插入"周"表单元素，会提供一个周选择器；插入"日期"表单元素，会提供一个日期选择器；插入"时间"表单元素，会提供一个时间选择器；插入"日期时间"表单元素，会提供一个完整的日期和时间（包含时区）选择器；插入"日期时间（当地）"表单元素，会提供完整的日期和时间（不包含时区）选择器。

　　在 Dreamweaver CC 中依次单击"插入"面板的"表单"选项卡中的各种类型的日期和时间表单按钮（如图 11-143 所示），即可在网页中插入相应的日期和时间表单元素。切换到代码视图，可以看到各日期和时间表单元素的代码，如图 11-144 所示。

```
<form id="form1" name="form1" method="post">
  <label for="month">Month:</label>
  <input type="month" name="month" id="month"><br>
  <label for="week">Week:</label>
  <input type="week" name="week" id="week"><br>
  <label for="date">Date:</label>
  <input type="date" name="date" id="date"><br>
  <label for="time">Time:</label>
  <input type="time" name="time" id="time"><br>
  <input type="datetime"><br>
  <input type="datetime-local">
</form>
```

图 11-143 "插入"面板   图 11-144 日期和时间表单元素的代码

　　在 Chrome 浏览器中预览页面，可以看到 HTML5 中日期和时间表单元素的效果，如图 11-145 所示。用户可以在文本框中输入日期和时间，也可以在不同类型的日期和时间选择器中选择日期和时间，如图 11-146 所示。

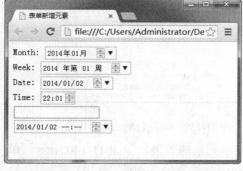

图 11-145 在浏览器中预览效果   图 11-146 日期选择器效果

自测 69 制作添加日志表单页面

源文件：光盘\源文件\第 11 章\11-3-8.html　视频：光盘\视频\第 11 章\11-3-8.swf

01 ▶ 执行"文件>打开"命令，打开页面"光盘\源文件\第 11 章\11-3-8.html"，效果如图 11-147 所示。将光标移动到<p>标签内容中，将多余的文字删除，然后单击"插入"面板的"表单"选项卡中的"文本"按钮，如图 11-148 所示。

图 11-147　页面效果

图 11-148　单击"文本"按钮

02 ▶ 此时会在光标所在的位置插入文本域，删除文本域前的提示文字，如图 11-149 所示。然后选中插入的文本域，在"属性"面板中设置其相关属性，如图 11-150 所示。

图 11-149　插入文本域

图 11-150　设置"文本"属性

03 ▶ 切换到外部 CSS 样式表文件中，创建名为#text 的 CSS 样式，如图 11-151 所示。然后返回到网页的设计视图中，可以看到文本域的效果，如图 11-152 所示。

```
#text{
    width:580px;
    height:30px;
    margin-bottom:20px;
    color:#960;
    font-size:14px;
    font-weight:bold;
    text-align:center;
    border:2px solid #9c2f05;
    border-radius:4px;
    }
```

图 11-151　CSS 样式代码

图 11-152　文本域的效果

04 ▶ 使用相同的方法，在文本域后面插入段落，并插入文本区域表单元素，在外部的 CSS 样式中创建名为#textarea 的 CSS 样式，如图 11-153 所示。然后返回到网页的设计视图中，可以看到文本区域的效果，如图 11-154 所示。

05 ▶ 在文本区域之后按 Enter 键插入段落，如图 11-155 所示。然后单击"插入"面板的"表单"选项卡中的"日期"按钮，如图 11-156 所示。

```
#textarea{
    width:580px;
    height:300px;
    border:dotted 2px #9c2f05;
    }
```

图 11-153　CSS 样式代码

图 11-154　文本区域的效果

图 11-155　插入段落

图 11-156　单击"日期"按钮

06 ▶ 此时会在网页中插入日期表单元素，修改日期表单元素前的提示文字，如图 11-157 所示。然后选中插入的日期表单元素，在"属性"面板中设置其相关属性，如图 11-158 所示。

图 11-157　插入日期表单元素

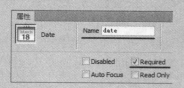

图 11-158　设置"日期"属性

07 ▶ 切换到外部 CSS 样式表文件中，创建名为.time 和#date 的 CSS 样式，如图 11-159 所示。然后返回到网页的设计视图中，为当前的<p>标签应用名为 time 的 CSS 样式，效果如图 11-160 所示。

```
.time{
    margin-top:10px;
    text-align:right;
    }
#date{
    width:120px;
    height:20px;
    border:#9c2f05 2px solid;
    border-radius:2px;
    margin-left:10px;
    }
```

图 11-159　CSS 样式代码

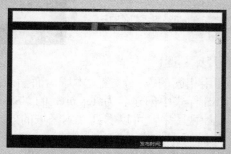

图 11-160　页面效果

08 ▶ 使用相同的方法，在网页中插入"时间"和"图像按钮"表单元素，如图 11-161 所示。然后保存页面，并在浏览器中预览页面，可以看到页面中表单的效果，如图 11-162 所示。

图 11-161　页面效果 　　　　　　　　　　　　图 11-162　浏览器预览效果

09 ▶ 在网页所呈现的表单中根据相应提示输入正确信息，可以在时间选择器中选择时间（如图 11-163 所示），也可以在文本框中直接输入时间，如图 11-164 所示。

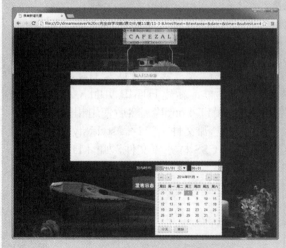

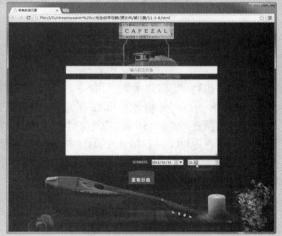

图 11-163　选择时间 　　　　　　　　　　　　　图 11-164　输入时间

11.4　设计制作网站注册页面

　　登录窗口和注册页面是大家在网站中最常见到的表单应用，在前面已经讲解了登录窗口的制作方法，本例通过制作网站注册页面来讲解如何在页面中插入表单元素，以及使用 CSS 样式控制表单元素的方法和技巧，页面的最终效果如图 11-165 所示。

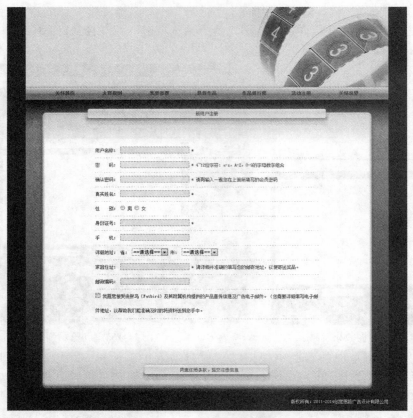

图 11-165　页面的最终效果

设计制作网站注册页面

源文件：光盘\源文件\第 11 章\11-4.html　视频：光盘\视频\第 11 章\11-4.swf

01 ▶ 执行"文件>新建"命令，弹出"新建文档"对话框，新建 HTML 页面（如图 11-166 所示），并将该页面保存为"光盘\源文件\第 11 章\11-4.html"。然后使用相同的方法，新建外部 CSS 样式表文件，并将其保存为"光盘\源文件\第 11 章\style\style.css"。接着返回到 11-4.html 页面中，链接刚刚创建的外部 CSS 样式表文件，如图 11-167 所示。

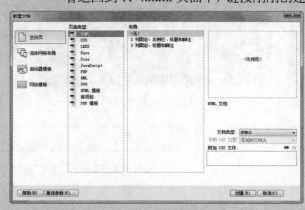

图 11-166　"新建文档"对话框

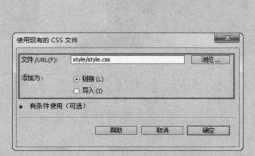

图 11-167　"使用现有的 CSS 文件"对话框

02 ▶ 切换到 style.css 文件中，创建名为*的通配符 CSS 样式，如图 11-168 所示。然后创建名为 body 的标签 CSS 样式，如图 11-169 所示。

```
* {
    margin: 0px;
    padding: 0px;
}
```
图 11-168 CSS 样式代码

```
body {
    font-family: 宋体;
    font-size: 12px;
    color: #104cad;
    line-height: 25px;
    background-color: #003466;
}
```
图 11-169 CSS 样式代码

03 ▶ 返回到 11-4.html 页面中，在页面中插入名为 box 的 Div，然后切换到 style.css 文件中，创建名为#box 的 CSS 样式，如图 11-170 所示。返回到设计视图中，页面效果如图 11-171 所示。

```
#box {
    width: 959px;
    height: auto;
    margin: 0px auto;
}
```
图 11-170 CSS 样式代码

图 11-171 页面效果

04 ▶ 将光标移动到名为 box 的 Div 中，将多余的文字删除，并在该 Div 中插入名为 top 的 Div，然后切换到 style.css 文件中，创建名为#top 的 CSS 样式，如图 11-172 所示。返回到设计视图中，页面效果如图 11-173 所示。

```
#top {
    width: 959px;
    height: 221px;
}
```
图 11-172 CSS 样式代码

图 11-173 页面效果

05 ▶ 将光标移动到名为 top 的 Div 中，将多余的文字删除，并在该 Div 中插入图像"光盘\源文件\第 11 章\images\9401.gif"，然后在该 Div 之后插入名为 menu 的 Div，如图 11-174 所示。

图 11-174 页面效果

06 ▶ 切换到 style.css 文件中，创建名为#menu 的 CSS 样式，如图 11-175 所示。返回到设计视图中，将光标移动到名为 menu 的 Div 中，将多余的文字删除，然后在该 Div 中输入段落文本并创建项目列表，如图 11-176 所示。

```
#menu {
    height: 30px;
    background-image: url(../images/9402.gif);
    background-repeat: repeat-x;
    padding-top: 5px;
    padding-left: 42px;
    padding-right: 42px;
}
```
图 11-175 CSS 样式代码

图 11-176 页面效果

292
Dreamweaver CC 一本通

07 ▶ 切换到 style.css 文件中,创建名为#menu li 的 CSS 样式,如图 11-177 所示。然后返回到设计视图中,页面效果如图 11-178 所示。

```
#menu li {
    list-style-type: none;
    display: block;
    width: 125px;
    text-align: center;
    font-weight: bold;
    float: left;
}
```

图 11-177　CSS 样式代码

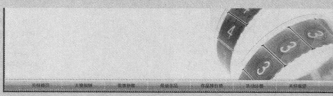

图 11-178　页面效果

08 ▶ 在名为 menu 的 Div 之后插入名为 main 的 Div,然后切换到 style.css 文件中,创建名为#main 的 CSS 样式,如图 11-179 所示。返回到设计视图中,页面效果如图 11-180 所示。

```
#main {
    height: 805px;
    background-image: url(../images/9403.gif);
    background-repeat: repeat-x;
}
```

图 11-179　CSS 样式代码

图 11-180　页面效果

09 ▶ 将光标移动到名为 main 的 Div 中,将多余的文字删除,然后在该 Div 中插入名为 reg-bg 的 Div,切换到 style.css 文件中,创建名为#main 的 CSS 样式,如图 11-181 所示。返回到设计视图中,页面效果如图 11-182 所示。

```
#reg-bg {
    width: 887px;
    height: 805px;
    background-image: url(../images/9404.jpg);
    background-repeat: no-repeat;
    margin: 0px auto;
}
```

图 11-181　CSS 样式代码

图 11-182　页面效果

10 ▶ 将光标移动到名为 reg-bg 的 Div 中,将多余的文字删除,然后单击"插入"面板的"表单"选项卡中的"表单"按钮(如图 11-183 所示),在该 Div 中插入红色虚线的表单域,如图 11-184 所示。

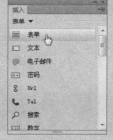

图 11-183　单击"表单"按钮

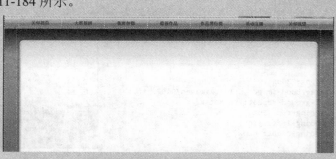

图 11-184　插入红色虚线的表单域

在插入表单元素之前必须先插入表单域，并且所有的表单元素都必须包含在表单域中才能起作用。

11 ▶ 在表单域中插入名为 reg-title 的 Div，然后切换到 style.css 文件中，创建名为#reg-title 的 CSS 样式，如图 11-185 所示。返回到设计视图中，将光标移动到名为 reg-title 的 Div 中，将多余的文字删除，并输入相应的文字，效果如图 11-186 所示。

```
#reg-title {
    width: 648px;
    height: 44px;
    background-image: url(../images/9405.jpg);
    background-repeat: no-repeat;
    background-position: left 6px;
    margin: 0px auto;
    padding-top: 26px;
    text-align: center;
}
```

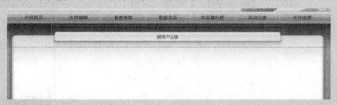

图 11-185　CSS 样式代码　　　　　　图 11-186　页面效果

12 ▶ 在名为 reg-title 的 Div 之后插入名为 reg 的 Div，然后切换到 style.css 文件中，创建名为#reg 的 CSS 样式，如图 11-187 所示。返回到设计页面中，效果如图 11-188 所示。

```
#reg {
    width: 590px;
    padding-top: 50px;
    margin: 0px auto;
}
```

图 11-187　CSS 样式代码　　　　　　图 11-188　页面效果

13 ▶ 将光标移动到名为 reg 的 Div 中，将多余的文字删除，然后单击"插入"面板的"表单"选项卡中的"文本"按钮，插入文本域，并修改提示文字，如图 11-189 所示。选中刚插入的文本域，在"属性"面板中设置其 Name 属性为 uname，如图 11-190 所示。

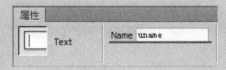

图 11-189　插入文本域　　　　　　图 11-190　设置 Name 属性

14 ▶ 将光标移动到刚插入的文本域后，输入相应的文字，如图 11-191 所示。然后切换到代码视图中，手动添加项目列表的相关代码，如图 11-192 所示。

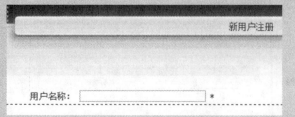

```
<form id="form1" name="form1" method="post">
  <div id="reg-title">新用户注册</div>
  <div id="reg">
    <ul>
      <li>
        <label for="uname">用户名称: </label>
        <input type="text" name="uname" id="uname">*
      </li>
    </ul>
  </div>
</form>
```

图 11-191　输入文字　　　　　　图 11-192　添加项目列表的代码

15 ▶ 切换到 style.css 文件中，创建名为#reg li 的 CSS 样式，如图 11-193 所示。然后返回到设计视图中，效果如图 11-194 所示。

```
#reg li {
    list-style-type: none;
    width: 590px;
    height: 39px;
    line-height: 39px;
    border-bottom: dashed 1px #CCC;
}
```

图 11-193　CSS 样式代码

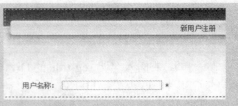

图 11-194　页面效果

16 ▶ 切换到 style.css 文件中，创建名为.input01 和.font01 的 CSS 样式，如图 11-195 所示。返回到设计页面中，选中刚插入的文本域，在 Class 下拉列表中选择 input01，然后选中文本域后的文字，在"类"下拉列表中选择 font01，效果如图 11-196 所示。

```
.input01{
    border: 1px solid #749fcc;
    background-color: #ddf0f7;
    height: 16px;
    width: 180px;
}
.font01 {
    color: #F00;
}
```

图 11-195　CSS 样式代码

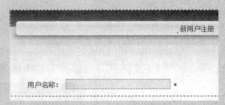

图 11-196　页面效果

> 默认的表单样式比较单一，很难满足不同类型页面的需要，也很难与设计的页面风格统一，这就需要使用 **CSS** 样式对表单元素进行美化了，以使其与页面整体效果统一。

17 ▶ 将光标移动到第一个注册项之后，按 Enter 键插入项目列表，然后单击"插入"面板的"表单"选项卡中的"密码"按钮，插入密码域，并修改提示文字，如图 11-197 所示。选中刚插入的密码域，在"属性"面板中设置其 Name 属性为 upass1，如图 11-198 所示。

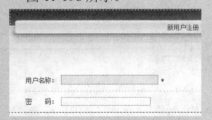

图 11-197　插入密码域

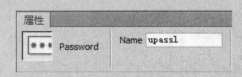

图 11-198　设置 Name 属性

18 ▶ 选中刚插入的密码域，在"属性"面板的 Class 下拉列表中选择 input01，如图 11-199 所示。在密码域后输入文字，并应用相应的 CSS 样式，效果如图 11-200 所示。

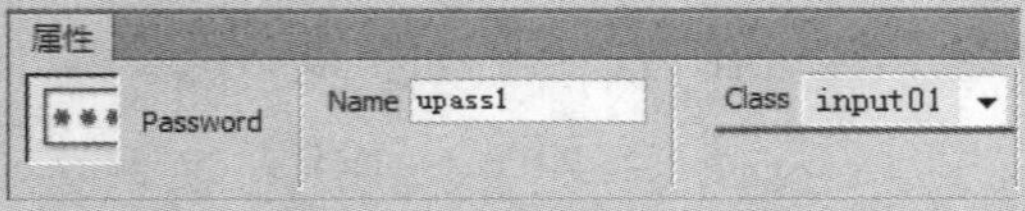

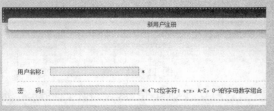

图 11-199　设置"属性"面板

图 11-200　页面效果

19 ▶ 使用相同的方法制作出相似的注册项，如图 11-201 所示。其中，"确认密码："文字后为密码域，其他表单元素为文本域。

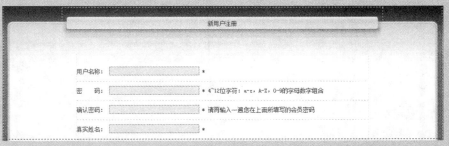

图 11-201　页面效果

20 ▶ 将光标移动到"真实姓名："注册项之后，按 Enter 键插入一个项目列表，并输入相应的文字，如图 11-202 所示。然后单击"插入"面板的"表单"选项卡中的"单选按钮组"按钮，如图 11-203 所示。

图 11-202　输入文字

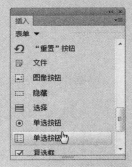

图 11-203　单击"单选按钮组"按钮

21 ▶ 此时会弹出"单选按钮组"对话框，对相关选项进行设置，如图 11-204 所示。然后单击"确定"按钮，插入单选按钮组，并将多余的换行符删除，效果如图 11-205 所示。

图 11-204　"单选按钮组"对话框

图 11-205　页面效果

22 ▶ 使用相同的方法制作出其他相似的注册项，页面效果如图 11-206 所示。

23 ▶ 将光标移动到"手机："注册项之后，按 Enter 键插入一个项目列表，并输入相应的文字，如图 11-207 所示。然后单击"插入"面板的"表单"选项卡中的"选择"按钮，如图 11-208 所示。

图 11-206　页面效果

图 11-207　输入文字

图 11-208　单击"选择"按钮

24 ▶ 此时会插入选择域，修改提示文字，如图 11-209 所示。然后选择刚插入的选择域，在"属性"面板中设置其 Name 属性为 sheng，如图 11-210 所示。

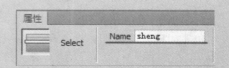

图 11-209　插入选择域

图 11-210　设置 Name 属性

25 ▶ 选中刚插入的选择域，单击"属性"面板上的"列表值"按钮，弹出"列表值"对话框，设置选项如图 11-211 所示。单击"确定"按钮，完成"列表值"对话框的设置，然后使用相同的方法再插入一个选择域，并进行相应的设置，如图 11-212 所示。

图 11-211　"列表值"对话框

图 11-212　页面效果

26 ▶ 使用相同的方法完成其他注册项的制作，效果如图 11-213 所示。

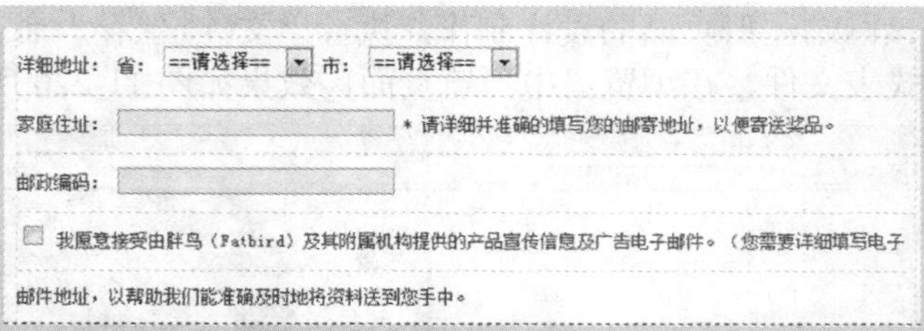

图 11-213　页面效果

27 ▶ 在名为 reg 的 Div 之后插入名为 reg-btn 的 Div，然后切换到 style.css 文件中，创建名为#reg-btn 的 CSS 样式，如图 11-214 所示。返回到设计视图中，页面效果如图 11-215 所示。

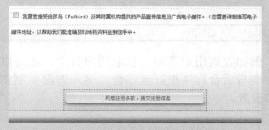

```
#reg-btn {
    width: 340px;
    height: 50px;
    margin: 120px auto 0px auto;
}
```

图 11-214　CSS 样式代码

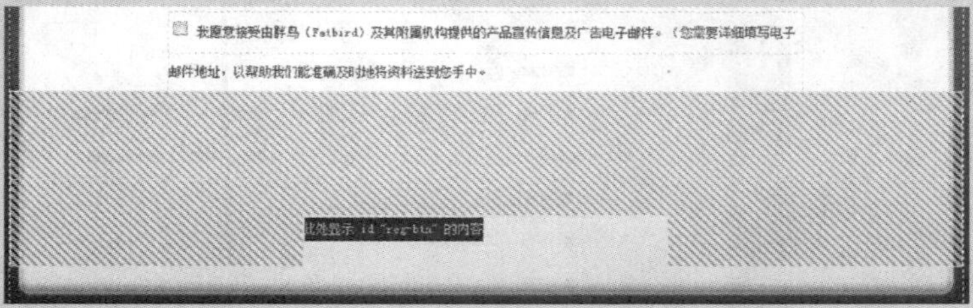

图 11-215　页面效果

28 ▶ 将光标移动到名为 reg-btn 的 Div 中，将多余的文字删除，然后单击"插入"面板的"表单"选项卡中的"图像按钮"按钮，插入图像域"光盘\源文件\第 11 章\images\9406.gif"，如图 11-216 所示。选中刚插入的图像域，设置其 Name 属性为 button，如图 11-217 所示。

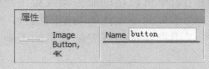

图 11-216　插入图像域

图 11-217　设置 Name 属性

29 ▶ 在名为 main 的 Div 之后插入名为 bottom 的 Div，然后切换到 style.css 文件中，创建名为#bottom 的 CSS 样式，如图 11-218 所示。返回到设计页面中，将光标移动到名为 bottom 的 Div 中，将多余的文字删除，并输入相应的文字，效果如图 11-219 所示。

```
#reg-btn {
    width: 340px;
    height: 50px;
    margin: 120px auto 0px auto;
}
```

图 11-218　CSS 样式代码

图 11-219　页面效果

30 ▶ 至此完成该网站注册页面的设计制作，执行"文件>保存"命令，保存页面，并保存外部样式表文件，在浏览器中预览页面，效果如图 11-220 所示。

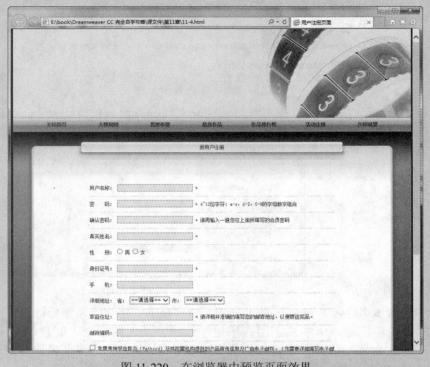

图 11-220　在浏览器中预览页面效果

11.5　本章小结

　　使用表单可以帮助服务器收集用户信息，例如收集用户资料、获取用户订单，还可以搜索接口。表单页面是设计与功能的结合，一方面要与后台程序很好地结合，另一方面要制作得美观，所以用户要掌握好表单元素的正确使用和设置。

第 12 章　表格与 IFrame 框架的应用

实例名称：选择表格和单元格
源文件：源文件\第 12 章\12-3-1.html
视频：视频\第 12 章\12-3-1.swf

实例名称：对表格数据进行排序
源文件：源文件\第 12 章\12-5-1.html
视频：视频\第 12 章\12-5-1.swf

本章知识点

　　随着 Web 标准时代的来临，Div+ CSS 布局模式已经慢慢开始取代表格布局的方式，表格正在慢慢地恢复原来的使用规则，也就是只用来显示表格数据，而不是用来进行页面布局。IFrame 框架是网页中的一种特殊的框架应用形式，它可以出现在网页中的任何位置，使用起来非常方便和灵活。本章将向读者介绍表格和 IFrame 框架在网页设计中的应用。

实例名称：在表格中导入外部数据
源文件：源文件\第 12 章\12-5-2.html
视频：视频\第 12 章\12-5-2.swf

实例名称：制作 IFrame 框架界面
源文件：源文件\第 12 章\12-6-1.html
视频：视频\第 12 章\12-6-1.swf

实例名称：设置 IFrame 框架页面的链接
源文件：源文件\第 12 章\12-6-2.html
视频：视频\第 12 章\12-6-2.swf

实例名称：设计制作企业网站页面
源文件：源文件\第 12 章\12-7.html
视频：视频\第 12 章\12-7.swf

12.1　表格模型

　　HTML 表格通过<table>标签定义，用户在<table>的打开和关闭标签之间可以发现许多由<tr>标签指定的表格行。表格的每一行由一个或者多个表格单元格组成。表格单元格可以是表格数据<td>，也可以是表格标题<th>，通常将表格标题认为是表达对应表格数据单元格的某种信息。

　　通过使用<thead>、<tbody>和<tfood>元素将表格行聚集为组，可以构建更复杂的表格。每个标签定义包含一个或者多个表格行，并且将它们标识为一个组的盒子。<thead>标签用于指定表格标题行，如果打印的表格超过一页纸，<thead>应该在每个页面的顶端重复。<tfood>是表格内容的补充，它是一组作为脚注的行，如果表格横跨多个页面，也应该重复。通常用<tbody>标签标记表格的正文部分，将相关行集合在一起，表格可以有一个或者多个<tbody>部分。

　　下面是一个包含表格行组的数据表格，代码如下：

```
<table>
  <caption>一周安排表</caption>
  <thead>
    <tr>
      <th></th>
      <th>星期一</th>
      <th>星期二</th>
      <th>星期三</th>
      <th>星期四</th>
      <th>星期五</th>
    </tr>
  </thead>
  <tbody>
    <tr>
      <th>上午</th>
      <td>学习</td>
      <td></td>
      <td>学习</td>
      <td></td>
    </tr>
    <tr>
      <th>下午</th>
      <td></td>
      <td>游戏时间</td>
      <td></td>
      <td></td>
      <td></td>
    </tr>
    <tr>
      <th>晚上</th>
      <td></td>
```

```
        <td>学习</td>
        <td></td>
        <td>休息时间</td>
        <td></td>
      </tr>
    </tbody>
</table>
```

在浏览器中预览表格效果，如图 12-1 所示。

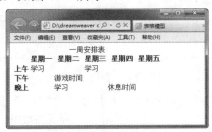

图 12-1　在浏览器中预览效果

> 提示　　Web 浏览器通过基于浏览器对表格标签理解的默认样式设计显示表格。单元格之间或者表格周围通常没有边框；表格数据单元格使用普通文本，左对齐；表格标题单元格居中对齐，并设置为粗体字体；标题在表格中间。

12.2　认识表格

如果想熟练地对表格进行处理和操作，必须对表格有一个清晰的认识。本节将向读者介绍表格的基本结构以及组成表格的相关标签，以便用户在制作实例的过程中可以通过 CSS 样式对表格进行控制。

12.2.1　插入表格

Dreamweaver CC 为用户提供了极为方便的插入表格的方法，下面向读者介绍如何使用 Dreamweaver 快速地插入表格。

将光标移动到需要插入表格的位置，然后单击"插入"面板上的"表格"按钮（如图 12-2 所示），弹出"表格"对话框，在该对话框中设置表格的行数、列数、宽度、单元格间距、单元格边距和边框粗细等选项，如图 12-3 所示。

图 12-2　单击"表格"按钮

图 12-3　"表格"对话框

在"表格"对话框中设置好属性后，单击"确定"按钮，即可将表格插入到指定位置，如图 12-4 所示。

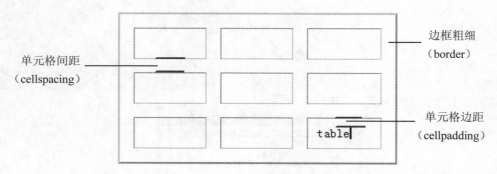

图 12-4　表格示意图

"表格"对话框中有多个选项可以设置，下面分别介绍各选项。

行数：设置要插入表格的行数。

列数：设置要插入表格的列数。

表格宽度：设置要插入表格的宽度，"宽度"的单位可以通过右边的下拉列表选择，有"像素"和"百分比"两个可选项。宽度单位以像素定义的表格大小是固定的，而以百分比定义的表格会随着浏览器窗口大小的改变而变化。

边框粗细：指定表格边框的宽度（以像素为单位）。

单元格边距：设置单元格内容和单元格边框之间的像素数。

单元格间距：设置相邻表格单元格之间的像素数。

标题：在该选项组中可以定义标题样式，用户可以在 4 种样式中选择一种。

辅助功能：在该选项组中定义与表格存储相关的参数，包括在"标题"文本框中定义表格标题，在"摘要"文本框中对表格进行注释。

12.2.2　在 HTML 代码中插入表格

在 HTML 语法中，表格主要通过 3 个标签构成，它们是表格标签、行标签和单元格标签，如表 12-1 所示。

表 12-1　表格标签

标　签	描　述
<table>…</table>	表格标签
<tr>…</tr>	行标签
<td>…</td>	单元格标签

<table>标签代表表格的开始，<tr>标签代表行的开始，<td>和</td>之间是单元格的内容。这几个标签之间是从大到小、逐层包含的关系，即由最大的表格到最小的单元格。一个表格可以有多个<tr>和<td>标签，分别代表多行和多个单元格，例如下面的代码：

```
<table>
    <tr>
        <td>网页制作软件</td>
        <td>Dreamweaver</td>
    </tr>
    <tr>
        <td>网页图像软件</td>
```

```
                <td>Photoshop</td>
        </tr>
        <tr>
                <td>网页动画软件</td>
                <td>Flash</td>
        </tr>
</table>
```

在浏览器中预览页面，效果如图 12-5 所示。

图 12-5　预览效果

为了使表格的结构和效果更加清楚，我们在表格标签<table>中添加相应的属性设置，代码如下：

```
<table border="3" bordercolor="#336699" width="400" height="100" align="center">
        <tr>
                <td>网页制作软件</td>
                <td>Dreamweaver</td>
        </tr>
        <tr>
                <td>网页图像软件</td>
                <td>Photoshop</td>
        </tr>
        <tr>
                <td>网页动画软件</td>
                <td>Flash</td>
        </tr>
</table>
```

在浏览器中预览页面，效果如图 12-6 所示。

图 12-6　预览效果

12.2.3　表格的标题与表头

通过<caption>标签可以直接为表格添加标题，而且可以控制标题文字的排列属性，例如下面的代码：

```
<table border="3" bordercolor="#336699" width="400" height="100" align="center">
    <caption>在 HTML 代码中插入表格</caption>
    <tr>
        <td>网页制作软件</td>
        <td>Dreamweaver</td>
    </tr>
    <tr>
        <td>网页图像软件</td>
        <td>Photoshop</td>
    </tr>
    <tr>
        <td>网页动画软件</td>
        <td>Flash</td>
    </tr>
</table>
```

在浏览器中预览页面，效果如图 12-7 所示。

图 12-7　预览效果

表头是指表格的第一行，其中的文字可以居中并且加粗显示，这可以通过<th>标签实现，例如下面的代码：

```
<table border="3" bordercolor="#336699" width="400" height="100" align="center">
    <tr>
        <th>软件分类</th>
        <th>软件名称</th>
    </tr>
    <tr>
        <td>网页制作软件</td>
        <td>Dreamweaver</td>
    </tr>
    <tr>
        <td>网页图像软件</td>
        <td>Photoshop</td>
```

```
        </tr>
        <tr>
            <td>网页动画软件</td>
            <td>Flash</td>
        </tr>
</table>
```

在浏览器中预览页面，效果如图 12-8 所示。

图 12-8　预览效果

> **提示**　在最新发布的 HTML5 中将不再支持<table>、<td>、<tr>以外的表格标签，读者在学习表格时要抱着了解的态度学习，要对表格的每个标签熟练掌握、清晰记忆。

12.3　表格的基本操作

表格是网页的重要元素，也是比较常用的页面排版布局手段之一，虽然随着 CSS 布局的兴起，使用表格布局网页越来越少，但熟练地掌握和运用表格的各种属性还是非常有必要的，本节将向读者介绍表格的基本操作。

12.3.1　选择表格和单元格

在选择表格时可以选择整个表格或者单个表格元素（行、列、连续范围内的单元格），下面通过一个实例向读者介绍如何选择表格和单元格。

自测 71　选择表格和单元格

源文件：光盘\源文件\第 12 章\12-3-1.html　视频：光盘\视频\第 12 章\12-3-1.swf

01 ▶ 执行"文件>打开"命令，打开页面"光盘\源文件\第 12 章\12-3-1.html"，效果如图 12-9 所示。选择整个表格的方法很简单，只需要用鼠标单击表格的上方，在弹出的菜单中执行"选择表格"命令即可，如图 12-10 所示。

图 12-9　页面效果

图 12-10　选择整个表格 1

02 ▶ 如果在表格内部右击，在弹出的菜单中执行"表格>选择表格"命令（如图 12-11

所示），同样可以选择表格。单击所要选择的表格的左上角，当鼠标指针下方出现表格状图标时单击（如图 12-12 所示），也可以选择表格。

图 12-11　选择整个表格 2　　　　　图 12-12　选择整个表格 3

03 ▶ 如果要选择某个单元格，将光标置于需要选择的单元格，在状态栏的"标签选择器"中单击\<td>标签（如图 12-13 所示），即可选中该单元格，如图 12-14 所示。

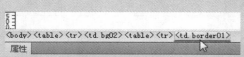

图 12-13　单击\<td>标签　　　　　图 12-14　选中单元格

04 ▶ 如果需要选择整行，将光标移动到想要选择的行的左边，当其变成右箭头形状时单击即可选中整行，如图 12-15 所示。如果需要选择整列，将光标移动到想要选择的一列表格上方，当其变成下箭头形状时单击即可选中整列，如图 12-16 所示。

图 12-15　选择整行　　　　　　　图 12-16　选择整列

05 ▶ 如果需要选择连续的单元格，按住鼠标左键从一个单元格开始向下拖动，即可选择连续的单元格，如图 12-17 所示。如果需要选择不连续的几个单元格，只需在单击所选单元格的同时按住 Ctrl 键即可，如图 12-18 所示。

图 12-17　选择连续的单元格　　　　图 12-18　选择不连续的单元格

12.3.2　设置表格属性

表格是常用的页面元素，制作网页经常要借助表格来进行排版，并且用好表格是页面设计的关键。借助表格可以实现所设想的任何排版效果，灵活地使用表格的背景、框线等属性可以得到更加美观的效果。

选中一个表格后，可以通过"属性"面板更改其属性，如图 12-19 所示。

图 12-19　表格的"属性"面板

表格：该选项下方的文本框用来设置表格的 ID 名称，一般不填。

行：用来设置表格的行数。

Cols：用来设置表格的列数。

宽：用来设置表格的宽度，可输入数值。紧跟其后的下拉列表用来设置宽度的单位，共有两个选项，即%和"像素"。

CellPad：用来设置单元格内部空白的大小，可输入数值，单位是像素。

CellSpace：用来设置单元格之间的距离，可输入数值，单位是像素。

Align：用来设置表格的对齐方式。在该下拉列表中有 4 个选项，分别是"默认"、"左对齐"、"居中

对齐"和"右对齐"。如果选择"默认"选项，表格将以浏览器默认的对齐方式来对齐，默认的对齐方式一般为"左对齐"。

Border：用来设置表格边框的宽度，可输入数值，单位是像素。

Class：在该下拉列表中可以选择应用于所选表格的类 CSS 样式。

功能按钮：单击 按钮，将清除表格的宽度；单击 按钮，将表格宽度的单位转换成像素；单击 按钮，将表格宽度的单位转换成百分比；单击 按钮，将清除表格的高度。

12.3.3　设置单元格属性

将光标移动到表格的某个单元格内，可以用单元格"属性"面板对该单元格的属性进行设置，如图 12-20 所示。

图 12-20　单元格的"属性"面板

水平：用来设置单元格内元素的水平排版方式，在该下拉列表中有"默认"、"左对齐"、"右对齐"和"居中对齐" 4 个选项。

垂直：用来设置单元格内元素的垂直排版方式，在该下拉列表中有"默认"、"顶端对齐"、"底部对齐"、"基线对齐"和"居中对齐" 5 个选项。

宽：该文本框用来设置单元格的宽度，可以用像素或百分比来表示。

高：该文本框用来设置单元格的高度，可以用像素或百分比来表示。

不换行：选中该复选框可以防止单元格中较长的文本自动换行。

标题：选中该复选框可以为表格设置标题。

背景颜色：该文本框用来设置单元素的背景颜色。

在单元格的"属性"面板上还有一个 CSS 选项卡，切换到 CSS 选项卡中，可以发现该选项卡中的设置选项和 HTML 选项卡中的设置选项相同，如图 12-21 所示。它们的主要区别在于，在 CSS 选项卡中设置的属性会生成相应的 CSS 样式表应用于单元格，而在 HTML 选项卡中设置的属性会直接在单元格标记中写入相关的属性设置。

图 12-21　单元格的"属性"面板中的 CSS 选项

12.4　调整表格结构

在插入表格后，往往会由于工作中的一些变化导致单元格的排列不符合要求，这时需要通过拆分和合并单元格来调整表格的结构。

12.4.1　拆分单元格

如果单元格的分割不合理，可以选中表格，然后修改其"属性"面板中的行数和列数重新对表格的结构进行调整。当然，也可以在需要拆分的单元格中右击，然后在弹出的菜单中执行"表格>拆分单元格"命令（如图 12-22 所示），此时会弹出"拆分单元格"对话框（如图 12-23 所示），在该对话框中进行相关设置，即可将一个单元格分割成多个单元格。如果执行了"合并单元格"命令，可以将多个单元格合并为一个单元格。

图 12-22　菜单命令

图 12-23　"拆分单元格"对话框

12.4.2　插入行或列

选中要插入行或列的单元格，然后右击，在弹出的菜单中执行"表格>插入行（插入列、插入行或列）"命令（如图 12-24 所示），可以完成插入行或列的操作。如果执行了"插入行或列"命令，则会弹出"插入行或列"对话框，如图 12-25 所示。

如果需要插入行，可以选中"行"单选按钮，并在"行数"文本框中输入要插入的行数；如果需要插入列，可以选中"列"单选按钮，并在"列数"文本框中输入要插入的列数；在"位置"选项组中可以选择是将行或列插入到当前行的上面还是下面或者当前列的前面还是后面。

设置完成后，单击"确定"按钮，指定的行或列就插入到表格中了。

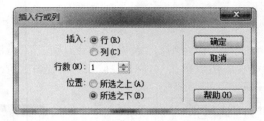

图 12-24　执行相应的命令　　　　　　　　图 12-25　"插入行或列"对话框

12.4.3　删除行或列

如果想删除行或列，只需选择要删除行或列的单元格，然后右击，在弹出的菜单中执行"表格>删除行（删除列）"命令。

12.4.4　单元格的复制与粘贴

下面介绍单元格的复制与粘贴。

对于选择要复制或剪切的单元格，用户既可以选择一个单元格，也可以选择多个单元格，但要保证选中的单元格区域呈矩形。执行"编辑>剪切"命令或者按 Ctrl+X 键即可将选中的单元格剪切到剪贴板上；执行"编辑>复制"命令或者按 Ctrl+C 键即可将选中的单元格复制到剪贴板上。

对于选择要粘贴数据的目标对象，如果希望将数据粘贴到单元格内，可以单击该单元格，将光标放置到该单元格内；如果希望将剪贴板中的数据粘贴为一个新的表格，可以在文档中将插入点放置到该位置上，然后执行"编辑>粘贴"命令或者按 Ctrl+V 键粘贴。

12.5　表格数据的处理

针对表格，在 Dreamweaver CC 中还提供了其他一些特殊的处理功能，例如表格排序和导入/导出表格数据等，本节将向读者介绍如何对表格数据进行处理。

12.5.1　排序表格

网页中的表格内部常常会有大量的数据，Dreamweaver CC 可以自动将表格中的数据进行排序。本节将通过一个实例介绍如何使用 Dreamweaver CC 对表格中的数据进行自动排序。

> **自测 72**　对表格数据进行排序
>
> 　　源文件：光盘\源文件\第 12 章\12-5-1.html　视频：光盘\视频\第 12 章\12-5-1.swf
>
> 01 ▶ 执行"文件>打开"命令，打开页面"光盘\源文件\第 12 章\12-5-1.html"，效果如图 12-26 所示。将光标移动到表格的左上角或者表格上边框或下边框外附近的位置，当鼠标指针变为 形状时单击即可选择需要排序的表格，如图 12-27 所示。

图 12-26　打开页面　　　　　　　　　　　图 12-27　选择表格

02 ▶ 执行"命令>排序表格"命令，弹出"排序表格"对话框，设置选项如图 12-28 所示。然后单击"确定"按钮，对选中的表格进行排序，如图 12-29 所示。

图 12-28　设置"排序表格"对话框　　　　图 12-29　表格排序后的效果

在"排序表格"对话框中可以对排序的规则进行相应设置，各选项介绍如下。

排序按： 选择排序需要最先依据的列。

顺序： 在第一个下拉列表中可以选择排序的顺序选项。其中，选择"按字母排序"可以按字母的方式进行排序；选择"按数字排序"可以按数字本身的大小作为排序依据。在第二个下拉列表中可以选择排序的方向，可以从字母 A 到 Z，从数字 0 到 9，即以"升序"排列，也可以从字母 Z 到 A，从数字 9 到 0，即以"降序"排列。

再按： 可以选择作为其次依据的列，同样可以在

"顺序"中选择排序方式和排序方向。

顺序： 可以在"顺序"中选择排序方式和排序方向。

选项： "排序包含第一行"用于选择是否从表格的第一行开始进行排序；"排序标题行"可以对标题行进行排序；"排序脚注行"可以对脚注行进行排序；选中"完成排序后所有行颜色保持不变"复选框后，排序时不仅移动行中的数据，行的属性也会随之移动。

12.5.2　导入表格数据

在 Dreamweaver CC 中，可以导入在另一个应用程序（例如 Microsoft Excel）中创建并以分隔文本的格式（其中的项以制表符、逗号、冒号、分号或其他分隔符隔开）保存的表格式数据，并设置为表格的格式。

自测 73　**在表格中导入外部数据**

源文件：光盘\源文件\第 12 章\12-5-2.html　　视频：光盘\视频\第 12 章\12-5-2.swf

01 ▶ 执行"文件>打开"命令，打开页面"光盘\源文件\第 12 章\12-5-2.html"，效果如图 12-30 所示，在该页面中将导入文本文件内容，如图 12-31 所示。

图 12-30　打开页面　　　　　　　　　　图 12-31　需要导入的文本内容

02 ▶ 将光标移动到页面中需要导入数据的位置，执行"文件>导入>表格式数据"命令，弹出"导入表格式数据"对话框，设置选项如图 12-32 所示。然后单击"确定"按钮，即可将所选择的文本文件中的数据导入到页面中，如图 12-33 所示。

图 12-32　设置"导入表格式数据"对话框　　　　图 12-33　导入数据后的效果

在"导入表格式数据"对话框中可以对相关选项进行设置，各选项介绍如下。

数据文件：在该文本框中输入需要导入的数据文件的路径，或者单击文本框后面的"浏览"按钮，弹出"打开"对话框，在其中选择需要导入的数据文件。

定界符：该下拉列表中的选项用来说明数据文件中各数据间的分隔方式，以供 Dreamweaver CC 正确地区分各数据。在该下拉列表中有 5 个选项，分别为 Tab、"逗点"、"分号"、"引号"和"其他"。

表格宽度：该选项用于设置导入数据后生成的表格的宽度，提供了"匹配内容"和"设置为"两个选项。其中，"匹配内容"使每个列足够宽以适应该列中最长的文本字符串；"设置为"以像素为单位指定固定的表格宽度，或按占浏览器窗口宽度的百分比指定表格宽度。

单元格边距：该选项用来设置生成的表格单元格内部空白的大小，可以输入数值，单位是像素。

单元格间距：该选项用来设置生成的表格单元格之间的距离，可以输入数值，单位是像素。

格式化首行：用来设置生成的表格顶行内容的文本格式，共有 4 个选项，分别为"无格式"、"粗体"、"斜体"和"加粗斜体"。如果选择"无格式"选项，则表格顶行内容不添加任何特殊格式；如果选择"粗体"选项，则表格顶行内容将被设置成粗体；如果选择"斜体"选项，则表格顶行内容将被设置成斜体；如果选择"加粗斜体"选项，则表格顶行内容将同时被设置成粗体和斜体。

边框：该选项用于设置表格边框的宽度，可以输入数值，单位是像素。

 提 示　如果选择 Tab 选项，则表示各数据间是用空格分隔的；如果选择"逗点"选项，则表示各数据间是用逗号分隔的；如果选择"分号"选项，则表示各数据间是用分号分隔的；如果选择"引号"选项，则表示各数据间是用引号分隔的；如果选择"其他"选项，则可以在下拉列表后面的文本框中输入用来分隔数据的符号。

12.5.3　导出表格数据

如果需要导出表格数据，需要将光标移动到将要导出的表格的任意单元格中，也可以选中整个需要导出的表格，执行"文件>导出>表格"命令（如图 12-34 所示），在弹出的"导出表格"对话框中进行设置，如图 12-35 所示。

图 12-34　执行"导出>表格"命令　　　　图 12-35　"导出表格"对话框

定界符：该下拉列表用来设置使用哪个分隔符在导出的文件中隔开各项，共有 5 个选项，分别是 Tab、"空白键"、"逗点"、"分号"和"冒号"。

换行符：该下拉列表用来设置将表格数据导出到哪种操作系统，共有 3 个选项，分别为 Windows、Mac 和 UNIX。

不同的操作系统具有不同的指示文件结尾的方式。

① 如果选择 Windows 选项，则将表格数据导出到 Windows 操作系统。

② 如果选择 Mac 选项，则将表格数据导出到苹果机操作系统。

③ 如果选择 UNIX 选项，则将表格数据导出到 UNIX 操作系统。

> **提示**　如果选择 Tab 选项，则分隔符为多个空格；如果选择"空白键"选项，则分隔符为单个空格；如果选择"逗点"选项，则分隔符为逗号；如果选择"分号"选项，则分隔符为分号；如果选择"冒号"选项，则分隔符为冒号。

完成"导出表格"对话框的设置后，单击"导出"按钮，会弹出"表格导出为"对话框，在该对话框中输入文件名称和路径，单击"保存"按钮，即可将表格输出为数据文件。

12.6　IFrame 框架

框架结构是一种使多个网页（两个或两个以上）通过多种类型区域的划分，最终显示在同一个窗口的网页结构。IFrame 框架是一种特殊的框架技术，可以更加容易地控制网页中的内容，由于 Dreamweaver 中并没有提供 IFrame 框架的可视化制作方案，因此需要编写一些页面的源代码。

12.6.1　插入 IFrame 框架

IFrame 框架页面的制作非常简单，只需要在页面中显示 IFrame 框架的位置插入 IFrame，然后手动添加相应的代码即可。

> **自测 74**　制作 IFrame 框架页面
> 源文件：光盘\源文件\第 12 章\12-6-1.html　视频：光盘\视频\第 12 章\12-6-1.swf

01 ▶ 执行"文件>打开"命令，打开页面"光盘\源文件\第 12 章\12-6-1.html"，效果如图 12-36 所示。

图 12-36　打开页面

02 ▶ 将光标移动到名为 center 的 Div 中，将多余的文字删除，然后单击"插入"面板的"常用"选项卡中的 IFRAME 按钮（如图 12-37 所示），在页面中插入一个 IFrame 框架。这时 Dreamweaver 会自动切换到拆分视图，并在代码中生成 <iframe></iframe> 标签，如图 12-38 所示。

图 12-37　单击 IFRAME 按钮　　　　　　图 12-38　插入 IFRAME 框架

03 ▶ 在 <iframe> 标签中输入以下代码：

```
<iframe width="750" height="665" name="main" scrolling="auto" frameborder="0" src="story.html" ></iframe>
```

> 提示
>
> 其中，<iframe> 为 IFrame 框架的标签，src 属性代表了在这个 IFrame 框架中显示的页面，name 属性为 Iframe 框架的名称，width 属性为 IFrame 框架的宽度，height 属性为 IFrame 框架的高度，scrolling 属性为 IFrame 框架的滚动条是否显示，frameborder 属性为 IFrame 框架的边框显示属性。

04 ▶ 这里所链接的 story.html 页面是事先已经制作完成的页面，效果如图 12-39 所示。这样页面中插入 IFrame 框架的位置会变为灰色区域，而 story.html 页面会出现在 IFrame 框架内部，如图 12-40 所示。

图 12-39　story.html 页面效果　　　　　　图 12-40　页面中的浮动框架

05 ▶ 执行"文件>保存"命令，保存页面，然后在浏览器预览整个框架页面，可以看到页面的效果，如图 12-41 所示。

图 12-41　在浏览器中预览页面效果

12.6.2　IFrame 框架页面的链接

　　IFrame 框架页面的链接设置和普通链接的设置基本相同，不同的是设置打开的"目标"属性要和 IFrame 框架的名称相同。

自测 75　设置 IFrame 框架页面的链接

　　源文件：光盘\源文件\第 12 章\12-6-2.html　视频：光盘\视频\第 12 章\12-6-2.swf

01 ▶　接上例，为页面设置链接。选中页面左下方的"女性故事讲你知"图像（如图 12-42 所示），在"属性"面板上设置"链接"地址为 story.html，在"目标"文本框中输入 main，如图 12-43 所示。

图 12-42　选择图像

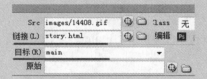

图 12-43　设置链接

02 ▶　选中页面左下角的"更多女性秘密"图像，在"属性"面板上设置"链接"为 party.html，在"目标"下拉列表中输入 main，如图 12-44 所示。这里的 party.html 也是制作好的页面，页面效果如图 12-45 所示。

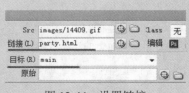

图 12-44　设置链接

图 12-45　party.html 页面效果

链接的"目标"设置为 main，与<iframe>标签中 name="main"的定义必须保持一致，从而保证链接的页面在 IFrame 框架中打开。

03 ▶ 执行"文件>保存"命令，保存页面，并在浏览器中预览整个 IFrame 框架页面，效果如图 12-46 所示。单击"更多女性秘密"图像，在 IFrame 框架中会显示 party.html 页面的内容，如图 12-47 所示。

图 12-46　在浏览器中预览页面

图 12-47　在浮动框架中打开新页面

　　　通过观察可以发现，当在 IFrame 框架中打开 party.html 页面时 IFrame 框架出现了滚动条，这是因为 story.html 和 party.html 两个页面的高度不同，而 Iframe 框架的高度是固定的，所以当页面高度超过 IFrame 框架高度时就会出现滚动条。

12.7　设计制作企业网站页面

　　本例设计制作一个企业网站页面，该页面整洁大方，通过 Flash 动画和文字内容表现网站内容。其中，网站的新闻公告部分使用表格进行制作，通过 CSS 样式对表格数据的外观进行控制，该页面的最终效果如图 12-48 所示。

图 12-48　页面的最终效果

自测 76　设计制作企业网站页面

源文件：光盘\源文件\第 12 章\12-7.html　　视频：光盘\视频\第 12 章\12-7.swf

01 ▶ 执行"文件>新建"命令，弹出"新建文档"对话框，新建 HTML 页面（如图 12-49 所示），将该页面保存为"光盘\源文件\第 12 章\12-7.html"。然后新建外部 CSS 样式表文件，将其保存为"光盘\源文件\第 12 章\style\style.css"。返回到 12-7.html 页面中，链接刚刚创建的外部 CSS 样式表文件，如图 12-50 所示。

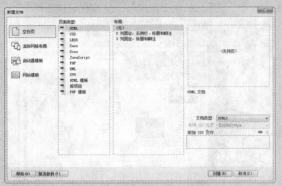

　　图 12-49　"新建文档"对话框　　　　　图 12-50　"使用现有的 CSS 文件"对话框

02 ▶ 切换到 style.css 文件中，创建名为*的通配符 CSS 样式，如图 12-51 所示。然后创建名为 body 的标签 CSS 样式，如图 12-52 所示。

```
* {
    margin: 0px;
    padding: 0px;
    border: 0px;
}
```

```
body {
    font-family: 宋体;
    font-size: 12px;
    color: #727F8F;
    line-height: 18px;
    background-color: #232e3c;
    background-image: url(../images/10801.jpg);
    background-repeat: repeat-x;
}
```

　　图 12-51　CSS 样式代码　　　　　　　　　图 12-52　CSS 样式代码

03 ▶ 返回到 12-7.html 页面中，可以看到页面的背景效果，如图 12-53 所示。

图 12-53　页面的背景效果

04 ▶ 在页面中插入名为 box 的 Div，然后切换到 style.css 文件中，创建名为#box 的 CSS 样式，如图 12-54 所示。返回到设计页面中，效果如图 12-55 所示。

```
#box {
    width: 972px;
    height: auto;
}
```

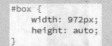

图 12-54　CSS 样式代码　　　　　　　　　图 12-55　页面效果

05 ▶ 将光标移动到名为 box 的 Div 中，将多余的文字删除，并在该 Div 中插入名为 menu 的 Div，然后切换到 style.css 文件中，创建名为#menu 的 CSS 样式，如图 12-56 所示。返回到设计页面中，效果如图 12-57 所示。

```
#menu {
    width: 972px;
    height: 99px;
}
```

图 12-56 CSS 样式代码   图 12-57 页面效果

06 ▶ 将光标移动到名为 menu 的 Div 中,将多余的文字删除,并在该 Div 中插入 Flash 动画"光盘\源文件\第 12 章\images\menu.swf",如图 12-58 所示。然后选中该 Flash 动画,单击"属性"面板上的"播放"按钮,预览 Flash 动画效果,如图 12-59 所示。

图 12-58 插入 Flash 动画

图 12-59 预览 Flash 动画

07 ▶ 在名为 menu 的 Div 之后插入名为 content 的 Div,然后切换到 style.css 文件中,创建名为#content 的 CSS 样式,如图 12-60 所示。返回到设计页面中,效果如图 12-61 所示。

```
#content {
    width: 972px;
    height: 600px;
    background-color: #FFFFFF;
}
```

图 12-60 CSS 样式代码   图 12-61 页面效果

08 ▶ 将光标移动到名为 content 的 Div 中,将多余的文字删除,并在该 Div 中插入名为 left 的 Div,然后切换到 style.css 文件中,创建名为#left 的 CSS 样式,如图 12-62 所示。返回到设计页面中,效果如图 12-63 所示。

```
#left {
    width: 184px;
    height: 450px;
    background-image: url(../images/10802.jpg);
    background-repeat: no-repeat;
    background-position: left 10px;
    padding-top: 50px;
    float: left;
}
```

图 12-62 CSS 样式代码   图 12-63 页面效果

09 ▶ 将光标移动到名为 left 的 Div 中,将多余的文字删除,并在该 Div 中插入名为 search 的 Div,然后切换到 style.css 文件中,创建名为#search 的 CSS 样式,如图 12-64 所示。返回到设计页面中,将光标移动到名为 search 的 Div 中,将多余的文字删除,插入红色虚线的表单区域,如图 12-65 所示。

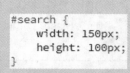

图 12-64　CSS 样式代码

图 12-65　页面效果

10 ▶ 将光标移动到表单域中,插入图像"光盘\源文件\第 12 章\images\10803.jpg",如图 12-66 所示。然后在图像后插入一个换行符,单击"插入"面板的"表单"选项卡中的"文本"按钮,插入文本域,并在"属性"面板上设置其 Name 为 text,如图 12-67 所示。

图 12-66　插入文本域

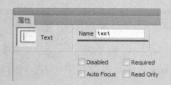

图 12-67　设置 Name 属性

11 ▶ 将文本域的提示文字删除(如图 12-68 所示),然后切换到 style.css 文件中,创建名为#text 的 CSS 样式,如图 12-69 所示。返回到设计页面中,效果如图 12-70 所示。

图 12-68　删除提示文字

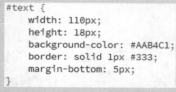

图 12-69　CSS 样式代码

图 12-70　页面效果

12 ▶ 将光标移动到刚刚插入的文本域之后,单击"插入"面板的"表单"选项卡中的"选择"按钮,插入列表,如图 12-71 所示。然后在"属性"面板中设置其 Name 属性为 xuan,如图 12-72 所示。

图 12-71　插入列表

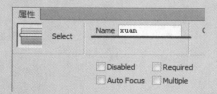

图 12-72　设置 Name 属性

13 ▶ 选中刚刚插入的列表/菜单,单击"属性"面板上的"列表值"按钮,弹出"列表值"对话框,设置选项如图 12-73 所示。然后单击"确定"按钮,并将列表前的提示文字删除,效果如图 12-74 所示。

图 12-73　设置"列表值"对话框

图 12-74　页面效果

14 ▶ 切换到 style.css 文件中，创建名为#xuan 的 CSS 样式，如图 12-75 所示。然后返回到设计页面中，效果如图 12-76 所示。

```
#xuan {
    width: 110px;
    height: 18px;
    background-color: #AAB4C1;
    border: solid 1px #333;
}
```

图 12-75　CSS 样式代码

图 12-76　页面效果

15 ▶ 将光标移动到文本域之前，单击"插入"面板的"表单"选项卡中的"图像"按钮，插入图像域"光盘\源文件\第 12 章\images\10804.jpg"，如图 12-77 所示。然后选中刚刚插入的图像域，在"属性"面板中设置其 Name 属性为 button，如图 12-78 所示。

图 12-77　插入图像按钮

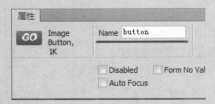

图 12-78　设置 Name 属性

16 ▶ 切换到 style.css 文件中，创建名为#button 的 CSS 样式，如图 12-79 所示。然后返回到设计页面中，效果如图 12-80 所示。

```
#button {
    float: right;
}
```

图 12-79　CSS 样式代码

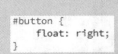

图 12-80　页面效果

17 ▶ 在名为 search 的 Div 之后插入名为 left-flash 的 Div，然后切换到 style.css 文件中，创建名为#left-flash 的 CSS 样式，如图 12-81 所示。返回到设计页面中，将光标移动到名为 left-flash 的 Div 中，将多余的文字删除，并插入 Flash 动画"光盘\源文件\第 12 章\images\leftmovie.swf"，如图 12-82 所示。

18 ▶ 在名为 left 的 Div 之后插入名为 main 的 Div，然后切换到 style.css 文件中，创建名为#main 的 CSS 样式，如图 12-83 所示。返回到设计页面中，效果如图 12-84 所示。

```
#left-flash {
    width: 159px;
    height: 110px;
    margin-top: 20px;
}
```

图 12-81　CSS 样式代码

图 12-82　页面效果

```
#main {
    width: 390px;
    height: 500px;
    float: left;
}
```

图 12-83　CSS 样式代码

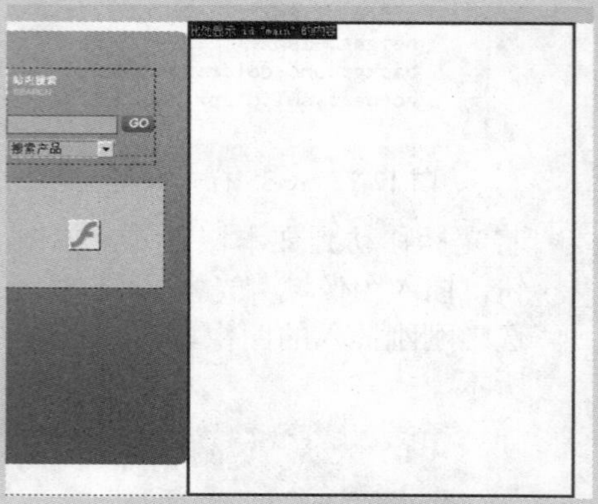

图 12-84　页面效果

19 ▶ 将光标移动到名为 main 的 Div 中，将多余的文字删除，并在该 Div 中插入 Flash
动画"光盘\源文件\第 12 章\images\main.swf"，效果如图 12-85 所示。然后选中该
Flash 动画，单击"属性"面板上的"播放"按钮，预览 Flash 动画效果，如图 12-86
所示。

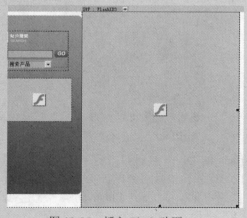

图 12-85　插入 Flash 动画

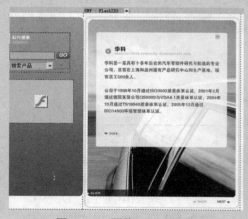

图 12-86　预览 Flash 动画

20 ▶ 在名为 main 的 Div 之后插入名为 right 的 Div，然后切换到 style.css 文件中，创
建名为#right 的 CSS 样式，如图 12-87 所示。返回到设计页面中，效果如图 12-88
所示。

```
#right {
    width: 292px;
    height: 442px;
    float: left;
    background-image: url(../images/10805.jpg);
    background-repeat: no-repeat;
    padding: 30px 25px;
}
```

图 12-87　CSS 样式代码　　　　　　　　　　　图 12-88　页面效果

21 ▶ 将光标移动到名为 right 的 Div 中，将多余的文字删除，然后单击"插入"面板上的"表格"按钮，弹出"表格"对话框，设置选项如图 12-89 所示。单击"确定"按钮，完成"表格"对话框的设置，在页面中插入表格，如图 12-90 所示。

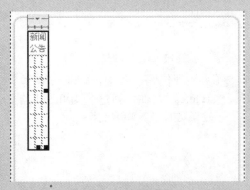

图 12-89　设置"表格"对话框　　　　　　　　图 12-90　插入表格

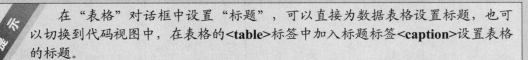

　　在"表格"对话框中设置"标题"，可以直接为数据表格设置标题，也可以切换到代码视图中，在表格的<table>标签中加入标题标签<caption>设置表格的标题。

22 ▶ 选中刚插入的表格，在"属性"面板上设置表格的 ID 为 table01，如图 12-91 所示。然后切换到 style.css 文件，创建名为#table01 的 CSS 样式，如图 12-92 所示。返回到设计页面中，效果如图 12-93 所示。

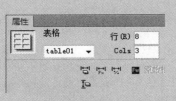

```
#table01 {
    width: 292px;
}
```

图 12-91　设置 ID 值　　　　图 12-92　CSS 样式代码　　　　图 12-93　页面效果

23 ▶ 切换到代码视图中，在表格标签<table>中加入 summary 属性，如图 12-94 所示。

```
<table cellpadding="0" cellspacing="0" id=
"table01" summary="新闻公告，包括类型、标题、日期">
    <caption>新闻公告
    </caption>
```

图 12-94　添加代码

 提 示　　Summary 属性可以应用于表格标签，用来描述表格的内容。与<img>标签的 alt 属性相似，summary 应该总结表格中的数据，编写出色的 summary 可以减少用户阅读表格内容的需要。

24 ▶ 切换到 style.css 文件，创建名为 caption 的 CSS 样式，如图 12-95 所示。然后返回到设计页面中，将表格的标题文字删除，效果如图 12-96 所示。

```
caption {
    height: 35px;
    background-image: url(../images/10806.jpg);
    background-repeat: no-repeat;
}
```

图 12-95　CSS 样式代码

图 12-96　页面效果

25 ▶ 切换到代码视图中，修改表格第 1 行单元格的代码，如图 12-97 所示。然后切换到 style.css 文件，创建名为 thead 的 CSS 样式，如图 12-98 所示。返回到设计页面中，效果如图 12-99 所示。

```
<thead>
  <tr>
    <th scope="col" id="type">类 型 </th>
    <th scope="col" id="title">标 题 </th>
    <th scope="col" id="time">日 期 </th>
  </tr>
</thead>
```

```
thead {
    font-weight: bold;
    color: #5C6779;
    line-height: 25px;
}
```

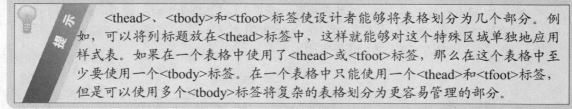

图 12-97　修改代码　　　　图 12-98　CSS 样式代码　　　　图 12-99　页面效果

提 示　　<thead>、<tbody>和<tfoot>标签使设计者能够将表格划分为几个部分。例如，可以将列标题放在<thead>标签中，这样就能够对这个特殊区域单独地应用样式表。如果在一个表格中使用了<thead>或<tfoot>标签，那么在这个表格中至少要使用一个<tbody>标签。在一个表格中只能使用一个<thead>和<tfoot>标签，但是可以使用多个<tbody>标签将复杂的表格划分为更容易管理的部分。

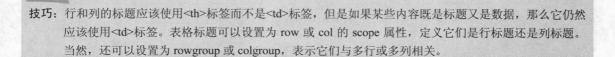
技巧：行和列的标题应该使用<th>标签而不是<td>标签，但是如果某些内容既是标题又是数据，那么它仍然应该使用<td>标签。表格标题可以设置为 row 或 col 的 scope 属性，定义它们是行标题还是列标题。当然，还可以设置为 rowgroup 或 colgroup，表示它们与多行或多列相关。

26 ▶ 切换到 style.css 文件，分别创建名为#type、#title 和#time 的 CSS 样式，如图 12-100 所示。然后返回到设计页面中，效果如图 12-101 所示。

```
#type {
    width: 55px;
    text-align: left;
    padding-left: 5px;
}
#title {
    width: 155px;
    text-align: left;
    padding-left: 5px;
}
#time {
    text-align: left;
    padding-left: 5px;
}
```

图 12-100　CSS 样式代码　　　　　　　　　图 12-101　页面效果

27 ▶ 切换到代码视图中，在表格中加入<tbody>标签标识出表格中的数据部分，如图 12-102 所示。然后切换到 style.css 文件，创建名为 td 的 CSS 样式，如图 12-103 所示。返回到设计页面中，效果如图 12-104 所示。

```
<thead>
  <tr>
    <th scope="col" id="type">类　型</th>
    <th scope="col" id="title">标　题</th>
    <th scope="col" id="time">日　期</th>
  </tr>
</thead>
<tbody>
  <tr>
    <td> </td>
    <td> </td>
    <td> </td>
  </tr>
```

```
td {
    line-height: 24px;
    padding-left: 5px;
    border-bottom: dashed 1px #CCCCCC;
}
```

图 12-102　添加<tbody>标签　　　图 12-103　CSS 样式代码　　　　图 12-104　页面效果

 提　示　　<tbody>标签包含表格中所有的数据行内容，此处由于篇幅所限，所以只截取了<tbody>开始标签，在数据表格内容结束后还应该加入结束标签</tbody>。此处定义的是 td 标签 CSS 样式，页面中的所有<td>标签都会自动应用该 CSS 样式。

28 ▶ 在各个单元格中输入相应的数据内容，如图 12-105 所示。然后切换到 style.css 文件，创建名为.font01 的 CSS 样式，如图 12-106 所示。返回到设计页面中，选中相应的文本内容，在"属性"面板的"类"下拉列表中选择样式表，效果如图 12-107 所示。

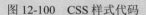

```
.font01 {
    color: #F60;
}
```

图 12-105　页面效果　　　　　图 12-106　CSS 样式代码　　　　图 12-107　页面效果

29 ▶ 在表格之后插入名为 product-title 的 Div，然后切换到 style.css 文件中，创建名为#product-title 的 CSS 样式，如图 12-108 所示。返回到设计页面中，将光标移动到该 Div 中，并将多余的文字删除，如图 12-109 所示。

```
#product-title {
    width: 289px;
    height: 21px;
    background-image: url(../images/10807.jpg);
    background-repeat: no-repeat;
    margin-top: 20px;
    margin-bottom: 10px;
}
```

图 12-108　CSS 样式代码

图 12-109　页面效果

30 ▶ 使用相同的方法，在页面中插入相应的 Div，并完成相应内容的制作，效果如图 12-110 所示。然后使用相同的方法，完成页面版底信息部分内容的制作，效果如图 12-111 所示。

图 12-110　页面效果

图 12-111　页面效果

31 ▶ 执行"文件>保存"命令，保存页面，并保存外部 CSS 样式表，在浏览器中预览页面可以看到该页面的效果，如图 12-112 所示。

图 12-112　在浏览器中预览页面效果

12.8　本章小结

　　本章主要向读者介绍了 Dreamweaver CC 中表格的相关操作，包括插入表格、设置表格和单元格的属性，以及表格和单元格的其他操作等。虽然现在已经越来越少使用表格布局页面，但掌握表格的基本操作方法还是非常有必要的。本章还向读者介绍了有关 IFrame 框架的相关知识，读者需要掌握 IFrame 框架的使用方法。

第 13 章 　在网页中插入多媒体

实例名称：在网页中插入 Flash 动画
源文件：源文件\第 13 章\13-1-1.html
视频：视频\第 13 章\13-1-1.swf

实例名称：在网页中插入 Flash Video
源文件：源文件\第 13 章\13-1-3.html
视频：视频\第 13 章\13-1-3.swf

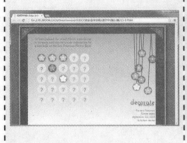

实例名称：在网页中插入 Edge Animate 作品
源文件：源文件\第 13 章\13-2.html
视频：视频\第 13 章\13-2.swf

实例名称：为网页添加背景音乐
源文件：源文件\第 13 章\13-3-2.html
视频：视频\第 13 章\13-3-2.swf

实例名称：在网页中插入视频
源文件：源文件\第 13 章\13-4-2.html
视频：视频\第 13 章\13-4-2.swf

实例名称：设计制作游戏网站页面
源文件：源文件\第 13 章\13-5.html
视频：视频\第 13 章\13-5.swf

本章知识点

在网页中除了可以使用文字和图像元素表达信息外，还可以插入 Flash 动画、声音和视频等内容，从而丰富网页的效果，使得页面更加精彩。本章将向读者介绍如何在网页中插入各种多媒体元素。

13.1 插入 Flash

Flash CC 是 Adobe 公司推出的最新版本的 Flash 软件，利用它可以制作出文件体积小、效果精美的矢量动画。Flash 动画是目前网络上最流行、最实用的动画格式，在网页设计制作的过程中会用到大量 Flash。

13.1.1 在网页中插入 Flash SWF 文件

随着 Flash 动画的广泛应用，现在几乎任何一个网站都有 Flash 动画，使用 Flash 动画既可以增强网页的动态画面感，又能够实现交互的功能，下面通过一个实例向读者介绍如何在网页中插入 Flash 动画。

自测 77 制作 Flash 动画页面
　　　　　源文件：光盘\源文件\第 13 章\13-1-1.html　视频：光盘\视频\第 13 章\13-1-1.swf

01 ▶ 打开需要插入到网页中的 Flash 动画，可以看到该 Flash 动画的效果，如图 13-1 所示。执行"文件>打开"命令，打开页面"光盘\源文件\第 13 章\13-1-1.html"，效果如图 13-2 所示。

图 13-1　Flash 动画效果

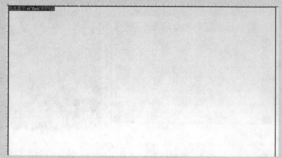

图 13-2　页面效果

02 ▶ 将光标移动到名为 flash 的 Div 中，将多余的文字删除，然后单击"插入"面板上的"媒体"选项卡中的 Flash SWF 按钮（如图 13-3 所示），弹出"选择 SWF"对话框，选择"光盘\源文件\第 13 章\images\flash.swf"，如图 13-4 所示。

图 13-3　单击 Flash SWF 按钮

图 13-4　"选择 SWF 文件"对话框

03 ▶ 单击"确定"按钮，弹出"对象标签辅助功能属性"对话框，如图 13-5 所示。单击"取消"按钮，Flash 动画就插入到了页面中，如图 13-6 所示。

图 13-5　"对象标签辅助功能属性"对话框　　　　　图 13-6　插入 Flash 动画

> 提示
>
> "对象标签辅助功能属性"对话框用于设置媒体对象辅助功能选项，屏幕阅读器会朗读该对象的标题。其中，在"标题"文本框中输入媒体对象的标题；在"访问键"文本框中输入等效的键盘键（一个字母），用于在浏览器中选择该对象，例如如果输入 B 作为快捷键，则使用 Ctrl+B 键在浏览器中选择该对象；在"Tab 键索引"文本框中输入一个数字来指定该对象的 Tab 键顺序。当页面上有其他链接和对象，并且需要用户用 Tab 键以特定的顺序通过这些对象时，设置 Tab 键的顺序就会非常有用。如果为一个对象设置 Tab 键顺序，则一定要为所有对象设置 Tab 键顺序。

04 ▶ 完成 Flash 动画的插入后，执行"文件>保存"命令，保存页面，并在浏览器中预览页面，可以看到网页中 Flash 动画的效果，如图 13-7 所示。

图 13-7　在浏览器中预览 Flash 动画效果

13.1.2　设置 Flash SWF 文件的属性

选中插入到页面中的 Flash SWF 文件，在"属性"面板中可以对 Flash SWF 的相关属性进行设置，如图 13-8 所示。

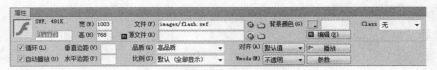

图 13-8　Flash SWF 的"属性"面板

循环：选中该复选框时，Flash 动画将连续播放；如果没有选中该复选框，Flash 动画在播放一次后即停止。默认情况下，该复选框为选中状态。

自动播放：通过该复选框，可以设置 Flash 文件是否在页面加载时就播放。默认情况下，该复选框为选中状态。

垂直边距：用来设置 Flash 动画上边与其上方其他页面元素以及 Flash 动画下边与其下方其他元素的距离。

水平边距：用来设置 Flash 动画左边与其左方其他页面元素以及 Flash 动画右边与其右方其他元素的距离。

品质：通过该下拉列表可以控制 Flash 动画在播放期间的质量。通常，设置越高，Flash 动画的观看效果越好，但这要求更快的处理器以使 Flash 动画在屏幕上正确显示。在该下拉列表中共有 4 个选项，如图 13-9 所示。

图 13-9　"品质"下拉列表

①"低品质"设置着重显示速度，而非显示效果。
②"高品质"设置着重显示效果，而非显示速度。
③"自动低品质"着重显示速度，如果有可能则改善显示效果。
④"自动高品质"着重显示效果和显示速度两种品质，但根据需要可能会因为显示速度而影响显示效果。

比例：在"比例"下拉列表中有"默认"、"无边框"、"严格匹配"3 个选项，如图 13-10 所示。

图 13-10　"比例"下拉列表

如果选择"默认"，则 Flash 动画将全部显示，能保证各部分的比例；如果选择"无边框"，则在必要时会漏掉 Flash 动画左、右两边的一些内容；如果选择"严格匹配"，则 Flash 动画将全部显示，但比例可能会有所变化。

对齐：用来设置 Flash 动画的对齐方式，共有 10 个选项，分别为"默认值"、"基线"、"顶端"、"居中"、"底部"、"文本上方"、"绝对居中"、"绝对底部"、"左对齐"和"右对齐"，如图 13-11 所示。

Wmode：在该下拉列表中共有 3 个选项，分别为"窗口"、"透明"、"不透明"，如图 13-12 所示。为了使页面的背景在 Flash 动画下能够衬托出来，选中 Flash 动画，设置"属性"面板上的"Wmode（M）"属性为"透明"，这样在任何背景下 Flash 动画都能实现透明显示背景的效果。

图 13-11　"对齐"　　　图 13-12　Wmode
　　下拉列表　　　　　　　下拉列表

背景颜色：用来设置 Flash 动画的背景颜色。当 Flash 动画还没有被显示时，其所在位置将显示这个颜色。

编辑：单击"编辑"按钮，系统自动打开 Flash 软件，可以在其中重新编辑选中的 Flash 动画。

播放：在 Dreamweaver 中可以选择 Flash 文件，然后单击"属性"面板上的"播放"按钮，在 Dreamweaver 的设计视图中预览 Flash 动画效果，如图 13-13 所示。

图 13-13　在 Dreamweaver 中预览 Flash 动画

参数：单击该按钮，会弹出"参数"对话框（如图 13-14 所示），用户可以在该对话框中设置需要传递给 Flash 动画的附加参数。注意，Flash 动画必须设置好可以接收这些附加参数。

图 13-14　"参数"对话框

13.1.3　插入 Flsah Video

使用 Dreamweaver CC 和 Flash Video 文件可以快速地将视频内容放置到 Web 上，将 Flash Video 文件拖动到 Dreamweaver CC 中可以快速地将视频融入到网站的应用程序中，下面通过一个实例向读者介绍如何在网页中插入 Flash Video 视频。

自测 78　在网页中插入 Flash Video

源文件：光盘\源文件\第 13 章\13-1-3.html　视频：光盘\视频\第 13 章\13-1-3.swf

01 ▶ 执行"文件>打开"命令，打开页面"光盘\源文件\第 13 章\13-1-3.html"，效果如图 13-15 所示。将光标移动到名为 main 的 Div 中，将多余的文字删除，然后单击"插入"面板上的"媒体"选项卡中的 Flash Video 按钮，如图 13-16 所示。

图 13-15　页面效果　　　　　　　　　图 13-16　单击 Flash Video 按钮

02 ▶ 此时会弹出"插入 FLV"对话框，如图 13-17 所示。在 URL 文本框中输入 FLV 文件的地址，在"外观"下拉列表中选择一个外观，其他设置如图 13-18 所示。

图 13-17　"插入 FLV"对话框　　　　　　图 13-18　设置"插入 FLV"对话框

> **提示**　Flash Video 是随着 Flash 系列产品推出的一种流媒体格式，它的视频采用 Sorenson Media 公司的 Sorenson Spark 视频编码器，音频采用 MP3 编辑。Flash Video 可以使用 HTTP 服务器或者专门的 Flash Communication Server 流服务器进行流式传送。

03 ▶ 单击"确定"按钮，在页面中插入 Flash Video，效果如图 13-19 所示。然后执行"文件>保存"命令，保存页面，并在浏览器中预览页面，可以看到插入到网页中的 Flash Video 的效果，如图 13-20 所示。

图 13-19　插入 Flash Video

图 13-20　预览页面效果

13.1.4　"插入 FLV"对话框

单击"插入"面板上的 FLV 按钮，弹出"插入 FLV"对话框，在该对话框中可以定位到需要插入的 FLV 视频，并且可以对相关选项进行设置，如图 13-21 所示。

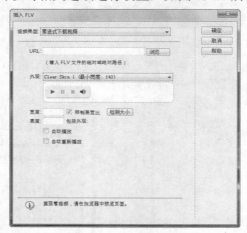

图 13-21　"插入 FLV"对话框

视频类型：在该下拉列表中可以选择插入到网页中的 FLV 视频的类型，共有两个选项，分别是"累进式下载视频"和"流视频"，如图 13-22 所示。在默认情况下，选择"累进式下载视频"选项。

图 13-22　"视频类型"下拉列表

① 累进式下载视频：用于将 FLV 视频文件下载到访问者的硬盘上，然后进行播放。与传统的"下载并播放"视频传送方法不同，累进式下载允许边下载边播放视频。

② 流视频：用于对视频内容进行流式处理，并在一段可以流畅播放的很短的缓冲时间后在网页上播放该内容。

URL：该选项用于指定 FLV 文件的相对路径或绝对路径。如果要指定相对路径的 FLV 文件，可以单击"浏览"按钮，定位到 FLV 文件并将其选中。如果要指定绝对路径，可以直接输入 FLV 文件的 URL 地址。

外观：在该下拉列表中可以选择视频组件的外观，其中共有 9 个选项，如图 13-23 所示。当选择某个选项后，可以显示该外观效果。

宽度和高度：在"宽度"和"高度"文本框中允许用户以像素为单位指定 FLV 文件的宽度和高度。单击"检测大小"按钮，Dreamweaver 会自动检测 FLV 文件的准确宽度和高度。

图 13-23　"外观"下拉列表

自动播放和自动重新播放:"自动播放"复选框用于设置在 Web 页面打开时是否播放视频。"自动重新播放"复选框用于设置播放控件在播放完视频之后是否返回到起始位置。

13.2　插入 Edge Animate 作品

随着 HTML5 的发展和推广,HTML5 在网页中的应用越来越多,在网页中通过使用 HTML5 可以实现许多特效。Adobe 公司顺应网页发展的趋势推出了 HTML5 可视化开发软件 Adobe Edge Animate,使用该软件,不需要编写烦琐的代码即可开发出 HTML5 动态网页。

Dreamweaver CC 为了适应 HTML5 的发展趋势,在"插入"面板的"媒体"选项卡中新增了"插入 Edge Animate 作品"按钮,通过使用该按钮可以轻松地将使用 Adobe Edge Animate 软件开发的 HTML5 应用插入到网页中。

自测 79　在网页中插入 **Edge Animate** 作品

源文件:光盘\源文件\第 13 章\13-2.html　视频:光盘\视频\第 13 章\13-2.swf

01 ▶ 执行"文件>打开"命令,打开页面"光盘\源文件\第 13 章\13-2.html",效果如图 13-24 所示。将光标移动到名为 box 的 Div 中,将多余的文字删除,然后单击"插入"面板的"媒体"选项卡中的"Edge Animate 作品"按钮,如图 13-25 所示。

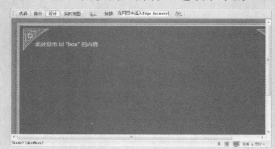

图 13-24　页面效果

图 13-25　单击"Edge Animate 作品"按钮

02 ▶ 此时会弹出"选择 Edge Animate 包"对话框,选择"光盘\源文件\第 13 章\images\skyscraper.oam"(如图 13-26 所示),单击"确定"按钮,即可在网页中插入 Edge Animate 作品,如图 13-27 所示。

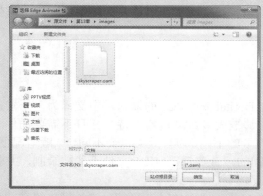

图 13-26　"选择 Edge Animate 包"对话框

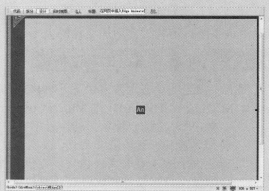

图 13-27　插入 Edge Animate 作品

03 ▶ 选中刚刚插入的 Edge Animate 作品，在"属性"面板中可以设置其"宽"和"高"等属性，如图 13-28 所示。切换到代码视图中，可以看到相应的 HTML 代码，如图 13-29 所示。

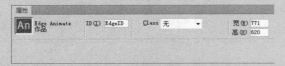

图 13-28　Edge Animate 作品的"属性"面板　　　图 13-29　Edge Animate 作品的 HTML 代码

04 ▶ 在网页中插入 Edge Animate 作品后，在站点的根目录中将自动创建一个名为 edgeanimate_assets 的文件夹，并将插入的 Edge Animate 作品中的相关文件放到该文件夹中，如图 13-30 所示。保存页面，在 Chrome 浏览器中预览页面，可以看到在网页中插入的 Edge Animate 作品的效果，如图 13-31 所示。

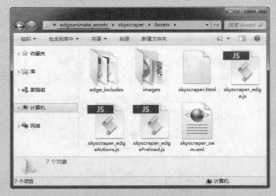

图 13-30　edgeanimate_assets 文件夹

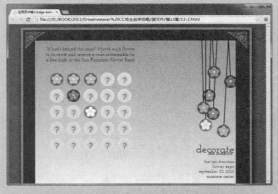

图 13-31　预览 Edge Animate 作品的效果

　　在网页中插入的 Edge Animate 作品的文件扩展名必须是.oam，该文件是 Edge Animate 软件发布的 Edge Animate 作品包。目前，在 IE10 中还不支持网页中 Edge Animate 作品的显示，但用户可以在 Chrome 浏览器中看到 Edge Animate 作品的效果。

13.3　在网页中添加声音

　　在网页中插入声音的方法有很多，可以插入的声音格式也有很多。在网页中添加声音虽然可以渲染主题，但同时会增加文件的大小。

13.3.1　网页中常用的声音格式

　　网页中常用的声音主要有以下几种格式。

● MIDI 或 MID：MIDI 是 Musical Instrument Digital Interface 的缩写，中文译为"乐器数字接口"，它是一种乐器的声音格式。它能够被大多数浏览器支持，并且不需要插件。但是尽管其声音质量非常好，根据浏览者声卡的不同，声音效果也会不同。一般情况下，即使很小的 MIDI 文件也可以提供较长时间的声音剪辑。MIDI 文件不能被录制，并且必须使用特殊硬件和软件在计算机上合成。

● WAV：WAV 是 Waveform Extension 的缩写，译为"WAV 扩展名"，这种格式的文件具

有较好的声音质量，能够被大多数浏览器支持，不需要插件。用户可以使用 CD、磁带、麦克风来录制声音，但文件尺寸通常较大，限制了可以在网页上使用的声音剪辑长度。

- AIF 或 AIFF：AIFF 是 Audio Interchange File Format 的缩写，译为"音频交换文件格式"，这种格式也具有较好的声音质量，和 WAV 相似。

- MP3：MP3 是 Motion Picture Experts Group Audio 或 MPEG-Audio Layer-3 的缩写，译为"运动图像专家组音频"，这是一种压缩格式的声音，可以使声音文件的大小相对于 WAV 格式明显减小。其声音质量非常好。MP3 技术使用户可以对文件进行"流式处理"，浏览者不必等待整个文件下载完成就可以收听该文件。

- RA 或 RAM、RP 和 Real Audio：这种格式具有非常高的压缩程度，文件的大小要小于 MP3。这种格式的所有歌曲文件可以在合理的时间内下载，由于可以在普通的 Web 服务器上对这些文件进行"流式处理"，所以浏览者在文件没有下载完之前就可以听到声音，前提是浏览者必须下载并安装 RealPlayer 辅助应用程序。

13.3.2　添加背景音乐

在 HTML 语言中提供了 <bgsound> 标签，该标签是为了实现网页的背景音乐而提供的，使用该标签可以非常方便地为网页添加背景音乐。

自测 80　为网页添加背景音乐

源文件：光盘\源文件\第 13 章\13-3-2.html　视频：光盘\视频\第 13 章\13-3-2.swf

01 ▶ 执行"文件>打开"命令，打开页面"光盘\源文件\第 13 章\13-3-2.html"，效果如图 13-32 所示。然后切换到代码视图中，将光标定位在 <body> 与 </body> 标签之间，如图 13-33 所示。

```
  </div>
  <div id="bottom">胖鸟工作室 版权所有</div>
</div>
<script type="text/javascript">
swfobject.registerObject("FlashID");
</script>
|
</body>
</html>
```

图 13-32　页面效果　　　　　　　　图 13-33　定位光标的位置

02 ▶ 在"光盘\源文件\第 13 章\images"目录下提供了 music.mp3 文件，在光标所处的位置输入代码 <bgsound src="images/music.mp3">，如图 13-34 所示。如果希望循环播放页面中的背景音乐，只需要加入循环代码 loop="true" 即可，如图 13-35 所示。

```
  </div>
  <div id="bottom">胖鸟工作室 版权所有</div>
</div>
<script type="text/javascript">
swfobject.registerObject("FlashID");
</script>
<bgsound src="images/music.mp3">
</body>
</html>
```

```
  </div>
  <div id="bottom">胖鸟工作室 版权所有</div>
</div>
<script type="text/javascript">
swfobject.registerObject("FlashID");
</script>
<bgsound src="images/music.mp3" loop="true">
</body>
</html>
```

图 13-34　添加代码　　　　　　　　图 13-35　添加代码

03 ▶ 执行"文件>保存"命令，保存页面，并在浏览器中预览页面，可以听到页面中美妙的背景音乐，如图 13-36 所示。

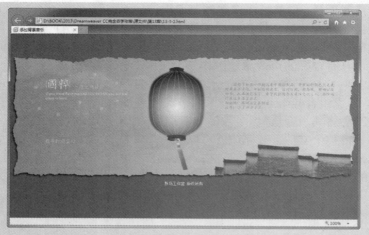

图 13-36　预览页面可以听到背景音乐

> 提示　链接的声音文件可以是相对地址的文件也可以是绝对地址的文件，用户可以根据需要决定声音文件的路径地址，但是通常使用同一站点下的相对地址，这样可以防止页面上传到网络上时出现错误。

13.3.3　嵌入音频

　　在 Dreamweaver CC 中制作网页时可以将音频嵌入到页面中，如果在页面中嵌入了音频可以在页面上显示播放器的外观，包括声音文件的播放、暂停、停止、音量及开始和结束等控制按钮。

自测 81　在网页中嵌入音频

　　　　　　源文件：光盘\源文件\第 13 章\13-3-3.html　　视频：光盘\视频\第 13 章\13-3-3.swf

01 ▶ 执行"文件>打开"命令，打开页面"光盘\源文件\第 13 章\13-3-3.html"，效果如图 13-37 所示。将光标移动到页面中名为 music 的 Div 中，将多余的文字删除，然后单击"插入"面板上的"媒体"选项卡中的"插件"按钮，如图 13-38 所示。

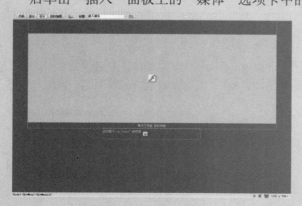

图 13-37　页面效果　　　　　　　　　　图 13-38　单击"插件"按钮

02 ▶ 此时会弹出"选择文件"对话框，选择"光盘\源文件\第 13 章\images\music.mp3"，如图 13-39 所示。单击"确定"按钮，插入后的插件并不会在设计视图中显示内容，而是显示插件的图标，如图 13-40 所示。

图 13-39　选择需要插入的音频文件　　　　　　图 13-40　显示插件图标

03 ▶ 选中刚插入的插件图标，在"属性"面板中修改插件的"宽"为 400、"高"为 45，效果如图 13-41 所示。然后单击"属性"面板上的"参数"按钮，弹出"参数"对话框，添加相应的参数设置，如图 13-42 所示。

图 13-41　页面效果　　　　　　　　图 13-42　设置"参数"对话框

　　设置 autostart 参数的值为 true，则在打开网页的时候就会自动播放所嵌入的音乐文件。设置 loop 参数的值为 true，则在网页中将循环播放所嵌入的音乐文件。

04 ▶ 单击"确定"按钮，完成"参数"对话框的设置。然后执行"文件>保存"命令，保存页面，并在浏览器中预览页面，可以听到页面中美妙的背景音乐，如图 13-43 所示。

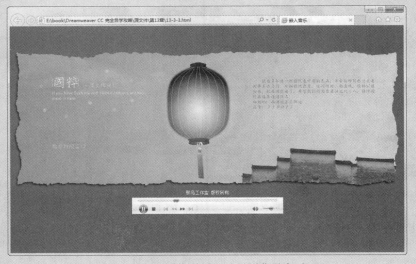

图 13-43　预览页面可以听到背景音乐

13.4   在网页中插入视频

在 Dreamweaver CC 中制作网页时可以将视频直接插入到页面中,在页面中插入视频后可以在页面上显示播放器的外观,包括声音文件的播放、暂停、停止、音量及开始和结束等控制按钮。

13.4.1   网页中常用的视频格式

网页中常用的视频主要有以下几种格式。

● MPEG 或 MPG:MPEG 中文译为"运动图像专家组",它是一种压缩比较大的活动图像和声音的视频压缩标准,也是 VCD 光盘所使用的标准。

● AVI:AVI 是一种 Windows 操作系统使用的多媒体文件格式。

● WMV:WMV 是一种 Windows 操作系统自带的媒体播放器——Windows Media Player 所使用的多媒体文件格式。

● RM:RM 是 Real 公司推广的一种多媒体文件格式,具有非常好的压缩比,是网络传播中应用最广泛的格式之一。

● MOV:MOV 是 Apple 公司推广的一种多媒体文件格式。

13.4.2   插入视频

在网页中不仅可以添加背景音乐,还可以插入视频,前面已经介绍了如何在网页中插入 Flash Video 视频文件,接下来向读者介绍如何在网页中插入其他格式的视频文件。

自测 82   在网页中插入视频

源文件:光盘\源文件\第 13 章\13-4-2.html   视频:光盘\视频\第 13 章\13-4-2.swf

01 ▶ 执行"文件>打开"命令,打开页面"光盘\源文件\第 13 章\13-4-2.html",效果如图 13-44 所示。将光标移动到页面中名为 box 的 Div 中,将多余的文字删除,然后单击"插入"面板上的"媒体"选项卡中的"插件"按钮,如图 13-45 所示。

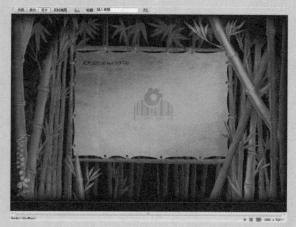

图 13-44   页面效果

图 13-45   单击"插件"按钮

02 ▶ 此时会弹出"选择文件"对话框,选择"光盘\源文件\第 13 章\images\movie.wmv"(如图 13-46 所示),然后单击"确定"按钮。注意,插入后的视频文件并不会在设计视图中显示内容,而是显示插件的图标,如图 13-47 所示。

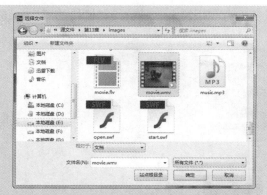
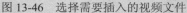

图 13-46　选择需要插入的视频文件　　　　　　图 13-47　显示为插件图标

03 ▶ 选中刚插入的插件图标，在"属性"面板中设置其"宽"为 490、"高"为 330，效果如图 13-48 所示。然后单击"属性"面板上的"参数"按钮，弹出"参数"对话框，添加相应的参数设置，如图 13-49 所示。

图 13-48　页面效果　　　　　　　　　图 13-49　设置"参数"对话框

04 ▶ 单击"确定"按钮，完成"参数"对话框的设置。然后执行"文件>保存"命令，保存页面，并在浏览器中预览页面，可以看到视频播放效果，如图 13-50 所示。

图 13-50　在预览页面中查看视频播放效果

13.5　设计制作游戏网站页面

本例设计制作一个游戏网站页面，以卡通的游戏场景作为页面背景，巧妙地将网页的主体内容和卡通场景相结合，使网站能够更好地服务于游戏，给人一种放松、愉快的感受，该网站页面的最终效果如图 13-51 所示。

图 13-51　页面的最终效果

自测 83　设计制作游戏网站页面

源文件：光盘\源文件\第 13 章\13-5.html　视频：光盘\视频\第 13 章\13-5.swf

01 ▶ 执行"文件>新建"命令，弹出"新建文档"对话框，新建 HTML 页面（如图 13-52 所示），并将该页面保存为"光盘\源文件\第 13 章\13-5.html"。使用相同的方法，新建一个外部 CSS 样式表文件，将其保存为"光盘\源文件\第 13 章\style\style.css"，并链接刚刚创建的外部 CSS 样式表文件，如图 13-53 所示。

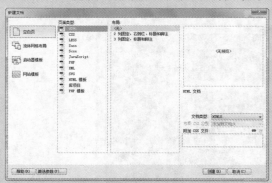

图 13-52　"新建文档"对话框

图 13-53　"使用现有的 CSS 文件"对话框

02 ▶ 切换到 style.css 文件中，创建名为*的通配符 CSS 样式，如图 13-54 所示。然后创建名为 body 的标签 CSS 样式，如图 13-55 所示。

```
* {
    margin:0px;
    padding:0px;
    border:0px;
}
```

图 13-54　CSS 样式代码

```
body {
    font-family:宋体;
    font-size:12px;
    color:#333333;
    line-height:20px;
    background-image:url(../images/11701.jpg);
    background-repeat:repeat-x;
}
```

图 13-55　CSS 样式代码

03 ▶ 返回到 13-5.html 页面中，可以看到页面的背景效果，如图 13-56 所示。

图 13-56　页面效果

04 ▶ 在页面中插入名为 box 的 Div，切换到 style.css 文件中，创建名为#box 的 CSS 样式，如图 13-57 所示。然后返回到设计页面中，页面效果如图 13-58 所示。

```
#box{
    width:100%;
    height:1141px;
    background-image:url(../images/11702.jpg);
    background-repeat:no-repeat;
}
```

图 13-57　CSS 样式代码

图 13-58　页面效果

05 ▶ 将光标移动到名为 box 的 Div 中，将多余的文字删除，然后在该 Div 中插入名为 menu 的 Div，并切换到 style.css 文件中，创建名为#menu 的 CSS 样式，如图 13-59 所示。返回到设计页面中，页面效果如图 13-60 所示。

```
#menu{
    width:1000px;
    height:140px;
}
```

图 13-59　CSS 样式代码

图 13-60　页面效果

06 ▶ 将光标移动到名为 menu 的 Div 中，将多余的文字删除，然后单击"插入"面板上的 Flash SWF 按钮，在该 Div 中插入 Flash 动画"光盘\源文件\第 13 章\menu.swf"，如图 13-61 所示。单击"属性"面板上的"播放"按钮，可以预览 Flash 动画的效果，如图 13-62 所示。

图 13-61　插入 Flash 动画

图 13-62　预览 Flash 动画

07 ▶ 在名为 menu 的 Div 之后插入名为 center 的 Div，然后切换到 style.css 文件中，创建名为#center 的 CSS 样式，如图 13-63 所示。返回到设计页面中，页面效果如图 13-64 所示。

```
#center{
    width:1000px;
    height:814px;
}
```

图 13-63　CSS 样式代码

图 13-64　页面效果

08 ▶ 将光标移动到名为 center 的 Div 中，将多余的文字删除，然后在该 Div 中插入名为 left 的 Div，并切换到 style.css 文件中，创建名为#left 的 CSS 样式，如图 13-65 所示。返回到设计页面中，效果如图 13-66 所示。

```
#left{
    width:250px;
    height:690px;
    float:left;
    padding-top:124px;
}
```

图 13-65　CSS 样式代码

图 13-66　页面效果

09 ▶ 将光标移动到名为 left 的 Div 中，将多余的文字删除，然后单击"插入"面板上的 Flash SWF 按钮，在该 Div 中插入 Flash 动画"光盘\源文件\第 13 章\start.swf"（如图 13-67 所示），并在"属性"面板上设置 Wmode 属性为"透明"，如图 13-68 所示。

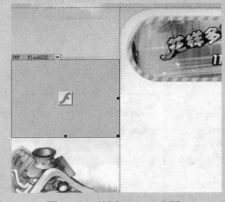

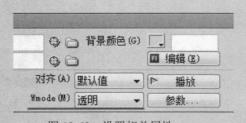

图 13-67　插入 Flash 动画

图 13-68　设置相关属性

10 ▶ 执行"文件>保存"命令，保存页面，并在浏览器中预览页面，可以看到 Flash 动画的效果，如图 13-69 所示。

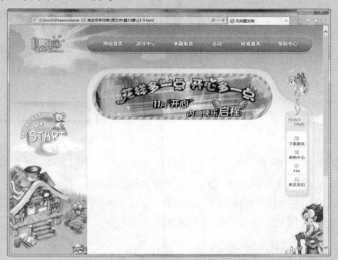

图 13-69　预览 Flash 动画效果

11 ▶ 在名为 left 的 Div 之后插入名为 main 的 Div，然后切换到 style.css 文件中，创建名为#main 的 CSS 样式，如图 13-70 所示。返回到设计页面中，效果如图 13-71 所示。

```
#main{
    width:637px;
    height:814px;
    float:left;
}
```

图 13-70　CSS 样式代码　　　　　　　　　　　　图 13-71　页面效果

12 ▶ 将光标移动到名为 main 的 Div 中，将多余的文字删除，然后在该 Div 中插入名为 pop 的 Div，并切换到 style.css 文件中，创建名为#pop 的 CSS 样式，如图 13-72 所示。返回到设计页面中，将光标移动到名为 pop 的 Div 中，将多余的文字删除，并插入图像"光盘\源文件\第 13 章\images\11703.jpg"，如图 13-73 所示。

```
#pop{
    width:637px;
    height:197px;
}
```

图 13-72　CSS 样式代码　　　　　　　　　　　　图 13-73　页面效果

 提示

　　此处在名为 pop 的 Div 中插入的图像与背景中的图像是相同的，因为背景图像无法设置链接，采用这种方式可以为图像设置超链接，并且可以随时更换图像，或者在该 Div 中插入 Flash 动画，从而实现不同的页面效果。

13 ▶ 在名为 pop 的 Div 之后插入名为 news 的 Div，然后切换到 style.css 文件中，创建名为#news 的 CSS 样式，如图 13-74 所示。返回到设计页面中，效果如图 13-75 所示。

```
#news{
    width:299px;
    height:125px;
    margin-left:15px;
    margin-bottom:5px;
    background-image:url(../images/11704.jpg);
    background-repeat:no-repeat;
    padding-top:40px;
    float:left;
}
```

图 13-74　CSS 样式代码

图 13-75　页面效果

14 ▶ 将光标移动到名为 news 的 Div 中，将多余的文字删除，然后在该 Div 中输入相应的文字内容，并创建项目列表，如图 13-76 所示。切换到代码视图中，可以看到项目列表的相关代码，如图 13-77 所示。

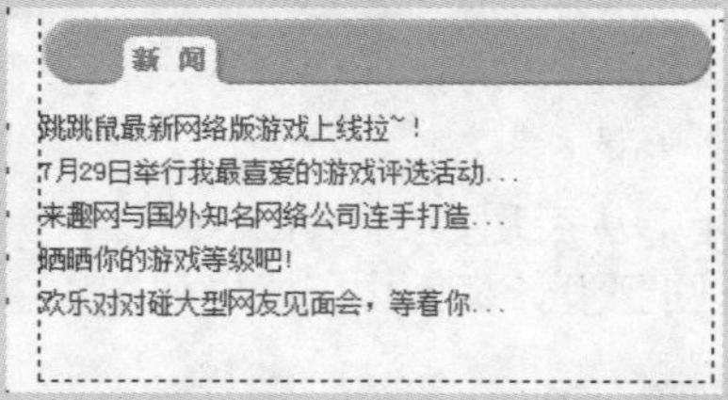

图 13-76　输入文字

```
<div id="news">
  <ul>
    <li>跳跳鼠最新网络版游戏上线拉~! </li>
    <li>7月29日举行我最喜爱的游戏评选活动...</li>
    <li>来趣网与国外知名网络公司联手打造...</li>
    <li>晒晒你的游戏等级吧!</li>
    <li>欢乐对对碰大型网友见面会,等着你...</li>
  </ul>
</div>
```

图 13-77　项目列表的代码

15 ▶ 切换到 style.css 文件中，创建名为#news li 的 CSS 样式，如图 13-78 所示。返回到设计页面中，可以看到项目列表的效果，如图 13-79 所示。

```
#news li{
    list-style-type:none;
    line-height:24px;
    background-image:url(../images/11705.gif);
    background-repeat:no-repeat;
    background-position:10px center;
    padding-left:55px;
    border-bottom:dashed 1px #BAA78E;
}
```

图 13-78　CSS 样式代码

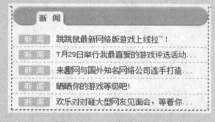

图 13-79　页面效果

16 ▶ 在名为 news 的 Div 之后插入名为 list 的 Div，然后切换到 style.css 文件中，创建名为#list 的 CSS 样式，如图 13-80 所示。返回到设计页面中，效果如图 13-81 所示。

```
#list{
    width:299px;
    height:125px;
    margin-left:15px;
    margin-bottom:5px;
    background-image:url(../images/11706.jpg);
    background-repeat:no-repeat;
    padding-top:40px;
    float:left;
}
```

图 13-80　CSS 样式代码

图 13-81　页面效果

17 ▶ 将光标移动到名为 list 的 Div 中，将多余的文字删除，然后在该 Div 中输入相应的文字内容，并插入相应的图像，如图 13-82 所示。切换到代码视图中，为相应的内容添加定义列表标签，如图 13-83 所示。

图 13-82 页面效果

```html
<div id="list">
  <dl>
    <dt>被水呛死的鱼</dt>
    <dd><img src="images/11787.gif" width="20" height="19" /></dd>
    <dd><img src="images/11716.gif" width="16" height="15"/></dd>
    <dt>天亮说晚安</dt>
    <dd><img src="images/11788.gif" width="21" height="19" /></dd>
    <dd><img src="images/11711.gif" width="16" height="15"/></dd>
    <dt>Vaper</dt>
    <dd><img src="images/11787.gif" width="20" height="19"/></dd>
    <dd><img src="images/11712.gif" width="16" height="15"/></dd>
    <dt>蓝焰火</dt>
    <dd><img src="images/11789.gif" width="20" height="19"/></dd>
    <dd><img src="images/11713.gif" width="16" height="15"/></dd>
    <dt>葱葱大神</dt>
    <dd><img src="images/11789.gif" width="20" height="19"/></dd>
    <dd><img src="images/11714.gif" width="16" height="15"/></dd>
  </dl>
</div>
```

图 13-83 添加相应的代码

> **提示** 定义列表 dl 是一种特殊的列表形式，dl 标签成对出现，以<dl>开始，以</dl>结束。列表中每个元素的标题使用<dt></dt>，后面跟随<dd></dd>，用于描述列表中元素的内容。

18 ▶ 切换到 style.css 文件中，创建名为#list dt 和名为#list dd 的 CSS 样式，如图 13-84 所示。然后返回到设计页面中，可以看到列表的效果，如图 13-85 所示。

```css
#list dt{
    width:204px;
    line-height:24px;
    background-image:url(../images/11715.gif);
    background-repeat:no-repeat;
    background-position:10px center;
    padding-left:25px;
    border-bottom:dashed 1px #BAA78E;
    float:left;
}
#list dd{
    width:35px;
    height:21px;
    text-align:center;
    text-align:3px;
    border-bottom:dashed 1px #BAA78E;
    float:left;
}
```

图 13-84 CSS 样式代码

图 13-85 页面效果

19 ▶ 在名为 list 的 Div 之后插入名为 pic 的 Div，然后切换到 style.css 文件中，创建名为#pic 的 CSS 样式，如图 13-86 所示。返回到设计页面中，效果如图 13-87 所示。

```css
#pic {
    width:280px;
    height:238px;
    background-image:url(../images/11716.jpg);
    background-repeat:no-repeat;
    padding-top:62px;
    padding-left:34px;
    float:left;
}
```

图 13-86 CSS 样式代码

图 13-87 页面效果

20 ▶ 将光标移动到名为 pic 的 Div 中，将多余的文字删除，并在该 Div 中插入相应的图像，如图 13-88 所示。然后切换到 style.css 文件中，创建名为#pic img 的 CSS 样式，如图 13-89 所示。

图 13-88　插入图像

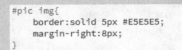

```
#pic img{
    border:solid 5px #E5E5E5;
    margin-right:8px;
}
```

图 13-89　CSS 样式代码

21 ▶ 返回到页面的设计视图中，可以看到图像的效果，如图 13-90 所示。将光标移动到名为 pic 的 Div 中的图像之后，插入名为 pic-news 的 Div，如图 13-91 所示。

图 13-90　页面效果

图 13-91　插入 Div

22 ▶ 切换到 style.css 文件中，创建名为#pic-news 的 CSS 样式，如图 13-92 所示。然后返回到设计页面中，效果如图 13-93 所示。

```
#pic-news{
    width:250px;
    height:120px;
}
```

图 13-92　CSS 样式代码

图 13-93　页面效果

23 ▶ 将光标移动到名为 pic-news 的 Div 中，删除多余的文字，然后输入相应的文字并创建项目列表，切换到 style.css 文件中，创建名为#pic-news li 的 CSS 样式，如图 13-94 所示。返回到设计页面中，效果如图 13-95 所示。

```
#pic-news li{
    list-style-type:none;
    line-height:23px;
    background-image:url(../images/11719.gif);
    background-repeat:no-repeat;
    background-position:5px center;
    padding-left:50px;
    border-bottom:dashed 1px #BAA78E;
}
```

图 13-94　CSS 样式代码

图 13-95　页面效果

24 ▶ 在名为 pic 的 Div 之后插入名为 movie 的 Div，然后切换到 style.css 文件中，创建名为#movie 的 CSS 样式，如图 13-96 所示。返回到设计页面中，效果如图 13-97 所示。

```
#movie{
    width:280px;
    height:238px;
    background-image:url(../images/11719.jpg);
    background-repeat:no-repeat;
    padding-top:62px;
    padding-left:34px;
    float:left;
}
```

图 13-96　CSS 样式代码

图 13-97　页面效果

25 ▶ 将光标移动到名为 movie 的 Div 中，将多余的文字删除，然后单击"插入"面板上的"插件"按钮，选择需要插入的视频"光盘\源文件\第 13 章\images\movie.wmv"，在页面中会显示插件图标，如图 13-98 所示。选中插件图标，在"属性"面板上设置"宽"为 258、"高"为 216，效果如图 13-99 所示。

图 13-98　显示插件图标

图 13-99　页面效果

26 ▶ 在名为 main 的 Div 之后插入名为 right 的 Div，然后切换到 style.css 文件中，创建名为#right 的 CSS 样式，如图 13-100 所示。返回到设计页面中，将光标移动到名为 right 的 Div 中，将多余的文字删除，并插入图像"光盘\源文件\第 13 章\images\11720.jpg"，如图 13-101 所示。

```
#right{
    width:93px;
    height:814px;
    float:left;
}
```

图 13-100　CSS 样式代码

图 13-101　页面效果

27 ▶ 使用相同的方法，完成页面版底信息部分内容的制作，如图 13-102 所示。

图 13-102　页面效果

28 ▶ 至此完成该游戏网站页面的制作，执行"文件>保存"命令，保存页面，并保存外部样式表文件，然后在浏览器中预览页面，效果如图 13-103 所示。

图 13-103　在浏览器中预览页面效果

13.6　本章小结

　　用户可以通过 Dreamweaver CC 在网页中插入和编辑多媒体文件和对象，例如 Flash SWF、声音和视频等多媒体。本章主要介绍了如何在网页中插入各种多媒体元素，通过向网页中插入多媒体元素可以增强页面的视觉效果，使网页更加丰富。

第 14 章 设置网页链接

实例名称：创建文字链接
源文件:源文件\第 14 章\14-2-1.html
视频：视频\第 14 章\14-2-1.swf

实例名称：在网页中创建空链接
源文件:源文件\第 14 章\14-4-1.html
视频：视频\第 14 章\14-4-1.swf

实例名称：在网页中创建锚记链接
源文件:源文件\第 14 章\14-4-4.html
视频：视频\第 14 章\14-4-4.swf

实例名称：在网页中创建脚本链接
源文件:源文件\第 14 章\14-4-5.html
视频：视频\第 14 章\14-4-5.swf

实例名称：创建图像映射链接
源文件:源文件\第 14 章\14-4-6.html
视频：视频\第 14 章\14-4-6.swf

实例名称：设计制作教育类网站页面
源文件:源文件\第 14 章\14-6.html
视频：视频\第 14 章\14-6.swf

本章知识点

　　Internet 的核心是链接，它将 HTML 网页和其他资源连接成一个庞大的网络。Dreamweaver 提供了多种创建超文本链接的方法，可以创建到文档、图像、多媒体文件或下载文件的链接，甚至可以创建到文档内任意位置的任何文本或图像的链接。本章将向读者介绍在 Dreamweaver CC 中如何创建各种类型的链接。

14.1　关于链接路径

　　Dreamweaver 中提供了多种创建超文本链接的方法，可以创建到文档、图像、多媒体文件或下载文件的链接，网页中的链接路径可以分为 3 种类型，即绝对路径、相对路径和根路径。

　　使用 Dreamweaver 创建链接既简单又方便，只要选中要设置成链接的文字或图像，然后在"属性"面板上的"链接"文本框中添加相应的 URL 地址即可，也可以拖动指向文件的指针图标指向链接的文件，还可以使用"浏览"按钮在当地和局域网上选择链接的文件。

　　一个典型的 URL 为"http://www.sohu.com"，它表示"搜狐网"WWW 服务器上的起始 HTML 文件（文件的具体存放路径及文件名取决于该 WWW 服务器的配置情况），与单机系统绝对路径和相对路径的概念类似，统一资源定位符也有绝对 URL 和相对 URL 之分，上文所述的是绝对 URL。

　　URL 是 Uniform Resource Locator 的缩写，代表的是统一资源定位符。URL 的功能是提供一种在 Internet 上查找任何东西的标准方法。URL 可以用到 6 个不同的部分，每个部分由一些斜线、冒号、#号所分隔。当作为一个属性的值被使用时，整个 URL 一般会由引号包围来保证地址作为一个整体读取。URL 统一资源定位符指的就是每一个网站都具有的独立的地址。同一个网站下的每一个网页都属于同一个地址之下，但是在创建网页时不可能也不需要为每一个链接都输入完全的地址，只需要确定当前文件和站点根目录之间的相对路径关系即可，下面来看几种路径。

- 绝对路径：例如 http://www.sina.com。
- 相对路径：例如 images/photo.jpg。
- 根路径：例如/myWebsite/index.html。

　　每一个文件都有自己的存放位置和路径，理解一个文件到要链接的另一个文件之间的路径关系是创建链接的根本。在 Dreamweaver 中可以很容易地选择文件链接的类型并设置路径。

14.1.1　绝对路径

　　绝对路径为文件提供完全的路径，包括使用的协议（例如 http、ftp 和 rtsp 等）。常见的绝对路径形如 http://www.sina.com.cn、ftp://202.98.148.1/等，如图 14-1 所示。

图 14-1　绝对地址路径

尽管本地链接也可以使用绝对路径，但不建议采用这种方式，因为一旦将该站点移动到其他服务器，则所有的本地绝对路径链接都将断开。

采用绝对路径的好处是路径与链接的源端点无关，只要网站的地址不变，无论文件在站点中如何移动，都可以正常实现跳转。另外，如果希望链接其他站点上的内容，则必须使用绝对路径，如图 14-2 所示。

绝对路径也会出现在尚未保存的网页上，如果在没有保存的网页上插入图像或添加链接，Dreamweaver 会暂时使用绝对路径，如图 14-3 所示。网页在保存后，Dreamweaver 会自动将绝对路径转换为相对路径。

图 14-2　绝对路径

图 14-3　暂时使用绝对路径

采用绝对路径的缺点是这种方式的超链接不利于测试。如果在站点中使用绝对路径，要想测试链接是否有效，必须在 Internet 服务器端对超链接进行测试。

> **提示**　被链接文档的完整 URL 就是绝对路径，包括所使用的传输协议。当从一个网站的网页链接到另一个网站的网页时，绝对路径是必须使用的，以保证一个网站的网址发生变化时被引用的另一个页面的链接还是有效的。

14.1.2　相对路径

相对路径最适合建立网站的内部链接，只要属于同一网站之下，即使不在同一个目录下，使用相对路径也非常适合。

如果链接到同一下目录下，只需输入要链接文档的名称。如果要链接到下一级目录中的文件，先输入目录名，然后加"/"，再输入文件名。如果要链接到上一级目录中的文件，则先输入"../"，再输入目录名、文件名。

图 14-4 所示为一个站点的内部结构。

如果需要从 new 文件夹中的 index1.php 链接到 main.php，只需要在设置链接地址的地方输入 main.php。

如果需要从 main.html 链接到 new 文件夹中的 wszt.php，只需要在设置链接地址的地方输入 new/wszt.php。

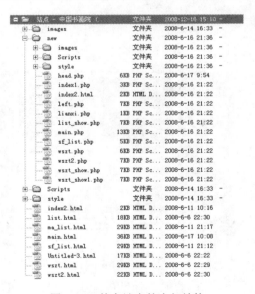

图 14-4　某个站点的内部结构

如果需要从 new 文件夹中的 main.php 链接到上级目录中的 list.html，只需要在设置链接地址的地方输入../list.html。

14.1.3　根路径

根路径同样适用于创建内部链接，但大多数情况下不建议使用此种路径形式，它通常在以下两种情况下使用。

（1）当站点的规模非常大放置于几个服务器上时。

（2）当一个服务器上同时放置几个站点时。

根路径以"\"开始，然后是根目录下的目录名，图 14-5 所示为一个根路径链接。

图 14-5　根路径链接

14.2　文字链接

文字链接即以文字作为媒介的链接，它是网页中最常被使用的链接方式，具有文件小、制作简单、便于维护等特点。接下来结合一个简单的实例来讲解如何创建文字链接。

14.2.1　创建文字链接

在网页中为文字创建链接的方式有很多，可以直接在 HTML 代码中添加<a>标签为网页文字创建链接，也可以使用 Hyperlink 对话框在网页中插入链接文字，还可以使用"属性"面板为网页中的文字设置超链接。

自测 84　创建文字链接

源文件：光盘\源文件\第 14 章\14-2-1.html　视频：光盘\视频\第 14 章\14-2-1.swf

01 ▶ 执行"文件>打开"命令，打开页面"光盘\源文件\第 14 章\14-2-1.html"，效果如图 14-6 所示。在页面中选中"广告公司"文字，如图 14-7 所示。

图 14-6　打开页面　　　　　　　　图 14-7　选中需要设置链接的文字

02 ▶ 打开"属性"面板，在其中可以看到一个"链接"文本框，如图 14-8 所示。

图 14-8　"链接"文本框

03 ▶ 用鼠标拖动文本框后面的"指向文件"按钮⊕至"文件"面板中需要链接到的 HTML 页面，如图 14-9 所示。然后松开鼠标，地址即插入到了"链接"文本框中。

图 14-9　拖动"指向文件"按钮

04 ▶ 用户也可以单击文本框后面的"浏览文件"按钮（如图 14-10 所示），此时会弹出"选择文件"对话框，从中选择要链接到的 HTML 页面（如图 14-11 所示），然后单击"确定"按钮，在"链接"文本框中就会出现链接地址。

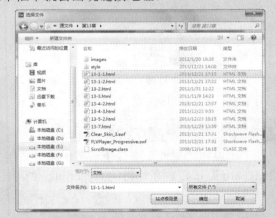

图 14-10　单击"浏览文件"按钮　　　　　图 14-11　"选择文件"对话框

05 ▶ 用户还可以直接在文本框中输入链接地址，例如输入 http://www.sina.com.cn，如图 14-12 所示。

图 14-12　输入链接地址

06 ▶ 完成了文字链接的设置后，执行"文件>保存"命令，保存页面，并在浏览器中预览页面，如图 14-13 所示。然后单击文字链接，即可链接到指定的地址，如图 14-14所示。

图 14-13　预览页面

图 14-14　链接页面

在为文字设置超链接后，"属性"面板上的"标题"和"目标"选项将被激活，用户可以对这两个选项进行设置，这两个选项是针对超链接的设置选项。

标题： 在"标题"文本框中可以输入链接的标题。

目标： 该下拉列表用来设置链接的打开方式，其中共有 6 种链接打开方式，如图 14-15 所示。

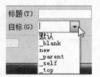

图 14-15　"目标"下拉列表

① 默认：默认使用浏览器打开的方式。

② _blank：在一个新的未命名的浏览器窗口中打开链接的页面。

③ new：与 _blank 类似，将链接的页面以一个新的浏览器打开。

④ _parent：如果是嵌套的框架，链接会在父框架或窗口中打开；如果不是嵌套的框架，则等效于 _top，链接会在整个浏览器窗口中显示。

⑤ _self：该选项是浏览器的默认值，用于在当前网页所在的窗口或框架中打开链接的网页。

⑥ _top：用于在完整的浏览器窗口中打开网页。

14.2.2　使用 Hyperlink 对话框

除了可以在"属性"面板上设置链接外，用户还可以单击"插入"面板的"常用"选项卡中的 Hyperlink 按钮，在弹出的 Hyperlink 对话框中设置链接，如图 14-16 所示。

图 14-16　Hyperlink 对话框

文本： 如果选中文本，然后打开 Hyperlink 对话框，则在"文本"框中将显示选中的文本。

用户还可以在该"文本"框中输入文字内容，前提是将插入点放在文档中希望出现链接的位置，这样添加的文本内容就会显示在插入点的位置，并且添加链接。

链接： 与"属性"面板上的"链接"选项相同，用户可以在"链接"框中输入指定的链接地址，或单击"浏览"按钮，在弹出的"选择文件"对话框中指定链接地址。

目标： 与"属性"面板上的"目标"选项相同。

标题： 与"属性"面板上的"标题"选项相同。

访问键： 在该文本框中输入 Tab 顺序的编号。

Tab 键索引： 在该文本框中可以设置用于在浏览器中选择该链接的等效键盘键（一个字母）。

14.3　图像链接

　　文字和图像是网页中最基础也是最重要的两个基本元素，图像还是常被使用的链接媒体，图像链接的创建和设置方法与文字链接的创建和设置方法基本上一致。

自测 85　创建图像链接
源文件：光盘\源文件\第 14 章\14-3.html　视频：光盘\视频\第 14 章\14-3.swf

01 ▶ 执行"文件>打开"命令，打开页面"光盘\源文件\第 14 章\14-3.html"，效果如图 14-17 所示。然后在页面中选中需要设置链接的图像，如图 14-18 所示。

图 14-17　打开页面　　　　图 14-18　选中需要设置链接的图像

02 ▶ 在"属性"面板上的"链接"文本框中输入链接的文件地址，也可以使用之前讲过的"指向文件"和"浏览文件"的方法设置，如图 14-19 所示。用户还可以为图像增加"替换"文本，如图 14-20 所示。

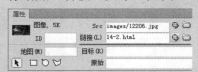
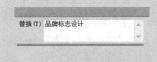

图 14-19　设置链接地址　　　　图 14-20　设置"替换"属性

03 ▶ 完成了图像的链接后，执行"文件>保存"命令保存页面，然后在浏览器中预览页面，单击图像链接即可链接到指定的地址，如图 14-21 所示。

图 14-21　预览图像链接效果

> **提示**　（1）内部链接就是链接站点内部的文件，在"链接"文本框中用户需要输入文档的相对路径，一般使用"指向文件"和"浏览文件"的方式来创建。
>
> 　　　　（2）外部链接是相对于本地链接而言的，不同的是外部链接的链接目标文件不在站点内，而在远程的 Web 服务器上，所以只需在"链接"文本框中直接输入所链接页面的 URL 绝对地址，并且包括所使用的协议（例如，对于 Web 页面，通常使用 http://，即超文本传输协议）。

14.4　创建其他形式的链接

　　在网页中使用超链接除了可以实现文件之间的跳转之外，还可以实现文件中的跳转、文件下载、E-Mail 链接、图像映射等其他一些链接形式。本节将向读者详细介绍其他一些特殊链接形式的创建方法。

14.4.1　空链接

　　有些客户端行为的动作需要由超链接来调用，这时就需要用到空链接了，访问者单击网页中的空链接将不会打开任何文件。

自测 86　**在网页中创建空链接**
　　　　　　源文件：光盘\源文件\第 14 章\14-4-1.html　　视频：光盘\视频\第 14 章\14-4-1.swf

01 ▶ 执行"文件>打开"命令，打开页面"光盘\源文件\第 14 章\14-4-1.html"，效果如图 14-22 所示。然后在页面中选中"在线安装"图像，如图 14-23 所示。

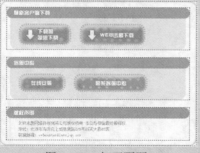

图 14-22　打开页面

图 14-23　选中图像

02 ▶ 在"属性"面板上的"链接"文本框中输入空链接#，如图 14-24 所示。然后执行"文件>保存"命令，保存页面，并在浏览器中预览页面，此时单击刚刚设置空链接的图像将重新刷新当前的网页，如图 14-25 所示。

图 14-24　设置空链接

图 14-25　预览页面

所谓空链接，就是没有目标端点的链接。利用空链接可以激活文件中链接对应的对象和文本，当文本或对象被激活后，可以为之添加行为，例如当光标经过时变换图片或者使某一 Div 显示。

14.4.2　文件下载链接

　　链接到下载文件的方法和链接到网页的方法完全一样。当被链接的文件是 EXE 文件或 ZIP 文件等浏览器不支持的类型时，这些文件会被下载，这就是网上下载的方法。例如需要给页面中的下载文字或图像添加链接，希望用户单击文字或图像后下载相关的文件，这时只需要将文字或图像选中，直接链接到相关的压缩文件就可以了。

自测 87　在网页中创建文件下载链接

　　源文件：光盘\源文件\第 14 章\14-4-2.html　　视频：光盘\视频\第 14 章\14-4-2.swf

01 ▶ 执行"文件>打开"命令，打开页面"光盘\源文件\第 14 章\14-4-2.html"，在其中选中"下载器急速下载"图像，如图 14-26 所示。单击"属性"面板上的"链接"文本框后的"浏览文件"按钮，弹出"选择文件"对话框，选择需要链接到的下载文件，如图 14-27 所示。

图 14-26　选择需要设置链接的图像

图 14-27　选择需要链接到的下载文件

02 ▶ 单击"确定"按钮，完成链接文件的选择，在"属性"面板的"链接"文本框中可以看到所要链接下载的文件的名称，如图 14-28 所示。执行"文件>保存"命令保存页面，并在浏览器中预览页面，此时单击页面中的文件下载链接即可弹出文件下载提示，如图 14-29 所示。

图 14-28　文件下载链接

图 14-29　单击文件下载链接效果

03 ▶ 单击"保存"按钮，系统将弹出"另存为"对话框，确认保存在本地计算机上的文件，然后单击"保存"按钮，所链接的下载文件即可保存到该位置。

14.4.3　E-Mail 链接

无论是个人网站还是商业网站，经常在网页的最下方留下站长或公司的 E-Mail 地址，这样当网友对网站有意见或建议时就可以直接单击 E-Mail 超链接给网站的相关人员发送邮件。E-Mail 超链接可以建立在文字上，也可以建立在图像上。

自测 88　在网页中创建 E-Mail 链接

源文件：光盘\源文件\第 14 章\14-4-3.html　视频：光盘\视频\第 14 章\14-4-3.swf

01 ▶ 执行"文件>打开"命令，打开页面"光盘\源文件\第 14 章\14-4-3.html"，选中页面版底信息中的 webmaster@intojoy.com 文字，如图 14-30 所示。然后单击"插入"面板的"常用"选项卡中的"电子邮件链接"按钮，如图 14-31 所示。

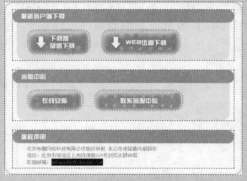

图 14-30　选择需要设置 E-Mail 链接的文字　　图 14-31　单击"电子邮件链接"按钮

02 ▶ 此时会弹出"电子邮件链接"对话框，在"文本"文本框中输入链接的文字，在 E-Mail 文本框中输入需要链接的 E-Mail 地址，如图 14-32 所示。单击"确定"按钮，在"属性"面板上的"链接"文本框中可以看到为文字设置的 E-Mail 链接，如图 14-33 所示。

图 14-32　设置"电子邮件链接"对话框　　　图 14-33　E-Mail 链接的效果

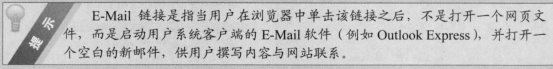

提示　E-Mail 链接是指当用户在浏览器中单击该链接之后，不是打开一个网页文件，而是启动用户系统客户端的 E-Mail 软件（例如 Outlook Express），并打开一个空白的新邮件，供用户撰写内容与网站联系。

03 ▶ 执行"文件>保存"命令，保存页面，并在浏览器中预览页面，如图 14-34 所示。单击 webmaster@intojoy.com 文字，会弹出系统默认的邮件收发软件，如图 14-35 所示。

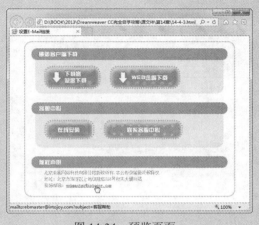

图 14-34 预览页面

图 14-35 打开默认的邮件收发软件

技巧：在设置时还可以给浏览者加入邮件的主题，方法是在输入的电子邮件地址后面加入"?subject=要输入主题"语句，该实例中的主题可以写的"客服帮助"，完整的语句为"webmaster@intojoy.com?subject=客服帮助"。

04 ▶ 如果希望弹出的系统默认邮件收发软件自动填写邮件主题，只需要在"电子邮件链接"对话框中加入如图 14-36 所示的代码即可，然后保存页面，在浏览器中预览页面，单击页面中的 E-Mail 链接文字，效果如图 14-37 所示。

图 14-36 设置"电子邮件链接"对话框

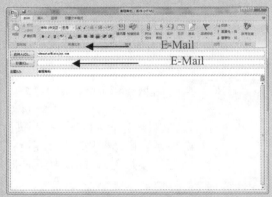

图 14-37 打开默认的邮件收发软件

05 ▶ 上面的方法只适用于为文本创建 E-Mail 链接，如果想在其他对象上创建 E-Mail 链接，还可以直接在"属性"面板上的"链接"文本框中输入 E-Mail 链接的地址。

06 ▶ 选中页面中的"联系客服中心"图像（如图 14-38 所示），在"属性"面板上的"链接"文本框中输入语句"mailto: webmaster@intojoy.com?subject=客服帮助"。该方法与第一种方法不同的是在 E-Mail 地址前面添加了"mailto:"，如图 14-39 所示。

07 ▶ 执行"文件>保存"命令，保存页面，并在浏览器中预览页面，如图 14-40 所示。然后单击刚刚设置 E-Mail 链接的图像，此时会弹出系统默认的邮件收发软件，如图 14-41 所示。

图 14-38　选择需要设置 E-Mail 链接的图像

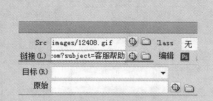

图 14-39　设置 E-Mail 链接

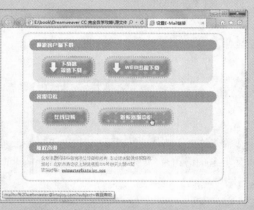

图 14-40　单击设置 E-Mail 链接的图像

图 14-41　打开默认的邮件收发软件

14.4.4　锚记链接

所谓锚记链接，是指同一个页面中不同位置处的链接。在页面的某个分项内容的标题上设置锚点，然后在页面上设置锚点的链接，那么用户就可以通过链接快速地直接跳转到感兴趣的内容。

自测 89　在网页中创建锚记链接

源文件：光盘\源文件\第 14 章\14-4-4.html　视频：光盘\视频\第 14 章\14-4-4.swf

01 ▶ 执行"文件>打开"命令，打开页面"光盘\源文件\第 14 章\14-4-4.html"，效果如图 14-42 所示。将光标移动到"毛毛:"文字后，切换到 HTML 代码视图，在光标处输入 <a> 标签，并在 <a> 标签中添加 id 属性设置，将其设置为 a1，如图 14-43 所示。

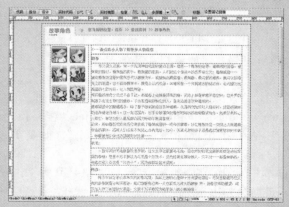

图 14-42　页面效果

图 14-43　插入 <a> 标签

在 Dreamweaver CC 中已经取消了插入锚记的可视化操作，如果用户需要在网页中插入锚记，则需要在代码视图中通过添加<a>标签（在<a>标签中设置 id 属性）来插入锚记。

02 ▶ 返回到设计视图，即可在网页中看到刚刚插入的锚记，如图 14-44 所示。如果需要重新定义锚记的名称，可以选中锚记，在"属性"面板上设置相关参数，如图 14-45 所示。

图 14-44　锚记图标　　　　　　　　　　图 14-45　锚记的"属性"面板

　　（1）在为锚记命名时应该遵守以下规则：锚记名称可以是中文、英文和数字的组合，但锚记名称不能以数字开头，并且锚记名称中不能含有空格。

　　（2）如果在 Dreamweaver 设计视图中看不到插入的锚记标记，可以执行"查看>可视化助理>不可见元素"命令显示。在页面中插入的锚记标记，在浏览器中浏览页面时是不可见的。

03 ▶ 使用相同的方法，在页面中其他需要插入锚记的位置插入锚记标记，如图 14-46 所示。

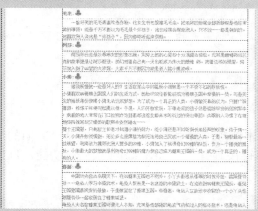

图 14-46　插入锚记标记

04 ▶ 选中页面头部需要链接到 a1 锚记的图像，如图 14-47 所示。然后在"属性"面板上的"链接"文本框中输入符号#和锚记的名称，如图 14-48 所示。

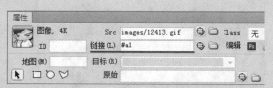

图 14-47　选中图像　　　　　　　　　　图 14-48　设置锚记链接

对于锚记链接还可以采用前面介绍的指向页面的方法，方法是选中页面中需要设置锚记链接的图像或文字，在"属性"面板上拖动"链接"文本框后面的"指向文件"按钮到页面中的锚记上，则链接将指向这个锚记。

05 ▶ 使用相同的方法，选中页面中相应的图像设置链接到页面中相应的锚记。

06 ▶ 完成页面中锚记链接的设置后，执行"文件>保存"命令保存页面。在浏览器中预览页面，单击页面中设置了链接锚记链接的元素，页面将自动跳转到链接到的锚记名称的位置，如图 14-49 所示。

图 14-49　预览页面查看锚记链接的效果

 如果要链接到同一文件夹内其他文档页面中的锚记，可以在"链接"文本框中输入"文件名#锚记名"。例如需要链接到 14-4-3.html 页面中的 a1 锚记，可以设置"链接"为 14-4-3.html#a1。

14.4.5　脚本链接

脚本链接对于多数人来说是比较陌生的，脚本链接一般用于给浏览者有关某个方面的额外信息，而不用浏览者离开当前页面去了解。脚本链接具有执行 JavaScript 代码的功能，例如校验表单等，下面为页面添加一个脚本链接。

自测 90　在网页中创建脚本链接

源文件：光盘\源文件\第 14 章\14-4-5.html　视频：光盘\视频\第 14 章\14-4-5.swf

01 ▶ 执行"文件>打开"命令，打开页面"光盘\源文件\第 14 章\14-4-5.html"，效果如图 14-50 所示。选中页面底部的"关闭"图像，在"属性"面板上的"链接"文本框中输入 JavaScript 脚本链接代码 JavaScript:window.close()，如图 14-51 所示。

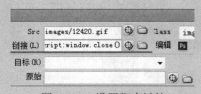

图 14-50　打开页面　　　　　图 14-51　设置脚本链接

此处为该图像设置的是一个关闭窗口的 JavaScript 脚本代码，当用户单击该图像时就会执行该 JavaScript 脚本代码。

02 ▶ 选中刚刚设置脚本链接的"关闭"图像，切换到代码视图中，可以看到加入脚本链接的代码，如图 14-52 所示。

```
<div id="box"><img src="images/12419.jpg" width="979" height="567"
border="0" />关闭该广告窗口<a href="JavaScript:window.close()"><img
src="images/12420.gif" width="40" height="13" class="img01" /></a>
</div>
```

图 14-52　脚本链接的代码

03 ▶ 执行"文件>保存"命令，保存页面。然后在浏览器中预览页面，单击设置了脚本链接的图像，浏览器会弹出提示对话框，单击"是"按钮就可以关闭窗口，如图 14-53 所示。

图 14-53　预览页面测试脚本链接效果

14.4.6　图像映射链接

　　用户不仅可以将整张图像作为链接的载体，还可以将图像的某一部分设置为链接，这要通过设置图像映射链接来实现。图像映射链接的原理是利用 HTML 语言在图片上定义一定形状的区域，然后给这些区域加上链接，这些区域称为热点。图像映射就是在一张图片上多个不同区域拥有不同的链接地址。

自测 91 　创建图像映射链接
　　　　　　源文件：光盘\源文件\第 14 章\14-4-6.html　　视频：光盘\视频\第 14 章\14-4-6.swf

01 ▶ 执行"文件>打开"命令，打开页面"光盘\源文件\第 14 章\14-4-6.html"，效果如图 14-54 所示。然后选中页面中的图像，单击"属性"面板中的"多边形热点工具"按钮 ♡，如图 14-55 所示。

02 ▶ 移动光标到图像上的合适位置，按下鼠标左键在图像上拖动鼠标，此时会弹出提示对话框（如图 14-56 所示），单击"确定"按钮，绘制一个合适的多边形热点区域，如图 14-57 所示。

图 14-54　打开页面

图 14-55　热点区域工具

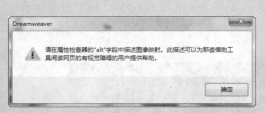

图 14-56　提示对话框

图 14-57　绘制多边形热点区域

 　　在 "属性" 面板中单击 "指针热点工具" 按钮 ，可以在图像上移动热点的位置，改变热点的大小和形状。用户还可以在 "属性" 面板中单击 "矩形热点工具" 按钮 和 "椭圆形热点工具" 按钮 ，以创建矩形和椭圆形的热点。

03 ▶ 单击 "属性" 面板上的 "指针热点工具" 按钮 ，选中刚刚绘制的多边形热点区域，调整多边形热点区域的位置。然后在 "属性" 面板上的 "链接" 文本框中输入热点指向的链接地址，在 "替换" 文本框中输入链接的说明文字，并且在 "目标" 下拉列表中选择 _blank 选项，使链接指向的网页在新窗口中打开，如图 14-58 所示。

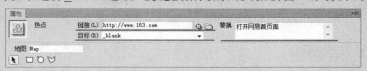

图 14-58　设置热点区域链接

04 ▶ 使用相同的方法，运用不同的热点区域工具在图像上的不同部分绘制不同的热点区域，并分别设置相应的链接和替换文本，页面效果如图 14-59 所示。

图 14-59　设置热点区域

05 ▶ 执行"文件>保存"命令保存页面，然后在浏览器中预览页面，效果如图 14-60
所示。此时单击图像中的热点区域可以在新窗口中打开所链接的页面，如图 14-61
所示。

图 14-60　在浏览器中预览页面

图 14-61　打开链接页面

14.5　超链接的属性控制

每个网页都是由超链接串联而成的，无论是从首页到每一个频道还是进入到其他网站，都
是由链接完成页面的跳转的。CSS 对于链接的样式控制是通过伪类实现的，在 CSS 中共提供
了 4 个伪类，用于对链接样式进行控制，每个伪类用于控制链接在一种状态下的样式。根据访
问者的操作，可以进行以下 4 种状态的样式设置。

a:link	未被访问过的链接；
a:active	光标单击的链接；
a:hover	光标经过的链接；
a:visited	已经访问过的链接。

14.5.1　a:link

这种伪类链接应用于链接未被访问过的样式，在很多链接应用中都会直接使用 a{}这种样
式。那么，这种方法与 a:link 在功能上有什么区别呢？下面来实际操作一下。

HTML 代码如下：

```
<a href="#">公司最新研究及发展报告公布</a>
<a>文化产业投融资班正式开课啦~~</a>
```

CSS 样式表代码如下：

```
a:link {
        color:#00F;                    /*蓝色*/
}
a {
        color:#FC3;                    /*黄色*/
}
```

其效果如图 14-62 所示，在预览效果中，使用 a{}的内容显示为黄色，使用 a:link{}的内容显示为蓝色。也就是说，a:link{}只对代码中有 href=" "的对象产生影响，即拥有实际链接地址的对象，而对直接用 a 对象嵌套的内容不会发生实际效果。

图 14-62　超链接预览效果

14.5.2　a:active

这种伪类链接应用于链接对象被用户激活时的样式。在实际应用中，这种伪类链接很少使用，并且对于无 href 属性的 a 对象，此伪类不发生作用。:active 状态可以和:link 及 :visited 状态同时发生。

例如以下 CSS 样式代码：

```
a {
        color:#00F;
}
a:active {
        color:#F00;
}
```

其效果如图 14-63 所示，在预览效果中初始文字为蓝色，当单击链接并且没有释放鼠标之前，链接文字呈现出 a:active 中定义的红色。

图 14-63　超链接预览效果

> **提示**　当前激活状态 a:active 被显示的情况非常少，所以很少使用。因为当用户单击一个超链接后就会从这个链接上转移到其他地方，例如打开一个新窗口，此时该超链接就不再是"当前激活"状态了。

14.5.3   a:hover

这种伪类链接用来设置对象在光标经过或停留时的样式。该状态是非常实用的状态之一，当光标指向链接时会改变其颜色或改变下画线的状态，这些效果都可以通过 a:hover 状态控制，并且对于无 href 属性的 a 对象，此伪类不发生作用，下面来实际操作一下。

添加:hover 伪类 CSS 样式的设置：

```
a:hover {
    color:#FF0;
}
```

效果如图 14-64 所示，在预览效果中，当光标经过或停留在链接区域上时，文字颜色由蓝色变成了黄色。

图 14-64   超链接预览效果

14.5.4   a:visited

这种伪类链接能够帮助我们设置链接被访问后的样式。对于浏览器而言，每一个链接被访问之后在浏览器内部都会做一个特定的标记，这个标记能够被 CSS 识别，a:visited 对浏览器中已经被访问过的链接样式进行设置。通过 a:visited 的样式设置，能够使访问过的链接呈现为较淡的颜色或删除线的形式，能够做到提示用户该链接已经被单击过。例如通过下面的 CSS 代码，能够使访问后的链接呈现为灰色。

```
    a:link{
        text-decoration: none;
    }
a:visited{
        color: #999;
    }
```

其效果如图 14-65 所示，在预览效果中，被访问过的链接文本变成了灰色。

图 14-65   超链接预览效果

> 在默认的浏览器显示下，超链接文本显示为蓝色并且有下画线，被单击过的超链接则为紫色，并且也有下画线。通过 CSS 样式的 text-decoration 属性可以轻松地控制超链接下画线的样式以及清除下画线。

14.6　设计制作教育类网站页面

本例设计制作一个教育类网站页面，通过 Div+CSS 布局方式对页面进行布局制作，并为页面中的文字设置超链接，通过 CSS 样式对超链接的样式进行控制，读者需要掌握通过 CSS 样式对文字超链接的外观进行设置的方法和技巧，本例的最终效果如图 14-66 所示。

图 14-66　页面的最终效果

自测 92　设计制作教育类网站页面

源文件：光盘\源文件\第 14 章\14-6.html　视频：光盘\视频\第 14 章\14-6.swf

01 ▶ 执行"文件>新建"命令，弹出"新建文档"对话框，新建 HTML 页面（如图 14-67 所示），并将该页面保存为"光盘\源文件\第 14 章\14-6.html"。然后使用相同的方法，新建外部 CSS 样式表文件，将其保存为"光盘\源文件\第 14 章\style\style.css"。接着返回到 14-6.html 页面中，链接刚刚创建的外部 CSS 样式表文件，设置选项如图 14-68 所示。

02 ▶ 切换到 style.css 文件中，创建名为*的通配符 CSS 样式，如图 14-69 所示。然后创建名为 body 的标签 CSS 样式，如图 14-70 所示。

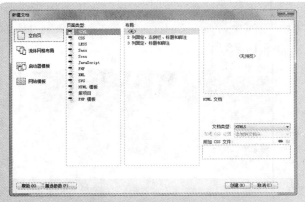

图 14-67　"新建文档"对话框

图 14-68　"使用现有的 CSS 文件"对话框

```
* {
    margin: 0px;
    padding: 0px;
    border: 0px;
}
```

图 14-69　CSS 样式代码

```
body {
    font-family: "宋体";
    font-size: 12px;
    color: #666666;
    line-height: 20px;
    background-color: #FFFFFF;
    background-image: url(../images/12601.gif);
    background-repeat: repeat-x;
}
```

图 14-70　CSS 样式代码

03 ▶ 返回到 14-6.html 页面中，可以看到页面的背景效果，如图 14-71 所示。

图 14-71　页面效果

04 ▶ 在页面中插入名为 box 的 Div，然后切换到 style.css 文件中，创建名为#box 的 CSS 样式，如图 14-72 所示。返回到设计页面中，页面效果如图 14-73 所示。

```
#box {
    width: 900px;
    height: auto;
}
```

图 14-72　CSS 样式代码

图 14-73　页面效果

05 ▶ 将光标移动到名为 box 的 Div 中，将多余的文字删除，然后在该 Div 中插入名为 top 的 Div，并切换到 style.css 文件中，创建名为#top 的 CSS 样式，如图 14-74 所示。返回到设计页面中，页面效果如图 14-75 所示。

```
#top {
    width: 900px;
    height: 380px;
    background-image: url(../images/12602.jpg);
    background-repeat: no-repeat;
}
```

图 14-74　CSS 样式代码　　　　　　　　　　图 14-75　页面效果

06 ▶ 将光标移动到名为 top 的 Div 中，将多余的文字删除，然后在该 Div 中插入名为 logo 的 Div，并切换到 style.css 文件中，创建名为#logo 的 CSS 样式，如图 14-76 所示。返回到设计页面中，将光标移动到名为 logo 的 Div 中，将多余的文字删除，并插入图像"光盘\源文件\第 14 章\images\12603.jpg"，如图 14-77 所示。

```
#logo {
    width: 300px;
    height: 55px;
    float: left;
}
```

图 14-76　CSS 样式代码　　　　　　　　　图 14-77　页面效果

07 ▶ 在名为 logo 的 Div 之后插入名为 menu 的 Div，然后切换到 style.css 文件中，创建名为#menu 的 CSS 样式，如图 14-78 所示。返回到设计页面中，效果如图 14-79 所示。

```
#menu {
    width: 600px;
    height: 25px;
    padding-top: 30px;
    float: left;
    color: #FFF;
}
```

图 14-78　CSS 样式代码　　　　　　　　　图 14-79　页面效果

08 ▶ 将光标移动到名为 menu 的 Div 中，将多余的文字删除，然后插入相应的图像并输入文字，效果如图 14-80 所示。切换到 style.css 文件中，创建名为#menu img 的 CSS 样式，如图 14-81 所示。

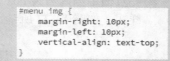

```
#menu img {
    margin-right: 10px;
    margin-left: 10px;
    vertical-align: text-top;
}
```

图 14-80　页面效果　　　　　　　　　　图 14-81　CSS 样式代码

09 ▶ 返回到设计页面中，可以看到页面导航部分的效果，如图 14-82 所示。

图 14-82　页面效果

10 ▶ 在名为 top 的 Div 之后插入名为 left 的 Div，然后切换到 style.css 文件中，创建名为#left 的 CSS 样式，如图 14-83 所示。返回到设计页面中，效果如图 14-84 所示。

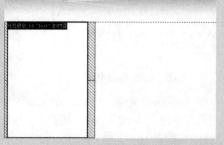

```
#left {
    width: 202px;
    height: 300px;
    margin-left: 7px;
    margin-right: 18px;
    float: left;
}
```

图 14-83　CSS 样式代码　　　　　　　　　　　　　　图 14-84　页面效果

11 ▶ 将光标移动到名为 left 的 Div 中，将多余的文字删除，并在该 Div 中插入相应的图像，如图 14-85 所示。然后切换到 style.css 文件中，创建名为#left img 的 CSS 样式，如图 14-86 所示。返回到设计页面中，效果如图 14-87 所示。

　　　　　　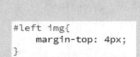

```
#left img{
    margin-top: 4px;
}
```

图 14-85　插入图像　　　　图 14-86　CSS 样式代码　　　　图 14-87　页面效果

12 ▶ 在名为 left 的 Div 之后插入名为 main 的 Div，然后切换到 style.css 文件中，创建名为#main 的 CSS 样式，如图 14-88 所示。返回到设计页面中，效果如图 14-89 所示。

```
#main {
    width: 400px;
    height: 300px;
    margin-right: 15px;
    float: left;
}
```

图 14-88　CSS 样式代码　　　　　　　　　　图 14-89　页面效果

13 ▶ 将光标移动到名为 main 的 Div 中，将多余的文本删除，并在该 Div 中插入名为 news-title 的 Div，然后切换到 style.css 文件中，创建名为#news-title 的 CSS 样式，如图 14-90 所示。返回到设计页面中，效果如图 14-91 所示。

```
#new-title {
    height:29px;
    font-weight:bold;
    color:#0E3268;
    line-height:29px;
    border-bottom:solid 1px #CCC;
    background-image:url(../images/12613.gif);
    background-repeat:no-repeat;
    background-position:5px center;
    padding-left:20px;
}
```

此处显示 id "news-title" 的内容

图 14-90　CSS 样式代码　　　　　　　　　　　图 14-91　页面效果

14 ▶ 将光标移动到名为 main 的 Div 中，将多余的文字删除，然后输入文字并插入图像，效果如图 14-92 所示。切换到 style.css 文件中，创建名为#news-title img 的 CSS 样式，如图 14-93 所示。返回到设计页面中，效果如图 14-94 所示。

校园新闻 MORE

图 14-92　页面效果

```
#news-title img {
    margin-left: 290px;
}
```

图 14-93　CSS 样式代码

校园新闻 MORE

图 14-94　页面效果

15 ▶ 在名为 news-title 的 Div 之后插入名为 news 的 Div，然后切换到 style.css 文件中，创建名为#news 的 CSS 样式，如图 14-95 所示。返回到设计页面中，效果如图 14-96 所示。

```
#news {
    width: 400px;
    height: 88px;
    margin-bottom: 10px;
}
```

图 14-95　CSS 样式代码

校园新闻 MORE
此处显示 id "news" 的内容

图 14-96　页面效果

16 ▶ 将光标移动到名为 news 的 Div 中，将多余的文字删除，输入相应的文字内容，如图 14-97 所示。然后切换到代码视图中，在该 Div 中为文字添加相应的列表标签，如图 14-98 所示。

校园新闻 MORE
热烈祝贺本校被评为全国十强私立学校！2011.10.12
学校十一放假通知2011.9.25
学校举办"讲文明、树新风、争做文明学生"活动2011.9.13
欢迎先进教育工作者来我校参观考察2011.9.8

图 14-97　页面效果

```
<div id="news">
    <dl>
        <dt>热烈祝贺本校被评为全国十强私立学校！</dt>
        <dd>2011.10.12</dd>
        <dt>学校十一放假通知</dt>
        <dd>2011.9.25</dd>
        <dt>学校举办"讲文明、树新风、争做文明学生"活动</dt>
        <dd>2011.9.13</dd>
        <dt>欢迎先进教育工作者来我校参观考察</dt>
        <dd>2011.9.8</dd>
    </dl>
</div>
```

图 14-98　添加相应代码

17 ▶ 切换到 style.css 文件中，创建名为#news dt 和名为#news dd 的 CSS 样式，如图 14-99 所示。然后返回到设计页面中，效果如图 14-100 所示。

```
#news dt {
    width: 310px;
    height: 22px;
    line-height: 22px;
    background-image: url(../images/12615.gif);
    background-repeat: no-repeat;
    background-position: 5px center;
    padding-left: 20px;
    float: left;
}
#news dd {
    width: 70px;
    height: 22px;
    line-height: 22px;
    float: left;
}
```

图 14-99　CSS 样式代码

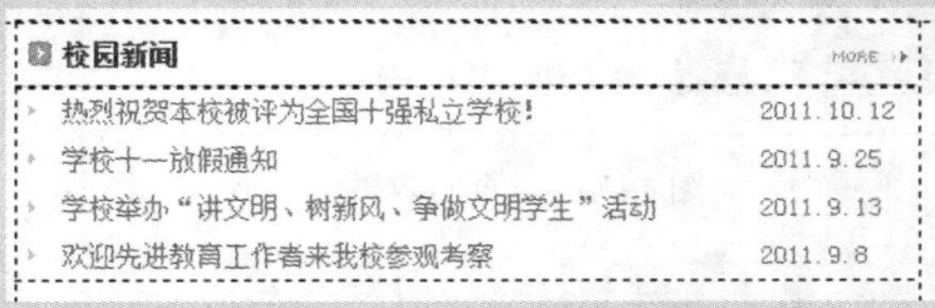

▶ 校园新闻	MORE ▸
▸ 热烈祝贺本校被评为全国十强私立学校！	2011.10.12
▸ 学校十一放假通知	2011.9.25
▸ 学校举办"讲文明、树新风、争做文明学生"活动	2011.9.13
▸ 欢迎先进教育工作者来我校参观考察	2011.9.8

图 14-100　页面效果

18 ▶ 在名为 news 的 Div 之后插入名为 hz-title 的 Div，然后使用相同的方法完成该 Div 内容的制作，CSS 样式如图 14-101 所示，页面效果如图 14-102 所示。

```
#hz-title {
    height: 29px;
    font-weight: bold;
    color: #0E3268;
    line-height: 29px;
    border-bottom: solid 1px #CCC;
    background-image: url(../images/12613.gif);
    background-repeat: no-repeat;
    background-position: 5px center;
    padding-left: 20px;
}
#hz-title img {
    margin-left: 290px;
}
```

图 14-101　CSS 样式代码

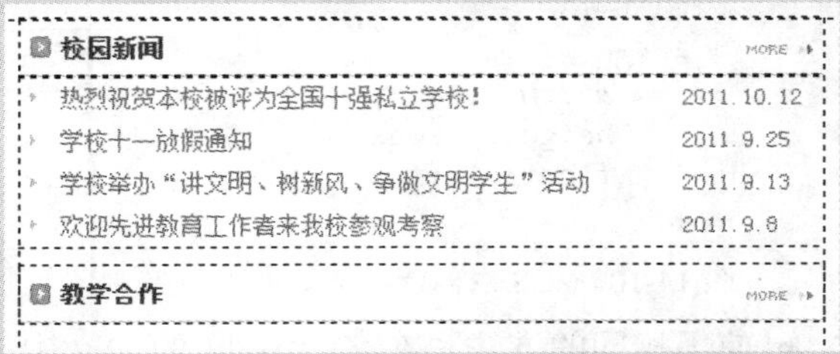

▶ 校园新闻	MORE ▸
▸ 热烈祝贺本校被评为全国十强私立学校！	2011.10.12
▸ 学校十一放假通知	2011.9.25
▸ 学校举办"讲文明、树新风、争做文明学生"活动	2011.9.13
▸ 欢迎先进教育工作者来我校参观考察	2011.9.8
▶ 教学合作	MORE ▸

图 14-102　页面效果

19 ▶ 在名为 hz-title 的 Div 之后插入名为 hz 的 Div，然后切换到 style.css 文件中，创建名为#hz 的 CSS 样式，如图 14-103 所示。返回到设计页面中，将光标移动到名为 hz 的 Div 中，将多余的文字删除，然后插入图像并输入相应的文字，效果如图 14-104 所示。

```
#hz {
    height: 97px;
    margin-top: 10px;
}
```

图 14-103　CSS 样式代码

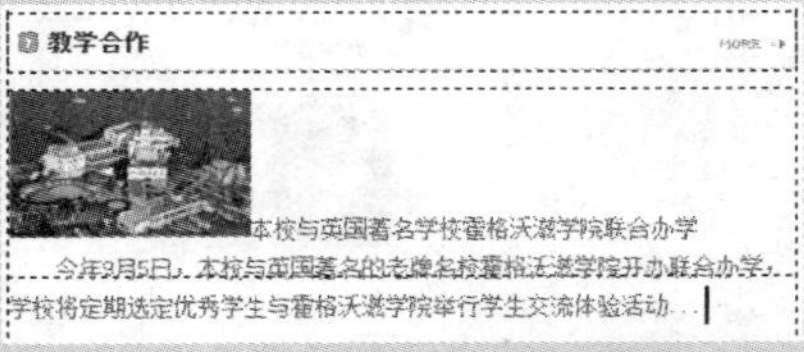

图 14-104　页面效果

20 ▶ 切换到 style.css 文件中，创建名为#hz img 的 CSS 样式，如图 14-105 所示。然后返回到设计页面中，效果如图 14-106 所示。

```
#hz img {
    padding: 2px;
    border: solid 1px #CCCCCC;
    margin-left: 5px;
    margin-right: 10px;
    float: left;
}
```

图 14-105　CSS 样式代码

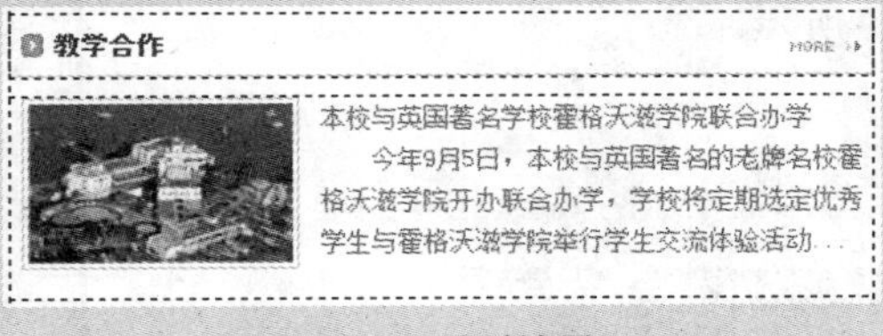

图 14-106　页面效果

21 ▶ 选中相应的文字，单击"属性"面板上的"粗体"按钮，将其加粗显示，如图 14-107 所示。然后使用相同的方法，完成该部分内容的制作，效果如图 14-108 所示。

22 ▶ 在名为 main 的 Div 之后插入名为 right 的 Div，然后切换到 style.css 文件中，创建名为#right 的 CSS 样式，如图 14-109 所示。返回到设计页面中，效果如图 14-110 所示。

图 14-107   页面效果   图 14-108   页面效果

```
#right {
    width: 254px;
    height: 300px;
    float: left;
}
```

图 14-109   CSS 样式代码   图 14-110   页面效果

23 ▶ 使用相同的方法，在名为 right 的 Div 中插入相应的 Div，并完成该部分内容的制作，效果如图 14-111 所示。

图 14-111   页面效果

24 ▶ 在名为 right 的 Div 之后插入名为 bottom 的 Div，然后切换到 style.css 文件中，创建名为#bottom 的 CSS 样式，如图 14-112 所示。返回到设计页面中，效果如图 14-113 所示。

```
#bottom {
    clear: left;
    width: 870px;
    height: 53px;
    background-image: url(../images/12624.gif);
    background-repeat: no-repeat;
    background-position: left 10px;
    margin-bottom: 10px;
    padding: 25px 15px 15px 15px;
    text-align: right;
}
```

图 14-112   CSS 样式代码   图 14-113   页面效果

25 ▶ 将光标移动到名为 bottom 的 Div 中，将多余的文字删除，然后插入相应的图像并输入相应的文字，如图 14-114 所示。切换到 style.css 文件中，创建名为#bottom img 的 CSS 样式，如图 14-115 所示。

图 14-114　页面效果　　　　　　　　　图 14-115　CSS 样式代码

26 ▶ 返回到页面的设计视图中，可以看到页面的版底信息部分的效果，如图 14-116 所示。

图 14-116　页面效果

27 ▶ 选中页面中"校园新闻"栏目下的第一条新闻标题，在"属性"面板上为其设置链接，如图 14-117 所示。完成链接的设置后，可以看到链接文字的效果，如图 14-118 所示。

图 14-117　设置超链接　　　　　　　　图 14-118　链接文字效果

28 ▶ 切换到 style.css 文件中，创建文字超链接的 CSS 样式，如图 14-119 所示。然后返回到设计页面中，选中刚刚设置超链接的文字，在"属性"面板的"类"下拉列表中选择刚刚定义的超链接 CSS 样式 link1，效果如图 14-120 所示。

```
.link1:link {
    color: #666666;
    text-decoration: none;
}
.link1:active {
    color: #F00;
    text-decoration: none;
}
.link1:hover {
    color: #00F;
    text-decoration: underline;
}
.link1:visited {
    color: #F60;
    text-decoration: none;
}
```

图 14-119　CSS 样式代码　　　　　　　图 14-120　应用 CSS 样式

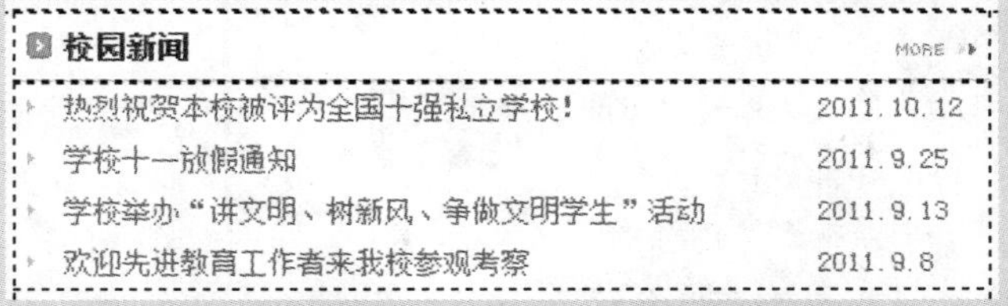

29 ▶ 选中页面版底信息上的 E-Mail 地址文字，在"属性"面板的"链接"文本框中为其设置 E-Mail 链接（如图 14-121 所示），此时可以看到设置 E-Mail 链接文字的效果，如图 14-122 所示。

图 14-121　设置 E-Mail 链接　　　　　　图 14-122　链接文字效果

30 ▶ 切换到 style.css 文件中，创建文字超链接的 CSS 样式，如图 14-123 所示。然后返回到设计页面中，选中刚刚设置超链接的文字，在"属性"面板的"类"下拉列表中选择刚刚定义的超链接 CSS 样式 link2，效果如图 14-124 所示。

```css
.link2:link {
    color: #333;
    text-decoration: underline;
}
.link2:active {
    color: #F60;
    text-decoration: underline;
}
.link2:hover {
    color: #00F;
    text-decoration: none;
}
.link2:visited {
    color: #F00;
    text-decoration: underline;
}
```

图 14-123　CSS 样式代码　　　　　　　　　　图 14-124　应用 CSS 样式

31 ▶ 至此完成该教育类网站页面的制作。执行"文件>保存"命令保存页面，并保存外部样式表文件，然后在浏览器中预览页面，效果如图 14-125 所示。

图 14-125　在浏览器中预览页面效果

14.7　本章小结

　　链接是一个网站的"灵魂"，网页设计师不仅要知道如何创建页面之间的链接，更要知道这些链接路径形式的真正意义，本章的理论部分对此的论述还是比较完整的，希望读者能够了解并掌握。

　　在 Dreamweaver 中可以创建多种类型的链接，在本章中也分别做了详细的介绍，希望读者学习后能够灵活运用。

第 15 章　模板和库在网页中的应用

实例名称：定义可编辑区域
源文件：源文件\Templates\15-1-2.dwt
视频：视频\第 15 章\15-1-4.swf

实例名称：定义可选区域
源文件：源文件\Templates\15-1-2.dwt
视频：视频\第 15 章\15-1-5.swf

实例名称：创建基于模板的页面
源文件：源文件\第 15 章\15-2-1.html
视频：视频\第 15 章\15-2-1.swf

实例名称：创建库项目
源文件：源文件\Library\15-3-1.lbi
视频：视频\第 15 章\15-3-1.swf

实例名称：插入库项目
源文件：源文件\第 15 章\15-3-2.html
视频：视频\第 15 章\15-3-2.swf

实例名称：设计制作电子商务类
网站页面
源文件：源文件\第 15 章\15-4.html
视频：视频\第 15 章\15-4.swf

本章知识点

为了提高网站创建与更新的工作效率，Dreamweaver CC 提供了两种可以使用的方法，分别是"模板"和"库"。

在实际工作中，有时很多页面都会使用相同的页面布局，在制作时为了避免这种重复操作，设计者可以使用 Dreamweaver CC 提供的"模板"和"库"的功能，将具有相同的整体布局结构的页面制作成模板，将相同的局部对象制作成库文件。这样，当设计者再次制作拥有模板和库内容的网页时就不再需要进行重复的操作，而只需要在"资源"面板中直接使用就可以了。

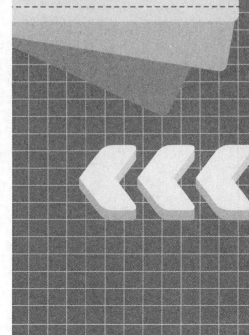

15.1　使用模板

Dreamweaver CC 中的模板是一种特殊类型的文档页面，用于设计布局比较"固定的"页面。用户可以创建基于模板的网页文件，这样该文件将继承所选模板的页面布局。在设计模板的过程中，用户需要指定模板的可编辑区域，以便在应用到网页时可以进行编辑操作。

15.1.1　模板的特点

使用模板能够大大提高设计者的工作效率，这其中有什么样的原理呢？其实答案是这样的：当用户对一个模板进行修改后，所有使用了这个模板的网页内容都将随之同步修改。简单地说就是一次可以更新多个页面，这也是模板最强大的功能之一。在实际工作中，尤其是对于一些大型的网站，它的效果是非常明显的。所以说，模板与基于模板的网页文件之间保持了一种连接的状态，它们之间共同的内容也能够保持完全一致。

什么样的网站比较适合使用模板技术呢？这其中确实是有些规律的。如果一个网站布局比较统一，拥有相同的导航，并且显示不同栏目内容的位置基本不变，那么这种布局的网站就可以考虑使用模板来创建。

模板能够确定页面的基本结构，并且其中可以包含文本、图像、页面布局、样式和可编辑区域等对象。

作为一个模板，Dreamweaver 会自动锁定文档中的大部分区域。模板设计者可以定义基于模板的页面中哪些区域是可编辑的，方法是在模板中插入可编辑区域或可编辑参数。在创建模板时，可编辑区域和锁定区域都可以更改。但是，在基于模板的文档中，模板用户只能在可编辑区域中进行修改，至于锁定区域则无法进行任何操作。

15.1.2　创建模板

在 Dreamweaver CC 中，用户有两种方法创建模板。一种是将现有的网页文件另存为模板，然后根据需要进行修改；另一种是直接新建一个空白模板，然后在其中插入需要显示的文档内容。模板实际上也是一种文档，它的扩展名为.dwt，存放在站点根目录下的 Templates 文件夹中，如果该 Templates 文件夹在站点中尚不存在，Dreamweaver 将在保存新建的模板时自动创建。

自测 93　创建模板
源文件：光盘\源文件\ Templates \15-1-2.html　　视频：光盘\视频\第 15 章\15-1-2.swf

01 ▶ 执行"文件>打开"命令，打开一个已经制作好的页面，在此打开"光盘\源文件\第 15 章\15-1-2.html"，页面效果如图 15-1 所示。

图 15-1　打开页面

02 ▶ 执行"文件>另存为模板"命令如图 15-2 所示，或者单击"插入"面板的"模板"
选项卡中的"创建模板"按钮 📄 ，如图 15-3 所示。

图 15-2 执行命令

图 15-3 创建模板

03 ▶ 此时会弹出"另存模板"对话框，如图 15-4 所示。单击"保存"按钮，将弹出提
示对话框，提示是否更新页面中的链接，如图 15-5 所示。

图 15-4 "另存模板"对话框

图 15-5 提示对话框

04 ▶ 单击"否"按钮，将"光盘\素材\第 15 章"中的 images 和 style 文件夹复制到
Templates 文件夹中，完成另存为模板的操作，这样模板文件就被保存在站点的
Templates 文件夹中，如图 15-6 所示。

图 15-6 模板文件夹

在 Dreamweaver 中，不要将模板文件移动到 Templates 文件夹外，不要将其
他非模板文件存放到 Templates 文件夹中，也不要将 Templates 文件夹移动到本地
根目录外，因为这些操作都会引起模板的路径错误。

05 ▶ 完成模板的创建后，可以看到刚刚打开的文件 15-1-2.html 的扩展名变成了.dwt，如图 15-7 所示，该扩展名也就是网页模板文件的扩展名。

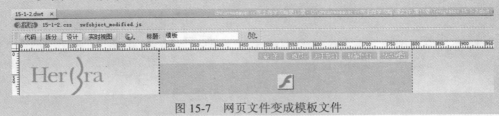

图 15-7　网页文件变成模板文件

"另存模板"对话框中各选项的说明如下。

站点：在该下拉列表中可以选择一个用来保存模板的站点。

现存的模板：在该列表框中列出了站点根目录下 Templates 文件夹中的所有模板文件。如果还没有创建任

何模板文件，则显示为"（没有模板）"。

描述：在该文本框中可以输入模板文件的描述内容。

另存为：在该文本框中可以输入保存的模板的名称。

15.1.3　嵌套模板

嵌套模板其实就是基于另一个模板创建的模板。如果要创建嵌套模板，首先要保存一个基础模板，然后使用基础模板创建新的文档，再把该文档保存为嵌套模板。在这个新的嵌套模板中，可以对基础模板中定义的可编辑区域做进一步的定义。

在一个整体站点中，利用嵌套模板可以让多个栏目的风格保持一致，并在细节上有所不同。嵌套模板还有利于页面内容的控制、更新和维护。修改基础模板将自动更新基于该基础模板创建的嵌套模板和基于该基础模板及其嵌套模板的所有网页文档。

15.1.4　定义可编辑区域

在模板页面中需要定义可编辑区域，可编辑区域主要用于控制模板页面中哪些区域可以编辑，哪些区域不可以编辑。

自测 94　定义可编辑区域

源文件：光盘\源文件\Templates\15-1-2.dwt　视频：光盘\视频\第 15 章\15-1-4.swf

01 ▶ 执行"文件>打开"命令，打开刚创建的模板页面"光盘\源文件\Templates\15-1-2.dwt"，将光标移动到名为 news 的 Div 中，选中文本（如图 15-8 所示），然后单击"插入"面板的"模板"选项卡中的"可编辑区域"按钮，如图 15-9 所示。

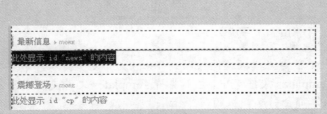

图 15-8　选中文本

图 15-9　单击"可编辑区域"按钮

02 ▶ 此时会弹出"新建可编辑区域"对话框，在"名称"文本框中输入该区域的名称（如图 15-10 所示），然后单击"确定"按钮，即可将可编辑区域插入到模板页面中，如图 15-11 所示。

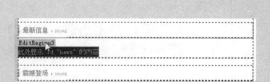

图 15-10 "新建可编辑区域"对话框   图 15-11 插入可编辑区域

> 提示 可编辑区域在模板页面中由高亮显示的矩形边框围绕，区域左上角的选项卡会显示该区域的名称，在为可编辑区域命名时，不能使用某些特殊字符，例如双引号等。

03 ▶ 当需要选择可编辑区域时，可以直接单击可编辑区域上面的标签，如图 15-12 所示。用户还可以执行"修改>模板"命令，从子菜单底部的列表中选择可编辑区域的名称，如图 15-13 所示。

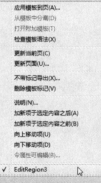

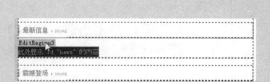

图 15-12 选择可编辑区域   图 15-13 执行菜单命令

04 ▶ 当选中可编辑区域后，在"属性"面板上可以修改其名称，如图 15-14 所示。然后使用同样的方法，在模板页面中其他需要插入可编辑区域的位置插入可编辑区域，如图 15-15 所示。

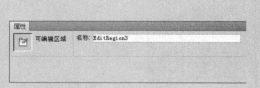

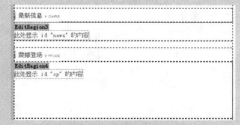

图 15-14 "属性"面板   图 15-15 创建其他可编辑区域

> 提示 如果需要删除某个可编辑区域及其内容，可以选择需要删除的可编辑区域，然后按键盘上的 Delete 键，这样即可将选中的可编辑区域删除。

15.1.5　定义可选区域

用户可以显示或隐藏可选区域，在这些区域中用户无法编辑其内容，但可以设置该区域在所创建的页面中是否可见。

自测 95 　定义可选区域

源文件：光盘\源文件\ Templates\15-1-2.dwt　视频：光盘\视频\第 15 章\15-1-5.swf

01 ▶ 继续在模板页面 15-1-2.dwt 中进行操作,在页面中选中名为 right 的 Div(如图 15-16 所示),然后单击"插入"面板的"模板"选项卡中的"可选区域"按钮,如图 15-17 所示。

图 15-16　选中页面中相应的内容　　　　图 15-17　单击"可选区域"按钮

02 ▶ 此时会弹出"新建可选区域"对话框,如图 15-18 所示。单击"新建可选区域"对话框中的"高级"标签,切换到"高级"选项卡,如图 15-19 所示。

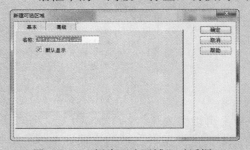

图 15-18　"新建可选区域"对话框　　　　图 15-19　"高级"选项卡

03 ▶ 通常采用默认设置,单击"确定"按钮,完成"新建可选区域"对话框的设置,在模板页面中定义可选区域,如图 15-20 所示。

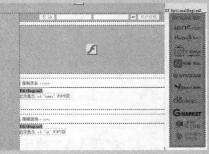

图 15-20　定义可选区域

"新建可选区域"对话框中各选项的说明如下。

名称： 在该文本框中可以输入可选区域的名称。

默认显示： 选中该复选框后，该可选区域在默认情况下将在基于模板的页面中显示。

使用参数： 选中该单选按钮后，可以选择要将所选内容链接到的现有参数，如果要链接可选区域参

数可以选中该单选按钮。

输入表达式： 选中该单选按钮后，在下面的框中可以输入表达式，如果要编写模板表达式来制作可选区域的显示可以选中该单选按钮。

15.1.6　定义可编辑的可选区域

将模板页面中的某一部分内容定义为可编辑的可选区域，则该部分内容可以在基于模板的页面中设置显示或隐藏该区域，并可以编辑该区域中的内容。

自测 96　定义可编辑的可选区域

源文件：光盘\源文件\ Templates \15-1-2.dwt　视频：光盘\视频\第 15 章\15-1-6.swf

01 ▶ 继续在模板页面 15-1-2.dwt 中进行操作，在页面中选中名为 pic 的 Div（如图 15-21 所示），然后单击"插入"面板的"模板"选项卡中的"可编辑的可选区域"按钮，如图 15-22 所示。

图 15-21　选中需要定义的区域　　　　　图 15-22　单击"可编辑的可选区域"按钮

02 ▶ 此时会弹出"新建可选区域"对话框（如图 15-23 所示），单击"确定"按钮，完成"新建可选区域"对话框的设置，在页面中定义可编辑的可选区域，如图 15-24 所示。

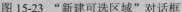

图 15-23　"新建可选区域"对话框　　　　图 15-24　定义可编辑的可选区域

 提示　　在页面中不论是定义可编辑区域还是定义可编辑的可选区域，所弹出的对话框都是"新建可选区域"对话框，其中选项也完全相同。

15.1.7　定义重复区域

重复区域是可以根据需要在基于模板的页面中任意复制的模板部分。重复区域通常用于表格，也可以为其他页面元素定义重复区域。

使用重复区域，用户可以通过重复特定项目来控制页面布局，例如目录项、说明布局或者重复数据行（如项目列表）。重复区域可以使用重复区域和重复表格两种重复区域模板对象。

重复区域不是可编辑区域，如果需要使重复区域中的内容可编辑，必须在重复区域内插入可编辑区域。

15.1.8　设置可编辑标签属性

设置可编辑标签属性可以使用户从基于模板的网页中修改指定标记的属性。例如，用户可以在模板中设置背景颜色，但如果把代码页面本身的<body>标签的属性设置成可编辑，则在基于模板的网页中可以修改各自的背景色。

在页面中选中一个页面元素，例如将<body>标签选中，然后执行"修改>模板>令属性可编辑"命令，弹出"可编辑标签属性"对话框，如图 15-25 所示。单击"添加"按钮，在弹出的对话框中输入相应的属性，如图 15-26 所示。最后单击"确定"按钮，就可以完成"可编辑标签属性"对话框的设置。

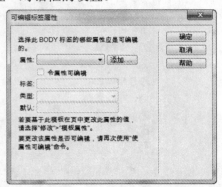

图 15-25　"可编辑标签属性"对话框

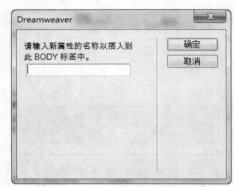

图 15-26　添加属性的对话框

属性：该下拉列表中列出了所选页面元素所有已设置的属性，选中一项可以设置该属性可以被编辑。如果要把选中的页面元素未设置的属性设置成可编辑属性，需要单击其右侧的"添加"按钮，在弹出的添加属性对话框中直接输入该属性。

令属性可编辑：选中该复选框后，被选中的属性才可以被编辑。

类型：在该下拉列表中显示了可编辑属性的类型，可编辑属性的类型包括以下 5 种。

① 文本：如果需要用户在修改时输入文本，则需要选择该选项。

② URL：如果需要修改页面中插入的图像、链接等的链接地址，则需要选择该选项。

③ 颜色：如果修改时需要选择颜色，例如设置网页、表格、行、列等的颜色，则需要选择该选项。

④ 真/假：该选项极少使用。

⑤ 数字：如果设置网页边界的宽度、高度，表格的宽度、高度或单元格的宽度、高度等需要输入数值的属性，则需要选择该选项。

默认：在该文本框中可以设置属性的默认值。

> **提示**　如果在"可编辑标签属性"对话框中取消选中"令属性可编辑"复选框，则选中的属性在基于模板的页面中不能被编辑。

15.2　应用模板

在 Dreamweaver 中创建新页面时，如果在"新建文档"对话框中选择"网站模板"选项，即可选择模板，创建基于选中模板的页面，下面来学习模板的具体应用方法。

15.2.1　创建基于模板的页面

创建基于模板的页面有很多方法，可以使用"资源"面板，或者通过"新建文档"对话框，在这里主要介绍如何通过"新建文档"对话框来创建基于模板的页面。

自测 97　创建基于模板的页面

源文件：光盘\源文件\第 15 章\15-2-1.html　视频：光盘\视频\第 15 章\15-2-1.swf

01 ▶ 执行"文件>新建"命令，弹出"新建文档"对话框，在左侧选择"网站模板"选项，则在"站点"右侧的列表中显示的是该站点中的模板，如图 15-27 所示。

02 ▶ 单击"创建"按钮，创建一个基于所选模板的页面。用户还可以执行"文件>新建"命令，新建一个 HTML 文件，然后执行"修改>模板>应用模板到页"命令，弹出"选择模板"对话框，如图 15-28 所示。

图 15-27　"新建文档"对话框

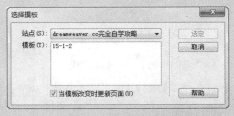

图 15-28　"选择模板"对话框

03 ▶ 单击"选定"按钮，即可将选择的模板应用到刚刚创建的 HTML 页面中。执行"文件>保存"命令，将页面保存为"光盘\源文件\第 15 章\15-2-1.html"，效果如图 15-29 所示。

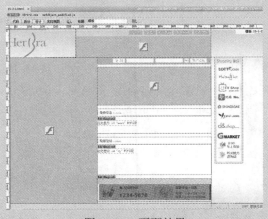

图 15-29　页面效果

> **提 示**
>
> （1）在 Dreamweaver 中，基于模板的页面在设计视图中四周会出现黄色的边框，并且在窗口右上角显示模板的名称。在该页面中只有编辑区域的内容能够被编辑，在可编辑区域外的内容将被锁定，无法编辑。
>
> （2）将模板应用到页面中还有两种方法，一种是新建一个 **HTML** 文件，在"资源"页面的"模板"类别中选择需要插入的模板，单击"应用"按钮；另一种是将模板列表中的模板直接拖动到网页中。

04 ▶ 将光标移动到名为 EditRegion3 的可编辑区域中，将多余的文字删除，并输入相应的文字内容，如图 15-30 所示。然后切换到代码视图中，添加相应的列表标签，如图 15-31 所示。

图 15-30　输入文字　　　　　　　　　　　图 15-31　添加列表标签

05 ▶ 切换到 div.css 文件中，创建名为#news dt 和名为#news dd 的 CSS 样式，如图 15-32 所示。然后返回到设计页面中，页面效果如图 15-33 所示。

```
#news dt {
    width: 340px;
    height: 22px;
    line-height: 22px;
    float: left;
}
#news dd {
    width: 95px;
    height: 22px;
    line-height: 22px;
    float: left;
    text-align: center;
}
```

图 15-32　CSS 样式代码　　　　　　　　　　图 15-33　页面效果

06 ▶ 将光标移动到名为 EditRegion4 的可编辑区域中，将多余的文字删除，并在该 Div 中插入图像"光盘\源文件\images\15114.gif"，如图 15-34 所示。然后在图像后输入相应的文字内容，如图 15-35 所示。

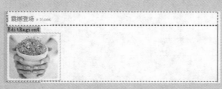

图 15-34　插入图像　　　　　　　　　　　图 15-35　输入文字

07 ▶ 切换到 div.css 文件中，创建一个名为#cp img 的 CSS 样式，如图 15-36 所示。然后返回到设计页面中，页面效果如图 15-37 所示。

```
#cp img {
    float: left;
    margin-right: 20px;
}
```

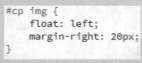

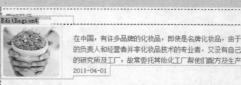

图 15-36　CSS 样式代码　　　　　　　　　　图 15-37　页面效果

08 ▶ 至此完成该页面的制作，执行"文件>保存"命令保存页面，并在浏览器中预览整个页面，效果如图 15-38 所示。

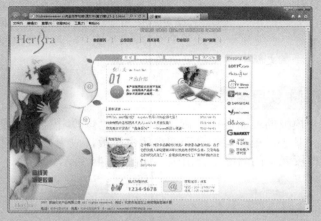

图 15-38　在浏览器中预览页面效果

09 ▶ 返回到 Dreamweaver 设计视图中，执行"修改>模板属性"命令，弹出"模板属性"对话框，在该对话框中设置 OptionalRegion2 的值为"假"，如图 15-39 所示。单击"确定"按钮，返回到页面视图中，则页面中名称为 OptionalRegion2 的可选区域会在页面中隐藏，如图 15-40 所示。

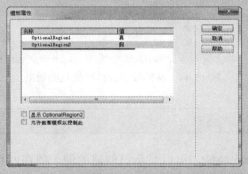

图 15-39　设置"模板属性"对话框

图 15-40　在浏览器中预览页面效果

15.2.2　更新模板和基于模板的网页

执行"文件>打开"命令，打开制作好的模板页面"光盘\源文件\Templates\15-1-2.dwt"，并在模板页面中进行修改，然后执行"文件>保存"命令，弹出"更新模板文件"对话框，如图 15-41 所示。单击"更新"按钮，系统会弹出"更新页面"对话框显示更新的结果，如图 15-42 所示。单击"关闭"按钮，便可以完成页面的更新。

图 15-41　"更新模板文件"对话框

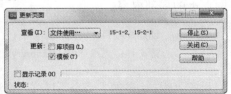

图 15-42　"更新页面"对话框

> 在"查看"下拉列表中可以选择"整个站点"、"文件使用"或"已选文件"选项，如果选择的是"整个站点"，则要确认更新了哪个站点的模板生成网页；如果选择的是"文件使用"，则要选择更新使用了哪个模板生成的网页。
>
> 在"更新"选项组中可以选中"库项目"或"模板"复选框，选中"显示记录"复选框后，会在更新之后显示更新的记录。

15.2.3　删除页面中使用的模板

如果不希望对基于模板的页面进行更新，可以执行"修改>模板>从模板中分离"命令，如图 15-43 所示。这样，基于模板生成的页面即可脱离模板，成为普通的网页，这时页面右上角的模板名称和页面中模板元素的名称便会消失，如图 15-44 所示。

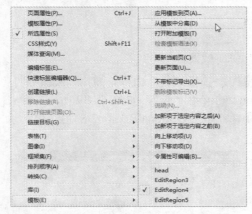

图 15-43　执行"从模板中分离"命令

图 15-44　从模板中分离后的页面效果

15.3　使用库

Dreamweaver 中的"库"面板提供了一种特殊的功能，可以显示已创建的便于放在网页上的单独"资源"或"资源"副本的集合，这些资源又被称为库项目。库项目是可以在多个页面中重复使用的存储页面的对象元素，而更改库项目时，其链接的所有页面中的元素都会更新，从这一点可以看出，库和模板都是为了提高工作效率而存在的。

15.3.1　创建库项目

创建库项目是将网页中经常用到的对象转化为库项目，然后作为一个对象插入到其他网页之中，这样就能够通过简单地插入操作创建页面内容了。注意，模板使用的是整个网页，而库项目只是网页上的局部内容。

自测 98　创建库项目
　　源文件：光盘\源文件\Library\15-3-1.lbi　视频：光盘\视频\第 15 章\15-3-1.swf

01 ▶ 执行"窗口>资源"命令，打开"资源"面板，然后单击面板左侧的"库"按钮，在"库"选项的空白处右击，在弹出的菜单中执行"新建库项"命令（如图 15-45 所示），新建一个库项目，并将新建的库项目命名为 15-3-1，如图 15-46 所示。

图 15-45　执行"新建库项"命令

图 15-46　重命名库项目

02 ▶ 在新建的库项目上双击，在 Dreamweaver 的编辑窗口中打开该库项目进行编辑，如图 15-47 所示。为了操作方便，将"光盘\源文件\第 15 章"中的 images 和 style 文件夹复制到 Library 文件夹中，如图 15-48 所示。

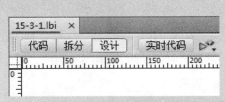

图 15-47　打开库项目

图 15-48　库项目文件夹

　　创建库项目和创建模板相似，在创建库项目之后，Dreamweaver 会自动在当前站点的根目录下创建一个名为 Library 的文件夹，将库项目文件放置到该文件夹中。

03 ▶ 打开"CSS 设计器"面板，单击"添加 CSS 源"按钮，在弹出的菜单中选择"附加现有的 CSS 文件"选项，此时会弹出"使用现有的 CSS 文件"对话框，链接外部样式表文件"光盘\源文件\Library\style\15-3-1.css"（如图 15-49 所示），在页面中插入名为 bottom 的 Div，如图 15-50 所示。

图 15-49　链接外部样式表文件

图 15-50　插入 Div

04 ▶ 切换到 15-3-1.css 文件中，创建名为#bottom 的 CSS 样式，如图 15-51 所示。然后返回到设计页面中，效果如图 15-52 所示。

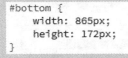

```
#bottom {
    width: 865px;
    height: 172px;
}
```

图 15-51　CSS 样式代码

图 15-52　页面效果

05 ▶ 将光标移动到名为 bottom 的 Div 中，将多余的文字删除，然后在该 Div 中插入名为 bottom-link 的 Div，切换到 15-3-1.css 文件中，创建名为#bottom-link 的 CSS 样式，如图 15-53 所示。接着返回到设计页面中，效果如图 15-54 所示。

```
#bottom-link {
    width: 640px;
    height: 70px;
    margin-top: 8px;
    margin-left: 112px;
    margin-bottom: 23px;
}
```

图 15-53　CSS 样式代码　　　　　　　　　　图 15-54　页面效果

06 ▶ 将光标移动到名为 bottom-link 的 Div 中，将多余的文字删除，然后在该 Div 中插入名为 link1 的 Div，切换到 15-3-1.css 文件中，创建名为#link1 的 CSS 样式，如图 15-55 所示。接着返回到设计页面中，将光标移动到名为 link1 的 Div 中，将多余的文字删除，插入图像并输入文字，效果如图 15-56 所示。

```
#link1 {
    width: 128px;
    height: 70px;
    float: left;
    text-align: center;
}
```

图 15-55　CSS 样式代码　　　　　　　　　　图 15-56　页面效果

07 ▶ 使用相同的方法，完成该部分内容的制作，效果如图 15-57 所示。

图 15-57　页面效果

08 ▶ 在名为 bottom-link 的 Div 之后插入名为 copyright 的 Div，然后切换到 15-3-1.css 文件中，创建名为#copyright 的 CSS 样式，如图 15-58 所示。返回到设计页面中，效果如图 15-59 所示。

```
#copyright {
    width: 865px;
    height: 70px;
    background-image: url(../images/15306.gif);
    background-repeat: no-repeat;
}
```

图 15-58　CSS 样式代码　　　　　　　　　　图 15-59　页面效果

09 ▶ 将光标移动到名为 copyright 的 Div 中，将多余的文本删除，然后在该 Div 中插入名为 copyright-text 的 Div，切换到 15-3-1.css 文件中，创建名为#copyright-text 的 CSS 样式，如图 15-60 所示。返回到设计页面中，将光标移动到名为 copyright-text 的 Div 中，将多余的文字删除，并输入文字内容，如图 15-61 所示。

```
#copyright-text {
    width: 640px;
    height: 50px;
    line-height: 25px;
    margin-top: 10px;
    margin-left: 112px;
}
```

图 15-60　CSS 样式代码　　　　　　　　　　图 15-61　页面效果

10 ▶ 切换到 15-3-1.css 文件中，创建名为.font01 的 CSS 样式，如图 15-62 所示。

11 ▶ 返回到设计页面中，选中相应的文字内容，在"属性"面板的"类"下拉列表中选择 font01 样式，效果如图 15-63 所示。至此完成该库项目的制作，效果如图 15-64 所示。

```
.font01 {
    color: #5d86b7;
    font-weight: bold;
}
```

图 15-62　CSS 样式代码

图 15-63　页面效果

图 15-64　页面效果

> 提示
>
> 在一个制作完成的页面中也可以直接将页面中的某一处内容转换为库项目。首先需要选中页面中需要转换为库项目的内容，然后执行"修改>库>增加对象到库"命令，这样就可以将选中的内容转换为库项目。

15.3.2　插入库项目

在完成了库项目的创建后，接下来就可以将库项目插入到相应的网页中了，这样，在整个网站的制作过程中就可以节省很多时间。

 自测 99　插入库项目
　　源文件：光盘\源文件\第 15 章\15-3-2.html　视频：光盘\视频\第 15 章\15-3-2.swf

01 ▶ 执行"文件>打开"命令，打开页面"光盘\素材\第 15 章\15-3-2.html"，然后单击"文档"工具栏中的"实时视图"按钮，效果如图 15-65 所示。

图 15-65　页面效果

02 ▶ 返回到设计视图，将光标移动到页面底部的名为 bot 的 Div 中，将多余的文字删除，如图 15-66 所示。打开"资源"面板，单击"库"按钮，然后选中刚创建的库项目，如图 15-67 所示。

03 ▶ 单击"插入"按钮，即可在页面中光标所在的位置插入所选择的库项目，如图 15-68 所示。

图 15-66　将光标移动到相应的 Div 中

图 15-67　"资源"面板

图 15-68　插入库项目

04 ▶ 执行"文件>保存"命令，保存页面，将在浏览器中预览页面，效果如图 15-69 所示。

图 15-69　在浏览器中预览页面效果

> 提示　在库项目插入到页面中后，背景会显示为淡黄色，并且是不可编辑的。在预览页面时，背景色会按照实际设置显示。

15.3.3　库项目的编辑和更新

如果需要修改库项目，可以在"资源"面板的"库"选项中选择需要修改的库项目，然后单击"编辑"按钮 （如图 15-70 所示），在 Dreamweaver 中打开该库项目进行编辑。完成库项目的修改后，执行"文件>保存"命令保存库项目，会弹出"更新库项目"对话框，询问是否更新站点中使用了库项目的网页文件，如图 15-71 所示。

图 15-70　单击"编辑"按钮

图 15-71　"更新库项目"对话框

单击"更新库项目"对话框中的"更新"按钮后，会弹出"更新页面"对话框，显示更新站内使用了该库项目的页面文件，如图 15-72 所示。

如果需要将页面中的库项目与源文件分离，可以将该库项目选中，然后单击"属性"面板中的"从源文件中分离"按钮，如图 15-73 所示。

图 15-72　"更新页面"对话框

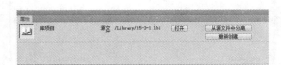

图 15-73　库项目的"属性"面板

源文件：显示库项目源文件在站点中的相对路径。

打开：单击该按钮，可以在 Dreamweaver 中打开该库项目文件进行编辑。

从源文件中分离：单击该按钮，可以断开该项目与源文件之间的链接，分离后的库项目会变成普通的页面对象。

重新创建：单击该按钮，可以将应用的库项目内容改写为原始的库项目，并可以在丢失或意外删除原始库项目时重新创建库项目。

15.4　设计制作电子商务类网站页面

本例设计制作一个电子商务类网站页面，电子商务类网站通常以销售产品为主，所以在整个页面中需要突出产品信息，从而促进销售。本例的网站页面将使用 Dreamweaver 中的模板功能进行制作，首先制作出该网站页面的模板，并在模板页面中定义可编辑区域和可选区域，再新建基于该模板的页面，在可编辑区域中完成相应内容的制作，最终效果如图 15-74 所示。

图 15-74　最终效果

自测 100　设计制作电子商务类网站页面
　　　　　　源文件：光盘\源文件\第 15 章\15-4.html　　视频：光盘\视频\第 15 章\15-4.swf

01 ▶ 执行"文件>新建"命令，弹出"新建文档"对话框，在"页面类型"列表中选择"HTML 模板"选项，在"布局"列表中选择"无"，如图 15-75 所示。然后单击"创建"按钮，创建一个 HTML 模板页面，执行"文件>保存"命令，系统会弹出提示对话框，提示页面中没有定义可编辑区域，如图 15-76 所示。

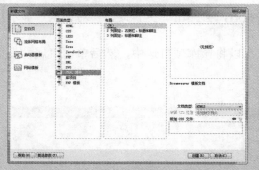

图 15-75 "新建文档"对话框

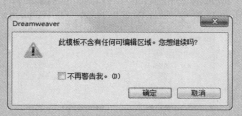

图 15-76 提示对话框

02 ▶ 单击"确定"按钮，会弹出"另存模板"对话框，设置选项如图 15-77 所示，然后单击"确定"按钮，保存模板。接着新建 CSS 样式表文件，保存为"光盘\源文件\Templates\style\style.css"。返回到模板页面中，链接刚刚创建的 CSS 样式表，如图 15-78 所示。

图 15-77 "另存模板"对话框

图 15-78 链接外部样式表

03 ▶ 切换到 style.css 文件中，创建名为*的通配符 CSS 样式，如图 15-79 所示。然后创建名为 body 的标签 CSS 样式，如图 15-80 所示。

```
* {
    margin: 0px;
    padding: 0px;
    border: 0px;
}
```

图 15-79 CSS 样式代码

```
body {
    font-family: 宋体;
    font-size: 12px;
    color: #333;
    line-height: 20px;
    background-image: url(../images/15401.gif);
    background-repeat: repeat-x;
}
```

图 15-80 CSS 样式代码

04 ▶ 返回到模板页面中，可以看到页面的背景效果，如图 15-81 所示。

图 15-81 页面效果

05 ▶ 在页面中插入名为 box 的 Div，切换到 style.css 文件中，创建名为#box 的 CSS 样式，如图 15-82 所示。然后返回到设计页面中，效果如图 15-83 所示。

```
#box {
    width: 1002px;
    height: 1502px;
    background-image: url(../images/15402.jpg);
    background-repeat: no-repeat;
}
```

图 15-82 CSS 样式代码

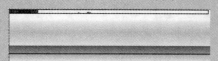

图 15-83 页面效果

06 ▶ 将光标移动到名为 box 的 Div 中，将多余的文字删除，并在该 Div 中插入名为 top-left 的 Div，然后切换到 style.css 文件中，创建名为#top-left 的 CSS 样式，如图 15-84 所示。返回到设计页面，效果如图 15-85 所示。

```css
#top-left {
    width: 336px;
    height: 306px;
    padding-top: 116px;
    float: left;
}
```

图 15-84 CSS 样式代码

图 15-85 页面效果

07 ▶ 将光标移动到名为 top-left 的 Div 中，将多余的文字删除，并在该 Div 中插入名为 top-link 的 Div，然后切换到 style.css 文件中，创建名为#top-link 的 CSS 样式，如图 15-86 所示。返回到设计页面，效果如图 15-87 所示。

```css
#top-link {
    height: 35px;
    background-image: url(../images/15403.gif);
    background-repeat: no-repeat;
    background-position: 5px top;
    padding-left: 50px;
}
```

图 15-86 CSS 样式代码

图 15-87 页面效果

08 ▶ 将光标移动到名为 top-link 的 Div 中，将多余的文字删除，然后单击"插入"面板中的"项目列表"按钮，每输入一个项目按 Enter 键继续输入，如图 15-88 所示。切换到代码视图中，可以看到项目列表的代码，如图 15-89 所示。

图 15-88 页面效果

```html
<div id="top-link">
  <ul>
      <li>购物车</li>
      <li>我的帐户</li>
      <li>帮助中心</li>
  </ul>
</div>
```

图 15-89 项目列表代码

09 ▶ 切换到 style.css 文件中，创建名为#top-link li 的 CSS 样式，如图 15-90 所示。然后返回到设计页面，效果如图 15-91 所示。

```css
#top-link li {
    list-style-type: none;
    color: #8a3202;
    font-weight: bold;
    line-height: 25px;
    width: 60px;
    background-image: url(../images/15404.gif);
    background-repeat: no-repeat;
    background-position: left center;
    padding-left: 15px;
    float: left;
}
```

图 15-90 CSS 样式代码

图 15-91 页面效果

10 ▶ 在名为 top-link 的 Div 之后插入名为 search 的 Div，然后切换到 style.css 文件中，创建名为#search 的 CSS 样式，如图 15-92 所示。返回到设计页面，效果如图 15-93 所示。

图 15-92　CSS 样式代码　　　　　　　　　　　　图 15-93　页面效果

11 ▶ 将光标移动到名为 search 的 Div 中，将多余的文字删除，并在该 Div 中插入表单域，如图 15-94 所示。然后将光标移动到表单域中，单击"插入"面板的"表单"选项卡中的"文本"按钮，插入文本字段，并在"属性"面板上设置相应属性，如图 15-95 所示。

图 15-94　插入表单域和文本字段　　　　　　　　图 15-95　设置文本字段的属性

12 ▶ 选中 Text Field 文字将其修改为"产品搜索"，然后切换到 style.css 文件中，创建名为#name 的 CSS 样式，如图 15-96 所示。返回到设计视图，效果如图 15-97 所示。

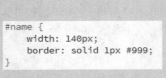

图 15-96　CSS 样式代码　　　　　　　　　　　　图 15-97　页面效果

13 ▶ 将光标移动到"产品搜索"文字前，单击"插入"面板的"表单"选项卡中的"图像"按钮，在弹出的对话框中选择需要插入的图像按钮文件（如图 15-98 所示），并在"属性"面板上设置相应属性，如图 15-99 所示。

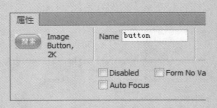

图 15-98　"选择图像源文件"对话框　　　　　　　图 15-99　设置 Name 属性

14 ▶ 切换到 style.css 文件中，创建名为#button 的 CSS 样式，如图 15-100 所示。然后返回到设计视图，效果如图 15-101 所示。

```
#button {
    float: right;
    margin-right: 35px;
}
```

图 15-100　CSS 样式代码

图 15-101　页面效果

15 ▶ 在名为 search 的 Div 之后插入名为 top-pic 的 Div，然后切换到 style.css 文件中，创建名为#top-pic 的 CSS 样式，如图 15-102 所示。返回到设计页面，将光标移动到名为 top-pic 的 Div 中，将多余的文字删除，并插入图像"光盘\源文件\第 15 章\images\15407.gif"，如图 15-103 所示。

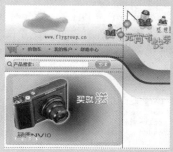

图 15-103　页面效果

```
#top-pic {
    width: 336px;
    height: 227px;
}
```

图 15-102　CSS 样式代码

16 ▶ 在名为 top-left 的 Div 之后插入名为 top-right 的 Div，然后切换到 style.css 文件中，创建名为#top-right 的 CSS 样式，如图 15-104 所示。返回到设计页面中，效果如图 15-105 所示。

```
#top-right {
    width: 666px;
    height: 227px;
    padding-top: 195px;
    float: left;
}
```

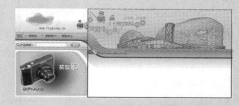

图 15-104　CSS 样式代码　　　　　图 15-105　页面效果

17 ▶ 将光标移动到名为 top-right 的 Div 中，将多余的文字删除，并在该 Div 中插入名为 menu 的 Div，然后切换到 style.css 文件中，创建名为#menu 的 CSS 样式，如图 15-106 所示。返回到设计页面，将光标移动到名为 menu 的 Div 中，将多余的文字删除，并输入相应的文字，如图 15-107 所示。

```
#menu {
    height: 30px;
    line-height: 30px;
    color: #FFF;
    font-weight: bold;
    margin-left: 106px;
}
```

图 15-106　CSS 样式代码　　　　　图 15-107　页面效果

18 ▶ 切换到代码视图中，添加相应的<span>标签，如图 15-108 所示。然后切换到 style.css 文件中，创建名为#menu span 的 CSS 样式，如图 15-109 所示。接着返回到设计页面中，效果如图 15-110 所示。

```
<div id="top-right">
    <div id="menu">网站首页<span>|</span>数码产品
<span>|</span>手机通信<span>|</span>电脑及配件<span>|
</span>时尚生活<span>|</span>办公用品<span>|</span>资
讯中心</div>
    </div>
```

图 15-108　添加<span>标签

```
#menu span {
    margin-left: 10px;
    margin-right: 10px;
}
```

图 15-109　CSS 样式代码

图 15-110　页面效果

19 ▶ 在名为 menu 的 Div 之后插入名为 right-link 的 Div，然后切换到 style.css 文件中，创建名为#right-link 的 CSS 样式，如图 15-111 所示。返回到设计页面，将光标移动到名为 right-link 的 Div 中，将多余的文字删除，并输入文字，效果如图 15-112 所示。

```
#right-link {
    margin-top: 20px;
    margin-left: 106px;
    text-align: right;
    padding-right: 20px;
}
```

图 15-111　CSS 样式代码

图 15-112　页面效果

20 ▶ 在名为 right-link 的 Div 之后插入名为 top1 的 Div，然后切换到 style.css 文件中，创建名为#top1 的 CSS 样式，如图 15-113 所示。返回到设计页面中，效果如图 15-114 所示。

```
#top1 {
    height: 140px;
    margin-top: 15px;
}
```

图 15-113　CSS 样式代码

图 15-114　页面效果

21 ▶ 在名为 top-right 的 Div 之后插入名为 center 的 Div，然后切换到 style.css 文件中，创建名为#left 的 CSS 样式，如图 15-115 所示。返回到设计页面中，效果如图 15-116 所示。

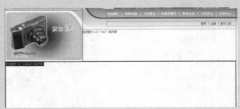

```
#center {
    clear: left;
    width: 1002px;
    height: 1020px;
}
```

图 15-115　CSS 样式代码

图 15-116　页面效果

22 ▶ 将光标移动到名为 center 的 Div 中，将多余的文字删除，并在该 Div 中插入名为 left 的 div，然后切换到 style.css 文件中，创建名为#left 的 CSS 样式，如图 15-117 所示。返回到设计页面中，效果如图 15-118 所示。

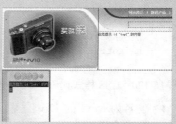

```
#left {
    width: 143px;
    height: 725px;
    background-image: url(../images/15408.gif);
    background-repeat: no-repeat;
    padding: 42px 0px 48px 25px;
    float: left;
}
```

图 15-117 CSS 样式代码   图 15-118 页面效果

23 ▶ 将光标移动到名为 left 的 Div 中，将多余的文字删除，输入相应的文字内容，并创建项目列表，如图 15-119 所示。然后切换到 style.css 文件中，创建名为#left li 的 CSS 样式，如图 15-120 所示。返回到设计页面中，效果如图 15-121 所示。

```
#left li {
    list-style-type: none;
    display: block;
}
```

图 15-119 创建项目列表   图 15-120 CSS 样式代码   图 15-121 页面效果

24 ▶ 切换到 style.css 文件中，创建名为.font01 的 CSS 样式，如图 15-122 所示。然后返回到设计页面中，选中相应的文字，应用刚创建的 CSS 样式 font01，效果如图 15-123 所示。

```
.font01 {
    font-weight: bold;
    line-height: 24px;
    border-top: dashed 1px #FF8000;
}
```

图 15-122 CSS 样式代码   图 15-123 页面效果

25 ▶ 在名为 left 的 Div 之后插入名为 main 的 Div，然后切换到 style.css 文件中，创建名为 #main 的 CSS 样式，如图 15-124 所示。返回到设计页面中，效果如图 15-125 所示。

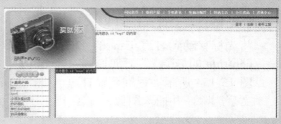

```
#main {
    margin-left: 20px;
    width: 814px;
    height: 1020px;
    float: left;
}
```

图 15-124 CSS 样式代码   图 15-125 页面效果

26 ▶ 将光标移动到名为 main 的 Div 中,将多余的文字删除,并在该 Div 中插入名为 top2 的 Div,然后切换到 style.css 文件中,创建名为#top2 的 CSS 样式,如图 15-126 所示。返回到设计页面,效果如图 15-127 所示。

```
#top2 {
    width: 814px;
    height: 135px;
}
```

图 15-126　CSS 样式代码

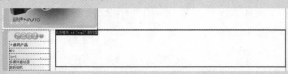

图 15-127　页面效果

27 ▶ 在名为 top2 的 Div 之后插入名为 news-bg 的 Div,然后切换到 style.css 文件中,创建名为#news-bg 的 CSS 样式,如图 15-128 所示。返回到设计页面,效果如图 15-129 所示。

```
#news-bg {
    width: 783px;
    height: 90px;
    background-image: url(../images/15409.gif);
    background-repeat: no-repeat;
    padding: 37px 20px 15px 10px;
}
```

图 15-128　CSS 样式代码

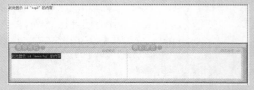

图 15-129　页面效果

28 ▶ 在名为 news-bg 的 Div 之后插入名为 pop 的 Div,然后切换到 style.css 文件中,创建名为#pop 的 CSS 样式,如图 15-130 所示。返回到设计页面,将光标移动到名为 pop 的 Div 中,将多余的文字删除,并插入图像"光盘\源文件\Templates\images\15410.gif",如图 15-131 所示。

```
#pop {
    height: 82px;
    padding-top: 3px;
    text-align: center;
}
```

图 15-130　CSS 样式代码

图 15-131　页面效果

29 ▶ 在名为 pop 的 Div 之后插入名为 jian 的 Div,然后切换到 style.css 文件中,创建名为#jian 的 CSS 样式,如图 15-132 所示。返回到设计页面,效果如图 15-133 所示。

```
#jian {
    width: 340px;
    height: 650px;
    margin-left: 20px;
    margin-right: 20px;
    float: left;
}
```

图 15-132　CSS 样式代码

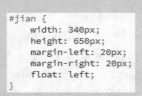

图 15-133　页面效果

30 ▶ 将光标移动到名为 jian 的 Div 中,将多余的文字删除,并在该 Div 中插入名为 jian-title 的 Div,然后切换到 style.css 文件中,创建名为#jian-title 的 CSS 样式,如图 15-134 所示。返回到设计页面中,将光标移动到 jian-title 的 Div 中,将多余的文字删除,并插入图像,如图 15-135 所示。

```
#jian-title {
    height: 36px;
    background-image: url(../images/15411.gif);
    background-repeat: no-repeat;
    text-align: right;
    padding-top: 12px;
    padding-right: 15px;
}
```

图 15-134　CSS 样式代码　　　　　　　　　　　图 15-135　页面效果

31 ▶ 在名为 jian-title 的 Div 之后依次插入名为 jian1、jian2 和 jian3 的 Div，然后切换到 style.css 文件中，创建名为#jian1,#jian2,#jian3 的 CSS 样式，如图 15-136 所示。返回到设计页面，效果如图 15-137 所示。

```
#jian1,#jian2,#jian3 {
    height: 180px;
    background-image: url(../images/15414.gif);
    background-repeat: no-repeat;
    background-position: center top;
    padding: 10px;
}
```

图 15-136　CSS 样式代码　　　　　　　　　　　图 15-137　页面效果

32 ▶ 使用相同的方法完成相似内容的制作，页面效果如图 15-138 所示。

图 15-138　页面效果

33 ▶ 在名为 center 的 Div 之后插入名为 link 的 Div，然后切换到 style.css 文件中，创建名为#link 的 CSS 样式，如图 15-139 所示。返回到设计页面，将光标移动到名为 link 的 Div 中，将多余的文字删除，并插入相应的图像，如图 15-140 所示。

```
#link {
    height: 40px;
    margin-top: 20px;
    background-image: url(../images/15415.gif);
    background-repeat: no-repeat;
    background-position: 20px center;
    padding-left: 160px;
}
```

图 15-139　CSS 样式代码　　　　　　　　　　　图 15-140　页面效果

34 ▶ 切换到 style.css 文件中，创建名为#link img 的 CSS 样式，如图 15-141 所示。返回到设计页面，效果如图 15-142 所示。

```
#link img {
    margin-right: 7px;
}
```

　　图 15-141　CSS 样式代码　　　　　　　　　　　　　　图 15-142　页面效果

35 ▶ 在名为 box 的 Div 之后插入名为 bottom 的 Div，然后切换到 style.css 文件中，创建名为#bottom 的 CSS 样式，如图 15-143 所示。返回到设计页面，效果如图 15-144 所示。

```
#bottom {
    width: 100%;
    height: 125px;
    background-image: url(../images/15428.gif);
    background-repeat: repeat-x;
}
```

　　图 15-143　CSS 样式代码　　　　　　　　　　　　　　图 15-144　页面效果

36 ▶ 使用相同的方法完成页面版底信息部分内容的制作，如图 15-145 所示。

图 15-145　页面效果

37 ▶ 将光标移动到页面中名为 top1 的 Div 中，选中相应的文字，然后单击"插入"面板的"模板"选项卡中的"可编辑区域"按钮，弹出"新建可编辑区域"对话框，设置选项如图 15-146 所示，单击"确定"按钮定义可编辑区域，如图 15-147 所示。

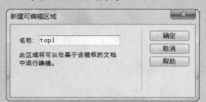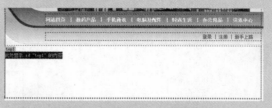

　　图 15-146　"新建可编辑区域"对话框　　　　　　　　图 15-147　定义可编辑区域

38 ▶ 使用相同的方法完成页面中其他部分可编辑区域的定义，如图 15-148 所示。

图 15-148　定义可编辑区域

39 ▶ 选中页面中名为 pop 的 Div，单击"插入"面板的"模板"选项卡中的"可选区域"按钮，弹出"新建可选区域"对话框，设置选项如图 15-149 所示，然后单击"确定"按钮定义可选区域，如图 15-150 所示。

图 15-149　"新建可选区域"对话框

图 15-150　定义可选区域

40 ▶ 完成该模板页面的制作，并且在模板页面中定义可编辑区域和可选区域，效果如图 15-151 所示。

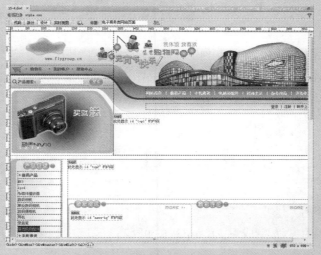

图 15-151　定义可选区域

💡 提示　网页模板文件是无法在浏览器中预览的，但是可以在 Dreamweaver 的实时视图中进行预览，如果用户需要预览所制作的网页模板效果，可以单击"选项"工具栏上的"实时视图"按钮，在实时视图中进行预览。

41 ▶ 执行"文件>新建"命令，弹出"新建文档"对话框，切换到"网站模板"选项设置界面，选择刚刚创建的模板文件，如图 15-152 所示。单击"创建"按钮，新建一个基于该模板的页面，并将该页面保存为"光盘\源文件\第 15 章\15-4.html"，效果如图 15-153 所示。

💡 提示　在创建模板和创建基于模板的页面时，模板文件是存放在站点根目录下的 Templates 文件夹中的，如果模板文件和基于模板的页面存放在站点的不同位置，则一定要注意它们所使用的素材和 CSS 样式必须是同步的，这样才能保证不出现问题。

图 15-152　"新建文档"对话框 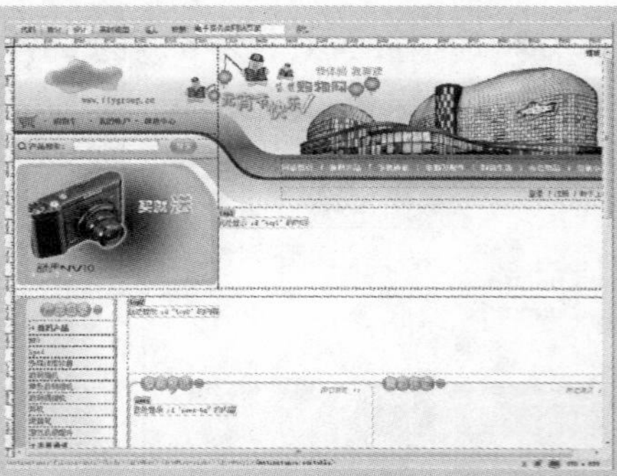　　　　　　　图 15-153　基于模板的页面

42 ▶ 将光标移动到名为 top1 的可编辑区域中，将多余的文字删除，并插入相应的图像，如图 15-154 所示。

图 15-154　插入图像

43 ▶ 切换到 style.css 文件中，创建名为#top1 img 的 CSS 样式，如图 15-155 所示。然后返回到设计页面中，效果如图 15-156 所示。

```
#top1 img {
    margin-top: 4px;
    margin-left: 6px;
    margin-right: 6px;
}
```
图 15-155　CSS 样式代码

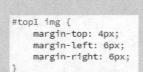

图 15-156　页面效果

44 ▶ 使用相同的方法完成名为 top2 的可编辑区域中内容的制作，页面效果如图 15-157 所示。

图 15-157　页面效果

45 ▶ 将光标移动到名为 news 的可编辑区域中，在该可编辑区域中插入名为 news1 的 Div，然后切换到 style.css 文件中，创建名为#news1 的 CSS 样式，如图 15-158 所示。返回到设计页面中，效果如图 15-159 所示。

```
#news1 {
    width: 380px;
    height: 90px;
    color: #8a3202;
    line-height: 22px;
    float: left;
}
```
图 15-158　CSS 样式代码

图 15-159　页面效果

46 ▶ 将光标移动到名为 news1 的 Div 中，将多余的文字删除，输入相应的文字，并对相应的文字进行加粗，如图 15-160 所示。然后使用相同的方法，在名为 news1 的 Div 之后插入名为 news2 的 Div，并完成该部分内容的制作，效果如图 15-161 所示。

图 15-160　页面效果

图 15-161　页面效果

47 ▶ 将光标移动到名为 jian1 的可编辑区域中，在该可编辑区域中插入名为 jian1-left 的 Div，然后切换到 style.css 文件中，创建名为#jian1-left 的 CSS 样式，如图 15-162 所示。返回到设计页面中，效果如图 15-163 所示。

```
#jian1-left {
    width: 160px;
    height: 180px;
    float: left;
}
```

图 15-162　CSS 样式代码

图 15-163　页面效果

48 ▶ 将光标移动到名为 jian1-left 的 Div 中，将多余的文字删除，输入相应的文字并插入图像，如图 15-164 所示。然后切换到 style.css 文件中，创建名为.font02 和名为#jian1-left img 的 CSS 样式，如图 15-165 所示。接着返回到设计页面，选中相应的文字，应用 font02 样式，如图 15-166 所示。

图 15-164　页面效果

```
.font02 {
    color: #F00;
}
#jian1-left img {
    margin-top: 15px;
}
```

图 15-165　CSS 样式代码

图 15-166　页面效果

49 ▶ 在名为 jian1-left 的 Div 之后插入名为 jian1-right 的 Div，然后切换到 style.css 文件中，创建名为#jian1-right 的 CSS 样式，如图 15-167 所示。返回到设计页面，效果如图 15-168 所示。

```
#jian1-right {
    width: 160px;
    height: 160px;
    padding-top: 20px;
    float: left;
    text-align: center;
    color: #8a3202;
}
```

图 15-167　CSS 样式代码

图 15-168　页面效果

50 ▶ 将光标移动到名为 jian1-right 的 Div 中，将多余的文字删除，插入相应的图像并输入文字，如图 15-169 所示。然后使用相同的方法完成页面中相似部分内容的制作，效果如图 15-170 所示。

图 15-169　页面效果

图 15-170　页面效果

51 ▶ 至此完成该电子商务网站页面的制作，执行"文件>保存"命令保存页面，并在浏览器中预览页面，效果如图 15-171 所示。

图 15-171　在浏览器中预览页面效果

15.5　本章小结

　　本章主要讲解了模板和库，使用它们可以显著提高工作效率。模板在很多软件中都有应用，将相同的部分固定下来制作成模板，只需要对变化的区域进行编辑，即可由模板快速生成其他类似的页面。使用库项目可以将网页中的某一部分内容变为库中的项目，这样在以后的制作中，变为库的这部分内容只需要简单地插入到网页中即可，并且库文件可以重复使用。

第 16 章　使用行为创建动态效果

实例名称：应用"交换图像"行为
源文件：源文件\第 16 章\16-2-1.html
视频：视频\第 16 章\16-2-1.swf

实例名称：显示和隐藏网页元素
源文件：源文件第 16 章\16-2-7.html
视频：视频\第 16 章\16-2-7.swf

实例名称：添加"检查插件"行为
源文件：源文件\第 16 章\16-2-8.html
视频：视频\第 16 章\16-2-8.swf

实例名称：设置状态栏文本
源文件：源文件第 16 章\16-3-2.html
视频：视频\第 16 章\16-3-2.swf

实例名称：实现网页元素的高光过渡
源文件：源文件\第 16 章\16-4-3.html
视频：视频\第 16 章\16-4-3.swf

实例名称：设计制作影视类网站页面
源文件：源文件第 16 章\16-5.html
视频：视频\第 16 章\16-5.swf

本章知识点

　　本章主要讲解了 Dreamweaver 中行为的使用方法，行为是 Dreamweaver 中的一种强大的功能，通过行为可以完成页面中一些常用的交互效果，例如验证表单、弹出窗口和设置状态栏文本等。行为可以使事件与动作相结合，从而实现许多精彩的网页交互效果。

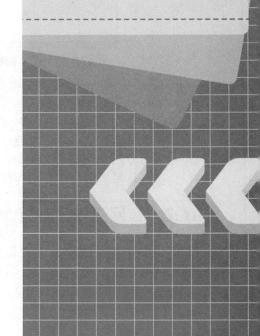

16.1　行为的概念

　　行为是由事件和该事件触发的动作组成的。动作是由预先编写好的 JavaScript 代码组成的，这些代码可以执行特定的任务，例如播放声音、弹出窗口等，在设计时可以将行为放置在网页文档中，以允许浏览者与网页本身进行交互，从而以多种方式更改页面或触发某任务的执行。在 Dreamweaver CC 的"行为"面板中可以先为页面对象指定一个动作，然后再设置触发该动作的事件，从而完成一个行为的添加。

16.1.1　事件

　　事件实际上是浏览器生成的消息，用于指示该页面在浏览时执行某种操作。例如，当浏览者将鼠标指针移动到某个链接上时，浏览器为该链接生成一个 onMouseOver 事件（鼠标经过），然后浏览器查看是否存在链接该事件时浏览器应该调用的 JavaScript 代码。另外，每个页面元素所能发生的事件不尽相同，例如，页面文档本身能发生 onLoad（页面被打开时的事件）和 onUnload（页面被关闭时的事件）。

　　在 Dreamweaver CC 中执行"窗口>行为"命令，打开"行为"面板，如图 16-1 所示。然后单击"添加行为"按钮 ＋，将弹出一个菜单，其中列出了 Dreamweaver CC 中预设的行为，如图 16-2 所示。

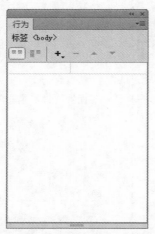

图 16-1　"行为"面板　　　　　　　　　　图 16-2　预设的各种行为

16.1.2　动作

　　动作只有在某个事件发生时才会执行。例如，可以设置当鼠标移动到某超链接上时执行一个动作使浏览器的状态栏中出现一行文字。

　　行为可以附加到整个文档中，还可以附加到链接、表单、图像和其他元素中，用户也可以为每个事件指定多个动作，动作会按照"行为"面板中的显示顺序发生。

16.2　在网页中添加行为

　　如果要添加一个行为，先要确定对网页的哪一个具体页面元素添加这个行为，然后执行"窗口>行为"命令，打开"行为"面板，单击"添加行为"按钮 ＋，在弹出的菜单中选择需要添加的行为，如图 16-3 所示。

　　单击一个行为后，会弹出该行为的设置对话框，在其中可以对这个行为的属性进行设置。属性设置完成后，单击对话框中的"确定"按钮完成行为的添加，此时在"行为"面板中就可以看到添加的行为，如图 16-4 所示。

　　在行为添加完成后会自动添加一个触发事件，在该事件上单击就可以对其进行编辑，如图 16-5 所示。在"行为"处双击会弹出该行为的设置对话框，用户可以对该行为的属性重新设置。

图 16-3　"添加行为"菜单　　　　图 16-4　添加行为　　　　图 16-5　编辑已添加的行为

> 　　在"添加行为"菜单中不能单击灰色显示的行为，这些行为呈灰色显示的原因可能是当前页面中不存在该行为所需要的对象。

　　在"行为"面板中选中一项行为，然后单击"删除事件"按钮 －，可以删除客户端行为。

> 　　在添加行为的任何时候都要遵循 3 个步骤，即选择对象、添加行为和设置事件。

16.2.1　交换图像

　　"交换图像"行为的效果与鼠标经过图像的效果是一样的，该行为通过更改<img>标签中的 src 属性将一个图像和另一个图像进行交换。

 应用"交换图像"行为
源文件：光盘\源文件\第 16 章\16-2-1.html　视频：光盘\视频\第 16 章\16-2-1.swf

01 ▶ 执行"文件>打开"命令，打开页面"光盘\源文件\第 16 章\16-2-1.html"，效果如图 16-6 所示。然后选中页面中需要实现交换图像效果的图像，如图 16-7 所示。

02 ▶ 单击"行为"面板中的"添加行为"按钮 ＋，在弹出的菜单中选择"交换图像"选项，弹出"交换图像"对话框，对相关选项进行设置，如图 16-8 所示。然后单击"确定"按钮，完成"交换图像"对话框的设置，在"行为"面板中会自动添加相应的行为，如图 16-9 所示。

图 16-6　打开页面

图 16-7　选中图像

图 16-8　"交换图像"对话框

图 16-9　"行为"面板

> 提示　　在"交换图像"对话框中会自动检测出网页中的图像,选择相应的图像,为其设置交换图像即可。该对话框中的其他选项与"插入鼠标经过图像"对话框中选项的作用相同。
>
> 　　当在网页中添加"交换图像"行为时会自动为页面添加"恢复交换图像"行为,这两个行为通常是一起出现的。onMouseOver 触发事件表示当鼠标移至图像上时,onMouseOut 触发事件表示当鼠标移出图像上时。

03 ▶ 保存页面,在浏览器中预览页面,将鼠标移至添加了"交换图像"行为的图像上时可以看到交换图像的效果,如图 16-10 所示。

图 16-10　预览"交换图像"行为效果

16.2.2　弹出信息

　　"弹出信息"的发生会在某处事件发生时弹出一个对话框,提示用户一些信息,这个对话框只有一个按钮,即"确定"按钮。

自测 102 为网页添加弹出信息

源文件：光盘\源文件\第 16 章\16-2-2.html　视频：光盘\视频\第 16 章\16-2-2.swf

01 ▶ 执行"文件>打开"命令，打开页面"光盘\源文件\第 16 章\16-2-2.html"，效果如图 16-11 所示。然后在标签选择器中选中<body>标签，如图 16-12 所示。

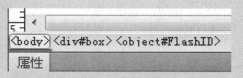

图 16-11　打开页面　　　　　　　　　　　图 16-12　选中<body>标签

02 ▶ 单击"行为"面板中的"添加行为"按钮 **+**，在弹出的菜单中选择"弹出信息"选项，弹出"弹出信息"对话框，设置选项如图 16-13 所示。然后单击"确定"按钮，完成"弹出信息"对话框的设置，并在"行为"面板中将触发该行为的事件修改为 onLoad，如图 16-14 所示。

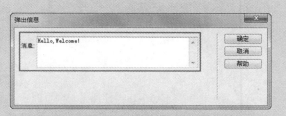

图 16-13　设置"弹出信息"对话框　　　　　图 16-14　设置触发事件

03 ▶ 切换到代码视图，在<body>标签上可以看到刚刚添加的"弹出信息"行为，如图 16-15 所示。保存页面，在浏览器中预览页面，则在页面刚载入时可以看到"弹出信息"行为的效果，如图 16-16 所示。

```
<script type="text/javascript">
function MM_popupMsg(msg) { //v1.0
  alert(msg);
}
</script>
</head>
<body onload="MM_popupMsg('Hello,Welcome!')">
```

图 16-15　自动添加的相关代码　　　　　　　图 16-16　"弹出信息"行为的效果

16.2.3　恢复交换图像

在前面介绍了"交换图像"行为，当在页面中添加"交换图像"行为时会自动添加"恢复交换图像"行为，这两个行为通常是一起出现的。

"恢复交换图像"行为是将最后一组交换的图像恢复为它们的原始图像，该行为只有在网页中已经使用了"交换图像"行为后才可以使用。

16.2.4　打开浏览器窗口

使用"打开浏览器窗口"行为可以在打开一个页面时同时在一个新的窗口中打开指定的 URL，用户可以指定新窗口的属性（包括其大小）、特性（它是否可以调整大小、是否具有菜单条等）和名称。例如，可以使用此行为在访问者单击缩略图时在一个单独的窗口中打开一个较大的图像，使用此行为可以使新窗口和该图像恰好一样大。

自测 103　应用"打开浏览器窗口"行为
源文件：光盘\源文件\第 16 章\16-2-4.html　视频：光盘\视频\第 16 章\16-2-4.swf

01 ▶ 执行"文件>打开"命令，打开页面"光盘\源文件\第 16 章\16-2-4.html"，效果如图 16-17 所示。然后打开另一个页面，即"光盘\源文件\第 16 章\pop.html"，效果如图 16-18 所示。

图 16-17　打开页面

图 16-18　打开另一个页面

02 ▶ 切换到 16-2-4.html 页面中，在"标签选择器"中选中<body>标签作为对象，如图 16-19 所示。然后单击"行为"面板中的"添加行为"按钮 **+**，在弹出的菜单中选择"打开浏览器窗口"选项，此时会弹出"打开浏览器窗口"对话框，如图 16-20 所示。

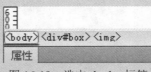
图 16-19　选中<body>标签

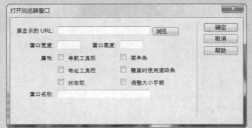
图 16-20　"打开浏览器窗口"对话框

03 ▶ 在"打开浏览器窗口"对话框中设置弹出窗口的相关信息，如图 16-21 所示。然后单击"确定"按钮，并在"行为"面板中将触发该行为的事件修改为 onLoad，即在页面载入时打开新窗口，如图 16-22 所示。

图 16-21　设置"打开浏览器窗口"对话框　　　　　图 16-22　"行为"面板

04 ▶ 至此完成页面中"打开浏览器窗口"行为的添加，执行"文件>保存"命令保存页面，并在浏览器中预览页面，当页面打开时会自动弹出设置好的浏览器窗口，如图 16-23 所示。

图 16-23　在浏览器中预览效果

在"打开浏览器窗口"对话框中可以对所要打开的浏览器窗口的相关属性进行设置，各选项介绍如下。

要显示的 URL：设置在新打开的浏览器窗口中显示的页面，可以是相对路径的地址也可以是绝对路径的地址。

窗口宽度和窗口高度："窗口宽度"和"窗口高度"可以用来设置弹出的浏览器窗口的大小。

属性：在"属性"选项组中可以选择是否在弹出的窗口中显示"导航工具栏"、"地址工具栏"、"状态栏"和"菜单条"。

需要时使用滚动条：选中该复选框，可以指定在内容超出可视区域时显示滚动条。

调整大小手柄：选中该复选框，可以指定用户能够调整窗口的大小。

窗口名称：该文本框用来设置新浏览器窗口的名称。

16.2.5　拖动 AP 元素

在某些电子商务网站上，大家经常会看到把商品用鼠标直接拖动到购物车中的情形；在某些在线游戏网站上，还会提供一些拼图游戏等，这些使用鼠标拖动对象的行为称为"拖动 AP 元素"。

在使用"拖动 AP 元素"行为的时候，可以规定浏览者用鼠标拖动对象的方向，以及浏览者要将对象拖动到哪一个目标。并且，如果这个对象处于目标周围一定的坐标范围内，还可以自动依附到目标上，当对象到达目标时，还可以规定将要发生的事情。

自测 104　实现在网页中可拖动元素的功能

源文件：光盘\源文件\第 16 章\16-2-5.html　视频：光盘\视频\第 16 章\16-2-5.swf

01 ▶ 执行"文件>打开"命令，打开页面"光盘\源文件\第 16 章\16-2-5.html"，效果如图 16-24 所示。选中 apDiv1，在"属性"面板上设置其"Z 轴"为 1，如图 16-25 所示。然后使用相同的方法，设置 apDiv2 和 apDiv3 的"Z 轴"分别为 2 和 3。

图 16-24　打开页面　　　　　　　　　　图 16-25　设置"Z 轴"属性

02 ▶ 打开"行为"面板，单击"添加行为"按钮，在弹出的菜单中选择"拖动 AP 元素"选项，此时会弹出"拖动 AP 元素"对话框，设置选项如图 16-26 所示。然后切换到"高级"选项卡（如图 16-27 所示），在该选项卡中可以设置拖动 AP 元素的控制点、调用的 JavaScript 程序等，在这里使用默认设置。

图 16-26　设置"拖动 AP 元素"对话框　　　　图 16-27　"高级"选项卡

提示　在"AP 元素"下拉列表中可以选择允许用户拖动的 Div，可以查看 Div 名称后的设置。在"移动"下拉列表中包含了两个选项，即"限制"和"不限制"。不限制移动适用于拼板游戏和其他拖放游戏。对于滑块控制和可移动的布景，可以选择限制移动。在"放下目标"处可以设置一个绝对位置，当用户将 Div 拖动到该位置时会自动放下 Div。

03 ▶ 单击"确定"按钮，将"行为"面板中的鼠标事件调整为 onMouseDown（如图 16-28 所示），代表鼠标按下并未释放的时候拖动 AP 元素。使用相同的方法，将页面中的 AP Div3 设置为可以拖动的 AP 元素，"行为"面板如图 16-29 所示。

04 ▶ 执行"文件>保存"命令，保存页面，并在浏览器中预览页面，用鼠标拖动 Div，可以发现能够随意对其进行拖动，如图 16-30 所示。

图 16-28　"行为"面板

图 16-29　"行为"面板

图 16-30　在浏览器中预览"拖动 AP 元素"的效果

16.2.6　改变属性

　　使用"改变属性"行为可以改变对象的属性值。例如，当某个鼠标事件发生之后，通过这个动作的影响动态地改变表格的背景、Div 的背景等属性，以获得相对动态的页面。

自测 105　改变网页元素的属性

　　　源文件：光盘\源文件\第 16 章\16-2-6.html　视频：光盘\视频\第 16 章\16-2-6.swf

01 ▶ 执行"文件>打开"命令，打开页面"光盘\源文件\第 16 章\16-2-6.html"，效果如图 16-31 所示。然后选中页面中插入的图像，为该元素添加"改变属性"行为，如图 16-32 所示。

图 16-31　打开页面

图 16-32　选中图像

02 ▶ 单击"行为"面板上的"添加行为"按钮，在弹出的菜单中选择"改变属性"选项，弹出"改变属性"对话框，设置选项如图 16-33 所示。单击"确定"按钮，添加"改变属性"行为，并修改触发该行为的事件为 onMouseOver，如图 16-34 所示。

03 ▶ 使用相同的方法，选中图像，再次添加"改变属性"行为，在弹出的"改变属性"对话框中设置选项如图 16-35 所示。单击"确定"按钮，在"行为"面板中设置激活该行为的事件为 onMouseOut，如图 16-36 所示。

图 16-33 设置"改变属性"对话框 　　　　图 16-34 "行为"面板

图 16-35 设置"改变属性"对话框 　　　　图 16-36 "行为"面板

04 ▶ 执行"文件>保存"命令，保存页面，并在浏览器中预览页面，当鼠标移至网页中的图像上时可以看到"改变属性"行为的效果，如图 16-37 所示。

图 16-37 在浏览器中预览"改变属性"行为的效果

在"改变属性"对话框中可以对相关的选项进行设置，这些选项的相关介绍如下。

元素类型： 在该下拉列表中可以选择需要修改属性的元素。

元素 ID： 用来显示网页中所有该类元素的名称，在下拉列表中选择需要修改属性的 Div 的名称。

属性： 用来设置改变元素的何种属性，可以直接在"选择"后面的下拉列表中进行选择，如果需要更改的属性没有出现在下拉列表中，可以在"输入"选项中手工输入属性。

新的值： 在该文本框中可以为选择的属性赋予新的值。

16.2.7　显示-隐藏元素

"显示-隐藏元素"行为可以根据鼠标事件显示或隐藏页面中的 Div，很好地改善了网页与用户之间的交互，这个行为一般用于给用户提示一些信息。当用户将鼠标指针滑过栏目图像时，可以显示一个 Div 元素，给出有关该栏目的说明、内容等详细信息。

自测 106 显示和隐藏网页元素

源文件：光盘\源文件\第 16 章\16-2-7.html　视频：光盘\视频\第 16 章\16-2-7.swf

01 ▶ 执行"文件>打开"命令，打开页面"光盘\源文件\第 16 章\16-2-7.html"，效果如图 16-38 所示。然后选中页面中 ID 名称为 text 的 Div，如图 16-39 所示。

图 16-38　打开页面

图 16-39　选中相应的 Div

02 ▶ 在"属性"面板中设置其"可见性"为 hidden（如图 16-40 所示），则 ID 名为 text 的 Div 将在网页中默认为隐藏状态，如图 16-41 所示。

图 16-40　设置属性

图 16-41　隐藏 Div

03 ▶ 选中页面中相应的图像（如图 16-42 所示），打开"行为"面板，单击"添加行为"按钮，在弹出的菜单中选择"显示-隐藏元素"选项，弹出"显示-隐藏元素"对话框，选择 div"text"，单击"显示"按钮，如图 16-43 所示。

图 16-42　选择图像

图 16-43　"显示-隐藏元素"对话框

04 ▶ 单击"确定"按钮，添加"显示-隐藏元素"行为，如图 16-44 所示。然后将触发该行为的事件设置为 onMouseOver，意思是当光标移至该图像上时显示该 ID 名为 text 的 Div，如图 16-45 所示。

图 16-44　"行为"面板　　　　　　　　　　图 16-45　修改触发事件

05 ▶ 再次选择刚刚选中的图像，添加"显示-隐藏元素"行为，弹出"显示-隐藏元素"
对话框，在"元素"列表中选择 div"text"，单击"隐藏"按钮，如图 16-46 所示。
单击"确定"按钮，将该行为的触发事件设置为 onMouseOut，意思是当光标移出
该图像时隐藏 ID 名为 text 的 Div，如图 16-47 所示。

图 16-46　"显示-隐藏元素"对话框　　　　　图 16-47　"行为"面板

06 ▶ 至此完成"显示-隐藏元素"的设置，执行"文件>保存"命令保存页面，并预览页
面，当鼠标移开图像时会隐藏相应的内容，当鼠标移至图像时会显示相应的内
容，如图 16-48 所示。

图 16-48　在浏览器中预览"显示-隐藏元素"行为的效果

　"显示-隐藏元素"行为可以根据鼠标事件显示或隐藏页面中的 **Div**，这很好
地改善了网页与用户之间的交互，一般用于为用户提示一些信息。

16.2.8　检查插件

利用 Flash、Shockwave、QuickTime 等技术制作页面的时候，如果访问者的计算机中没有
安装相应的插件，就没有办法得到预期的效果。添加"检查插件"行为可以自动检测浏览器是
否安装了相应的软件，然后转到不同的页面中。

自测 107 添加"检查插件"行为

源文件：光盘\源文件\第 16 章\16-2-8.html 视频：光盘\视频\第 16 章\16-2-8.swf

01 ▶ 执行"文件>打开"命令，打开页面"光盘\源文件\第 16 章\16-2-8.html"，效果如图 16-49 所示。然后选中页面底部的"检查链接"文字，在"属性"面板的"链接"文本框中输入#，为文字设置空链接，如图 16-50 所示。

图 16-49 打开页面　　　　　　　　　　　图 16-50 设置空链接

02 ▶ 单击"行为"面板中的"添加行为"按钮，在弹出的菜单中选择"检查插件"选项，弹出"检查插件"对话框，设置选项如图 16-51 所示。单击"确定"按钮，然后在"行为"面板中将触发事件修改为 onClick，如图 16-52 所示。

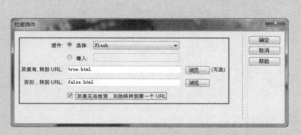

图 16-51 设置"检查插件"对话框　　　　　　图 16-52 "行为"面板

03 ▶ 执行"文件>保存"命令保存页面，并在浏览器中预览页面，效果如图 16-53 所示。单击"检查插件"链接，页面跳转到 true.html，表示检测到了 Flash 插件，如图 16-54 所示。

图 16-53 预览页面效果　　　　　　　　图 16-54 检查插件后跳转到的页面

在"检查插件"对话框中可以对相关的选项进行设置，这些选项的介绍如下。

插件：可以在该下拉列表中选择插件类型，包括Flash、Shockwave、LiveAudio、QuickTime 和 Windows Media Player。

输入：可以直接在该文本框中输入要检查的插件类型。

如果有，转到 URL：可以在该文本框中直接输入当检查到浏览者的浏览器中安装了所选插件时跳转到的 URL 地址，也可以单击"浏览"按钮选择目标文档。

否则，转到 URL：在"否则，转到 URL"文本框中可以直接输入当检查到浏览者的浏览器中未安装所选插件时跳转到的 URL 地址，也可以单击"浏览"按钮选择目标文档。

如果无法检测，则始终转到第一个 URL：选中该复选框，如果浏览器不支持对所选插件的检查特性，则直接跳转到上面设置的第一个 URL 地址。大多数情况下，浏览器会提示下载并安装所选插件。

16.2.9　检查表单

在网上浏览时，用户经常需要填写这样或那样的表单，提交表单后，一般会有程序自动校验表单的内容是否合法。使用"检查表单"行为配以 onBlur 事件，可以在用户填写完表单的每一项之后立刻检验该项是否合法，也可以使用"检查表单"行为配以 onSubmit 事件，当用户单击提交按钮后一次校验所有填写内容的合法性。

自测 108　使用行为验证表单
源文件：光盘\源文件\第 16 章\16-2-9.html　视频：光盘\视频\第 16 章\16-2-9.swf

01 ▶ 执行"文件>打开"命令，打开页面"光盘\源文件\第 16 章\16-2-9.html"，效果如图 16-55 所示。然后在标签选择器中选中<form#form1>标签，如图 16-56 所示。"检查表单"行为主要是针对<form>标签添加的。

图 16-55　页面效果　　　　　　　图 16-56　选中<form>标签

02 ▶ 单击"行为"面板中的"添加行为"按钮，在弹出的菜单中选择"检查表单"选项，弹出"检查表单"对话框，首先设置 uname 的值是必需的，并且 uname 的值只能接受电子邮件地址，如图 16-57 所示。然后选择 upass，设置其值是必需的，并且 upass 的值必须是数字，如图 16-58 所示。

图 16-57　设置"检查表单"对话框　　　　图 16-58　设置"检查表单"对话框

03 ▶ 单击"确定"按钮，在"行为"面板中将触发事件修改为 onSubmit，如图 16-59 所示，意思是当浏览者单击表单的提交按钮时行为会检查表单的有效性。保存页面，在浏览器中预览页面，不输入信息直接提交表单，浏览器会弹出警告对话框，如图 16-60 所示。

图 16-59 "行为"面板

图 16-60 弹出警告对话框

> 提示
>
> 可见验证功能虽然实现了，但是美中不足的是，警告对话框中的文本都是系统默认使用的英文，有些用户可能会觉得没有中文看着简单。不过没有关系，可以通过修改源代码来解决这一问题。

04 ▶ 切换到代码视图中，找到弹出警告对话框中的英文提示字段（如图 16-61 所示），将其替换为中文，如图 16-62 所示。

```
<script type="text/javascript">
function MM_validateForm() { //v4.0
  if (document.getElementById){
    var i,p,q,nm,test,num,min,max,errors='',args=MM_validateForm.arguments;
    for (i=0; i<(args.length-2); i+=3) { test=args[i+2]; val=document.getElementById(args[i]);
      if (val) { nm=val.name; if ((val=val.value)!="") {
        if (test.indexOf('isEmail')!=-1) { p=val.indexOf('@');
          if (p<1 || p==(val.length-1)) errors+='- '+nm+' must contain an e-mail address.\n'; }
        } else if (test!='R') { num = parseFloat(val);
          if (isNaN(val)) errors+='- '+nm+' must contain a number.\n';
          if (test.indexOf('inRange') != -1) { p=test.indexOf(':');
            min=test.substring(8,p); max=test.substring(p+1);
            if (num<min || max<num) errors+='- '+nm+' must contain a number between '+min+' and '+max+'.\n';
        } } else if (test.charAt(0) == 'R') errors += '- '+nm+' is required.\n'; }
    } if (errors) alert('The following error(s) occurred:\n'+errors);
      document.MM_returnValue = (errors == '');
} }
</script>
```

图 16-61 英文提示部分

```
<script type="text/javascript">
function MM_validateForm() { //v4.0
  if (document.getElementById){
    var i,p,q,nm,test,num,min,max,errors='',args=MM_validateForm.arguments;
    for (i=0; i<(args.length-2); i+=3) { test=args[i+2]; val=document.getElementById(args[i]);
      if (val) { nm=val.name; if ((val=val.value)!="") {
        if (test.indexOf('isEmail')!=-1) { p=val.indexOf('@');
          if (p<1 || p==(val.length-1)) errors+='- '+nm+' 必须是一个E-Mail地址.\n'; }
        } else if (test!='R') { num = parseFloat(val);
          if (isNaN(val)) errors+='- '+nm+' 必须是数字格式.\n';
          if (test.indexOf('inRange') != -1) { p=test.indexOf(':');
            min=test.substring(8,p); max=test.substring(p+1);
            if (num<min || max<num) errors+='- '+nm+' must contain a number between '+min+' and '+max+'.\n';
        } } else if (test.charAt(0) == 'R') errors += '- '+nm+' 为必须填写项目.\n'; }
    } if (errors) alert('出现错误:\n'+errors);
      document.MM_returnValue = (errors == '');
} }
</script>
```

图 16-62 替换为中文提示

05 ▶ 在浏览器中预览页面，测试验证表单的行为，可以看到警告对话框中的警告文字已经变成了中文，如图 16-63 所示。

图 16-63　检查表单效果

　在客户端处理表单信息，无疑要用到脚本程序。对于一些简单、常用的有效性验证，用户可以通过行为完成，不需要自己编写脚本，但是，如果需要进一步的特殊验证方式，那么用户必须自己编写代码。

在"检查表单"对话框中可以对相关的选项进行设置，这些选项的介绍如下。

域： 在"域"列表中选择需要检查的文本域。

值： 用于设置浏览者是否必须填写此项，选中"必需的"复选框，则设置该选项为必填项目。

可接受： 在"可接受"选项组中可以设置用户填写内容的要求。其中，选中"任何东西"单选按钮，则对用户填写的内容不做限制；选中"电子邮件地址"单选按钮，浏览器会检查用户填写的内容中是否有"@"符号；选中"数字"单选按钮，则要求用户填写的内容只能为数字；选中"数字从…到…"单选按钮，将对用户填写的数字的范围做出规定。

16.2.10　调用 JavaScript

当某个鼠标事件发生的时候，可以指定调用某个 JavaScript 函数。

选择一个对象，单击"行为"面板中的"添加行为"按钮，从弹出的菜单中选择"调用 JavaScript"选项，将弹出"调用 JavaScript"对话框，如图 16-64 所示。

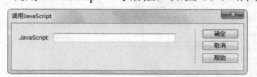

图 16-64　"调用 JavaScript"对话框

在"调用 JavaScript"对话框的 JavaScript 文本框中输入将要执行的 JavaScript 或者要调用的函数名称，单击"确定"按钮，则在"行为"面板中出现了所添加的"调用 JavaScript"行为，这时可以根据制作者的需要更改激活该行为的事件。

16.2.11　跳转菜单

跳转菜单是创建链接的一种形式，与真正的链接相比，跳转菜单可以节省很大的空间。跳转菜单从表单中的菜单发展而来，通过"行为"面板中的"跳转菜单"选项进行添加，下面进行介绍。

自测 109　在网页中插入跳转菜单

源文件：光盘\源文件\第 16 章\16-2-11.html　视频：光盘\视频\第 16 章\16-2-11.swf

01 ▶ 执行"文件>打开"命令，打开页面"光盘\源文件\第 16 章\16-2-11.html"，效果如图 16-65 所示。将光标移动到页面中红色虚线的表单域中，单击"行为"面板上的"添加行为"按钮，在弹出的菜单中选择"跳转菜单"选项，如图 16-66 所示。

图 16-65 页面效果

图 16-66 选择"跳转菜单"选项

💡 **提示**

在 Dreamweaver CC 之前的版本中，在"插入"面板的"表单"选项卡中有"跳转菜单"按钮，可以直接插入跳转菜单。而在 Dreamweaver CC 中，在"插入"面板的"表单"选项卡中去掉了"跳转菜单"按钮，如果需要在网页中插入跳转菜单，可以通过添加"跳转菜单"行为来实现。

02 ▶ 此时会弹出"跳转菜单"对话框，设置选项如图 16-67 所示。单击该对话框上的"添加项"按钮➕可以继续添加跳转菜单项，如图 16-68 所示。

图 16-67 设置"跳转菜单"对话框

图 16-68 添加其他跳转菜单项

03 ▶ 单击"确定"按钮，完成"跳转菜单"对话框的设置，在页面中插入跳转菜单，如图 16-69 所示。然后切换到 16-2-11.css 文件中，创建名为.link1 的类 CSS 样式，如图 16-70 所示。

图 16-69 插入跳转菜单

```
.link1 {
    width: 170px;
    height: 18px;
    margin-top: 8px;
}
```

图 16-70 CSS 样式代码

04 ▶ 返回到 16-2-11.html 页面中，选中跳转菜单，在"属性"面板的 Class 下拉列表中选择刚定义的名为 link1 的类 CSS 样式，效果如图 16-71 所示。然后单击"属性"面板上的"列表值"按钮，弹出"列表值"对话框（如图 16-72 所示），在该对话框中对相关选项进行修改。

图 16-71　跳转菜单效果

图 16-72　"列表值"对话框

05 ▶ 将光标移动到刚插入的跳转菜单后，使用相同的方法，插入其他相应的跳转菜单，如图 16-73 所示。保存页面，在浏览器中预览页面，可以看到跳转菜单的效果，如图 16-74 所示。在跳转菜单中选择任意一个跳转菜单项，网页即可跳转到该菜单项的链接地址。

图 16-73　页面效果

图 16-74　在浏览器中预览效果

在"跳转菜单"对话框中，各选项的介绍如下。

菜单项：在"菜单项"列表中列出了所有存在的菜单。如果是刚弹出"跳转菜单"对话框，则只有一项默认的"项目 1"。

文本：在"文本"文本框中输入要在菜单列表中显示的文本。

选择时，转到 URL：在"选择时，转到 URL"文本框中可以直接输入选择该选项时跳转到的网页地址，也可以单击"浏览"按钮，在弹出的"选择文件"对话框中选择要链接到的文件，可以是一个 URL 的绝对地址，

也可以是相对地址的文件。

打开 URL 于：在"打开 URL 于"下拉列表中可以选择文件的打开位置，有"主框口"和"框架"两个选项。如果选择"主窗口"选项，则在同一窗口中打开文件；如果选择"框架"选项，则在所选框架中打开文件。

更改 URL 后选择第一个项目：如果要使用菜单选择提示（例如"请选择网站类型："），请选中"更改 URL 后选择第一个项目"复选框。

16.2.12　跳转菜单开始

这种类型的下拉菜单比一般的下拉菜单多了一个跳转按钮，当然，这个按钮可以是各种形式，例如图片等。在一般的商业网站中，这种技术很常用。

选中作为跳转按钮的图片，然后单击"行为"面板上的"添加行为"按钮，在弹出的菜单中选择"跳转菜单开始"行为，弹出"跳转菜单开始"对话框，如图 16-75 所示。

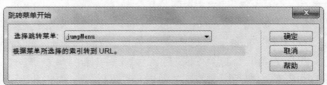

图 16-75　"跳转菜单开始"对话框

在该对话框的"选择跳转菜单"下拉列表中选择页面中存在的将被跳转的下拉菜单，单击"确定"按钮，完成"跳转菜单开始"行为的设置。

16.2.13　转到 URL

"转到 URL"行为可以丰富打开链接的事件及效果。通常，网页上的链接只有单击才能够被打开，使用"转到 URL"行为后可以使用不同的事件打开链接，同时该行为还可以实现一些特殊的打开链接方式。例如在页面中一次性打开多个链接，当鼠标经过对象上方的时候打开链接等。

自测 110　转到 URL

源文件：光盘\源文件\第 16 章\16-2-13.html　　视频：光盘\视频\第 16 章\16-2-13.swf

01 ▶ 执行"文件>打开"命令，打开页面"光盘\素材\第 16 章\16-2-13.html"，效果如图 16-76 所示。选中页面中的广告图片，单击"行为"面板上的"添加行为"按钮，在弹出的菜单中选择"转到 URL"行为，弹出"转到 URL"对话框，如图 16-77 所示。

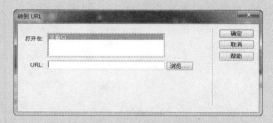

图 16-76　打开页面　　　　　　　　　　　图 16-77　"转到 URL"对话框

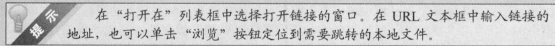

提示　在"打开在"列表框中选择打开链接的窗口。在 URL 文本框中输入链接的地址，也可以单击"浏览"按钮定位到需要跳转的本地文件。

02 ▶ 对"转到 URL"对话框进行设置，如图 16-78 所示。然后单击"确定"按钮，添加"转到 URL"行为，并修改触发该行为的事件为 onMouseOver（当鼠标经过时），如图 16-79 所示。

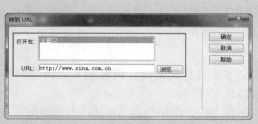

图 16-78　设置"转到 URL"对话框　　　　图 16-79　"行为"面板

03 ▶ 执行"文件>保存"命令，保存页面，并在浏览器中预览页面，如图 16-80 所示。这样当鼠标移至广告图像上时就可以跳转到所链接的 URL 地址，如图 16-81 所示。

图 16-80　预览页面

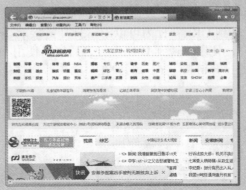

图 16-81　跳转到所设置的 URL

16.2.14　预先载入图像

该行为可以将页面中由于某种动作才能显示的图片预先载入，使得显示的效果平滑。

选择页面中的某一个对象，然后单击"行为"面板上的"添加行为"按钮，在弹出的菜单中选择"预先载入图像"行为，弹出"预先载入图像"对话框，如图 16-82 所示。

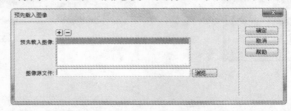

图 16-82　"预先载入图像"对话框

在"预先载入图像"对话框中单击"浏览"按钮，选择需要预先载入的图像文件，单击对话框中的"添加项"按钮⊞，可以继续添加需要预先加载的图像文件，完成"预先载入图像"对话框的设置，单击"确定"按钮后，在"行为"面板中可以对触发该行为的事件进行修改。

16.3　设置文本行为

在"设置文本"行为中包含了 4 个选项，分别是"设置容器的文本"、"设置文本域文字"、"设置框架文本"和"设置状态栏文本"。通过"设置文本"行为可以为指定的对象内容替换文本。

16.3.1　设置容器的文本

该行为将页面上的现有容器（即可以包含文本或其他元素的任何元素）的内容和格式替换为指定的内容。该内容可以包括任何有效的 HTML 源代码。

选中页面中的某个对象，然后单击"行为"面板上的"添加行为"按钮，在弹出的菜单中选择"设置文本>设置容器的文本"选项，弹出"设置容器的文本"对话框，如图 16-83 所示。

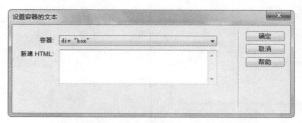

图 16-83　"设置容器的文本"对话框

容器： 在"容器"下拉列表中显示了该页面中可以包含文本或其他元素的任何元素。

新建 HTML： 在该文本框中输入容器中需要显示的相关内容。

单击"确定"按钮，完成"设置容器的文本"对话框的设置。在"行为"面板中确认激活该行为的事件是否正确，如果不正确，单击扩展按钮，在弹出的菜单中选择正确的事件。

16.3.2　设置文本域文字

通过使用"设置文本域文字"行为可以使用指定的内容替换表单文本域的内容。

自测 111

设置文本域中的文字内容
源文件：光盘\源文件\第 16 章\16-3-2.html　　视频：光盘\视频\第 16 章\16-3-2.swf

`01 ▶` 执行"文件>打开"命令，打开页面"光盘\源文件\第 16 章\16-3-2.html"，效果如图 16-84 所示。单击"行为"面板上的"添加行为"按钮，在弹出的菜单中选择"设置文本>设置文本域文字"选项，弹出"设置文本域文字"对话框，如图 16-85 所示。

图 16-84　页面效果

图 16-85　"设置文本域文字"对话框

提示　　在"文本域"下拉列表中显示了该页面中的所有文本域，用户可以在该下拉列表中选择需要"设置文本域文字"的文本域，在"新建文本"文本框中输入文本域中的文本内容。

`02 ▶` 对"设置文本域文字"对话框进行设置（如图 16-86 所示），然后单击"确定"按钮完成设置，并在"行为"面板中修改触发该行为的事件为 onMouseOut（当鼠标移开时），如图 16-87 所示。

图 16-86　"设置文本域文字"对话框

图 16-87　"行为"面板

03 ▶ 执行"文件>保存"命令，保存页面，并在浏览器中预览页面，如图 16-88 所示。
当鼠标指针移出表单域时，可以看到设置的文本域文字，如图 16-89 所示。

图 16-88　页面效果

图 16-89　文本域文字

16.3.3　设置框架文本

"设置框架文本"行为用于包含框架结构的页面，可以动态地改变框架的文本、改变框架的显示和替换框架的内容。

选中页面中的某个对象后，单击"行为"面板上的"添加行为"按钮，在弹出的菜单中选择"设置文本>设置框架文本"选项，弹出"设置框架文本"对话框，如图 16-90 所示。

图 16-90　"设置框架文本"对话框

框架：在该下拉列表中选择显示设置文本的框架。

新建 HTML：在该文本框中设置在选定框架中显示的 HTML 代码。

获取当前 HTML：单击该按钮，可以在窗口中显示框架中<body>标签之间的代码。

保留背景色：选中该复选框，可以保留原来框架中的背景颜色。

完成对话框的设置后单击"确定"按钮，并在"行为"面板中确认激活该行为的事件是否正确。如果不正确，单击扩展按钮，在弹出的菜单中选择正确的事件。

16.3.4　设置状态栏文本

使用该行为可以使页面在浏览器左下方的状态栏上显示一些文本信息，像一般的提示链接内容、显示欢迎信息和跑马灯等经典技巧都可以通过这个行为来实现。

自测 112　设置状态栏文本

源文件：光盘\源文件\第 16 章\16-3-4.html　视频：光盘\视频\第 16 章\16-3-4.swf

01 ▶ 执行"文件>打开"命令，打开页面"光盘\源文件\第 16 章\16-3-4.html"，效果如图 16-91 所示。在标签选择器中单击选中<body>标签，如图 16-92 所示。

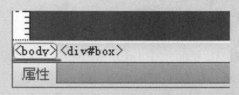

图 16-91　打开页面　　　　　　　　　　　图 16-92　选中<body>标签

02 ▶ 单击"行为"面板上的"添加行为"按钮，在弹出的菜单中选择"设置文本>设置状态栏文本"选项，弹出"设置状态栏文本"对话框，设置选项如图 16-93 所示。然后单击"确定"按钮，在"行为"面板中将触发事件修改为 onLoad，如图 16-94 所示。

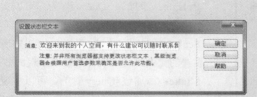

图 16-93　"设置状态栏文本"对话框　　　　　图 16-94　"行为"面板

03 ▶ 执行"文件>保存"命令，保存页面，并在浏览器中预览页面，可以看到在浏览器状态栏上出现了设置的状态栏文本，如图 16-95 所示。

图 16-95　查看状态栏文本效果

16.4　为网页添加 jQuery 效果

　　Dreamweaver CC 中新增了一系列 jQuery 效果，用于创建动画过渡或者以可视方式修改页面元素。用户可以将效果直接应用于 HTML 元素，而不需要其他自定义标签。Dreamweaver CC 中的"效果"行为能够增强页面的视觉功能，可以将它们应用于 HTML 页面上的几乎所有元素。

16.4.1　了解 jQuery 效果

　　通过运用"效果"行为可以修改元素的不透明度、缩放比例、位置和样式属性，可以组合两个或多个属性来创建有趣的视觉效果。

　　由于这些效果是基于 jQuery 的，因此在用户单击应用了效果的元素时仅会动态地更新该元素，而不会刷新整个 HTML 页面。在 Dreamweaver CC 中为页面元素添加"效果"行为时，单击"行为"面板上的"添加行为"按钮 +.，会弹出 Dreamweaver CC 默认的"效果"行为菜单，如图 16-96 所示。

图 16-96　"效果"行为

　　Blind：添加该 jQuery 行为，可以控制网页中元素的显示和隐藏，并且可以控制显示和隐藏的方向。

　　Bounce：添加该 jQuery 行为，可以使网页中的元素产生抖动的效果，并可以控制抖动的频率和幅度。

　　Clip：添加该 jQuery 行为，可以使网页中的元素实现收缩隐藏的效果。

　　Drop：添加该 jQuery 行为，可以控制网页元素向某个方向渐隐或渐现的效果。

　　Fade：添加该 jQuery 行为，可以控制网页元素在当前位置实现渐隐或渐现的效果。

　　Fold：添加该 jQuery 行为，可以控制网页元素在水平和垂直方向上的动态隐藏或显示。

　　Hightlight：添加该 jQuery 行为，可以实现网页元素过渡到所设置的高光颜色再隐藏或显示的效果。

　　Puff：添加该 jQuery 行为，可以实现网页元素逐渐放大并渐隐或渐现的效果。

　　Pulsate：添加该 jQuery 行为，可以实现网页元素在原位置闪烁并最终隐藏或显示的效果。

　　Scale：添加该 jQuery 行为，可以实现网页元素按所设置的比例进行缩放并渐隐或渐现的效果。

　　Shake：添加该 jQuery 行为，可以实现网页元素在原位置晃动的效果，可以设置其晃动的方向和次数。

　　Slide：添加该 jQuery 行为，可以实现网页元素向指定的方向位移一定距离后隐藏或显示的效果。

　　如果需要为某个元素应用效果，首先必须选中该元素，或者该元素必须具有一个 ID 名。例如，如果需要向当前未选定的 Div 标签应用高亮显示效果，该 Div 必须具有一个有效的 ID 值，如果该元素还没有有效的 ID 值，可以在"属性"面板上为该元素定义 ID 值。

16.4.2　应用 Blind 行为

　　添加 Blind 行为，在弹出的 Blind 对话框中可以设置网页元素在某个方向上折叠隐藏或显示，接下来通过一个实例向读者介绍如何为网页中的元素应用 Blind 行为。

自测 113 实现网页元素的动态隐藏

源文件：光盘\源文件\第 16 章\16-4-2.html 视频：光盘\视频\第 16 章\16-4-2.swf

01 ▶ 执行"文件>打开"命令，打开页面"光盘\源文件\第 16 章\16-4-2.html"，效果如图 16-97 所示。选中页面中相应的图像，接下来在该图像上附加相应的事件，如图 16-98 所示。

图 16-97 打开页面

图 16-98 选中图像

02 ▶ 单击"行为"面板上的"添加行为"按钮，在弹出的菜单中选择"效果>Blind"选项，弹出 Blind 对话框，设置选项如图 16-99 所示。单击"确定"按钮，添加 Blind 行为，并修改触发事件为 onClick，如图 16-100 所示。

图 16-99 设置 Blind 对话框

图 16-100 "行为"面板

03 ▶ 切换到代码视图中，可以看到在页面代码中自动添加了相应的 JavaScript 脚本代码，如图 16-101 所示。执行"文件>保存"命令，弹出"复制相关文件"对话框，（如图 16-102 所示），单击"确定"按钮保存文件。

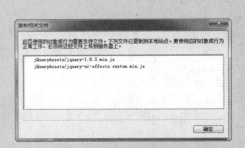

图 16-101 自动添加相应的 JavaScript 代码

图 16-102 "复制相关文件"对话框

提示　在网页中为元素添加 jQuery 效果时会自动复制相应的 jQuery 文件到站点根目录的 jQueryAssets 文件夹中，这些文件是实现 jQuery 效果所必需的，一定不能删除，否则 jQuery 效果将不起作用。

04 ▶ 在浏览器中预览该页面，效果如图 16-103 所示。当单击页面中设置了 jQuery 效果的元素时会出现相应的 jQuery 交互动画效果，如图 16-104 所示。

图 16-103　页面效果 　　　　　　　　　图 16-104　jQuery 动态效果

在 Blind 对话框中可以对相关选项进行设置，从而控制所添加的 Blind 效果，对各选项的介绍如下。

目标元素：在该下拉列表中选择需要添加遮帘效果的元素 ID，如果已经选择了元素，则可以选择"<当前选定内容>"选项。

效果持续时间：在该文本框中可以设置效果所持续的时间，以毫秒为单位。

可见性：在该下拉列表中可以选择需要添加的效果，共有 3 个选项，分别是 hide、show 和 toggle。

如果选择 hide 选项，则表示实现元素隐藏效果；

如果选择 show 选项，则表示实现元素显示效果；如果选择 toggle 选项，则表示实现元素隐藏和显示效果的切换，即效果是可逆的。例如单击某个元素实现元素的隐藏，再次单击该元素则实现元素的显示。

方向：在该下拉列表中可以选择效果的方向，包括 up（上）、down（下）、left（左）、right（右）、vertical（垂直）和 horizontal（水平）6 个选项。

提示　在网页中添加其他的 jQuery 效果时都会弹出相应的对话框，各对话框中的设置选项相似，读者可以自己动手试一试。

16.4.3　应用 Highlight 行为

为网页元素添加 Highlight 效果行为，将会弹出 Highlight 对话框，在该对话框中可以设置网页元素过渡到哪种高光颜色再实现渐隐或渐现的效果，接下来通过实例向读者介绍如何在网页中应用 Highlight 行为。

自测 114　实现网页元素的高光过渡

源文件：光盘\源文件\第 16 章\16-4-3.html　　视频：光盘\视频\第 16 章\16-4-3.swf

01 ▶ 执行"文件>打开"命令，打开页面"光盘\源文件\第 16 章\16-4-3.html"，效果如图 16-105 所示。选中页面中相应的图像，接下来在该图像上附加相应的事件，如图 16-106 所示。

图 16-105　打开页面

图 16-106　选中图像

02 ▶ 单击"行为"面板上的"添加行为"按钮，在弹出的菜单中选择"效果>Highlight"
选项，弹出 Highlight 对话框，设置选项如图 16-107 所示。单击"确定"按钮，添
加 Highlight 行为，并修改触发事件为 onClick，如图 16-108 所示。

图 16-107　设置 Highlight 对话框

图 16-108　"行为"面板

03 ▶ 执行"文件>保存"命令，保存页面，并在浏览器中预览该页面，效果如图 16-109
所示。当单击页面中设置了 jQuery 效果的元素时会出现相应的 jQuery 交互动画效
果，如图 16-110 所示。

图 16-109　页面效果

图 16-110　jQuery 动态效果

16.5　设计制作影视类网站页面

　　本例设计制作一个影视类网站页面，影视类网站要提供有效的、多样的影视信息，并以此
为目标做出以整体构造和使用便利为中心的设计。与其他网站相比，影视类网站具有很强的时
效性，注重视觉效果，要求具有丰富的信息。在这类网站中经常运用 Flash 动画、生动的图像
等元素，该网站页面的最终效果如图 16-111 所示。

图 16-111　页面的最终效果

自测 115　设计制作影视类网站页面

源文件：光盘\源文件\第 16 章\16-5.html　　视频：光盘\视频\第 16 章\16-5.swf

01 ▶ 执行"文件>新建"命令，弹出"新建文档"对话框，新建 HTML 页面（如图 16-112 所示），将该页面保存为"光盘\源文件\第 16 章\16-5.html"。然后使用相同的方法，新建外部 CSS 样式表文件，将其保存为"光盘\源文件\第 16 章\style\style.css"。返回到 16-5.html 页面中，链接刚刚创建的外部 CSS 样式表文件，如图 16-113 所示。

图 16-112　"新建文档"对话框

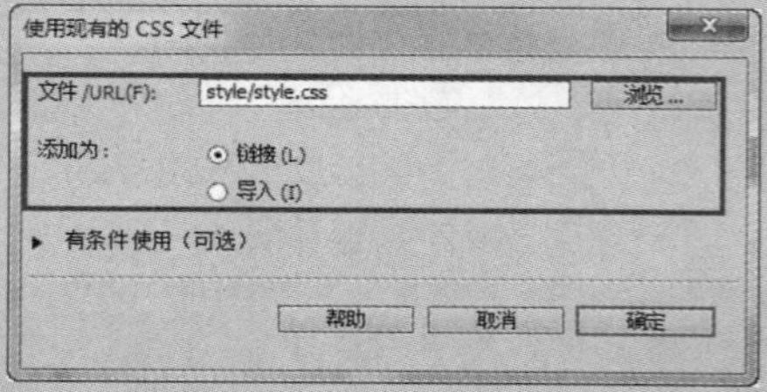

图 16-113　"使用现有的 CSS 文件"对话框

02 ▶ 切换到 style.css 文件中，创建名为*的通配符 CSS 样式，如图 16-114 所示。然后创建名为 body 的标签 CSS 样式，如图 16-115 所示。

```
* {
    margin: 0px;
    padding: 0px;
    border: 0px;
}
```

```
body {
    font-size:12px;
    font-family:"宋体";
    color:#000;
    line-height:20px;
    background-image: url(../images/17401.gif);
    background-repeat: repeat;
}
```

图 16-114　CSS 样式代码

图 16-115　CSS 样式代码

03 ▶ 返回到 16-4.html 页面中，可以看到页面的背景效果，如图 16-116 所示。

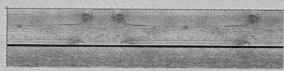

图 16-116　页面效果

04 ▶ 在页面中插入名为 box 的 Div，然后切换到 style.css 文件中，创建名为#box 的 CSS 样式，如图 16-117 所示。返回到设计页面中，页面效果如图 16-118 所示。

```
#box {
    width:895px;
    height:995px;
    background-image: url(../images/17402.gif);
    background-repeat: no-repeat;
}
```

图 16-117　CSS 样式代码

图 16-118　页面效果

05 ▶ 将光标移动到名为 box 的 Div 中，将多余的文字删除，并在该 Div 中插入名为 left 的 Div，然后切换到 style.css 文件中，创建名为#left 的 CSS 样式，如图 16-119 所示。返回到设计页面中，页面效果如图 16-120 所示。

```
#left {
    width:160px;
    height:865px;
    margin-top:130px;
    float:left;
}
```

图 16-119　CSS 样式代码

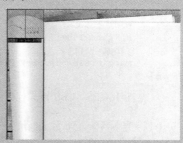

图 16-120　页面效果

06 ▶ 将光标移动到名为 left 的 Div 中，将多余的文本删除，单击"插入"面板中的"项目列表"按钮，每输入一个项目后按 Enter 键输入另一个项目，如图 16-121 所示。切换到代码视图中，可以看到项目列表的代码，如图 16-122 所示。

图 16-121　页面效果

```
<div id="left">
    <ul>
        <li>网络首发</li>
        <li>王牌影院</li>
        <li>电影剧场</li>
        <li>免费杂志</li>
        <li>艺术欣赏</li>
        <li>动漫世界</li>
        <li>免费专区</li>
    </ul>
</div>
```

图 16-122　项目列表代码

07 ▶ 切换到 style.css 文件中，创建名为#left li 的 CSS 样式，如图 16-123 所示。返回到设计页面中，页面效果如图 16-124 所示。

08 ▶ 在名为 left 的 Div 之后插入名为 main 的 Div，然后切换到 style.css 文件中，创建名为#main 的 CSS 样式，如图 16-125 所示。返回到设计页面中，页面效果如图 16-126 所示。

```
#left li {
    list-style-type: none;
    width:70px;
    font-size:14px;
    font-weight:bold;
    text-align:center;
    margin:50px 0px 50px 70px;
}
```

图 16-123　CSS 样式代码

图 16-124　页面效果

```
#main {
    width:680px;
    height:915px;
    float:left;
    margin:80px 0px 0px 30px;
}
```

图 16-125　CSS 样式代码

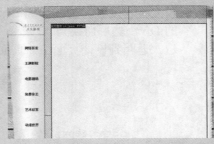

图 16-126　页面效果

09 ▶ 将光标移动到名为 main 的 Div 中，将多余的文字删除，并在该 Div 中插入名为 top-link 的 Div，然后切换到 style.css 文件中，创建名为#top-link 的 CSS 样式，如图 16-127 所示。返回到设计页面中，页面效果如图 16-128 所示。

```
#top-link {
    width:300px;
    height:25px;
    margin: 10px 0px 10px 380px;
    text-align:center;
    color:#333;
    line-height: 25px;
}
```

图 16-127　CSS 样式代码

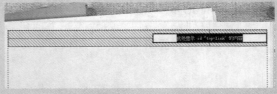

图 16-128　页面效果

10 ▶ 将光标移动到名为 top-link 的 Div 中，将多余的文字删除，并输入相应的文字，如图 16-129 所示。切换到代码视图中，在该部分添加相应的代码，如图 16-130 所示。

图 16-129　页面效果

```
<div id="top-link">网站首页<span>|</span>用户登录
<span>|</span>联系我们</div>
```

图 16-130　添加代码

11 ▶ 切换到 style.css 文件中，创建名为#top-link span 的 CSS 样式，如图 16-131 所示。然后返回到设计页面中，页面效果如图 16-132 所示。

 此处通过在字符中添加<span>标签，然后应用 CSS 样式对名为 top-link 的 Div 中的<span>标签进行控制，从而实现字符之间的间距效果。

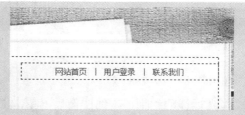

```
#top-link span {
    margin-left: 10px;
    margin-right: 10px;
}
```

图 16-131 CSS 样式代码　　　　　　图 16-132 页面效果

12 ▶ 在名为 top-link 的 Div 之后插入名为 Flash 的 Div，然后切换到 style.css 文件中，创建名为#Flash 的 CSS 样式，如图 16-133 所示。返回到设计页面中，页面效果如图 16-134 所示。

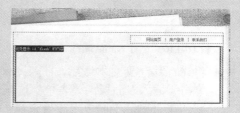

```
#flash {
    width: 665px;
    height: 190px;
    margin: 0px auto;
}
```

图 16-133 CSS 样式代码　　　　　　图 16-134 页面效果

13 ▶ 将光标移动到名为 Flash 的 Div 中，将多余的文字删除，并插入 Flash 动画"光盘\源文件\第 16 章\images\top.swf"，然后单击"属性"面板上的"播放"按钮，预览 Flash 动画效果，如图 16-135 所示。

图 16-135 预览 Flash 动画效果

14 ▶ 在名为 Flash 的 Div 之后插入名为 login 的 Div，然后切换到 style.css 文件中，创建名为#login 的 CSS 样式，如图 16-136 所示。返回到设计页面中，页面效果如图 16-137 所示。

```
#login {
    width: 301px;
    height: 28px;
    margin: 0px auto;
    background-image: url(../images/17403.gif);
    background-repeat: no-repeat;
    padding-top: 6px;
    padding-left: 7px;
}
```

图 16-136 CSS 样式代码　　　　　　图 16-137 页面效果

15 ▶ 将光标移动到名为 login 的 Div 中，将多余的文字删除，然后单击"插入"面板的"表单"选项卡中的"表单"按钮，插入一个表单域，如图 16-138 所示。接着在表单域中插入图像"光盘\源文件\第 16 章\images\16405.gif"，如图 16-139 所示。

图 16-138 插入表单域 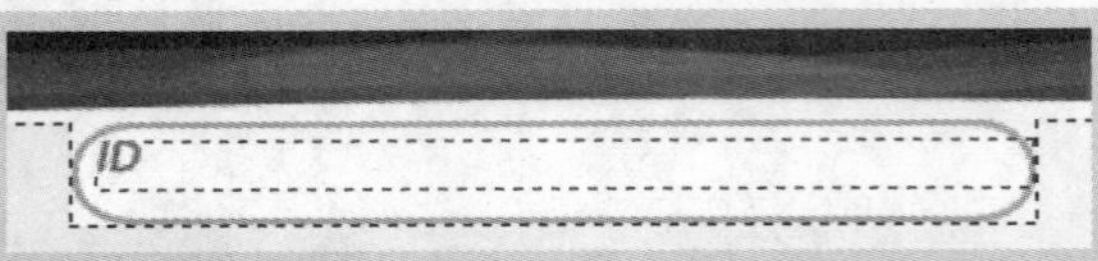 　　　　　　　　　　图 16-139 插入图像

16 ▶ 将光标移动到刚插入的图像后，单击"插入"面板的"表单"选项卡中的"文本"按钮，插入文本域，然后选中文本域，在"属性"面板中设置选项如图 16-140 所示。接下来在设计视图中将文本域的提示文字删除，如图 16-141 所示。

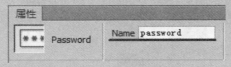 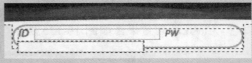

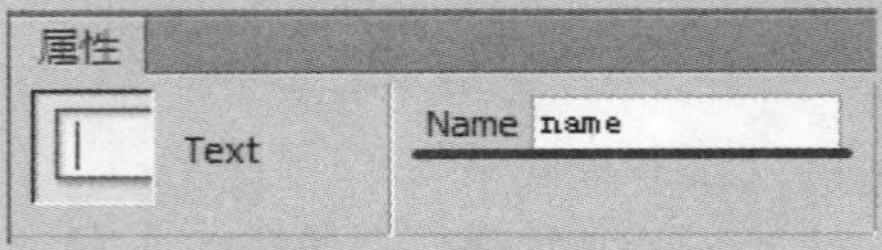

图 16-140 设置 Name 属性  　　　　　　　　图 16-141 插入文本域

17 ▶ 将光标移动到文本域后，插入图像"光盘\源文件\第 16 章\images\16406.gif"，然后单击"插入"面板的"表单"选项卡中的"密码"按钮，插入密码域，并选中密码域，在"属性"面板上设置选项如图 16-142 所示。接下来将密码域之前的提示文字删除，如图 16-143 所示。

图 16-142 设置 Name 属性 　　　　　　　　图 16-143 插入密码域

18 ▶ 切换到 style.css 文件中，创建名为#name,#pass 的 CSS 样式，如图 16-144 所示，返回到设计页面中，页面效果如图 16-145 所示。

```css
#name,#pass {
    width:80px;
    height:20px;
    background-color:#e9cba5;
    border: solid 1px #F60;
}
```

图 16-144 CSS 样式代码 　　　　　　　　　图 16-145 页面效果

19 ▶ 将光标移动到 ID 图像之前，单击"插入"面板的"表单"选项卡中的"图像按钮"按钮，在弹出的对话框中选择"光盘\源文件\第 16 章\images\16407.gif"，单击"确定"按钮，插入图像域，如图 16-146 所示。选中刚插入的图像域，在"属性"面板中设置 Name 属性，如图 16-147 所示。

 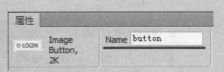

图 16-146 插入图像域 　　　　　　　　　　图 16-147 设置 Name 属性

20 ▶ 切换到 style.css 文件中，创建名称为#button 的 CSS 样式，如图 16-148 所示。返回到设计页面中，页面效果如图 16-149 所示。

```
#button {
    float: right;
    margin-right: 10px;
}
```

图 16-148　CSS 样式代码

图 16-149　页面效果

21 ▶ 在名为 login 的 Div 之后插入名为 movie 的 Div，然后切换到 style.css 文件中，创建名为#movie 的 CSS 样式，如图 16-150 所示。返回到设计页面中，页面效果如图 16-151 所示。

```
#movie {
    width:645px;
    height:210px;
    margin: 10px auto 0px auto;
    background-image: url(../images/17404.gif);
    background-repeat: no-repeat;
    padding:40px 10px 10px 10px;
}
```

图 16-150　CSS 样式代码

图 16-151　页面效果

22 ▶ 将光标移动到名为 movie 的 Div 中，将多余的文字删除，并在该 Div 中插入名为 movie1 的 Div，然后切换到 style.css 文件中，创建名为#movie1 的 CSS 样式，如图 16-152 所示。返回到设计页面中，将光标移动到名为 movie1 的 Div 中，将多余的文字删除，插入图像并输入文字，如图 16-153 所示。

```
#movie1 {
    width:110px;
    height:210px;
    float:left;
    margin:0px 9px 0px 9px;
    text-align: center;
    line-height: 28px;
    font-weight: bold;
}
```

图 16-152　CSS 样式代码

图 16-153　页面效果

23 ▶ 使用相同的方法，在名为 movie1 的 Div 之后插入名为 movie2、movie3、movie4 和 movie5 的 Div，并完成这几个 Div 中内容的制作，效果如图 16-154 所示。

图 16-154　页面效果

24 ▶ 在名为 movie 的 Div 之后插入名为 no1 的 Div，然后切换到 style.css 文件中，创建名为#no1 的 CSS 样式，如图 16-155 所示。返回到设计页面中，效果如图 16-156 所示。

```
#no1 {
    width: 276px;
    height: 173px;
    background-image: url(../images/17414.gif);
    background-repeat: no-repeat;
    margin-left: 5px;
    margin-bottom: 30px;
    padding: 50px 12px 12px 12px;
    float: left;
}
```

图 16-155　CSS 样式代码

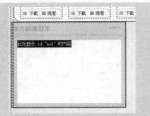

图 16-156　页面效果

25 ▶ 将光标移动到名为 no1 的 Div 中，将多余的文字删除，然后插入图像并输入文字，如图 16-157 所示。切换到 style.css 文件中，创建名为#no1 img 的 CSS 样式，如图 16-158 所示。返回到设计页面中，效果如图 16-159 所示。

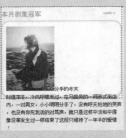

图 16-157　页面效果

```
#no1 img {
    float: left;
    margin-right: 10px;
}
```

图 16-158　CSS 样式代码

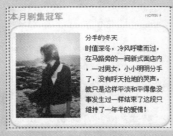

图 16-159　页面效果

26 ▶ 在名为 no1 的 Div 之后插入名为 news 的 Div，然后切换到 style.css 文件中，创建名为#news 的 CSS 样式，如图 16-160 所示。返回到设计页面中，效果如图 16-161 所示。

```
#news {
    width: 337px;
    height: 190px;
    background-image: url(../images/17416.gif);
    background-repeat: no-repeat;
    margin-left: 35px;
    margin-bottom: 30px;
    padding-top: 45px;
    float:left;
}
```

图 16-160　CSS 样式代码

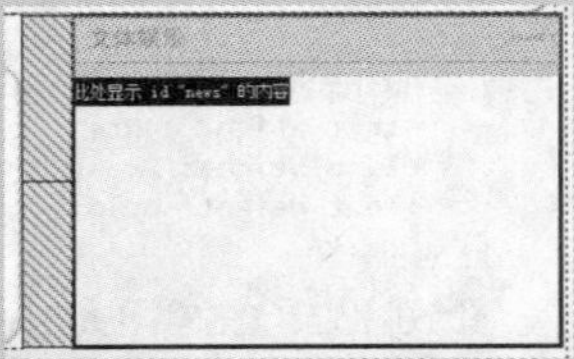

图 16-161　页面效果

27 ▶ 将光标移动到名为 news 的 Div 中，将多余的文字删除，并输入相应的文字内容，如图 16-162 所示。然后切换到代码视图中，添加相应的列表标签，如图 16-163 所示。

图 16-162　页面效果

```
<div id="news">
  <dl>
    <dt>近日会在世界各地举行万人演唱会</dt>
    <dd>[2014-05-25]</dd>
    <dt>某歌手大手笔制作个唱玩飞车</dt>
    <dd>[2014-05-09]</dd>
    <dt>五一期间文化体育活动引爆全场</dt>
    <dd>[2014-05-03]</dd>
    <dt>五一期间上映大片分析，进口片占多数</dt>
    <dd>[2014-05-01]</dd>
    <dt>某歌手演唱会海报曝光</dt>
    <dd>[2014-04-25]</dd>
    <dt>近期演唱会市场火药味十足</dt>
    <dd>[2014-04-05]</dd>
    <dt>某歌手睽违三年后推出新歌</dt>
    <dd>[2014-04-02]</dd>
    <dt>中外合拍大片时代开启</dt>
    <dd>[2014-03-29]</dd>
  </dl>
</div>
```

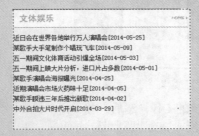

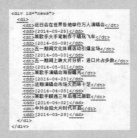

图 16-163　添加列表代码

28 ▶ 切换到 style.css 文件中,创建名为#news dt 和名为#news dd 的 CSS 样式,如图 16-164 所示。然后返回到设计页面中,效果如图 16-165 所示。

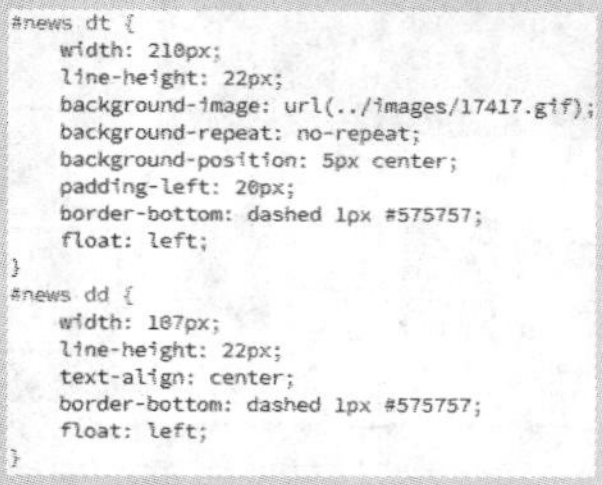

```
#news dt {
    width: 210px;
    line-height: 22px;
    background-image: url(../images/17417.gif);
    background-repeat: no-repeat;
    background-position: 5px center;
    padding-left: 20px;
    border-bottom: dashed 1px #575757;
    float: left;
}
#news dd {
    width: 187px;
    line-height: 22px;
    text-align: center;
    border-bottom: dashed 1px #575757;
    float: left;
}
```

图 16-164　CSS 样式代码

图 16-165　页面效果

29 ▶ 在名为 news 的 Div 之后插入名为 bottom-link 的 Div,然后切换到 style.css 文件中,创建名为#bottom-link 的 CSS 样式,如图 16-166 所示。返回到设计页面中,将光标移动到名为 bottom-link 的 Div 中,将多余的文字删除,并输入相应的文字,如图 16-167 所示。

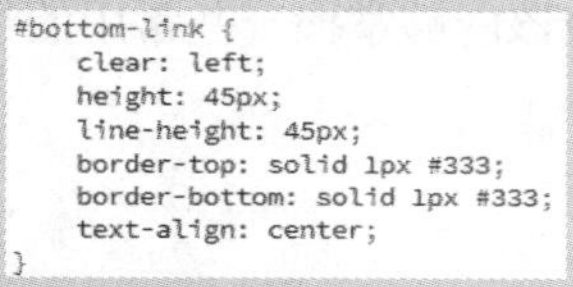

```
#bottom-link {
    clear: left;
    height: 45px;
    line-height: 45px;
    border-top: solid 1px #333;
    border-bottom: solid 1px #333;
    text-align: center;
}
```

图 16-166　CSS 样式代码

关于我们|顾客疑问|网站论坛|返回首页|留言板

图 16-167　页面效果

30 ▶ 根据名为 top-link 的 Div 的制作方法完成该 Div 中内容的制作,效果如图 16-168 所示。

关于我们 | 顾客疑问 | 网站论坛 | 返回首页 | 留言板

图 16-168　页面效果

31 ▶ 使用相同的方法完成版底信息部分内容的制作,页面效果如图 16-169 所示。

关于我们 | 顾客疑问 | 网站论坛 | 返回首页 | 留言板
天天网络影院(中国)版权所有
地址: 北京市朝阳区延静里天天工作室 电话: 010-12345678　传真: 1321-1234312
电子邮箱: xx9512740126.com

图 16-169　页面效果

32 ▶ 在标签选择器中选择<body>标签(如图 16-170 所示),单击"行为"面板中的"添加行为"按钮,从弹出的菜单中选择"设置文本>设置状态栏文本"选项,弹出"设置状态栏文本"对话框,设置选项如图 16-171 所示。

图 16-170　选择<body>标签

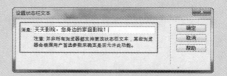

图 16-171　"设置状态栏文本"对话框

33 ▶ 单击"确定"按钮,在"行为"面板中设置其触发事件为 onLoad,如图 16-172 所示。执行"文件>保存"命令,保存页面,并在浏览器中预览页面,可以看到页面的效果,如图 16-173 所示。

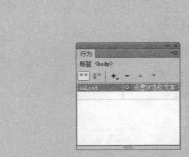

图 16-172 "行为"面板

图 16-173 在浏览器中预览页面效果

16.6 本章小结

使用行为可以使网页具有一定的动感效果，这些动感效果是在客户端实现的。在 Dreamweaver 中插入客户端行为，实际上是 Dreamweaver 自动给网页添加一些预设好的 JavaScript 脚本代码，这些代码能够实现动感的页面效果。学完本章，读者应该能够掌握一些常用的行为效果的添加和设置方法。

第 17 章　HTML5 的应用

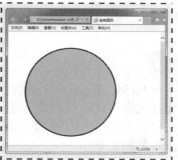

实例名称：使用画布在网页中绘制矩形
源文件：源文件\第 17 章\17-3-3.html
视频：视频\第 17 章\17-3-3.swf

实例名称：使用画布在网页中绘制圆形
源文件：源文件\第 17 章\17-3-4.html
视频：视频\第 17 章\17-3-4.swf

实例名称：使用画布在网页中裁剪区域
源文件：源文件\第 17 章\17-3-5.html
视频：视频\第 17 章\17-3-5.swf

实例名称：在网页中插入 HTML5 音频
源文件：源文件\第 17 章\17-4-3.html
视频：视频\第 17 章\17-4-3.swf

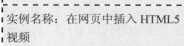

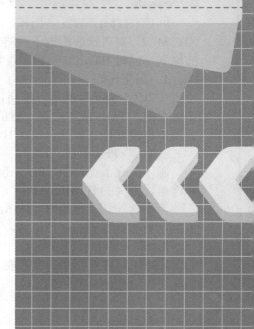

实例名称：在网页中插入 HTML5 视频
源文件：源文件\第 17 章\17-5-3.html
视频：视频\第 17 章\17-5-3.swf

实例名称：使用 HTML5 结构元素构建网页
源文件：源文件\第 17 章\17-6-8.html
视频：视频\第 17 章\17-6-8.swf

本章知识点

　　HTML5 是下一代 HTML 标准，目前仍然处于发展阶段。经过了 Web2.0 时代，基于互联网的应用已经越来越丰富，同时也对互联网应用提出了更高的要求。今天，技术人员、设计师和互联网爱好者都在热议 HTML5，HTML5 俨然已经成为互联网领域最热门的词语。在最新版的 Dreamweaver CC 中全面提供了对 HTML5 的支持，并且新增了许多 HTML5 的应用功能，本章将向读者介绍如何在 Dreamweaver CC 中创建并制作 HTML5 页面。

17.1　了解 HTML5

基于良好的设计理念，HTML5 不仅增加了许多新功能，而且对于涉及的每一个细节都有着明确的规定。与 HTML4 相比，HTML5 的发展有着革命性的进步。HTML5 正在引领时代的潮流，必将开创互联网的新时代。

17.1.1　HTML5 的发展历程

HTML 的出现由来已久。1993 年，HTML 首次由因特网工程任务组（IETF）以因特网草案的形式发布。接着，HTML 得到了迅速的发展：1995 年发布了 2.0 版，1996 年发布了 3.2 版，1997 年发布了 4.0 版，1999 年 12 月发布了 4.01 版。从第 3 个版本（3.2 版）开始，W3C（万维网联盟）开始接手，并负责后续版本的制定工作。

在 HTML4.01 之后，W3C 的认识发生了倒退，把发展 HTML 放在了次要地位，把主要注意力转移到了 XML 和 XHTML 之上。由于当时正值 CSS 崛起，设计者们对于 XHTML 的发展深信不疑。但随着互联网的发展，HTML 迫切地需要增加一些新的功能，制定新的规范。

为了能够继续深入地发展 HTML 规范，在 2004 年，一些浏览器厂商联合成立了 WHATWG（Web 超文本技术工作小组），以推动 HTML5 规范的发展。最初，WHATWG 的工作内容包含两个部分，即 Web Forms2.0 和 Web Apps1.0。它们都是对 HTML 的发展，并被纳入 HTML5 的规范之中。Web2.0 也是在那个时候被提出来的。

2006 年，W3C 组建了新 HTML 的工作组，非常明智地采纳了 WHATWG 的意见，于 2008 年发布了 HTML5 的工作草案。2009 年 W3C 停止了对 XHTML2 的工作，紧接着，HTML5 的草案不断地更新。2010 年，HTML5 开始进入众多开发者的视野。在 HTML5 规范还没有定稿的情况下，各大浏览器厂商已经纷纷参与到规范的制定中来，并对自己旗下的产品进行升级以支持 HTML5 的新功能。

HTML5 规范涉及的内容非常多，众多浏览器厂商的参与使得开发人员可以及时获得一些实验性的反馈，HTML5 规范也得以持续完善。与此同时，IETF 制定了相关的通信协议。HTML5 就是以这种方式快速地融入到 Web 开发平台当中的。

17.1.2　HTML5 的理念

回顾 HTML 的发展历程，曾经出现了 XHTML 规范，但没有得到较好的发展，特别是 XHTML2，对语法解析过于严格。HTML5 的设计理念遵循了"发送时要保守；接收时要开放"的原则，同时 HTML5 强调了兼容性、实用性和互操作性。

1．简化代码

HTML5 为了做到尽可能简化，避免了一些不必要的复杂设计。例如 DOCTYPE 的改进，在过去的 HTML 版本中第一行的 DOCTYPE 过于冗长，没有几个人能记得住，在实际的 Web 开发中也没有什么意义。而在 HTML5 中非常简单，DOCTYPE 的声明代码如下：

```
<!DOCTYPE html>
```

除了简化了 DOCTYPE，还简化了字符集声明，以浏览器的原生能力替代脚本代码的实现和简单、强大的 HTML5 API。

为了让一切变得简单，HTML5 可谓下足了工夫。为了避免造成误解，HTML5 对每一个细节都有着非常明确的规范说明，不允许有任何歧义和模糊。

2．向下兼容

HTML5 有着很强的兼容能力，允许存在不严谨的写法。例如，一些标签的属性没有使用引号括起来；标签属性中包含大写字母；有些标签没有闭合等。然而这些不严谨的错误处理方案在 HTML5 的规范中都有着明确的规定，也希望未来在浏览器中有一致的支持。当然，对于 Web 开发者来说，还是严谨一点好。

对于 HTML5 的一些新特性，如果旧的浏览器不支持也不会影响页面的显示，在 HTML5 规范中也考虑了这方面的内容。例如在 HTML5 中的<input>标签的 type 属性中增加了很多类型，当浏览器不支持这些类型时，默认会将其视为 text。

3．支持合理存在的内容

HTML5 的设计者们花费了大量的精力来研究通用的行为。例如，Google 分析了上百万个网页，从中提取了 Div 标签的 ID 名称，发现很多设计者都会在网页中这样标记网页导航区域，例如：

```
<div id="nav">
   //导航区域内容
</div>
```

既然该行为已经大量存在，HTML5 就会想办法改进，所以直接增加了一个<nav>标签，用于标记网页中的导航区域。

4．解决实用性的问题

对于 HTML 无法实现的一些功能，用户会寻求其他方法来实现，例如对于绘图、多媒体、地理位置和实时获取信息等应用，通常会开发一些相应的插件间接地去实现。HTML5 的设计者们研究了这些需求，开发了一系列用于 Web 应用的接口。

5．通用访问

通用访问原则可以分成以下 3 个方面。

（1）可访问性：HTML5 考虑了残障用户的需求，将以屏幕阅读器为基础的元素也添加到了规范中。

（2）媒体中立：HTML5 规范不仅仅是为某些浏览器设计的，也许有一天，HTML5 的新功能在不同的设备和平台上都能够运行。

（3）支持所有语种：例如，新的<ruby>元素支持在东亚网页的排版中会用到的 Ruby 注释。

17.1.3　　HTML5 带来的好处

对于用户和开发者而言，HTML5 的出现意义非常重大，因为它将解决之前 Web 页面存在的诸多问题。

首先，不必考虑各个浏览器的兼容性问题。

在 HTML5 之前，各大浏览器厂商为了争夺市场占有率，会在各自开发的浏览器中增加各种各样的功能，并且不具有统一的规范。对于用户而言，使用不同的浏览器常常会看到不同的页面效果，甚至有些功能根本不能使用。Web 开发者也伤透了脑筋，为了使页面能在多个浏览器中正常使用不得不写一些复杂的代码，增加了 Web 开发的复杂程度。

在 HTML5 中纳入了所有合理的扩展功能。HTML5 规范的内容也非常庞大，各大浏览器厂商只需关注自己的产品能否更好地支持 HTML5。这样，只要是基于 HTML5 开发的 Web 应用，都能够在浏览器中正常显示。

其次，可以实现复杂的 Web 应用。

在 HTML5 之前，HTML 与 Web 应用程序的关系十分薄弱。与强大的桌面应用程序的功能相比，Web 应用程序的功能是微不足道的，并且在很多方面做了限制。

在 HTML5 中，不仅大大扩展了 Web 应用的功能，而且安全性也有了明确的规范。各大浏览器也争相封装了这些功能，目前已经可以使用 HTML5 开发丰富的 Web 应用了。

17.2 HTML5 中的标签与属性

HTML5 实际上指的是包括 HTML、CSS 样式和 JavaScript 脚本在内的一整套技术的组合，设计者希望通过 HTML 5 能够轻松地实现许多丰富的网络应用需求，而减少浏览器对插件的依赖，并且提供更多能有效增强网络应用的标准集。

17.2.1 HTML5 中的标签

通过制作如何处理所有的 HTML 元素以及如何从错误中恢复的精确规则，HTML5 改进了互操作性，并减少了开发成本。HTML5 标签如表 17-1 所示。

表 17-1　HTML5 标签

标　签	描　述	HTML4	HTML5
<!--...-->	定义注释	√	√
<!DOCTYPE>	定义文档类型	√	√
<a>	定义超链接	√	√
<abbr>	定义缩写	√	√
<acronvm>	HTML5 中已不支持，定义首字母缩写	√	×
<address>	定义地址元素	√	√
<applet>	HTML5 中已不支持，定义 applet	√	×
<area>	定义图像映射中的区域	√	√
<article>	HTML5 新增，定义 article	×	√
<aside>	HTML5 新增，定义页面内容之外的内容	×	√
<audio>	HTML5 新增，定义声音内容	×	√
<b>	定义粗体文本	√	√
<base>	定义页面中所有链接的基准 URL	√	√
<basefont>	HTML5 中已不支持，请使用 CSS 代替	√	×
<bdo>	定义文本显示的方向	√	√
<big>	HTML5 中已不支持，定义大号文本	√	×
<blockquote>	定义长的引用	√	√
<body>	定义 body 元素	√	√
 	插入换行符	√	√
<button>	定义按钮	√	√
<canvas>	HTML5 新增，定义图形	×	√
<caption>	定义表格标题	√	√
<center>	HTML5 中已不支持，定义居中的文本	√	×
<cite>	定义引用	√	√
<code>	定义计算机代码文本	√	√
<col>	定义表格列的属性	√	√
<colgroup>	定义表格式的分组	√	√
<command>	HTML5 新增，定义命令按钮	×	√
<datagrid>	HTML5 新增，定义列表中的数据	×	√

（续）

标　签	描　述	HTML4	HTML5
\<datalist\>	HTML5 新增，定义下拉列表	×	√
\<dataemplate\>	HTML5 新增，定义数据模板	×	√
\<dd\>	定义自定义的描述	√	√
\<del\>	定义删除文本	√	√
\<details\>	HTML5 新增，定义元素的细节	×	√
\<dialog\>	HTML5 新增，定义对话	×	√
\<dir\>	HTML5 中已不支持，定义目录列表	√	×
\<div\>	定义文档中的一个部分	√	√
\<dfn\>	定义自定义项目	√	√
\<dl\>	定义自定义列表	√	√
\<dt\>	定义自定义的项目	√	√
\<em\>	定义强调文本	√	√
\<embed\>	HTML5 新增，定义外部交互内容或插件	×	√
\<event-source\>	HTML5 新增，为服务器发送的事件定义目标	×	√
\<fieldset\>	定义 fieldset	√	√
\<figure\>	HTML5 新增，定义媒介内容的分组以及它们的标题	×	√
\<font\>	定义文本的字体、尺寸和颜色	√	×
\<footer\>	HTML5 新增，定义 section 或 page 的页脚	×	√
\<form\>	定义表单	√	√
\<frame\>	HTML5 中已不支持，定义子窗口（框架）	√	×
\<frameset\>	HTML5 中已不支持，定义框架的集	√	×
\<h1\> to \<h6\>	定义标题 1 到标题 6	√	√
\<head\>	定义关于文档的信息	√	√
\<header\>	HTML5 新增，定义 section 或 page 的页眉	×	√
\<hr\>	定义水平线	√	√
\<html\>	定义 html 文档	√	√
\<i\>	定义斜体文本	√	√
\<iframe\>	定义行内的子窗口（框架）	√	√
\<img\>	定义图像	√	√
\<input\>	定义输入域	√	√
\<ins\>	定义插入文本	√	√
\<isindex\>	HTML5 中已不支持，定义单行的输入域	√	×
\<kbd\>	定义键盘文本	√	√
\<label\>	定义表单控件的标注	√	√
\<legend\>	定义 fieldset 中的标题	√	√
\<li\>	定义列表的项目	√	√
\<link\>	定义资源引用	√	√
\<m\>	HTML5 新增，定义有记号的文本	×	√
\<map\>	定义图像映射	√	√

（续）

标　签	描　述	HTML4	HTML5
<menu>	定义菜单列表	√	√
<meta>	定义元信息	√	√
<meter>	HTML5 新增，定义预定义范围内的度量	×	√
<nav>	HTML5 新增，定义导航链接	×	√
<nest>	HTML5 新增，定义数据模板中的嵌套点	×	√
<noframes>	HTML5 中已不支持，定义 noframe 部分	√	×
<noscript>	HTML5 中已不支持，定义 noscript 部分	√	×
<object>	定义嵌入对象	√	√
<ol>	定义有序列表	√	√
<optgroup>	定义选项组	√	√
<option>	定义下拉列表中的选项	√	√
<output>	HTML5 新增，定义输出的一些类型	×	√
<p>	定义段落	√	√
<param>	为对象定义参数	√	√
<pre>	定义预格式化文本	√	√
<progress>	HTML 5 新增，定义任何类型的任务的进度	×	√
<q>	定义短的引用	√	√
<rule>	HTML5 新增，为升级模板定义规则	×	√
<s>	HTML5 中已不支持，定义加删除线的文本	√	×
<samp>	定义样本计算机代码	√	√
<script>	定义脚本	√	√
<section>	HTML5 新增，定义 section	×	√
<select>	定义可选列表	√	√
<small>	HTML5 中已不支持，定义小号文本	√	×
<source>	HTML5 新增，定义媒介源	×	√
<span>	定义文档中的 section	√	√
<strike>	HTML5 中已不支持，定义加删除线的文本	√	×
<strong>	定义强调文本	√	√
<style>	定义样式定义	√	√
<sub>	定义上标文本	√	√
<sup>	定义下标文本	√	√
<table>	定义表格	√	√
<tbody>	定义表格的主体	√	√
<td>	定义表格单元	√	√
<textarea>	定义文本区域	√	√
<tfoot>	定义表格的脚注	√	√
<th>	定义表头	√	√
<thead>	定义表头	√	√
<time>	HTML5 新增，定义日期/时间	×	√

（续）

标　　签	描　　述	HTML4	HTML5
\<title>	定义文档的标题	√	√
\<tr>	定义表格行	√	√
\<tt>	HTML5 中已不支持，定义打字机文本	√	×
\<u>	HTML5 中已不支持，定义下画线文本	√	×
\<ul>	定义无序列表	√	√
\<var>	定义变量	√	√
\<video>	HTML5 新增，定义视频	×	√
\<xmp>	HTML5 中已不支持，定义预格式文本	√	×

17.2.2　HTML5 中的标准属性

在 HTML 中标签拥有属性，在 HTML5 中新增的属性有 contenteditable、contextmenu、draggable、irrelevant、ref、registrationmark、template，该版本不再支持 HTML4.01 中的 accesskey 属性。

在表 17-2 中列出的属性是通用于每个标签的核心属性和语言属性。

表 17-2　HTML5 标准属性

属　　性	值	描　　述	HTML4	HTML5
acceskey	character	设置访问一个元素的键盘快捷键	×	√
class	class_rule or style_rule	元素的类名	√	√
contenteditable	true false	设置是否允许用户编辑元素	×	√
contentextmenu	id of a menu element	给元素设置一个上下文菜单	×	√
dir	ltr rtl	设置文本方向	√	√
draggable	true false auto	设置是否允许用户拖动元素	×	√
id	id_name	元素的唯一 id	√	√
irrelevant	true false	设置元素是否相关，不显示非相关的元素	×	√
lang	language_code	设置语言码	√	√
ref	url of elementID	引用另一个文档或文档上的另一个位置，仅在设置 template 属性时使用	×	√
registrationmark	registration mark	为元素设置拍照，可以规则于任何\<rule>元素的后代元素，除了\<nest>元素	×	√
style	style_definition	行内的样式定义	√	√
tabindex	number	设置元素的 tab 顺序	√	√
template	url or elementID	引用应该应用到该元素的另一个文档或本文档上的另一个位置	×	√
title	tooltip_text	显示在工具提示中的文本	√	√

17.2.3 HTML5 中的事件属性

HTML 元素可以拥有事件属性，这些属性在浏览器中触发行为，例如当用户单击一个 HTML 元素时启动一段 JavaScript 脚本。对于下面列出的事件属性，用户可以把它们插入到 HTML 中来定义事件行为。

事件属性：

onabort、onbeforeunload、oncontextmenu、ondrag、ondragend、ondragenter、ondragleave、ondragover、ondragstart、ondrop、onerror、onmessage、onmousewheel、onresize、onscroll、onunload。

HTML5 支持的事件属性如表 17-3 所示。

表 17-3　HTML5 支持的事件属性

属　　性	值	描　　述	HTML4	HTML5
onabort	script	发生 abort 事件时运行脚本	×	√
onbeforeonload	script	在元素加载前运行脚本	×	√
onblur	script	当元素失去焦点时运行脚本	√	√
onchange	script	当元素改变时运行脚本	√	√
onclick	script	在鼠标单击时运行脚本	√	√
oncontextmenu	script	当菜单被触发时运行脚本	×	√
ondblclick	script	当鼠标双击时运行脚本	√	√
ondrag	script	只要脚本在被拖动就运行脚本	×	√
ondragend	script	在拖动操作结束时运行脚本	×	√
ondragenter	script	当元素被拖动到一个合法的放置目标时运行脚本	×	√
ondragleave	script	当元素离开合法的放置目标时运行脚本	×	√
ondragover	script	当元素正在合法的放置目标上拖动时运行脚本	×	√
ondragstart	script	当拖动操作开始时运行脚本	×	√
ondrop	script	当元素正在被拖动时运行脚本	×	√
onerror	script	当元素在加载的过程中出现错误时运行脚本	×	√
onfocus	script	当元素获得焦点时运行脚本	√	√
onkeydown	script	当按钮按下时运行脚本	√	√
onkeypress	script	当按键被按下时运行脚本	√	√
onkeyup	script	当按钮松开时运行脚本	√	√
onload	script	当文档加载时运行脚本	√	√
onmessage	script	当 message 事件触发时运行脚本	×	√
onmousedown	script	当鼠标按钮按下时运行脚本	√	√
onmousemove	script	当鼠标指针移动时运行脚本	√	√
onmouseover	script	当鼠标指针移动到一个元素上时运行脚本	√	√
onmouseout	script	当鼠标指针移出元素时运行脚本	√	√
onmouseup	script	当鼠标按钮松开时运行脚本	√	√
onmousewheel	script	当鼠标滚轮滚动时运行脚本	×	√

（续）

属　　性	值	描　　述	HTML4	HTML5
onreset	script	不支持，当表单重置时运行脚本	√	×
onresize	script	当元素调整大小时运行脚本	×	√
onscroll	script	当元素滚动条被滚动时运行脚本	×	√
onselect	script	当元素被选中时运行脚本	√	√
onsubmit	script	当表单提交时运行脚本	√	√
onunload	script	当文档卸载时运行脚本	×	√

17.3　使用 HTML5 中的画布

画布是 Dreamweaver CC 新增的基于 HTML5 的全新功能，通过该功能可以在网页中自动绘制一些常见的图形，例如矩形和椭圆形等，并且能够添加一些图像。

17.3.1　插入画布并设置画布属性

在网页中插入画布和插入其他网页对象一样简单，之后利用 JavaScript 脚本调用绘图 API（接口函数），在网页中绘制出各种图形效果。画布具有多种绘制路径、矩形、圆形、字符和添加图像的方法，还能实现动画。

将光标置于网页中需要插入画布的位置，单击"插入"面板的"常用"选项卡中的"画布"按钮（如图 17-1 所示），即可在网页中光标所在的位置插入画布，所插入的画布以图标的形式显示，如图 17-2 所示。切换到代码视图中，可以看到所插入的画布的 HTML 代码，如图 17-3 所示。

```
<body>
<canvas id="canvas"></canvas>
</body>
```

图 17-1　单击"画布"按钮　　　图 17-2　画布图标　　　图 17-3　画布的 HTML 代码

选中刚刚在网页中插入的画布图标，在"属性"面板中可以对画布的相关属性进行设置，如图 17-4 所示。

图 17-4　画布的"属性"面板

ID：该选项用于设置画布的 id 名称，默认插入到网页中的画布的 id 名称为 canvas，用户可以在该文本框中对 id 名称进行设置。

W 和 H：W 选项用于设置画布的宽度，H 选项用于设置画布的高度。

> 使用 HTML5 中的画布功能本身并不能绘制图形，必须与 JavaScript 脚本结合使用才能够在网页中绘制出图形。

17.3.2   使用 JavaScript 实现在画布中绘图的流程

画布元素本身是没有绘图能力的，画布元素提供了一套绘图 API。在开始绘图之前先要获取画布元素的对象，再获取一个绘图上下文，接下来就可以使用绘图 API 中丰富的功能了。

1. 获取画布对象

在绘图之前，首先需要从网页中获取画布对象，通常使用 document 对象的 getElementById() 方法获取。例如，以下代码获取 id 名为 canvas 的画布对象。

```
var canvas = document.getElementById("canvas");
```

开发者还可以使用通过标签名称来获取对象的 getElementsByTagName 方法。

2. 创建二维绘图上下文对象

画布对象包含了不同类型的绘图 API，还需要使用 getContext() 方法来获取接下来要使用的绘图上下文对象。例如：

```
var context = canvas.getContext("2d");
```

getContext 对象是内建的 HTML5 对象，拥有多种绘制路径、矩形、圆形、字符以及添加图像的方法。其参数为 2d，说明接下来绘制的是一个二维图形。

3. 在画布元素上绘制文字

设置绘制文字的字体样式、颜色和对齐方式，然后将文字"网页"绘制在画布对象的中央位置。例如：

```
//设置字体样式、颜色及对齐方式
context.font="48px 黑体";
context.fillStyle="#036";
context.textAlign="center";
//绘制文字
context.fillText("网页",100,200,200);
```

其中，font 属性设置了字体样式，fillStyle 属性设置了字体颜色，textAlign 属性设置了对齐方式。fillText() 方法用填充的方式在画布对象上绘制文字。

17.3.3   使用画布在网页中绘制矩形

使用 Dreamweaver CC 的画布工具在网页中绘制矩形需要添加相应的脚本代码，绘制矩形有两种方法，即 strokeRect() 和 fillRect()，分别用于绘制矩形的边框和填充的矩形区域。

自测 116   使用画布在网页中绘制矩形
源文件：光盘\源文件\第 17 章\17-3-3.html   视频：光盘\视频\第 17 章\17-3-3.swf

01 ▶ 执行"文件>新建"命令，弹出"新建文档"对话框，新建 HTML5 页面（如图 17-5 所示），将其保存为"光盘\源文件\第 17 章\17-3-3.html"。然后单击"插入"面板的"常用"选项卡中的"画布"按钮，在设计视图中插入画布，如图 17-6 所示。

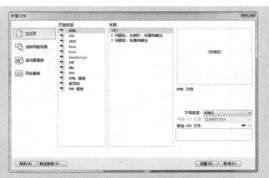

图 17-5 新建 HTML5 文档

图 17-6 插入画布

02 ▶ 选中插入的画布，在"属性"面板上设置相关属性，如图 17-7 所示。完成画布属性的设置后，可以在设计视图中看到效果，如图 17-8 所示。

图 17-7 设置属性

图 17-8 画布效果

03 ▶ 切换到代码视图，在页面中添加相应的 JavaScript 脚本代码，如图 17-9 所示。然后保存页面，在浏览器中预览，可以看到使用画布与 JavaScript 脚本在网页中绘制的矩形，如图 17-10 所示。

```html
<body>
<canvas id="canvas" width="400" height="300"></canvas>
<script type="text/javascript">
var canvas=document.getElementById("canvas");
var context=canvas.getContext("2d");
context.rect(50,50,300,200);
context.strokeStyle="#000";
context.lineWidth=4;
context.fillStyle="#f90";
context.fill();
context.stroke();
</script>
</body>
</html>
```

图 17-9 添加脚本代码

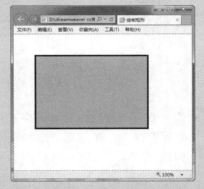

图 17-10 在浏览器中预览的效果

提示

在 JavaScript 脚本中，getContext 是内置的 HTML5 对象，拥有多种绘制路径、矩形、圆形、字符以及添加图像的方法，fillStyle 方法用于控制绘制图形的填充颜色，strokeStyle 用于控制绘制图形的边的颜色。

17.3.4 使用画布在网页中绘制圆形

使用画布在网页中绘制圆形的方法与绘制矩形的方法相似，重点在于编写的 JavaScript 脚本代码不同。

自测 117 使用画布在网页中绘制圆形

源文件：光盘\源文件\第 17 章\17-3-4.html   视频：光盘\视频\第 17 章\17-3-4.swf

01 ▶ 执行"文件>新建"命令，弹出"新建文档"对话框，新建 HTML5 页面（如图 17-11 所示），将其保存为"光盘\源文件\第 17 章\17-3-4.html"。单击"插入"面板的"常用"选项卡中的"画布"按钮，在设计视图中插入画布，如图 17-12 所示。

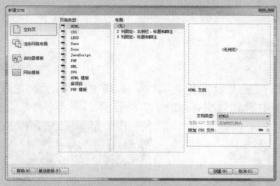

图 17-11   新建 HTML5 文档

图 17-12   插入画布

02 ▶ 选中插入的画布，在"属性"面板上设置相关属性，如图 17-13 所示。完成画布属性的设置后，可以在设计视图中看到效果，如图 17-14 所示。

图 17-13   设置属性

图 17-14   画布效果

03 ▶ 切换到代码视图，在页面中添加相应的 JavaScript 脚本代码，如图 17-15 所示。然后保存页面，在浏览器中预览，可以看到通过画布与 JavaScript 脚本在网页中绘制的圆形，如图 17-16 所示。

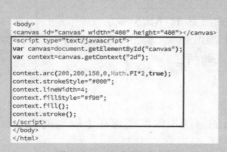

图 17-15   添加脚本代码

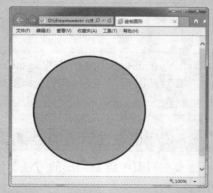

图 17-16   在浏览器中预览效果

17.3.5　使用画布在网页中裁剪区域

在使用画布绘图时还有一种对路径的处理方法称为剪裁方法 clip()，与图片的剪裁相似，它在画布中分割一块区域来保留图片的一部分。

自测 118　使用画布在网页中裁剪区域

源文件：光盘\源文件\第 17 章\17-3-5.html　视频：光盘\视频\第 17 章\17-3-5.swf

01 ▶ 执行"文件>打开"命令，打开页面"光盘\源文件\第 17 章\17-3-5.html"，如图 17-17 所示。然后单击"插入"面板的"常用"选项卡中的"画布"按钮，在设计视图中插入两个画布，如图 17-18 所示。

图 17-17　打开页面

图 17-18　插入画布

02 ▶ 选中插入的画布，在"属性"面板上分别设置两个画布的属性，如图 17-19 所示。然后切换到外部 CSS 样式文件中，分别创建名为 #canvas 和 #canvas2 的 CSS 样式，如图 17-20 所示。

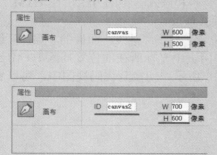

图 17-19　设置属性

```
#canvas{
    position: absolute;
    top: 100px;
    left: 332px;
    z-index:2;
    }
#canvas2{
    position:absolute;
    top:50px;
    left:332px;
    z-index:1;
}
```

图 17-20　创建样式

03 ▶ 切换到 HTML 代码视图，在页面中添加绘制圆形的 JavaScript 脚本代码，如图 17-21 所示。然后保存页面，在浏览器中预览页面，可以看到绘制的圆形效果，如图 17-22 所示。

```
<body>
<canvas id="canvas" width="600" height="500"></canvas>
<canvas id="canvas2" width="700" height="600"></canvas>
<script type="text/javascript">
var canvas=document.getElementById("canvas2");
var context=canvas.getContext("2d");
context.arc(300,200,160,0,Math.PI*2,true);
context.fillStyle="#fff";
context.fill();
</script>
</body>
</html>
```

图 17-21　添加脚本代码

图 17-22　在浏览器中预览的效果

04 ▶ 切换到 HTML 代码视图，在页面中添加在画布中裁切图形的 JavaScript 脚本代码，如图 17-23 所示。然后保存页面，在浏览器中预览页面，可以看到实现的裁剪图像的效果，如图 17-24 所示。

图 17-23　添加脚本代码　　　　　　　　图 17-24　在浏览器中预览的效果

17.4　使用 HTML5 在网页中插入音频

在网络上有很多不同格式的音频文件，但 HTML 标签支持的音乐格式并不是很多，并且不同的浏览器支持的格式也不相同。HTML5 针对这种情况新增了 <audio> 标签来统一网页中的音频格式，用户可以直接使用该标签在网页中添加相应格式的音乐。

17.4.1　插入 HTML5 Audio 并设置属性

在前面的章节中已经介绍了在网页中添加背景音乐和嵌入音频的方法，在 HTML5 中新增了 <audio> 标签，通过该标签可以在网页中嵌入音频并播放。

将光标置于网页中需要插入 HTML5 Audio 的位置，单击"插入"面板的"媒体"选项卡中的 HTML5 Audio 按钮（如图 17-25 所示），即可在网页中光标所在的位置插入 HTML5 音频，插入的 HTML5 音频以图标的形式显示，如图 17-26 所示。切换到代码视图中，可以看到插入的 HTML5 音频的 HTML 代码，如图 17-27 所示。

```
<body>
<audio controls></audio>
</body>
```

图 17-25　单击 HTML5 Audio 按钮　图 17-26　HTML5 Audio 图标　　图 17-27　HTML 代码

选中刚刚在网页中插入的 HTML5 Audio 图标，在"属性"面板中可以对 HTML5 Audio 的相关属性进行设置，如图 17-28 所示。

图 17-28　HTML5 Audo 的"属性"面板

ID：该选项用于设置 HTML5 Audio 元素的 id 名称。

Class：在该下拉列表中可以选择相应的类 CSS 样式应用。

源：用于设置 HTML5 Audio 元素的源音频文件，可以单击该文本框后的"浏览"按钮，在弹出的对话框中选择所需要的音频文件。

Title：该文本框用于设置 HTML5 Audio 在浏览器中当鼠标移至该对象上时显示的提示文字。

回退文本：该选项用于设置浏览器不支持 HTML5 Audio 元素时所显示的文字内容。

Controls：选中该复选项，可以在网页中显示音频播放控件。

Loop：选中该复选框，可以设置音频重复播放。

Autoplay：选中该复选框，可以在打开网页时自动播放音乐。

Muted：选中该复选框，可以设置音频在默认情况下静音。

Preload：该选项用于设置是否在打开网页时自动加载音频，如果选中 Autoplay 复选框，则忽略该选项的设置。在该选项的下拉列表中包含 3 个选项，分别是 none、auto 和 metadata，如图 17-29 所示。

图 17-29　Preload 选项下拉列表

如果设置 Preload 选项为 none，则页面加载后不载入音频；如果设置 Preload 选项为 auto，则页面加载后载入整个音频；如果设置 Preload 选项为 metadata，则页面加载后只需载入音频元数据。

Alt 源 1：该选项用于设置第 2 个 HTML5 Audio 元素的源音频文件。

Alt 源 2：该选项用于设置第 3 个 HTML5 Audio 元素的源音频文件。

17.4.2　HTML5 所支持的音频文件格式

目前，HTML5 新增的 HTML Audio 元素所支持的音频格式主要有 MP3、Wav 和 Ogg，在主要浏览器中的支持情况如表 17-4 所示。

表 17-4　HTML5 音频在浏览器中的支持情况

	IE11	Firefox 28.0	Opera 20.0	Chrome 34.0	Safari 5.34
Wav	×	√	√	√	√
MP3	√	√	×	√	√
Ogg	×	√	√	√	×

17.4.3　在网页中插入 HTML5 音频

在前面的章节中已经介绍了在网页中添加音频的方法，用户可以通过使用<bgsound>标签或者插件的方式为网页添加音频。在 HTML5 中新增了<audio>标签，该标签用于在网页中嵌入音频，并且不需要任何播放插件即可在网页中播放音频。

自测 119　**在网页中插入 HTML5 音频**

源文件：光盘\源文件\第 17 章\17-4-3.html　视频：光盘\视频\第 17 章\17-4-3.swf

01 ▶ 执行"文件>打开"命令，打开页面"光盘\源文件\第 17 章\17-4-3.html"，效果如图 17-30 所示。将光标移动到页面中名为 box 的 Div 中，将多余的文字删除，如图 17-31 所示。

图 17-30　打开页面　　　　　　　　　　　图 17-31　页面效果

02 ▶ 单击"插入"面板的"媒体"选项卡中的 HTML5 Audio 按钮，在该 Div 中插入 HTML5 Audio，如图 17-32 所示。然后选中视图中的音频图标，在"属性"面板上设置其相关属性，如图 17-33 所示。

图 17-32　插入 HTML5 Audio　　　　　　　图 17-33　设置 HTML5 Audio 属性

03 ▶ 切换到 HTML 代码中，可以看到 HTML5 Audio 的相关代码，如图 17-34 所示。保存页面，并在浏览器中预览页面，可以看到使用 HTML5 实现的音频播放效果，如图 17-35 所示。

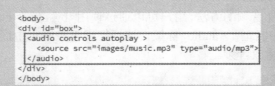

```
<body>
<div id="box">
  <audio controls autoplay >
    <source src="images/music.mp3" type="audio/mp3">
  </audio>
</div>
</body>
```

图 17-34　HTML5 Audio 代码　　　　　图 17-35　在浏览器中预览音频播放的效果

17.5　使用 HTML5 在网页中插入视频

　　以前在网页中插入视频都是通过插件的方式或者是插入 Flash Video，Flash Video 视频需要浏览器安装 Flash 播放插件才可以正常播放。在 HTML5 中新增了<video>标签，通过使用<video>标签可以直接在网页中嵌入视频文件，不需要任何插件。

17.5.1 插入 HTML5 Video 并设置属性

视频标签的出现无疑是 HTML5 的一大亮点，但是旧的浏览器不支持 HTML5 Video，并且涉及视频文件的格式问题。Firefox、Safari 和 Chrome 的支持方式并不相同，所以，在现阶段要想使用 HTML 5 的视频功能，解决浏览器的兼容性是一个不得不考虑的问题。

将光标置于网页中需要插入 HTML5 Video 的位置，单击"插入"面板的"媒体"选项卡中的 HTML5 Video 按钮（如图 17-36 所示），即可在网页中光标所在的位置插入 HTML5 视频，插入的 HTML5 视频以图标的形式显示，如图 17-37 所示。切换到代码视图中，可以看到插入的 HTML5 视频的 HTML 代码，如图 17-38 所示。

```
<body>
<video controls></video>
</body>
```

图 17-36 单击 HTML5 Video 按钮　　图 17-37 HTML5 Video 图标　　图 17-38 HTML 代码

选中刚刚在网页中插入的 HTML5 Video 图标，在"属性"面板中可以对 HTML5 Video 的相关属性进行设置，如图 17-39 所示。

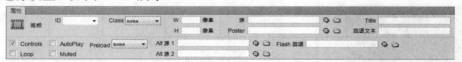

图 17-39 HTML5 Video 的"属性"面板

HTML5 Video 的许多属性和 HTML5 Audio 的属性相同，接下来向读者介绍几个不同的属性。

W 和 H： W 属性用于设置 HTML5 Video 的宽度，H 属性用于设置 HTML5 Video 的高度。

Poster： 用于设置在视频开始播放之前需要显示的图像，可以单击该文本框之后的"浏览"按钮，选择相应的图像将其设置为视频播放之前显示的图像。

Flash 回退： 该文本框用于设置 HTML5 Video 无法播放时替代的 Flash 动画。

17.5.2 HTML5 所支持的视频文件格式

目前，HTML5 新增的 HTML Video 元素支持的视频格式主要是 MPEG4、WebM 和 Ogg，在主要浏览器中的支持情况如表 17-5 所示。

表 17-5 HTML5 视频在浏览器中的支持情况

	IE11	Firefox 28.0	Opera 20.0	Chrome 34.0	Safari 5.34
MPEG4	√	√	×	√	√
WebM	×	√	√	√	×
Ogg	×	√	√	√	×

17.5.3 在网页中插入 HTML5 视频

在前面章节中介绍的在网页中插入视频的方法是通过插件的方式来实现的，视频播放界面与客户端所安装的默认视频播放器有关。在 HTML5 中新增了<video>标签，用户通过该标签可以轻松地在网页中插入视频文件，并且不需要任何播放插件。

自测 120 　**在网页中插入 HTML5 视频**

源文件：光盘\源文件\第 17 章\17-5-3.html　　视频：光盘\视频\第 17 章\17-5-3.swf

01 ▶ 执行"文件>打开"命令，打开页面"光盘\源文件\第 17 章\17-5-3.html"，效果如图 17-40 所示。将光标移动到页面中名为 box 的 Div 中，将多余的文字删除，如图 17-41 所示。

图 17-40　打开页面　　　　　　　　　　　图 17-41　页面效果

02 ▶ 单击"插入"面板的"媒体"选项卡中的 HTML5 Video 按钮，在该 Div 中插入 HTML5 Video，如图 17-42 所示。选中视图中的视频图标，在"属性"面板上设置其相关属性，如图 17-43 所示。

图 17-42　插入 HTML5 Video　　　　　　图 17-43　设置 HTML5 Video 属性

03 ▶ 切换到 HTML 代码中，可以看到 HTML5 Video 的相关代码，如图 17-44 所示。保存页面，并在浏览器中预览页面，可以看到使用 HTML5 实现的视频播放效果，如图 17-45 所示。

```
<body>
<div id="box">
  <video width="700" height="530" controls autoplay >
    <source src="images/movie.mp4" type="video/mp4">
  </video>
</div>
</body>
```

图 17-44　HTML5 Video 代码

图 17-45　在浏览器中预览视频播放的效果

17.6　在网页中使用 HTML5 结构元素

在一个典型的网页中通常会包含头部、页脚、导航、主体内容和侧边内容等区域。针对这一情况，在 HTML5 中引入了与文档结构相关联的网页结构元素。Dreamweaver CC 为了能够使设计者轻松地在网页中插入 HTML5 结构元素，在"插入"面板中新增了"结构"选项卡（如图 17-46 所示），通过单击"结构"选项卡中的按钮，即可快速地在网页中插入相应的 HTML5 结构元素。

图 17-46　"结构"选项卡

17.6.1　页眉

页眉通常用于定义网页的介绍信息内容，在 HTML5 中新增了 <header> 标签，使用该标签可以在网页中定义网页的页眉部分。

如果需要在网页中插入页眉，可以单击"插入"面板的"结构"选项卡中的"页眉"按钮，如图 17-47 所示。此时会弹出"插入 Header"对话框，对相关选项进行设置，如图 17-48 所示。

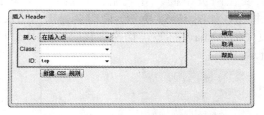

图 17-47　单击"页眉"按钮　　　　　　图 17-48　"插入 Header"对话框

单击"确定"按钮，即可在网页中插入页眉，如图 17-49 所示。切换到代码视图中，可以看到页眉的 HTML 代码，如图 17-50 所示。

此处显示 id"top"的内容

```
<body>
<header id="top">此处显示 id "top" 的内容</header>
</body>
```

图 17-49　插入页眉　　　　　　　　　　图 17-50　页眉标签的代码

"插入 Header"对话框的设置方法和"插入 Div"对话框的设置方法相同，插入到网页中的页眉和 Div 的显示效果相同，用户可以通过 CSS 样式对插入到网页中的页眉效果进行设置。

17.6.2　页脚

页脚通常用于定义网页文档的版底信息，包括设计者信息、文档的创建日期以及联系方式等。在 HTML5 中新增了 <footer> 标签，使用该标签可以在网页中定义网页的页脚部分。

如果需要在网页中插入页脚，可以单击"插入"面板的"结构"选项卡中的"页脚"按钮，如图 17-51 所示。此时会弹出"插入 Footer"对话框，对相关选项进行设置，如图 17-52 所示。

单击"确定"按钮，即可在网页中插入页脚，如图 17-53 所示。切换到代码视图中，可以看到页脚的 HTML 代码，如图 17-54 所示。

图 17-51   单击"页脚"按钮

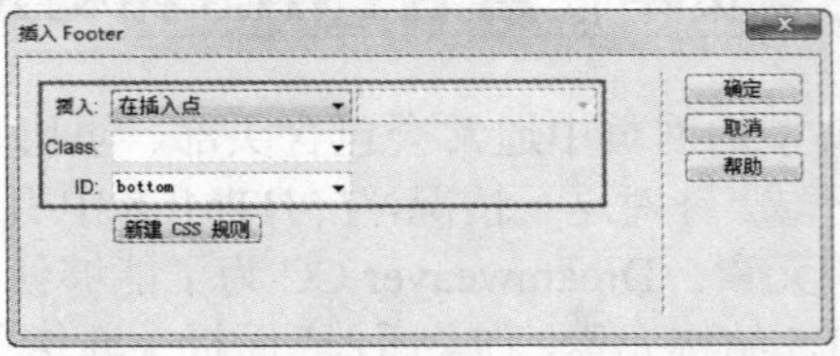

图 17-52   "插入 Footer"对话框

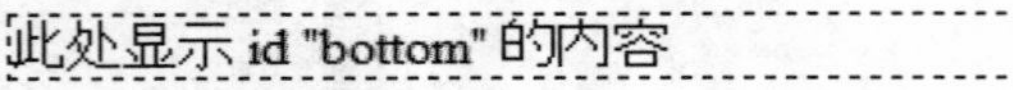

此处显示 id "bottom" 的内容

图 17-53   插入页脚

```
<body>
<footer id="bottom">此处显示  id "bottom" 的内容</footer>
</body>
```

图 17-54   页脚标签的代码

17.6.3   Navigation

导航是每个网页中都包含的重要元素之一，通过网站导航可以在网站中的各页面之间进行跳转。在 HTML5 中新增了<nav>标签，使用该标签可以在网页中定义网页的导航部分。

如果需要在网页中插入导航结构元素，可以单击"插入"面板的"结构"选项卡中的 Navigation 按钮，如图 17-55 所示。此时会弹出"插入 Navigation"对话框，单击"确定"按钮，即可在网页中插入<nav>标签，切换到代码视图中，可以看到导航结构元素的 HTML 代码，如图 17-56 所示。

图 17-55   单击 Navigation 按钮

```
<body>
<nav>此处为新  nav  标签的内容</nav>
</body>
```

图 17-56   导航结构元素的代码

17.6.4   章节

在网页文档中经常需要定义章节等特定的区域。在 HTML5 中新增了<section>标签，使用该标签可以在网页中定义章节、页眉、页脚或文档中的其他部分。

如果需要在网页中插入章节结构元素，可以单击"插入"面板的"结构"选项卡中的"章节"按钮，如图 17-57 所示。此时会弹出"插入 Section"对话框，单击"确定"按钮，即可在网页中插入<section>标签，切换到代码视图中，可以看到章节结构元素的 HTML 代码，如图 17-58 所示。

图 17-57   单击"章节"按钮

```
<body>
<section>此处为新  section  标签的内容</section>
</body>
```

图 17-58   章节结构元素的代码

17.6.5　文章

　　在网页中经常会出现大段的文章内容，通过文章结构元素可以将网页中大段的文章内容标识出来，使网页的代码结构更加整齐。在 HTML5 中新增了<article>标签，使用该标签可以在网页中定义独立的内容，包括文章、博客和用户评论等内容。

　　如果需要在网页中插入文章结构元素，可以单击"插入"面板的"结构"选项卡中的"文章"按钮，如图 17-59 所示。此时会弹出"插入 Article"对话框，单击"确定"按钮，即可在网页中插入<article>标签，切换到代码视图中，可以看到文章结构元素的 HTML 代码，如图 17-60 所示。

图 17-59　单击"文章"按钮

```
<body>
<article>此处为新 article 标签的内容</article>
</body>
```

图 17-60　文章结构元素的代码

17.6.6　侧边

　　侧边结构元素可用于创建网页中文章内容的侧边栏内容。在 HTML5 中新增了<aside>标签，<aside>标签用于创建其所在内容之在的内容，<aside>标签中的内容应该与其附近的内容相关。

　　如果需要在网页中插入侧边结构元素，可以单击"插入"面板的"结构"选项卡中的"侧边"按钮，如图 17-61 所示。此时会弹出"插入 Aside"对话框，单击"确定"按钮，即可在网页中插入<aside>标签，切换到代码视图中，可以看到侧边结构元素的 HTML 代码，如图 17-62 所示。

图 17-61　单击"侧边"按钮

```
<body>
<aside>此处为新 aside 标签的内容</aside>
</body>
```

图 17-62　侧边结构元素的代码

17.6.7　图

　　在网页中经常会引用一些插图，特别是在文章内容中引用插图。在 HTML5 中新建了<figure>和<figcaption>标签，<figure>标签主要用于规定独立的流内容，例如图像、图表、照片和代码等；<figcaption>标签主要用于定义<figure>元素的标题，<figcaption>标签应该用于<figure>标签内容的第一个或最后一个子元素的位置。

　　如果需要在网页中插入图结构元素，可以单击"插入"面板的"结构"选项卡中的"图"按钮（如图 17-63 所示），这样会在网页中插入<figure>和<figcaption>标签。切换到代码视图中，可以看到图结构元素的 HTML 代码，如图 17-64 所示。

图 17-63　单击"图"按钮

```
<body>
<figure>这是布局标签的内容
  <figcaption>这是布局图标签的题注</figcaption>
</figure>
</body>
```

图 17-64　图结构元素的代码

17.6.8　HTML5 结构元素的应用

HTML5 中新增了结构元素，主要用于使网页中的结构更加规范和整齐，插入到网页中的各种结构元素可以通过 CSS 样式对其位置和外观进行控制。本节将通过实例向读者介绍如何使用 HTML5 中的结构元素构建网页。

自测 121　使用 HTML5 结构元素构建网页

源文件：光盘\源文件\第 17 章\17-6-8.html　　视频：光盘\视频\第 17 章\17-6-8.swf

01 ▶ 执行"文件>新建"命令，弹出"新建文档"对话框，新建 HTML5 页面（如图 17-65 所示），将其保存为"光盘\源文件\第 17 章\17-6-8.html"。然后使用相同的方法新建外部 CSS 样式表文件，将其保存为"光盘\源文件\第 17 章\style\17-6-8.css"。返回到 17-6-8.html 页面中，链接刚刚创建的外部 CSS 样式表文件，如图 17-66 所示。

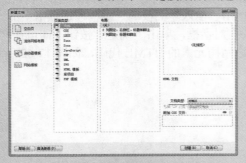

图 17-65　新建 HTML5 文档

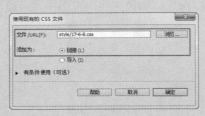

图 17-66　"使用现有的 CSS 文件"对话框

02 ▶ 切换到外部 CSS 样式表文件中，创建名为*的通配符 CSS 样式和名为 body 的标签 CSS 样式，如图 17-67 所示。返回到网页的设计视图，可以看到页面的背景效果，如图 17-68 所示。

```
* {
    margin: 0px;
    padding: 0px;
}
body {
    font-size: 12px;
    color: #FFF;
    line-height: 25px;
    background-color: #000;
    background-image: url(../images/176801.jpg);
    background-repeat: no-repeat;
    background-position: center 60px;
}
```

图 17-67　CSS 样式代码

图 17-68　页面效果

03 ▶ 单击"插入"面板的"结构"选项卡中的"页眉"按钮，弹出"插入 Header"对话框，如图 17-69 所示。在此采用默认设置，单击"确定"按钮，插入页眉<header>标签，如图 17-70 所示。

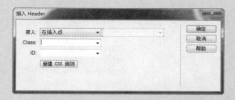

图 17-69　"插入 Header"对话框

图 17-70　插入页眉

04 ▶ 切换到外部 CSS 样式表文件中，创建名为 header 的标签 CSS 样式，如图 17-71 所示。返回到网页设计视图中，可以看到页眉的效果，如图 17-72 所示。

```
header {
    width: 100%;
    height: 60px;
    border-bottom: solid 1px #333;
}
```

图 17-71　CSS 样式代码

图 17-72　页眉效果

05 ▶ 将光标移动到页面标签中，将提示文字删除，然后单击"插入"面板上的 Div 按钮，在页眉标签中插入名为 logo 的 Div。切换到外部 CSS 样式表文件中，创建名为#logo 的 CSS 样式，如图 17-73 所示。返回到网页的设计视图中，可以看到页面的效果，如图 17-74 所示。

```
#logo {
    float: right;
    width: 191px;
    height: 60px;
}
```

图 17-73　CSS 样式代码

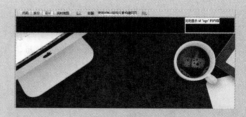

图 17-74　页面效果

06 ▶ 将光标移动到名为 logo 的 Div 中，将多余的文字删除，并插入相应的图像，如图 17-75 所示。然后单击"插入"面板的"结构"选项卡中的 Navigation 按钮，弹出"插入 Navigation"对话框，设置选项如图 17-76 所示。

图 17-75　插入图像

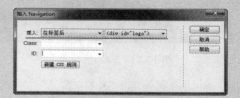

图 17-76　"插入 Navigation"对话框

07 ▶ 单击"确定"按钮，在名为 logo 的 Div 之后插入导航菜单<nav>标签，如图 17-77 所示。切换到外部 CSS 样式表文件中，创建名为 nav 的标签 CSS 样式，如图 17-78 所示。

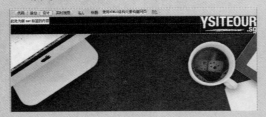

图 17-77　插入<nav>标签

```
nav {
    width: 500px;
    height: 60px;
    font-family: 微软雅黑;
    font-size: 14px;
    line-height: 60px;
    font-weight: bold;
}
```

图 17-78　CSS 样式代码

08 ▶ 返回到网页的设计视图中，可以看到<nav>标签的效果，如图 17-79 所示。将光标移动到<nav>标签中，将提示文字删除，然后单击"插入"面板的"结构"选项卡中的"项目列表"按钮，输入第一个菜单项文字，如图 17-80 所示。

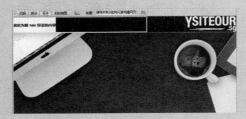

图 17-79　<nav>标签的效果

图 17-80　输入项目列表文字

09 ▶ 在刚输入的菜单项之后按 Enter 键插入列表项，并继续输入菜单项文字，如图 17-81 所示。切换到代码视图中，可以看到该部分的 HTML 代码，如图 17-82 所示。

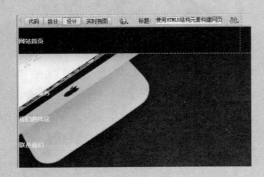

图 17-81　输入菜单项

```
<body>
<header>
  <div id="logo"><img src="images/176803.png"
  width="191" height="60"  alt=""/></div>
  <nav>
    <ul>
      <li>网站首页</li>
      <li>关于我们</li>
      <li>我们的服务</li>
      <li>我们的作品</li>
      <li>联系我们</li>
    </ul>
  </nav>
</header>
</body>
```

图 17-82　HTML 代码

10 ▶ 切换到外部 CSS 样式表文件中，创建名为 nav li 的 CSS 样式，如图 17-83 所示。返回到网页的设计视图中，可以看到导航菜单的效果，如图 17-84 所示。

```
nav li {
    list-style-type: none;
    width: 100px;
    text-align: center;
    float: left;
}
```

图 17-83　CSS 样式代码　　　　　　　　图 17-84　导航菜单效果

11 ▶ 选中页面中的 <header> 标签，按键盘上的右方向键，将光标移动到 <header> 标签之后，然后单击"插入"面板的"结构"选项卡中的"文章"按钮，弹出"插入 Article"对话框，设置选项如图 17-85 所示。单击"确定"按钮，在页面中插入文章结构元素，如图 17-86 所示。

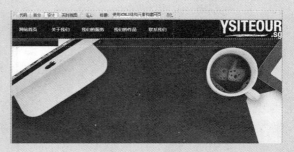

图 17-85　"插入 Article"对话框　　　　　图 17-86　插入文章结构元素

12 ▶ 切换到外部 CSS 样式表文件中，创建名为 article 的标签 CSS 样式，如图 17-87 所示。返回到网页的设计视图中，可以看到文章结构元素的效果，如图 17-88 所示。

```
article {
    width: 510px;
    height: auto;
    overflow: hidden;
    margin: 0px auto;
    padding-top: 190px;
}
```

图 17-87　CSS 样式代码　　　　　　　　图 17-88　文章结构元素效果

13 ▶ 将光标移动到 <article> 标签中，将提示文字删除，然后单击"插入"面板的"结构"选项卡中的"标题"旁的下三角按钮，在弹出的菜单中选择 H1 选项（如图 17-89 所示），在光标所在的位置插入标题 1 标签 <h1>，如图 17-90 所示。

图 17-89　选择 H1 选项

图 17-90　插入<h1>标签

14 ▶ 切换到外部 CSS 样式表文件中，创建名为 article h1 的 CSS 样式，如图 17-91 所示。
返回到网页的设计视图中，可以看到<h1>标签元素的效果，如图 17-92 所示。

```
article h1 {
    display: block;
    background-image: url(../images/176802.png);
    background-repeat: no-repeat;
    font-family: 微软雅黑;
    font-size: 30px;
    font-weight: bold;
    line-height: 60px;
    padding-left: 70px;
}
```

图 17-91　CSS 样式代码

图 17-92　<h1>标签效果

15 ▶ 将光标移动到<h1>标签中，将提示文字删除，并输入相应的文字，如图 17-93
所示。然后选中<h1>标签，按键盘上的右方向键，将光标移动到<h1>标签之后，
单击"插入"面板的"结构"选项卡中的"段落"按钮插入段落，如
图 17-94 所示。

图 17-93　输入文字

图 17-94　插入段落

16 ▶ 将光标移动到段落标签中，将提示文字删除，并输入段落文本，如图 17-95 所示。
在一段文本输入完之后，按键盘上的 Enter 键即可插入段落，输入段落文本，
如图 17-96 所示。

图 17-95　输入段落文字

图 17-96　插入段落并输入文字

17 ▶ 切换到外部 CSS 样式表文件中，创建名为 article p 的 CSS 样式，如图 17-97 所示。
返回到网页的设计视图中，可以看到段落文本的效果，如图 17-98 所示。

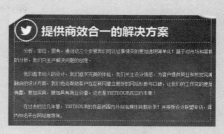

```
article p {
    margin-top: 12px;
    text-indent: 24px;
}
```

图 17-97　CSS 样式代码　　　　　　　　　　图 17-98　段落文字效果

18 ▶ 选中页面中的<article>标签，按键盘上的右方向键，将光标移动到<article>标签之
后，然后单击"插入"面板的"结构"选项卡中的"页脚"按钮，弹出"插入 Footer"
对话框，如图 17-99 所示。单击"确定"按钮，在页面中插入页脚，如图 17-100
所示。

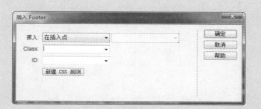

图 17-99　"插入 Footer"对话框　　　　　　图 17-100　在网页中插入页脚

19 ▶ 切换到外部 CSS 样式表文件中，创建名为 footer 的标签 CSS 样式，如图 17-101
所示。返回到网页的设计视图中，可以看到页脚结构元素的效果，如
图 17-102 所示。

```
footer {
    width: 100%;
    height: 50px;
    padding-top: 10px;
    background-color: rgba(0,0,0,0.7);
    position: absolute;
    bottom: 0px;
    text-align: center;
}
```

图 17-101　CSS 样式代码　　　　　　　　　图 17-102　页脚结构元素效果

20 ▶ 将光标移动到<footer>标签中，将提示文字删除，并输入相应的文字内容。然后切
换到代码视图中，可以看到使用 HTML5 结构元素构建网页的代码，如图 17-103
所示。保存页面，并保存外部 CSS 样式表文件，在浏览器中预览页面，可以看到
页面的效果，如图 17-104 所示。

```
<body>
    <div id="logo"><img src="images/176063.png" width="191" height="68" alt=""/></div>
    <nav>
        <ul>
            <li>网站首页</li>
            <li>关于我们</li>
            <li>我们的服务</li>
            <li>我们的作品</li>
            <li>联系我们</li>
        </ul>
    </nav>
</header>
<article>
    <h1>提供商效合一的解决方案</h1>
    <p>分析、定位、思考，通过这三个步骤我们可以让事情变的更加透明简单化！基于对市场和客群的分析
    ，我们衍生生产解决问题的创意。</p>
    <p>我们追求动人的设计，我们追求完美的体验，我们关注设计情感，为客户提供商业和视觉完美融合的
    设计方案，我们也会帮助客户在互联网建立更好的网络形象与口碑，让我们的工作变的更加有趣，更加实
    用，更加具有商业价值。这也是ysiteour成立的本意！</p>
    <p>在过去的这几年里，ysiteour的作品被国内外知名媒体转载收录！并接受设计联盟专访，国内知名平
    台网站推荐等。</p>
</article>
<footer>Copyright © 2013 YSITEOUR.name.by:YSITEOUR<br>
And God said, Let there be light</footer>
</body>
```

图 17-103　页面 HTML 代码

图 17-104　在浏览器中预览页面效果

17.7　本章小结

随着 HTML5 应用的推广与发展，HTML5 在网页中的应用越来越广泛，为了适应 HTML5 的发展，在 Dreamweaver CC 中新增了许多针对 HTML5 的功能，用户通过使用这些功能可以轻松地在网页中插入 HTML5 元素。本章介绍了有关 HTML5 的相关标签和功能，读者需要熟练地掌握这些内容，以便发挥 HTML5 的优势。

第18章　使用 Dreamweaver 维护并上传网站

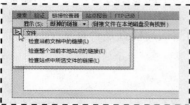

实例名称：检查网页链接
源文件：无
视频：视频\第 18 章\18-1-1.html

实例名称：对网页进行 W3C 验证
源文件：无
视频：视频\第 18 章\18-1-2.swf

实例名称：设置 FTP 服务器
源文件：无
视频：视频\第 18 章\18-2-1.swf

实例名称：上传文件
源文件：无
视频：视频\第 18 章\18-2-3.swf

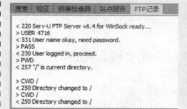

下载文件

实例名称：设计制作游戏类网站页面
源文件：源文件\第 18 章\18-3.html
视频：视频\第 18 章\18-3.swf

本章知识点

Dreamweaver CC 的功能不仅体现在网页制作上，它更是一个管理网站的工具，而且与普通的 FTP 上传软件相比，该软件对网站的管理更加科学、全面。

在完成站点中网站页面的制作之后，即可将网站页面上传到 Internet 服务器上，这样就可以让世界各地的朋友浏览到你的网站页面了，通过 Dreamweaver 可以轻松地完成这项工作。

本章将向读者详细介绍如何使用 Dreamweaver CC 对网站页面进行维护，并将网站上传到 Internet。

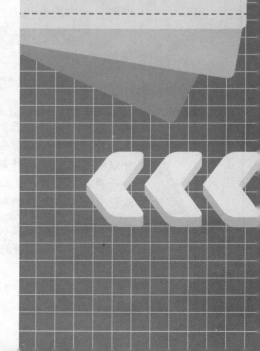

18.1　站点的维护

　　测试站点的内容有很多，例如测试不同浏览器能否浏览网站、不同显示分辨率的显示器能否显示网站、站点中有没有断开的链接等内容。对于大型的站点，测试系统程序检查其功能是否能正常实现是尤为关键的工作，接下来的工作就是前台界面的测试，检查是否有文字与图片丢失、链接是否成功等。

18.1.1　检查链接

　　检查网站中是否包含断开的链接也是站定测试的一个重要项目，Dreamweaver 允许用户检测一个页面、部分站点甚至整个站点的链接。

自测 122　**检查网页链接**
　　　　　　源文件：无　视频：光盘\视频\第 18 章\18-1-1.swf

　01 ▶ 执行"文件>打开"命令，打开需要检查链接的网站页面，然后执行"窗口>结果>链接检查器"命令，打开"链接检查器"面板，如图 18-1 所示。

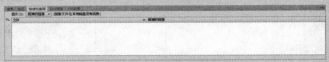

图 18-1　"链接检查器"面板

　02 ▶ 单击"链接检查器"面板左上方的绿色的三角按钮 ▶，在弹出的菜单中选择检测不同的链接情况，如图 18-2 所示。

图 18-2　选择检测链接的类型

　03 ▶ 例如选择"检查当前文档中的链接"选项，检查完成后，在"链接检查器"面板中将显示出检查结果，如图 18-3 所示。

图 18-3　显示检查结果

> 💡 **提示**　　在"链接检查器"面板的"显示"下拉列表中除了有默认的"断掉的链接"选项外，还有"外部链接"和"孤立文件"两个选项。选择"外部链接"选项，可以检查文档中的外部链接是否有效；选择"孤立文件"选项，可以检查站点中是否存在孤立文件。所谓孤立文件，就是没有任何链接引用的文件。该选项只在检查整个站点链接的操作中才有效。

　04 ▶ 通过对页面进行链接检查，可以发现，当前检查的页面中并不存在断掉的链接，如果检查到该页面中存在断掉的链接将显示在当前面板中。用户可以直接修改链接。

18.1.2　W3C 验证

　　在 Dreamweaver 中可以通过 W3C 验证功能的使用检查当前网页或整个站点中的所有网页是否符合 W3C 的要求。

自测 123　**对网页进行 W3C 验证**

　　　　源文件：无　视频：光盘\视频\第 18 章\18-1-2.swf

01 ▶ 执行"文件>打开"命令，打开需要进行 W3C 验证的网页，然后执行"窗口>结果>验证"命令，打开"验证"面板，如图 18-4 所示。

图 18-4　"验证"面板

02 ▶ 单击"验证"面板左上方的三角按钮 ▷，弹出如图 18-5 所示的下拉菜单。

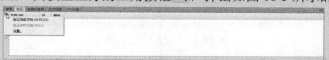

图 18-5　弹出的菜单

03 ▶ 在弹出的菜单中选择"验证当前文档（W3C）"选项，将弹出"W3C 验证器通知"对话框，如图 18-6 所示。单击"确定"按钮，即可对提交页面进行 W3C 验证，验证完成后将显示验证结果，如图 18-7 所示。

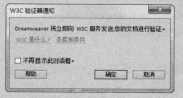

图 18-6　"W3C 验证器通知"对话框

图 18-7　显示验证结果

04 ▶ 通过 W3C 验证可以看到当前页面完全符合 W3C 规范的要求，单击"验证"面板左上方的三角按钮 ▷，在弹出的菜单中选择"设置"选项（如图 18-8 所示），会弹出"首选项"对话框，选中"W3C 验证程序"选项（如图 18-9 所示），设置要验证的文件类型。

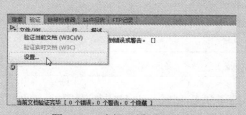

图 18-8　选择"设置"选项

图 18-9　"首选项"对话框

18.1.3　创建站点报告

Dreamweaver 能够自动检测网站内部的网页文件，并生成关于文件信息、HTML 代码信息的报告，以便网站设计者对网页文件进行修改。

执行"文件>打开"命令，打开站点中的任意一个页面，然后执行"站点>报告"命令，弹出"报告"对话框，如图 18-10 所示。

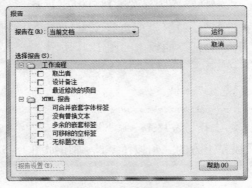

图 18-10　"报告"对话框

报告在：在该下拉列表中选择生成站点报告的范围，可以是当前文档、整个当前本地站点、站点中的已选文件和文件夹，该下拉列表如图 18-11 所示。

图 18-11　"报告在"下拉列表

取出者：选中该复选框，单击"报告设置"按钮，将弹出"报告设置"对话框，可以设置取出者的名称，可以显示网站页面被小组成员取出的情况。

设计备注：选中该复选框，将会列出所选文档或站点的所有设计备注。

最近修改的项目：选中该复选框，将会列出指定时间段内修改过的文件。

可合并嵌套字体标签：选中该复选框，将列出所有可以合并的嵌套字体标签，以便清理代码。

没有替换文本：选中该复选框，将列出所有没有替换文本的 img 标签。

多余的嵌套标签：选中该复选框，将详细地列出应该清理的嵌套标签。

可移除的空标签：选中该复选框，将详细地列出所有可以移除的空标签，以便清理 HTML 代码。

无标题文档：选中该复选框，将列出在选定参数中输入的所有元标题的网页文档。

设置完成后，单击"运行"按钮生成站点报告，此时会弹出"站点报告"面板，如图 18-12 所示。

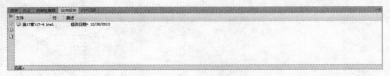

图 18-12　"站点报告"面板

18.2　上传网站

在对网站进行上传之前，首先需要对本地站点进行测试，并且需要设置站点的远程服务器信息，然后就可以通过 Dreamweaver CC 对站点进行上传和下载操作了。

18.2.1　设置 FTP 服务器

当远程服务器采取的是 FTP 技术时，需要在 Dreamweaver 中设置 FTP 的相关参数，这也是互联网中最常采用的远程站点维护技术。如果需要使用 FTP 远程上传或管理站点，必须有一个远程的 FTP 服务器提供服务，用户要有自己的用户名和密码，然后在 Dreamweaver 中设置远程服务器的信息。

自测 124 设置 FTP 服务器

　　源文件：无　视频：光盘\视频\第 18 章\18-2-1.swf

01 ▶ 单击"文件"面板上的"展开以显示本地和远程站点"按钮，打开 Dreamweaver 的站点管理窗口，如图 18-13 所示。执行"站点>管理站点"命令，弹出"管理站点"对话框，如图 18-14 所示。

图 18-13　站点管理窗口

图 18-14　"管理站点"对话框

02 ▶ 选中需要定义远程服务器的站点，单击"编辑当前选定的站点"按钮，弹出"站点设置对象"对话框，选择"服务器"选项，如图 18-15 所示。然后单击"添加新服务器"按钮，弹出服务器设置界面，如图 18-16 所示。

图 18-15　"站点设置对象"对话框

图 18-16　服务器设置界面

03 ▶ 在服务器设置界面中输入远程 FTP 地址，以及用户名和密码，如图 18-17 所示。单击"测试"按钮，测试远程服务器是否连接成功，如果连接成功会弹出提示对话框，显示远程服务器连接成功，如图 18-18 所示。

图 18-17　设置远程服务器信息

图 18-18　测试远程服务器的连接

04▶ 单击"确定"按钮，然后单击"保存"按钮，保存远程服务器的设置信息，如图 18-19 所示。单击"保存"按钮，完成"站点设置对象"对话框的设置，返回到站点管理窗口，如图 18-20 所示。

图 18-19　"站点设置对象"对话框

图 18-20　站点管理窗口

18.2.2　连接到远程服务器

在完成了站点的远程服务器信息的设置后，就可以通过 Dreamweaver 连接到远程服务器了。

打开站点管理窗口，单击工具栏上的"连接到远端主机"按钮，弹出"后台文件活动"对话框，连接到远程服务器。成功连接到远程服务器之后，在站点管理窗口的右侧窗口中将显示远程服务器目录，如图 18-21 所示。

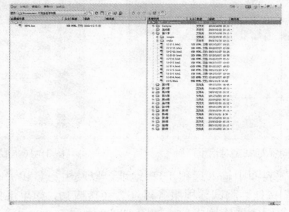

图 18-21　连接到远程服务器

如果在定义站点的远程服务器信息时没有选中"保存"复选框保存 FTP 密码，则当用户连接到远程服务器时会弹出对话框（如图 18-22 所示），提示用户输入 FTP 密码，并且可以选中"保存密码"复选框，以便下次连接时不用再次输入密码，如图 18-23 所示。

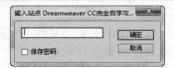

图 18-22　提示输入密码　　　　　　　　图 18-23　进行相应设置

18.2.3　上传文件

　　网站页面制作完毕，相关的信息也就检查完毕了，并且连接到远程服务器后就可以开始上传站点。

　　在这里用户可以选择将整个站点上传到服务器上或只将部分内容上传到服务器上。一般来讲，第 1 次上传需要将整个站点上传，以后更新站点时，只需要上传被更新的文件即可。

自测 125　上传文件
　　　　源文件：无　视频：光盘\视频\第 18 章\18-2-3.swf

01 ▶ 在站点管理窗口右侧的本地站点文件窗口中选中要上传的文件或文件夹，然后单击"上传"按钮 ⇧，即可上传选中的文件或文件夹。

02 ▶ 如果选中的文件经过编辑尚未保存，将会弹出对话框提示用户是否保存文件（如图 18-24 所示），单击"是"或"否"按钮关闭对话框。

03 ▶ 如果选中的文件引用了其他位置的内容，会弹出对话框提示用户选择是否要将这些引用内容也上传，如图 18-25 所示。单击"是"按钮，则同时上传那些引用的文件。如果以后所有的文件均采用此次的设置，可以选中"不要再显示该消息"复选框。

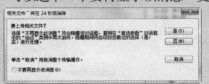

图 18-24　提示是否保存文件　　　　　　图 18-25　提示是否上传相关文件

04 ▶ Dreamweaver 会自动将选中的文件或文件夹上传到远程服务器，如图 18-26 所示。根据连接的速度不同，可能需要经过一段时间才能完成上传，然后在远程站点中会出现刚刚上传的文件，如图 18-27 所示。

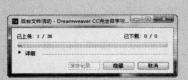

图 18-26　显示上传文件的状态　　　　　图 18-27　远程站点中出现了刚刚上传的文件

在将文件从本地计算机上传到服务器上时，Dreamweaver 会使本地站点和远程站点保持相同的结构，如果需要的目录在 Internet 服务器上不存在，则在传输文件之前 Dreamweaver 会自动创建。

18.2.4　下载文件

单击"连接到远端主机"按钮 连接远程服务器，选择需要下载的文件或文件夹，然后单击"获取文件"按钮 ，即可将远程服务器上的文件下载到本地计算机中。

无论是上传文件还是下载文件，Dreamweaver 都会自动记录各种 FTP 操作，以便在遇到问题时可以随时打开"FTP 记录"面板查看 FTP 记录。执行"窗口>结果>FTP 记录"命令，可以打开"FTP 记录"面板查看 FTP 记录，如图 18-28 所示。

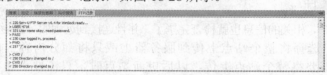

图 18-28　在"FTP 记录"面板中显示 FTP 的操作

18.3　设计制作游戏类网站页面

本例设计制作一个游戏类网站页面，运用了活泼、鲜艳的颜色，在页面中采用强烈的色彩对比，给人一种快乐、舒服的感觉，并且通过运用大量的 Flash 动画营造出一种动感、快乐、活泼的氛围。该页面的最终效果如图 18-29 所示。

图 18-29　最终效果

自测 126 设计制作游戏类网站页面
源文件：光盘\源文件\第 18 章\18-3.html　视频：光盘\视频\第 18 章\18-3.swf

01 ▶ 执行"文件>新建"命令，弹出"新建文档"对话框，新建 HTML 页面（如图18-30 所示），将该页面保存为"光盘\源文件\第 18 章\18-3.html"。然后使用相同的方法，新建外部 CSS 样式表文件，将其保存为"光盘\源文件\第 18 章\style\style.css"。

返回到 18-3.html 页面中，链接刚刚创建的外部 CSS 样式表文件，如图 18-31 所示。

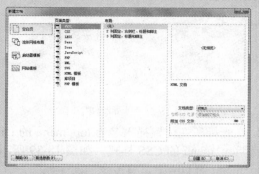

图 18-30　"新建文档"对话框

图 18-31　"使用现有的 CSS 文件"对话框

02 ▶ 切换到 style.css 文件中，创建名为*的通配符 CSS 样式，如图 18-32 所示。然后创建名为 body 的标签 CSS 样式，如图 18-33 所示。

```
*{
    margin:0px;
    padding:0px;
    border:0px;
}
```

图 18-32　CSS 样式代码

```
body{
    font-size:12px;
    font-family:"宋体";
    color: #82785F;
    margin:0px;
    background-image: url(../images/21-02.jpg);
    background-repeat: repeat-x;
    background-position: left 43px;
}
```

图 18-33　CSS 样式代码

03 ▶ 返回到 18-3.html 页面中，可以看到页面的背景效果，如图 18-34 所示。

图 18-34　页面效果

04 ▶ 在页面中插入名为 top 的 Div，然后切换到 style.css 文件中，创建名称为#top 的 CSS 样式，如图 18-35 所示。返回到设计页面中，效果如图 18-36 所示。

```
#top {
    height: 43px;
    width: 100%;
    background-image: url(../images/21-01.gif);
    background-repeat: repeat-x;
}
```

图 18-35　CSS 样式代码

图 18-36　页面效果

05 ▶ 将光标移动到名为 top 的 Div 中，将多余的文字删除，并插入图像"光盘\源文件\第 18 章\images\21-03.gif"，然后切换到 style.css 文件，创建名为#top img 的 CSS

样式，如图 18-37 所示。返回到设计页面中，效果如图 18-38 所示。

```
#top img {
    float: left;
    margin-right: 40px;
}
```

图 18-37　CSS 样式代码　　　　　　　　　　　　　　　图 18-38　页面效果

06 ▶ 将光标移动到刚刚插入的图像的右侧，在光标所在位置插入名为 top_menu 的 Div，然后切换到 style.css 文件，创建名称为#top_menu 的 CSS 样式，如图 18-39 所示。返回到设计页面中，将光标移动到 top_menu 的 Div 中，将多余的文字删除，并输入相应文字，效果如图 18-40 所示。

```
#top_menu {
    float: left;
    height: 29px;
    width: 470px;
    padding-top: 14px;
    color: #4E4E4E;
}
```

图 18-39　CSS 样式代码　　　　　　　　　　　　　　　图 18-40　页面效果

07 ▶ 在名为 top 的 Div 之后插入名为 top-flash 的 Div，然后切换到 style.css 文件，创建名称为#top-flash 的 CSS 样式，如图 18-41 所示。返回到设计页面中，效果如图 18-42 所示。

```
#top-flash {
    height: 235px;
    width: 988px;
    background-image: url(../images/21-02.jpg);
    background-repeat: repeat-x;
}
```

图 18-41　CSS 样式代码　　　　　　　　　　　　　　　图 18-42　页面效果

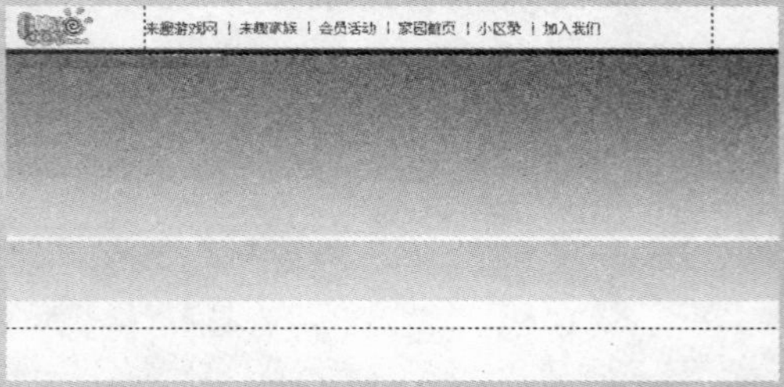

08 ▶ 将光标移动到名为 top-flash 的 Div 中，将多余的文本删除，并插入 Flash 动画"光盘\源文件\第 18 章\images\top.swf"，然后单击"属性"面板上的"播放"按钮预览动画，效果如图 18-43 所示。

图 18-43　预览 Flash 动画效果

09 ▶ 在名为 top-flash 的 Div 之后插入名为 main 的 Div，然后切换到 style.css 文件，创建名称为#main 的 CSS 样式，如图 18-44 所示。返回到设计页面中，效果如图 18-45 所示。

```
#main {
    width: 900px;
    height: 620px;
}
```

图 18-44　CSS 样式代码

图 18-45　页面效果

10 ▶ 将光标移动到名为 main 的 Div 中，将多余的文字删除，并在该 Div 中插入名为 left 的 Div，然后切换到 style.css 文件，创建名称为#left 的 CSS 样式，如图 18-46 所示。返回到设计页面中，效果如图 18-47 所示。

```
#left {
    height: 614px;
    width: 193px;
    background-image:url(../images/21-04.gif);
    background-repeat:no-repeat;
    padding-left: 9px;
    background-position: left 375px;
    float: left;
}
```

图 18-46　CSS 样式代码

图 18-47　页面效果

11 ▶ 将光标移动到名为 left 的 Div 中，将多余的文字删除，并在该 Div 中插入名为 login 的 Div，然后切换到 style.css 文件，创建名称为#login 的 CSS 样式，如图 18-48 所示。返回到设计页面中，效果如图 18-49 所示。

```
#login {
    background-image: url(../images/21-05.gif);
    background-repeat: no-repeat;
    height: 115px;
    width: 179px;
    padding-top: 36px;
    padding-right: 7px;
    padding-left: 7px;
}
```

图 18-48　CSS 样式代码

图 18-49　页面效果

12 ▶ 将光标移动到名为 login 的 Div 中，将多余的文字删除，并插入红色虚线的表单，如图 18-50 所示。然后根据前面章节讲解的表单制作方法完成页面登录窗口的制作，效果如图 18-51 所示。

图 18-50　插入表单

图 18-51　页面效果

13 ▶ 在名为 login 的 Div 之后插入名为 pic 的 Div，然后切换到 style.css 文件，创建名称
为#pic 的 CSS 样式，如图 18-52 所示。返回到设计页面中，效果如图 18-53 所示。

```
#pic {
    height: 270px;
    width: 193px;
}
```

图 18-52　CSS 样式代码　　　　　　　　　　　图 18-53　页面效果

14 ▶ 将光标移动到名为 pic 的 Div 中，将多余的文字删除，并插入图像"光盘\源文件\
第 18 章\images\21-09.gif"，如图 18-54 所示。然后在该图像后接着插入相应的 Flash
动画和图像，如图 18-55 所示。

图 18-54　插入图像　　　　　　　　　　　　　图 18-55　页面效果

15 ▶ 切换到 style.css 文件，创建名称为#pic img 的 CSS 样式，如图 18-56 所示。返回到
设计页面中，效果如图 18-57 所示。

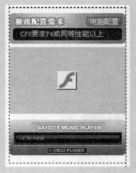

```
#pic img {
    padding-top: 10px;
    padding-bottom: 6px;
}
```

图 18-56　CSS 样式代码　　　　　　　　　　　图 18-57　页面效果

16 ▶ 在名为 left 的 Div 之后插入名为 center 的 Div，然后切换到 style.css 文件，创建名
称为#center 的 CSS 样式，如图 18-58 所示。返回到设计页面中，效果如图 18-59
所示。

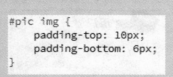

```
#center {
    height: 614px;
    width: 366px;
    float: left;
    background-color:#f3f0e9;
    margin-left: 8px;
}
```

图 18-58 CSS 样式代码　　　　　　　　图 18-59 页面效果

17 ▶ 将光标移动到名为 center 的 Div 中，将多余的文字删除，并插入 Flash 动画"光盘\源文件\第 18 章\images\eventzone.swf"，如图 18-60 所示。然后切换到 style.css 文件，创建名称为.swf 的类 CSS 样式，如图 18-61 所示。

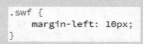

```
.swf {
    margin-left: 10px;
}
```

图 18-60 插入 Flash 动画　　　　　　　图 18-61 CSS 样式代码

18 ▶ 选择刚插入的 Flash 动画，在"属性"面板的 Class 下拉列表中选择刚定义的 CSS 样式.swf，如图 18-62 所示。然后根据前面的方法完成相应 Div 的制作，页面效果如图 18-63 所示。

图 18-62 页面效果　　　　　　　　　　图 18-63 页面效果

19 ▶ 将光标移动到名为 top1-left 的 Div 中，将多余的文字删除，然后插入相应的图像并输入文字，如图 18-64 所示。切换到代码视图中，添加相应的列表标签代码，如图 18-65 所示。

图 18-64 页面效果　　　　　　　　　　图 18-65 添加列表标签代码

20 ▶ 切换到 style.css 文件，创建名称为#top1-left dt 和#top1-left dd 的 CSS 样式，如图 18-66 所示。返回到设计页面中，页面效果如图 18-67 所示。

```css
#top1-left dt {
    float: left;
    height: 15px;
    width: 21px;
    padding-top: 1px;
}
#top1-left dd {
    line-height: 15px;
    float: left;
    width: 100px;
    border-bottom-width: 1px;
    border-bottom-style: dotted;
    border-bottom-color: #bcb8ad;
    padding-top: 1px;
}
```

图 18-66　CSS 样式代码　　　　　　　　　　图 18-67　页面效果

21 ▶ 切换到 style.css 文件，创建名称为.font01 的类 CSS 样式，如图 18-68 所示。返回到设计页面中，选择相应的文字，在"属性"面板的"类"下拉列表中选择刚刚定义的 CSS 样式.font01，效果如图 18-69 所示。

```css
.font01 {
    color:#ff4202;
}
```

图 18-68　CSS 样式代码　　　　　　　　　　图 18-69　页面效果

22 ▶ 使用相同的制作方法，在名为 top1-left 的 Div 之后插入名为 top1-main 和名为 top1-right 的 Div，并分别完成这两个 Div 中内容的制作，效果如图 18-70 所示。

图 18-70　页面效果

23 ▶ 在名为 top1 的 Div 之后插入名为 event 的 Div，然后切换到 style.css 文件，创建名称为# event 的 CSS 样式，如图 18-71 所示。返回到设计页面中，效果如图 18-72 所示。

```css
#event {
    height: 65px;
    width: 357px;
    background-image: url(../images/21-28.gif);
    background-repeat: no-repeat;
    padding-top: 35px;
    padding-left: 8px;
    padding-bottom: 16px;
    font-size: 12px;
    color: #82785f;
}
```

图 18-71　CSS 样式代码　　　　　　　　　　图 18-72　页面效果

24 ▶ 将光标移动到名为 event 的 Div 中，将多余的文字删除，并输入相应的文本内容，如图 18-73 所示。切换到代码视图中，添加相应的列表标签代码，如图 18-74 所示。

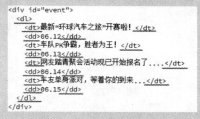

图 18-73　页面效果　　　　　　　　　　　图 18-74　添加列表标签

25 ▶ 切换到 style.css 文件，创建名称为#event dt 和#event dd 的 CSS 样式，如图 18-75 所示。返回到设计页面中，效果如图 18-76 所示。

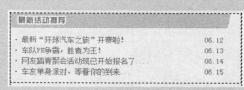

图 18-75　CSS 样式代码　　　　　　　　　　图 18-76　页面效果

26 ▶ 根据前面讲解的页面制作方法在页面中插入相应的 Div，并完成相应内容的制作，效果如图 18-77 所示。

图 18-77　页面效果

27 ▶ 将光标移动到名为 movie 的 Div 中，将多余的文本删除，然后单击"插入"面板的"媒体"选项卡中的"插件"按钮，插入视频"光盘\源文件\第 18 章 \images\movie.wmv"，如图 18-78 所示。选择刚插入的视频，在"属性"面板上设置"宽"为 305、"高"为 264，效果如图 18-79 所示。

28 ▶ 在名为 right 的 Div 之后插入名为 bottom 的 Div，然后切换到 style.css 文件，创建名称为#bottom 的 CSS 样式，如图 18-80 所示。返回到设计页面中，效果如图 18-81 所示。

29 ▶ 将光标移动到名为 bottom 的 Div 中，将多余的文字删除，然后插入相应的图像并输入文字，如图 18-82 所示。切换到 style.css 文件，创建名称为#bottom img 的 CSS

样式，如图 18-83 所示。返回到设计页面中，效果如图 18-84 所示。

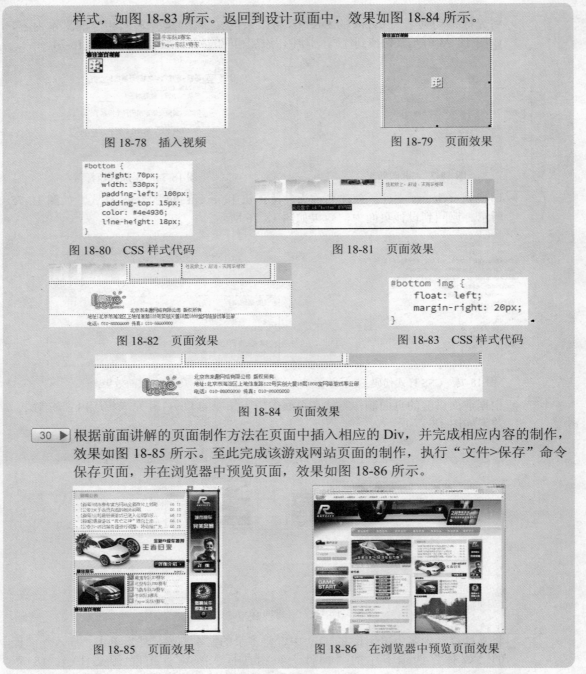

图 18-78　插入视频

图 18-79　页面效果

```
#bottom {
    height: 70px;
    width: 530px;
    padding-left: 100px;
    padding-top: 15px;
    color: #4e4936;
    line-height: 18px;
}
```

图 18-80　CSS 样式代码

图 18-81　页面效果

```
#bottom img {
    float: left;
    margin-right: 20px;
}
```

图 18-82　页面效果

图 18-83　CSS 样式代码

图 18-84　页面效果

30 ▶ 根据前面讲解的页面制作方法在页面中插入相应的 Div，并完成相应内容的制作，效果如图 18-85 所示。至此完成该游戏网站页面的制作，执行"文件>保存"命令保存页面，并在浏览器中预览页面，效果如图 18-86 所示。

图 18-85　页面效果

图 18-86　在浏览器中预览页面效果

18.4　本章小结

　　本章详细地介绍了站点的维护以及上传，利用 Dreamweaver 可以轻松地完成站点的上传和更新，以及对站点中链接的测试，找出其中断开和错误的链接并进行修复，以确保站点结构无误。

　　学习本章内容后，读者应该能够掌握常用的网站测试以及维护方法，并能够使用 Dreamweaver 上传和下载网站。